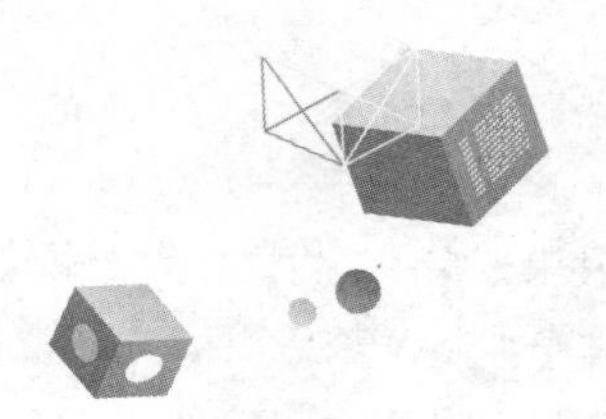

深入理解Istio
云原生服务网格进阶实战

云原生社区◎著

電子工業出版社
Publishing House of Electronics Industry
北京•BEIJING

内 容 简 介

本书是云原生社区多位服务网格技术专家的鼎力之作。全书共 10 章，内容涉及 Service Mesh 概述、核心功能、架构解析、安装与部署、流量控制、可观察性、安全、进阶实战、故障排查、Service Mesh 生态，分别从概念、实践和生态扩展 3 个层面为读者系统介绍了 Istio 的相关知识，着重介绍了 Istio 在 1.5 版本以后的重大变化，从底层深入剖析了 Istio 的各项核心功能。

本书能为云计算领域的从业者，尤其是微服务领域的开发者在落地 Istio 时提供理论指导和实际借鉴。

图书在版编目（CIP）数据

深入理解 Istio：云原生服务网格进阶实战 / 云原生社区著. —北京：电子工业出版社，2022.7

ISBN 978-7-121-43527-0

Ⅰ. ①深… Ⅱ. ①云… Ⅲ. ①互联网络－网络服务器 Ⅳ. ①TP368.5

中国版本图书馆 CIP 数据核字（2022）第 088210 号

责任编辑：孙奇俏　　特约编辑：田学清
印　　刷：三河市君旺印务有限公司
装　　订：三河市君旺印务有限公司
出版发行：电子工业出版社
　　　　　北京市海淀区万寿路 173 信箱　　邮编 100036
开　　本：787×980　1/16　印张：30.5　字数：701 千字
版　　次：2022 年 7 月第 1 版
印　　次：2022 年 7 月第 1 次印刷
定　　价：128.00 元

凡所购买电子工业出版社图书有缺损问题，请向购买书店调换。若书店售缺，请与本社发行部联系，联系及邮购电话：（010）88254888，88258888。

质量投诉请发邮件至 zlts@phei.com.cn，盗版侵权举报请发邮件至 dbqq@phei.com.cn。

本书咨询联系方式：010-51260888-819，faq@phei.com.cn。

本书作者

（按姓氏笔画排序）

马若飞　王佰平　王　炜　宋净超

罗广明　赵化冰　钟　华　郭旭东

马　博　马　越　王发康　叶　王　叶志远　刘　超

刘洪晔　刘艳超　孙召昌　宋　杰　孟　明　官余棚

陈洪波　陈　鹏　苗立尧　党鹏飞　翁扬慧　高洪涛

高　威　高维宗　崔晓晴　梁　豪　郭　栋　韩佳浩

谭　骁　颜　强

推荐序

随着访问流量和数据规模的激增，易于部署和运维的单体式架构已被面向扩展而设计的分布式架构全面取代。与此同时，微服务部署的复杂度和运维成本也在不断攀升。通过云计算提供一站式的分布式基础设施和自动化治理能力，便成为企业降本增效的不二之选。

容器、编排和服务网格，是云原生发展的 3 个里程碑。

容器的出现，使工程师能够以标准化的制品大幅提升应用交付的效率；以 Kubernetes 为代表的容器编排系统有效解决了大规模环境中部署和维护的问题；Service Mesh 则成为微服务全面云原生化的最后一块拼图，致力于以云原生的方式降低微服务治理的复杂度。

作为 Service Mesh 领域的领头羊，Istio 已被 Google 提案捐献至 CNCF，相信它会大步朝着"成为服务网格标准的缔造者"这一目标而前进。

Service Mesh 已深入人心，近些年演化出的 Database Mesh、Event Mesh、IO Mesh、Chaos Mesh 等都在快速发展，这些充满活力的理念和项目一定会掀起一股新的 Mesh 浪潮。

本书从概念、实践和生态扩展 3 个层面系统介绍 Istio 的相关知识，着重介绍了 Istio 的重大变化，从底层深入剖析了 Istio 的各项核心功能。相信这本书能带给大家很多关于云原生服务网格技术的思考。

张　亮

SphereEx 创始人、Apache ShardingSphere VP

推荐语

Service Mesh 技术从诞生时被质疑，到目前逐渐成熟成为显学，经历了一个曲折的过程。Istio 的功能和架构也随着社区的不断摸索逐渐稳定并广泛应用于生产。在这个时间点，云原生社区组织了一批贡献者对 Istio 做了深入解读和实践分享，使本书不仅能让服务网格技术的使用者了解新的架构，还能让技术团队在其他企业的经验基础上少走弯路、少踩坑，真正领悟服务网格的价值。

刘超，腾讯云 T4 架构师

在现代软件架构设计中，微服务是再时髦不过的概念了。如果在真实的生产环境中运行成百上千个，乃至成千上万个服务，跟踪服务组件的交互、监控服务的运行状况和性能，以及在出现问题时对服务或组件进行更改，这些真实的需求就成了一个巨大的工程挑战。"服务网格"的价值就在于能够针对这个挑战，帮助我们在基础架构中分离服务并管理服务间的通信，从而使容器化的微服务通信更加可靠、安全，更具可观察性。

Istio、Linkerd 和 HashiCorp Consul 是目前使用最为广泛的服务网格产品，其中尤以 Istio 最为引人关注。自 2022 年以来，仅仅五个月的时间，Istio 便发布了 10 个更新版本。假以时日，相信 Istio 必将大放异彩。当此时刻，这本《深入理解 Istio：云原生服务网格进阶实战》足以满足我们对服务网格的所有期待。

费良宏，Amazon Web Service 首席架构师

Istio 是继 Kubernetes 之后，云原生领域最炙手可热的服务治理技术。随着 Istio 官方宣布将 Istio 捐献给 CNCF，可以说所有技术人员悬着的心终于放下了。可以预见，Istio 在微服务治理领域将辐射出更强的能量，有望成为服务网格的事实标准。本书汇集了云原生社区多名工程师的实践经验，由浅入深，全面介绍了 Istio 的功能、原理及高阶实战经验，是一本难得的从入门到进阶技术书。

徐中虎，Istio 社区 Steering Committee、华为云原生开源团队核心成员

Service Mesh 毫无疑问正在成为 Kubernetes 之后分布式系统管理的下一代基础设施。Istio 作为 Service Mesh 生态中最活跃和最强大的产品之一，为大家提供了完善的、具有前瞻性的解决方案。本书详细介绍了 Istio 新架构中的各个组件、功能及相关生态。相信大家可以从中学习到成熟的 Service Mesh 技术和架构设计思想。即使不是 Istio 的追随者，但为了跟上下一代微服务的技术迭代，依然值得好好阅读这本书。

吴晟，Tetrate 创始工程师、Apache SkyWalking 创始人、
Apache 软件基金会首位中国董事

这是一本特殊的书，它完全来自社区，参与图书编写的都是国内近年来在 Service Mesh 领域涉猎很深的技术专家。从最早的 Service Mesh 中文网，到 ServiceMesher 社区，再到如今的云原生社区，小伙伴们一起学习，相互交流，分享知识，谈笑怒骂间伴随 Istio 一路走过了 5 年时光。如今，知识汇聚成书，经验落于文字，Istio 庞大的体系架构和纷繁复杂的特性得以被清晰地呈现。相信这本书可以帮助读者了解 Istio，掌握 Istio。

敖小剑，Service Mesh 布道师

前言

以社区之名成就开源

2018 年 5 月，在蚂蚁金服的支持下，ServiceMesher 社区成立。随后，国内刮起了服务网格的旋风，由社区领导的 Istio 官方文档翻译工作也进入白热化阶段。

随着时间的推移，我感受到系统介绍 Istio 的中文资料匮乏，于是在 2018 年 9 月开始构思写一本关于 Istio 的图书，并在 GitHub 上发起了 Istio Handbook 的开源电子书项目。几个月后，随着服务网格技术的推广及 ServiceMesher 社区规模的扩大，我在社区的线上线下活动中结识了很多同样热衷于 Istio 和服务网格技术的朋友。我们一致决定，一起写一本 Istio 的开源电子书，将社区积累的宝贵文章和经验集结成系统的文字，分享给广大开发者。

2019 年 3 月，在社区管理委员会的组织下，几十位成员自愿参与并开始共同撰写此书。2020 年 5 月，为了更好地推广云原生技术，丰富社区分享的技术内容，我们成立了云原生社区，并将原有的 ServiceMesher 社区纳入其中，社区运营的内容也从服务网格技术扩展到更加全面的云原生技术。

2020 年 10 月，本书主要的内容贡献者组成了编委会，成员分别有马若飞、宋净超、王佰平、王炜、罗广明、赵化冰、钟华和郭旭东。我们在出版社的指导与帮助下，对本书进行了后续的版本升级、完善、优化等工作。经过反复的迭代，这本书终于和大家见面了。

本书特色

Istio 在 1.5 版本后有了重大的架构变化，同时引入或改进了多项功能，例如，引入了智能 DNS 代理、新的资源对象，改进了对虚拟机的支持等。

本书以 Istio 新版本为基础编写而成，在持续追踪 Istio 社区最新动向的基础上，力求为读者提供最新、最全面的内容。另外，多位作者都是一线的开发或运维工程师，具有丰富的 Istio 实战经验，为本书提供了翔实、宝贵的参考案例。

本书内容

本书共 10 章，分别从概念、实践和生态扩展 3 个层面为读者系统介绍了 Istio 的知识，每一章的具体内容如下。

第 1 章　Service Mesh 概述

本章主要介绍了 Service Mesh 的基本概念，着重分析了 Service Mesh 对解决微服务应用流量控制等方面问题的便利性，同时引出了本书的主角 Istio，简要介绍了 Istio 的概念及主要功能。

第 2 章　核心功能

本章主要介绍了 Istio 的三大核心功能——流量控制、安全、可观察性，并对实现这些功能的 Istio 自定义资源做了简要说明，让读者能更好地了解 Istio 的核心功能。

第 3 章　架构解析

本章主要介绍了 Istio 的架构组成，详细分析了 Istio 的架构变迁过程，并深入剖析了控制平面和数据平面中各个组件的功能和工作原理。

第 4 章　安装与部署

本章主要介绍了如何在 Kubernetes 集群中安装 Istio，以及 Istio 的两种版本升级方式：金丝雀升级和热升级。同时，本章还介绍了如何安装 Istio 官方提供的 Bookinfo 案例，用以作为后面章节的练习环境。

第 5 章　流量控制

本章详细介绍了 Istio 流量控制方面的资源和功能：CRD、路由、流量镜像、Ingress/Egress、超时、重试、熔断和故障注入，并通过代码案例演示了实现这些功能的自定义资源，使读者能够知道如何利用这些自定义资源来配置 Istio。

第 6 章　可观察性

本章从可观察性的三大支柱出发，分别介绍了如何利用 Prometheus 和 Grafana 收集和展示指标，如何基于 ELK 等框架采集和分享 Istio 日志，如何利用 Jaeger 等分布式追踪工具观察请求路径。同时，本章还对 Istio 的专属网格监控工具 Kiali 做了介绍。

第 7 章　安全

本章主要介绍了 Istio 的安全架构及两大安全方面的能力：认证和授权。同时，本章还通过实例展示了如何利用自定义资源完成相应的授权和认证配置。

第 8 章　进阶实战

本章聚焦于 Istio 的高阶功能，对开发者关心的 Istio 落地的热点问题和解决方案做了深入分析，包括集成服务注册中心、对接 API 网关、分布式追踪增强、部署模型、多集群部署与管理、智能 DNS 等。

第 9 章　故障排查

本章详细介绍了 Istio 使用过程中的常见问题及解决方法，并展示了如何使用 Istio 的命令行工具完成故障排查、配置分析等操作。

第 10 章　Service Mesh 生态

本章主要介绍了 Service Mesh 的生态环境，包括主流的一些 Service Mesh 开源产品，如 Linkerd、Envoy 等，以及云厂商所发布的商业化产品，同时对 Service Mesh 领域目前的两个标准 UDPA 和 SMI 做了介绍，最后介绍了 WebAssembly 等产品的扩展能力。

致谢

感谢马博、马越、王发康、叶王、叶志远、刘超、刘洪晔、刘艳超、孙召昌、宋杰、孟明、官余棚、陈洪波、陈鹏、苗立尧、党鹏飞、翁扬慧、高洪涛、高威、高维宗、崔晓晴、梁豪、郭栋、韩佳浩、谭骁和颜强对本书内容的贡献。最后还要感谢本书的责任编辑孙奇俏在图书出版过程中的帮助和支持。

作者团队水平有限，书中难免存在不足之处，恳请各位读者批评指正。

宋净超

2022 年 4 月

读者服务

微信扫码回复：43527

- 加入本书读者交流群，与作者互动
- 获取【百场业界大咖直播合集】（持续更新），仅需 1 元

目　录

第1章 Service Mesh概述

微服务架构可谓是当前软件开发领域的技术热点，在各种博客、社交媒体和会议演讲上的“出镜率”非常高，无论是做基础架构的还是做业务系统的工程师，对它都相当关注。这种现象与热度到目前为止，已经持续了近6年。

尤其是近些年来，微服务架构逐渐发展成熟，从最初的“星星之火”到现在的大规模落地与实践，几乎成为分布式环境下的首选架构。微服务架构成为时下技术热点，大量互联网企业都在做微服务架构的落地和推广。同时，也有很多传统企业基于微服务和容器，在做互联网技术转型。

而在互联网技术转型中，国内有一个趋势，以Spring Cloud与Dubbo为代表的微服务开发框架非常普及和受欢迎。然而软件开发没有“银弹”，基于这些传统微服务框架构建的应用系统在享受其优势的同时，痛点也愈加明显，例如：

- 侵入性强。想要集成SDK的能力，除了需要添加相关依赖，还需要在业务代码中增加一部分代码、注解或配置，防止业务层代码与治理层代码界限不清晰。
- 升级成本高。每次升级都需要业务应用修改SDK版本，重新进行功能回归测试，并且对每一台机器进行部署上线。而这对业务方来说，与业务的快速迭代开发是有冲突的，大多数业务方都不愿意停下来做这些与业务目标不太相关的事情。
- 版本碎片化严重。由于升级成本高，而中间件在不停地向前发展，久而久之，就会导致线上不同服务引用的SDK版本不统一、能力参差不齐，造成很难统一治理的局面。
- 中间件演变困难。由于版本碎片化严重，导致中间件在向前演进的过程中需要兼容代码中的各种各样的老版本逻辑，带着“枷锁”前行，因此无法实现快速迭代。

- 内容多、门槛高。Spring Cloud 被称为微服务治理框架的“全家桶”，包含大大小小几十个组件，内容相当多，往往需要用户花费几年时间去熟悉其中的关键组件。如果将 Spring Cloud 作为一个完整的治理框架，则需要深入了解其中的原理与实现，否则遇到问题会很难定位。
- 治理功能不全。不同于 RPC 框架，Spring Cloud 作为治理框架的典型，也不是万能的，诸如协议转换支持、多重授权机制、动态请求路由、故障注入、灰度发布等高级功能都没有被覆盖到。而这些功能往往是企业大规模落地不可或缺的，因此企业还需要投入其他人力进行相关功能的自研，或者调研其他组件作为补充。

以上列出了传统微服务框架的局限性，但这并不意味着传统微服务框架就一无是处了。在中小型企业中，采用 Spring Cloud 这种传统微服务框架不仅可以满足绝大部分的服务治理的需求，而且可以借此快速推进微服务化改造。传统微服务框架的局限性是技术发展到一定的程度必然要经历的阶段，也是促使技术不断发展、不断前进的动力。而 Service Mesh 技术正是现阶段解决这些问题的更优方案。

1.1 Service Mesh 基本概念

2019 年，在众多热门技术的趋势中，云原生的关注度居高不下，很多开发者都对由此兴起的一众技术十分追捧，众多企业又开始探索云原生架构的转型与落地。这一年，中国的开发者们经历了从关注“云原生概念”到关注“云原生落地实践”的转变。而 Service Mesh 技术也因此越来越火热，受到越来越多的开发者的关注，并拥有了大批拥护者。那么，Service Mesh 是什么呢？它为什么会受到开发者的关注？它和传统微服务框架有什么区别？

Service Mesh 一词最早由开发 Linkerd 的 Buoyant 公司提出，并于 2016 年 9 月 29 日第一次公开使用。William Morgan、Buoyant CEO 对 Service Mesh 这一概念定义如下：

Service Mesh 是一个专门处理服务通信的基础设施层。它的职责是在由云原生应用组成服务的复杂拓扑结构下进行可靠的请求传送。在实践中，它是一组和应用服务部署在一起的轻量级的网络代理，且对应用服务透明。

以上这段话有 4 个关键点。

- 本质：基础设施层。
- 功能：请求分发。

- 部署形式：网络代理。
- 特点：透明。

2017年，随着Linkerd的传入，Service Mesh进入国内社区的视野，并且由国内的“技术布道师”翻译成“服务网格”。

服务网格从总体架构上来讲比较简单，由一堆紧挨着各项服务的用户代理，外加一组任务管理流程组成。在服务网格中，代理被称为数据层或数据平面（Data Plane），管理流程被称为控制层或控制平面（Control Plane）。数据层截获不同服务之间的调用并对其进行处理；控制层不仅可以协调代理的行为，而且可以通过为运维人员提供API，操控和测量整个网络。

更进一步地说，服务网格是一个专用的基础设施层，旨在“在微服务架构中实现可靠、快速和安全的服务间调用”。它不是一个“服务”的网格，而是一个“代理”的网格，服务可以插入这个“代理”的网格中，从而使网络抽象化。在典型的服务网格中，这些代理作为一个Sidecar（边车）被注入每个服务部署中。服务不直接通过网络调用服务，而是调用它们本地的Sidecar代理，而Sidecar代理又代表了服务管理请求，从而封装了服务间通信的复杂性。相互连接的Sidecar代理实现了所谓的数据平面，这与用于配置代理和收集指标的服务网格组件（控制平面）形成对比。

总而言之，Service Mesh的基础设施层主要分为两部分：控制平面与数据平面。当前流行的两款开源服务网格Istio和Linkerd实际上都是这种构造。

控制平面的特点：

- 不直接解析数据包。
- 与控制平面中的代理通信、下发策略和配置。
- 负责网络行为的可视化。
- 通常提供API或命令行工具，可用于配置版本化管理，便于持续集成和部署。

数据平面的特点：

- 通常是按照无状态目标设计的，但实际上为了提高流量转发效率，需要缓存一些数据，因此无状态也是有争议的。
- 直接处理入站和出站数据包，如转发、路由、健康检查、负载均衡、认证、鉴权、监控数据等。
- 对应用来说透明，可以做到无感知部署。

那么，服务网格的出现带来了哪些变革呢？

第一，微服务治理与业务逻辑的解耦。服务网格把 SDK 中的大部分功能从应用中剥离出来，拆解为独立进程，以 Sidecar 的模式进行部署。服务网格通过将服务通信及相关管控功能从业务程序中分离并下沉到基础设施层，使其和业务系统完全解耦，使开发人员更加专注于业务本身。

注意，这里提到了一个词“大部分”，在 SDK 中往往需要保留协议编解码的逻辑，甚至在某些场景下还需要一个轻量级的 SDK 来实现细粒度的治理与监控策略。例如，要想实现方法级别的调用链路追踪，服务网格就需要业务应用实现 Trace ID 的传递，而这部分实现逻辑也可以通过轻量级的 SDK 实现。因此，从代码层面来讲，服务网格并非零侵入的。

第二，异构系统的统一治理。随着新技术的发展和人员的更替，即使在同一家公司也会出现不同语言、不同框架的应用和服务。为了统一管控这些服务，以往的做法是为每种语言、每种框架都开发一套完整的 SDK，不仅维护成本非常高，而且会给公司的中间件团队带来很大的挑战。有了服务网格之后，可以将主体的服务治理功能下沉到基础设施，多语言的支持就会轻松很多。只需提供一个非常轻量级的 SDK，甚至在很多情况下都不需要一个单独的 SDK，就可以轻松实现多语言、多协议的统一流量管控、监控等需求。

此外，相对于传统微服务框架，服务网格还拥有三大技术优势。

- 可观察性。因为服务网格是一个专用的基础设施层，所有的服务间通信都需要通过它，所以它在技术堆栈中处于独特的位置，以便在服务调用级别上提供统一的遥测指标。这意味着，所有服务都被监控为“黑盒”。服务网格捕获诸如来源、目的地、协议、URL、状态码、延迟、持续时间等线路数据。这在本质上等同于 Web 服务器日志可以提供的数据，但是服务网格可以为所有服务捕获这些数据，而不仅仅是单个服务的 Web 层。需要指出的是，收集数据只是解决微服务应用程序中可观察性问题的一部分。存储与分析这些数据则需要额外功能的机制补充，并作用于警报或实例自动伸缩等。
- 流量控制。服务网格可以为服务提供智能路由（蓝绿部署、金丝雀发布、A/B 测试）、超时重试、熔断、故障注入、流量镜像等各种控制功能。以上这些是传统微服务框架所不具备的功能，但对系统来说是至关重要的功能。这是因为服务网格承载了微服务之间的通信流量，所以可以在服务网格中通过规则进行故障注入，模拟部分微服务出现故障的情况，对整个应用的健壮性进行测试。由于服务网格的设计目的是有效地将来源请求调用连接到其最优目标服务实例中，因此这些流量控制特性是面向目的地的。这正是服务网格流量控制功能的一大特点。

- 安全。在某种程度上，单体架构应用受其单地址空间的保护。然而，一旦单体架构应用被分解为多个微服务，网络就会成为一个重要的攻击面。更多的服务意味着更多的网络流量，这对黑客来说意味着拥有更多的机会来攻击信息流。而服务网格恰恰提供了保护网络调用的功能和基础设施。服务网格安全的相关好处主要体现在以下 3 个核心领域：服务的认证、服务间通信的加密，以及安全相关策略的强制执行。

服务网格拥有极其强大的技术优势，带来了巨大变革，被称为“第二代微服务架构”。然而就像之前说的软件开发没有“银弹”，传统微服务架构有许多痛点一样，服务网格也有它的局限性，具体如下。

- 增加了复杂度。服务网格将 Sidecar 代理和其他组件引入已经很复杂的分布式环境中，会极大地增加整体链路和操作运维的复杂性。
- 运维人员需要更专业。在容器编排工具（如 Kubernetes）上添加 Istio 之类的服务网格，需要运维人员成为这两种技术的专家，以便充分使用二者的功能，以及定位环境中遇到的问题。
- 延迟。从链路层面来讲，服务网格是一种侵入性的、复杂的技术，可以为系统调用增加明显的延迟。虽然这个延迟是毫秒级别的，但是在特殊业务场景下，这个延迟可能是令人难以容忍的。
- 平台的适配。服务网格的侵入性迫使开发人员和运维人员适应平台并遵守平台的规则。

1.2 后 Kubernetes 时代的微服务

听说过服务网格并试用过 Istio 的人可能都会有以下 5 个疑问。

（1）为什么 Istio 要绑定 Kubernetes 呢？

（2）Kubernetes 和服务网格分别在云原生中扮演什么角色？

（3）Istio 扩展了 Kubernetes 的哪些方面？解决了哪些问题？

（4）Kubernetes、xDS 协议（Envoy、MOSN 等）与 Istio 之间是什么关系？

（5）到底该不该使用 Service Mesh？

这一节将带读者梳理清楚 Kubernetes、xDS 协议与 Istio 服务网格之间的内在联系。此外，本节还将介绍 Kubernetes 中的负载均衡方式，xDS 协议对于服务网格的意义，以及为什么说即使有了

Kubernetes 还需要 Istio。

使用服务网格并非与 Kubernetes 决裂，而是水到渠成的事情。Kubernetes 的本质是通过声明配置对应用进行生命周期管理，而服务网格的本质是提供应用间的流量和安全性管理，以及可观察性。假如已经使用 Kubernetes 构建了稳定的微服务平台，那么如何设置服务间调用的负载均衡和流量控制？

Envoy 创造的 xDS 协议被众多开源软件所支持，如 Istio、Linkerd、MOSN 等。Envoy 对服务网格或云原生而言最大的贡献就是定义了 xDS。Envoy 本质上是一个网络代理，是通过 API 配置的现代版代理，基于它衍生出了很多不同的使用场景，如 API 网关、服务网格中的 Sidecar 代理和边缘代理。

1.2.1 重要观点

如果想要提前了解下文的所有内容，则可以先阅读下面列出的一些主要观点。

- Kubernetes 的本质是应用的生命周期管理，具体来说，就是应用的部署和管理（扩缩容、自动恢复、发布）。
- Kubernetes 为微服务提供了可扩展、高弹性的部署和管理平台。
- 服务网格的基础是透明代理，先通过 Sidecar 代理拦截到微服务间流量，再通过控制平面配置管理微服务的行为。
- 服务网格将流量管理从 Kubernetes 中解耦，服务网格内部的流量无须 kube-proxy 组件的支持，通过接近微服务应用层的抽象，管理服务间的流量，实现安全性和可观察性功能。
- xDS 定义了服务网格配置的协议标准。
- 服务网格是对 Kubernetes 中的 service 更上层的抽象，它的下一步是 serverless。

1.2.2 Kubernetes 与 Service Mesh

图 1-1 所示为 Kubernetes 原生与 Service Mesh 的服务访问关系（每个 Pod 中部署一个 Sidecar 的模式）。

1. 流量转发

Kubernetes 集群的每个节点都部署了一个 kube-proxy 组件，该组件会先与 Kubernetes API Server

通信，获取集群中的 service 信息，再设置 iptables 规则，直接将对某个 service 的请求发送到对应的 Endpoint（属于同一组 service 的 Pod）上。

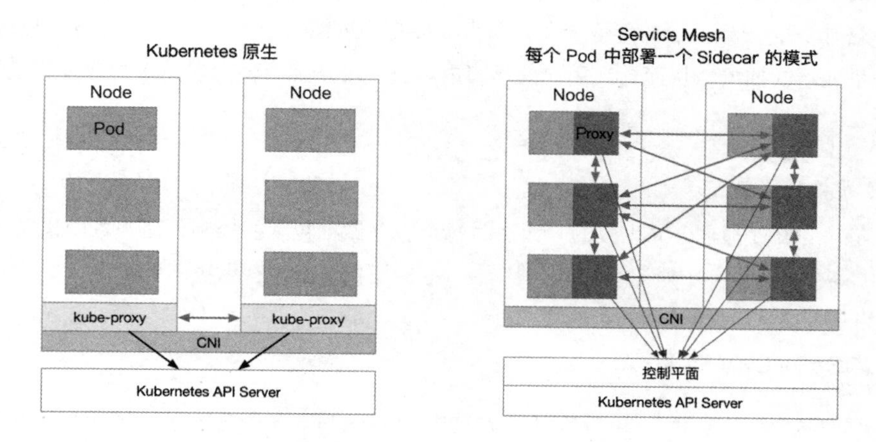

图 1-1

2．服务发现

Istio 服务网格不仅可以沿用 Kubernetes 中的 service 做服务注册，还可以通过控制平面的平台适配器对接其他服务发现系统，生成数据平面的配置（使用 CRD 声明，保存在 etcd 中）。数据平面的透明代理（Transparent Proxy）以 Sidecar 容器的形式部署在每个应用服务的 Pod 中，这些 Proxy 都需要请求控制平面同步代理配置。之所以说是透明代理，是因为应用程序容器完全没有感知代理的存在，在该过程中 kube-proxy 组件一样需要拦截流量，只不过 kube-proxy 组件拦截的是进出 Kubernetes 节点的流量，而 Sidecar Proxy 拦截的是进出该 Pod 的流量。图 1-2 所示为 Istio 中的服务发现机制。

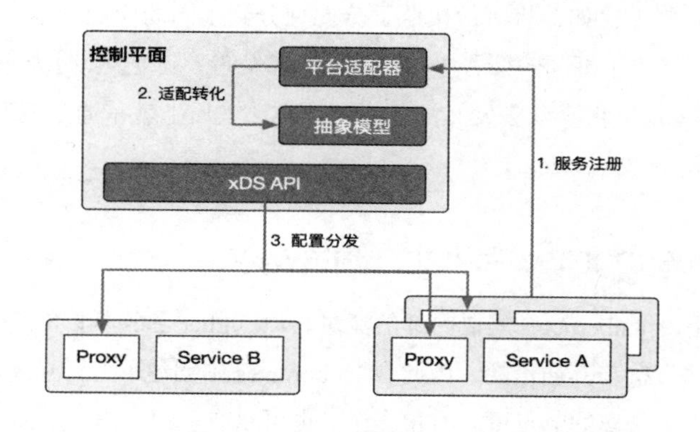

图 1-2

3．服务网格的劣势

由于 Kubernetes 的每个节点都会运行众多的 Pod，因此将原先 kube-proxy 方式的路由转发功能置于每个 Pod 中，会导致大量的配置分发、同步和最终一致性问题。为了细粒度地进行流量管理，必须添加一系列新的抽象，从而导致用户的学习成本进一步增加，但随着技术的普及，该情况会慢慢得到缓解。

4．服务网格的优势

kube-proxy 的设置都是全局生效的，无法对每个服务做细粒度的控制，而服务网格通过 Sidecar Proxy 的方式将 Kubernetes 中对流量的控制从 service 一层抽离出来，做更多的扩展。

1.2.3 kube-proxy 组件

在 Kubernetes 集群中，每个 Node 运行一个 kube-proxy 进程。kube-proxy 负责为 service 实现一种 VIP（虚拟 IP 地址）的形式。在 Kubernetes v1.0 版本中，代理完全在 userspace 代理模式中实现。在 Kubernetes v1.1 版本中，新增了 iptables 代理模式，但不是默认的运行模式。从 Kubernetes v1.2 版本起，默认使用 iptables 代理模式。在 Kubernetes v1.8.0-beta.0 版本中，添加了 IPVS 代理模式。

kube-proxy 的缺陷

首先，如果转发的 Pod 不能正常提供服务，那么它不会自动尝试另一个 Pod，不过这个问题可以通过 liveness probes 解决。每个 Pod 都有一个健康检查机制，当 Pod 健康状况有问题时，kube-proxy 会删除对应的转发规则。另外，nodePort 类型的服务也无法添加 TLS，或者更复杂的报文路由机制。

kube-proxy 实现了流量在 Kubernetes 服务中多个 Pod 实例间的负载均衡，但是如何对这些服务间的流量做细粒度的控制，比如，将流量按照百分比划分到不同的应用版本（这些应用版本都属于同一个服务的一部分，但位于不同的部署上），做金丝雀发布（灰度发布）和蓝绿发布？Kubernetes 社区给出了使用 Deployment 做金丝雀发布的方法，该方法本质上就是通过修改 Pod 的 label 将不同的 Pod 划归到 Deployment 的 service 上。

1.2.4 Kubernetes Ingress 与 Istio Gateway

kube-proxy 只能路由 Kubernetes 集群内部的流量，而 Kubernetes 集群的 Pod 位于 CNI 创建的网络中，集群外部是无法直接与其通信的，因此在 Kubernetes 中创建了 Ingress 这个资源对象，并由位于 Kubernetes 边缘节点（这样的节点可以有很多个，也可以有一组）的 Ingress Controller 驱动，负责管理南北向流量。Ingress 必须对接各种 Ingress Controller 才能使用，比如，Nginx Ingress Controller、

Traefik。Ingress 只适用于 HTTP 流量，使用方式也很简单，但只能对 service、Port、HTTP 路径等有限字段匹配路由流量，这导致它无法路由如 MySQL、Redis 和各种私有 RPC 等 TCP 流量。要想直接路由南北向的流量，只能使用 service 的 LoadBalancer 或 NodePort，前者需要云厂商支持，后者需要进行额外的端口管理。有些 Ingress Controller 支持暴露 TCP 和 UDP 服务，但是只能使用 service 来暴露，Ingress 本身是不支持的，例如，Nginx Ingress Controller，服务暴露的端口是通过创建 ConfigMap 的方式配置的。

Istio Gateway 的功能与 Kubernetes Ingress 的功能类似，都是负责管理集群的南北向流量。Istio Gateway 可被看作网络的负载均衡器，用于承载进出网格边缘的连接。Istio Gateway 规范描述了一系列开放端口和这些端口所使用的协议、负载均衡的 SNI 配置等内容。Istio 中的 Gateway 资源是一种 CRD 扩展，它同时复用了 Sidecar 代理功能，详细配置请参考 Istio 官方网站。

1.2.5 xDS 协议

图 1-3 所示为 Service Mesh 的控制平面，读者在了解服务网格时可能看到过，每个方块代表一个服务的实例，例如，Kubernetes 中的一个 Pod（其中包含了 Sidecar 代理）。xDS 协议控制了 Istio 服务网格中所有流量的具体行为，即将图 1-3 中的方块链接到了一起。

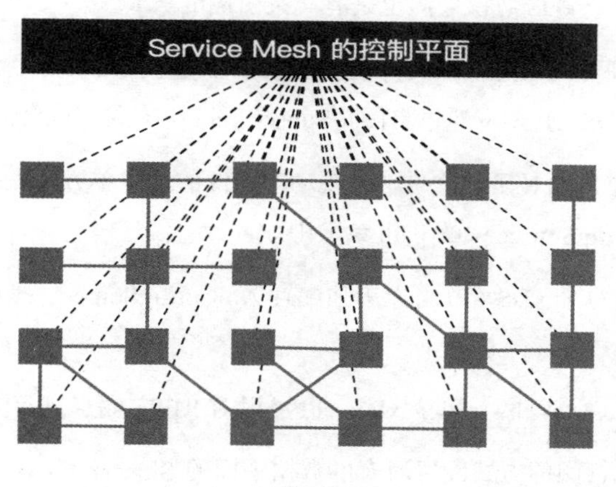

图 1-3

xDS 协议是由 Envoy 提出的，在 Envoy v2 版本的 API 中最原始的 xDS 协议指的是 CDS（Cluster Discovery Service）、EDS（Endpoint Discovery Service）、LDS（Listener Discovery Service）和 RDS（Route Discovery Service），后来在 Envoy v3 版本中 xDS 协议又发展出了 Scoped Route Discovery Service（SRDS）、Virtual Host Discovery Service（VHDS）、Secret Discovery Service（SDS）、Runtime

Discovery Service（RTDS）。

下面通过两个服务的通信了解 xDS 协议，如图 1-4 所示。

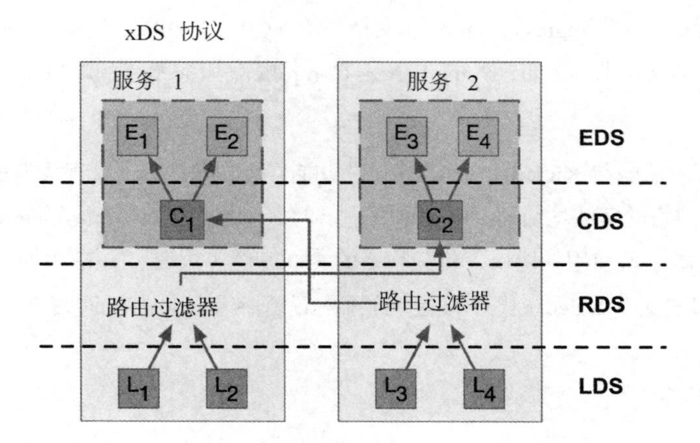

图 1-4

图 1-4 中的箭头不是流量进入 Proxy 后的路径或路由，也不是实际顺序，而是虚拟的一种 xDS 接口处理顺序。其实在各个 xDS 协议之间也是有交叉引用的。

支持 xDS 协议的代理可以通过查询文件或管理服务器动态发现资源。概括地讲，这些发现服务及其相应的 API 被称作 xDS。Envoy 通过订阅（Subscription）方式获取资源，订阅方式有以下 3 种。

- 文件订阅：监控指定路径下的文件。发现动态资源的最简单方式就是将其保存于文件中，并将路径配置在 configSource 中的 path 参数中。
- gRPC 流式订阅：每个 xDS API 可以单独配置 ApiConfigSource，指向对应的上游管理服务器的集群地址。
- 轮询 REST-JSON 轮询订阅：单个 xDS API 可以对 REST 端点进行同步（长）轮询。

Istio 使用 gRPC 流式订阅的方式配置所有的数据平面的 Sidecar Proxy。下面总结关于 xDS 协议的要点。

- CDS、EDS、LDS、RDS 是最基础的 xDS 协议，都可以独立更新。
- 所有的发现服务（Discovery Service）可以连接不同的管理服务，也就是说管理 xDS 的服务器可以有多个。

- Envoy 在原始 xDS 协议的基础上进行了一系列扩充，增加了 SDS（密钥发现服务）、ADS（聚合发现服务）、HDS（健康发现服务）、MS（Metric 服务）、RLS（速率限制服务）等 API。
- 为了保证数据一致性，若直接使用 xDS 原始 API，则需要保证按照 CDS → EDS → LDS → RDS 的顺序更新。这是遵循电子工程中的先合后断（Make-Before-Break）原则的，即在断开原来的连接之前先建立好新的连接，应用在路由里就是为了防止在设置了新的路由规则时无法发现上游集群而导致流量被丢弃的情况，类似于电路里的断路。
- CDS 用于设置服务网格中有哪些服务。
- EDS 用于设置哪些实例（Endpoint）属于这些服务（Cluster）。
- LDS 用于设置实例上监听的端口以配置路由。
- RDS 是最终服务间的路由关系，应该保证最后更新 RDS。

1.2.6 Envoy

Envoy 是 Istio 服务网格中默认的 Sidecar，Istio 在 Envoy 的基础上按照 Envoy 的 xDS 协议扩展了其控制平面。在讲解 Envoy xDS 协议之前还需要先熟悉下 Envoy 的基本术语。下面列举了 Envoy 中的基本术语及其数据结构解析。

- Downstream（下游）：下游主机连接到 Envoy，发送请求并接收响应，即发送请求的主机。
- Upstream（上游）：上游主机接收来自 Envoy 的连接和请求，并返回响应，即接收请求的主机。
- Listener（监听器）：监听器是命名网地址（例如，端口、UNIX Domain Socket 等)，下游客户端可以连接这些监听器。Envoy 暴露一个或多个监听器给下游主机连接。
- Cluster（集群）：集群是指 Envoy 连接的一组逻辑相同的上游主机。Envoy 通过服务发现来发现集群的成员，并且可以通过主动健康检查确定集群成员的健康状态。Envoy 通过负载均衡策略决定将请求路由到集群的哪个成员。

Envoy 中可以设置多个 Listener，每个 Listener 中又可以设置 filterchain（过滤器链表），而且过滤器是可扩展的，这样就可以更方便地操作流量了，例如，设置加密、私有 RPC 等。

xDS 协议是由 Envoy 提出的，目前是 Istio 中默认的 Sidecar 代理。但是，只要实现了 xDS 协议，理论上就可以作为 Istio 中的 Sidecar 代理，例如，蚂蚁集团开源的 MOSN。

1.2.7 Istio Service Mesh

Istio 是一个功能十分丰富的 Service Mesh 实现产品，包括如下功能。

- 流量管理：这是 Istio 最基本的功能。
- 策略控制：通过 Mixer 组件和各种适配器可以实现访问控制系统、遥测捕获、配额管理和计费等策略控制。
- 可观测性：通过 Mixer 实现。
- 安全认证：通过 Citadel 组件做密钥和证书管理。

Istio 中定义了如下的 CRD 来帮助用户进行流量管理。

- Gateway：描述了在网络边缘运行的负载均衡器，用于接收传入或传出的 HTTP / TCP 连接。
- VirtualService：实际上可以将 Kubernetes 服务连接到 Istio Gateway 上，并且可以执行更多操作，例如，定义一组流量路由规则，以便在主机被寻址时应用。
- DestinationRule：决定了经过路由处理之后的流量的访问策略。简单来说，就是定义流量如何路由。这些策略中可以定义负载均衡配置、连接池尺寸及外部检测（用于在负载均衡池中对不健康主机进行识别和驱逐）配置。
- EnvoyFilter：描述了针对代理服务的过滤器，这些过滤器可以定制由 Istio Pilot 生成的代理配置。初级用户一般很少用到这个配置。
- ServiceEntry：在默认情况下，Istio 服务网格中的服务是无法发现 Mesh 以外的服务的。ServiceEntry 能够在 Istio 内部的服务注册表中加入额外的条目，从而让服务网格中的服务能够访问和路由到这些被手动加入的服务。

1.3 什么是 Istio

通过前面的介绍，读者已经对 Service Mesh 已经有了初步的认识。Istio 作为一个开源的 Service Mesh 实现产品，一经推出就备受瞩目，成为各大厂商和开发者争相追捧的对象。因此，Istio 很有可能会成为继 Kubernetes 之后的又一个明星级产品。Istio 官方文档是这样定义的：“它是一个完全开源的服务网格，以透明的方式构建在现有的分布式应用中。它也是一个平台，拥有可以集成任何日志、遥测和策略系统的 API 接口。Istio 多样化的特性使你能够成功且高效地运行分布式微服务架构，并提供保护、连接和监控微服务的统一方法。”

从官方定义可以看出，Istio 提供了一种完整的解决方案，可以使用统一的方式管理和监测微服务应用。同时，它具有管理流量、实施访问策略、收集数据等方面的功能，而且所有的这些都对应用透明，几乎不需要修改业务代码就能实现。

有了 Istio，用户几乎可以不再使用其他的微服务框架，也不需要自己去实现服务治理等功能。只要把网络层委托给 Istio，它就能帮用户完成这一系列的功能。简单来说，Istio 就是一个提供了服务治理功能的服务网格。

1.3.1 为什么使用 Istio

Service Mesh 是一种服务治理技术，其核心功能是对流量进行控制。从这一点来说，Service Mesh 和现有的服务治理产品在功能上是有重合的。如果一个企业使用的微服务应用已经具有了非常完善的服务治理功能，则不一定非得引入 Service Mesh。但是，如果企业使用的系统不具有完善的治理功能，或者系统架构中的痛点正好可以被 Service Mesh 解决，则 Service Mesh 是最佳选择。

相对于基于公共库的服务治理产品，Service Mesh 最大的特性就是对应用透明。用户不仅可以将自己的微服务应用无缝地接入网格，而且无须修改业务逻辑。目前 Istio 提供了以下 4 个重要的功能。

- 为 HTTP、gRPC、WebSocket 和 TCP 流量自动负载均衡。
- 通过丰富的路由规则、重试、故障转移和故障注入对流量行为进行细粒度控制。
- 提供完善的可观察性方面的功能，包括对所有网格控制下的流量进行自动化度量、日志记录和追踪。
- 提供身份认证和授权策略，在集群中实现安全的服务间通信。

1.3.2 Istio 的平台支持

Istio 独立于平台，被设计为可以在各种环境中运行，包括跨云、内部环境、Kubernetes 等。目前 Istio 支持的平台有：

（1）部署在 Kubernetes 集群的服务。

（2）在 Consul 中注册的服务。

（3）在独立的虚拟机中运行的服务。

1.4 本章小结

本章主要介绍了 Service Mesh 的基本概念，让读者对 Istio 有了一个初步认识。作为典型的分布式系统，规模较大的微服务在服务治理、网络通信等方面的需求日渐强烈。Service Mesh 就扮演了这样的角色，以对业务逻辑透明的方式让微服务应用具备了流量控制等方面的功能。

而容器化和基于 Kubernetes 的容器编排成为业界主流的应用部署和管理方式，也让 Service Mesh 有了更好的底层支撑。随着服务网格技术的持续发展，服务网格将很有可能成为企业微服务化和上云改造的首选技术方案。

第 2 章 核心功能

作为一款开源的 Service Mesh 产品，Istio 提供了流量控制、安全、监控等方面的功能。它为微服务应用提供了一种较为完整的服务治理解决方案，并且可以采用统一的方式管理和监测微服务。这些功能对业务代码几乎都是透明的，不需要修改或只需少量修改就能实现。本章会对 Istio 的三大功能做详细介绍。

2.1 流量控制

微服务应用最大的痛点就是处理服务间的通信，而这一问题的核心就是流量管理。首先了解传统的微服务应用在没有 Service Mesh 介入的情况下，是如何完成诸如金丝雀发布这样的路由功能的。假设不借助任何现成的第三方框架，一个最简单的实现方式就是在服务间添加一个负载均衡（如 Nginx）做代理，通过修改配置的权重来分配流量。但是这种方式使得对流量的管理和基础设施绑定在了一起，难以维护。

而使用 Istio 就可以轻松地实现对各种维度的流量控制。图 2-1 所示为典型的金丝雀发布策略，先根据权重把 5%的流量路由给新版本，如果服务正常，再逐渐转移更多的流量给新版本。

Istio 的流量控制功能主要分为 3 个方面：

- 请求路由和流量转移。
- 弹性功能，包括熔断、超时和重试。
- 调试能力，包括故障注入和流量镜像。

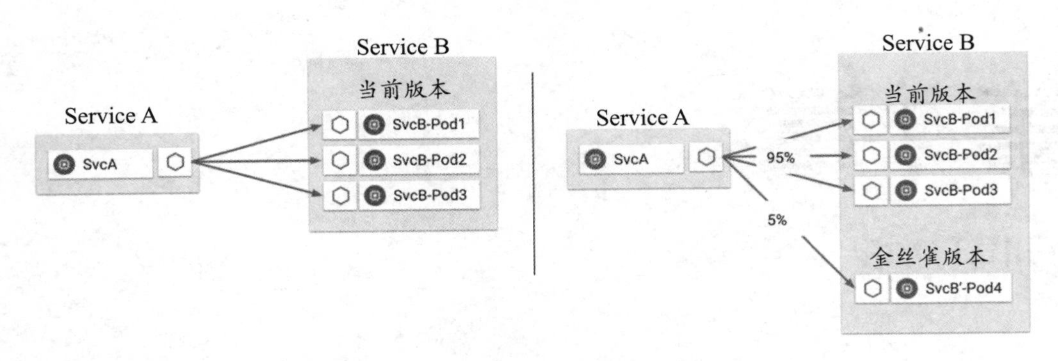

图 2-1

2.1.1 请求路由和流量转移

Istio 为了控制服务请求，引入了服务版本（Version）的概念，可以通过版本标签对服务进行区分。版本标签的设置是非常灵活的，可以根据服务的迭代编号进行定义（如 v1、v2 版本），也可以根据部署环境进行定义（如 dev、staging、production），还可以是自定义的任何用于区分服务的某种标记。通过版本标签，Istio 就可以灵活地定义路由规则，实现流量控制，例如，上面提到的金丝雀发布这类应用场景可以很容易实现了。

图 2-2 所示为使用服务版本实现路由分配的例子。服务版本定义了版本号（v1.5、v2.0-alpha）和环境（us-prod、us-staging）两种信息。Service B 包含了 4 个 Pod，其中 3 个部署在生产环境的 v1.5 版本中，而 Pod4 部署在预生产环境的 v2.0-alpha 版本中。运维人员可以根据服务版本指定路由规则，使 99%的流量流向 v1.5 版本，而 1%的流量流向 v2.0-alpha 版本。

Istio 除了能控制上面介绍的服务间的流量，还能控制与网格边界交互的流量，在系统的入口和出口处部署 Sidecar 代理，让所有流入和流出的流量都由代理进行转发。负责流量流入和流出的代理被称为入口网关和出口网关，它们把守着流入和流出网格的流量。图 2-3 所示为入口网关和出口网关在请求流中的位置，有了它们，就可以控制出入网格的流量了。

Istio 还能设置流量策略。比如，可以对连接池的相关属性进行设置，通过修改最大连接等参数，实现对请求负载的控制；也可以对负载均衡策略进行设置，在轮询、随机、最少访问等方式之间进行切换；还可以对异常探测策略进行设置，将满足异常条件的实例从负载均衡池中删除，以保证服务的稳定性。

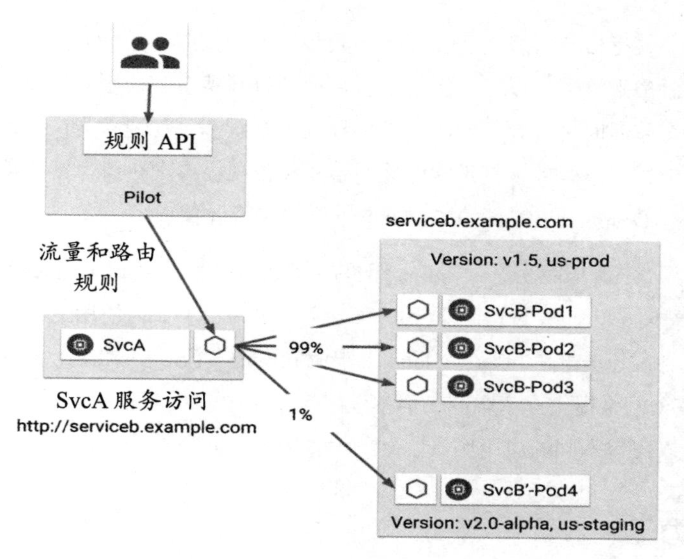

图 2-2

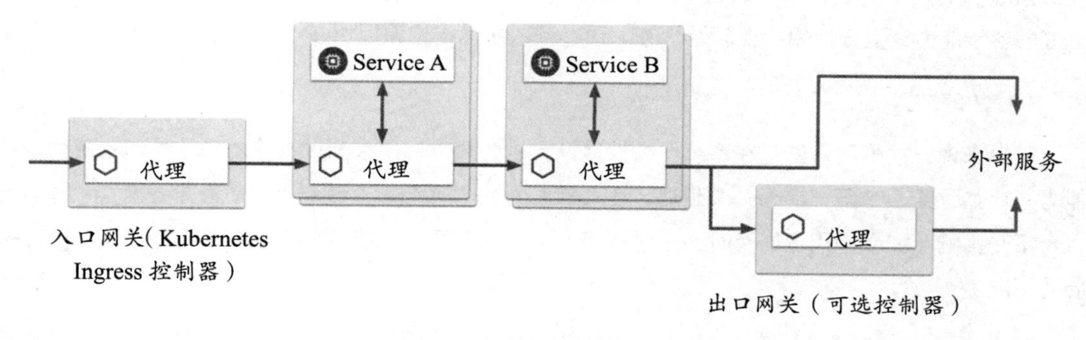

图 2-3

2.1.2 弹性功能

除了最核心的路由和流量转移功能，Istio 还提供了一定的弹性功能，目前支持超时、重试和熔断。简单来说，超时就是设置一个等待时间，只要上游服务的响应时间超过这个时间上限，就不再等待，直接返回，这就是所谓的快速失败。超时的主要目的是控制故障的范围，避免故障扩散。重试一般是用来解决在网络抖动时通信失败的问题。因为网络的原因，或者上游服务临时出现问题时，可以通过重试来提高系统的可用性。在 Istio 中添加超时和重试都非常简单，只需在路由配置中添加 timeout 和 retry 这两个关键字就可以实现了。

另外，还有一个重要的弹性功能就是熔断，它是一种非常有用的过载保护手段，可以避免服务的级联失败。熔断一共有 3 个状态，当上游服务可以正常返回时，熔断开关处于关闭状态；一旦失败的请求数量超过了失败计数器设定的上限，就切换到打开状态，让服务快速失败；熔断还有一个半开状态，设置一个超时时钟，在一定时间后切换到半开状态，让请求尝试访问上游服务，查看服务是否已经恢复正常，如果服务恢复正常就关闭熔断，否则会再次切换为打开状态。Istio 里面的熔断需要在自定义资源 DestinationRule 的 Traffic Policy 中进行设置。

在早期的版本中，限流功能是通过 Mixer 组件的配额适配器（Quota Adapter）实现的。随着 Mixer 的废弃，限流功能暂时缺失。从 Istio1.9 开始，官方文档里给出了如何使用 EnvoyFilter 实现限流的例子。Envoy 支持两种限流方式：全局（Global）限流和本地（Local）限流。全局限流通过一个全局的 gRPC 服务为整个网格提供速率限制；而本地限流用于限制每个服务的请求速率。这两种限流方式可以结合使用，以覆盖不同的应用场景。

2.1.3 调试能力

Istio 具有对流量进行调试的能力，包括故障注入和流量镜像。对流量进行调试可以让系统具有更好的容错能力，也方便用户在问题排查时通过调试快速定位原因所在。

2.1.3.1 故障注入

简单来说，故障注入就是在系统中人为地设置一些故障，用来测试系统的稳定性和系统恢复的能力。比如，给某个服务注入一个延迟，使其长时间无响应，并检测调用方是否能处理这种超时而自身不受影响（如果调用方能及时终止对故障发生方的调用，就能避免自己被拖慢，或者让故障扩展的情况）。

Istio 支持注入两种类型的故障：延迟和中断。延迟是模拟网络延迟或服务过载的情况；中断是模拟上游服务崩溃的情况，通过 HTTP 的错误码和 TCP 连接失败来表现。在 Istio 中实现故障注入很方便，在路由配置中添加 fault 关键字即可。

2.1.3.2 流量镜像

流量镜像也被称为影子流量，通过复制一份请求并把它发送到镜像服务中，从而实现流量的复制功能。流量镜像的主要应用场景有以下几种：最主要的就是进行线上问题排查。在一般情况下，因为系统环境，特别是数据环境、用户使用习惯等问题，用户很难在开发环境中模拟出在真实的生产环境中出现的棘手问题，同时生产环境也不能记录太过详细的日志，因此很难定位到问题。有了流量镜像，用户就可以把真实的请求发送到镜像服务中，再打开 debug 日志就可以查看详细的信息了。除此之外，还可以通过流量镜像观察生产环境的请求处理能力，比如，在镜像服务中进行压力测试；也可以将复制的请求信息用于数据分析。流量镜像在 Istio 中实现起来也非常简单，只需在路由配置中添加 mirror 关键字即可。

2.1.4 实现流量控制的自定义资源

Istio 中用于实现流量控制的自定义资源主要有以下 6 个。

- VirtualService：用于网格内路由的设置。
- DestinationRule：定义路由的目标服务和流量策略。
- ServiceEntry：注册外部服务到网格内，并对其流量进行管理。
- Gateway：用来控制进出网格的流量，包括入口、出口网关。
- Sidecar：对 Sidecar 代理进行整体设置。
- WorkloadEntry/WorkloadGroup：将虚拟机接入网格。

Istio 通过这些自定义资源，实现了对网格内部、网格外部和进出网格边界流量的全面控制。也就是说，所有和网格产生交互的流量都可以被 Istio 控制，其设计思路堪称完美。图 2-4 所示为这 6 种自定义资源的示意图。

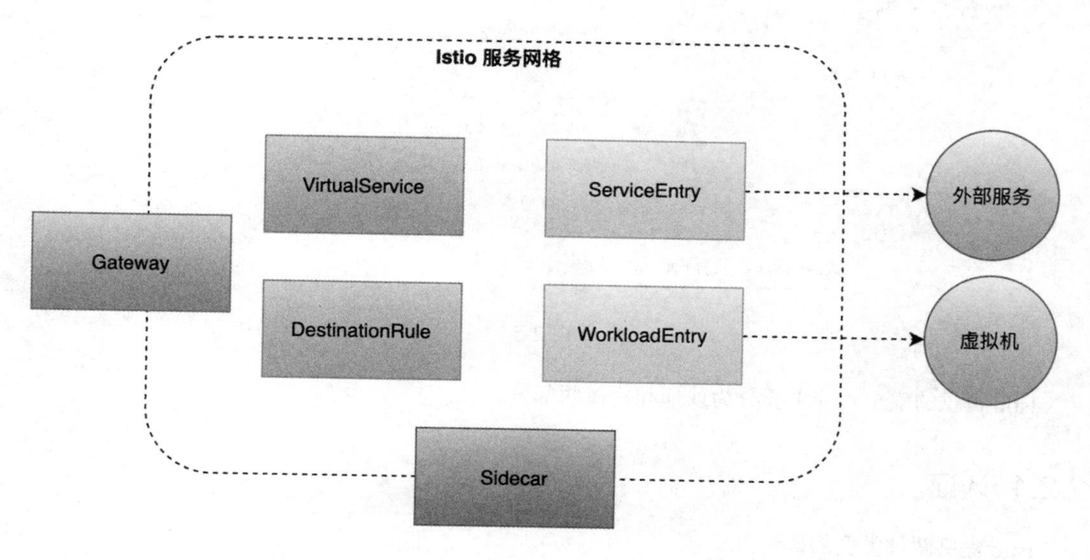

图 2-4

2.2 安全

安全对微服务这样的分布式系统来说是至关重要的。与单体应用在进程内进行通信不同，对于微服务来说，网络成了服务间通信的纽带，这使得微服务对安全有了更迫切的需求。比如，为了抵御外来攻击，需要对流量进行加密处理；为了保证服务间通信的可靠性，需要使用 mTLS 的方式进行交互；为了控制不同身份的访问，需要设置不同粒度的授权策略。作为一个服务网格，Istio 提供了一整套完整的安全解决方案。它可以用透明的方式，为微服务应用添加安全策略。

Istio 中的安全架构是由多个组件协同完成的。其中，Citadel 是负责安全的主要组件，用于密钥和证书的管理；Pilot 会将安全策略配置分发给 Envoy 代理；Envoy 执行安全策略，实现访问控制。图 2-5 所示为 Istio 的安全架构和运作流程。

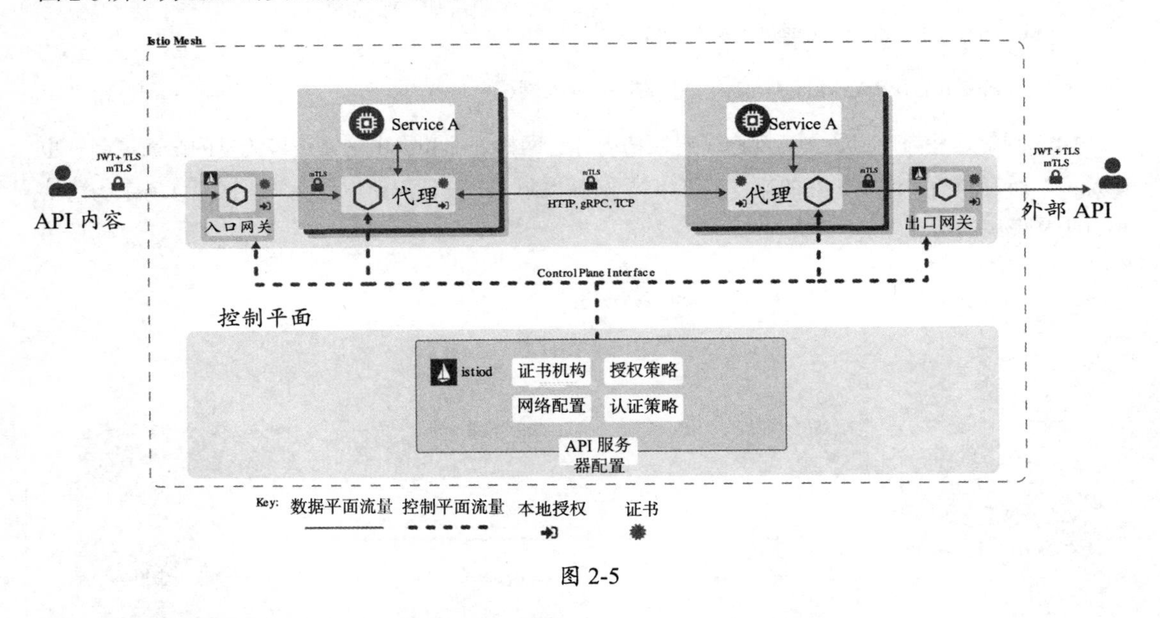

图 2-5

Istio 提供的安全功能主要分为认证和授权两部分。

2.2.1 认证

Istio 提供两种类型的认证。

- 对等认证（Peer Authentication）：用于从服务到服务的认证。这种方式是通过 mTLS（mTLS）实现的，即客户端和服务端都要验证彼此的合法性。Istio 中提供了内置的密钥和证书管理机制，可以自动进行密钥和证书的生成、分发和轮换，而无须修改业务代码。

- 请求认证（Request Authentication）：也被称为最终用户认证，用于验证终端用户或客户端。Istio将目前业界流行的JWT（JSON Web Token）作为实现方案。

Istio的mTLS提供了一种宽容模式（Permissive Mode）的配置方式，使得服务可以同时支持纯文本和mTLS流量。用户可以先用非加密的流量确保服务间的连通性，再逐渐迁移到mTLS，这种方式极大地降低了迁移和调试的成本。

Istio还提供了多种粒度的认证策略，支持网格级别、命名空间级别和工作负载级别的认证，使用户可以灵活地配置各种级别的策略和组合。

2.2.2 授权

Istio的授权策略可以为网格中的服务提供不同级别的访问控制，比如，网格级别、命名空间级别和工作负载级别。授权策略支持ALLOW和DENY动作，假如每个Envoy代理都运行一个授权引擎，当请求到达代理时，授权引擎就会根据当前策略评估请求的上下文，返回授权结果ALLOW或DENY。授权功能如果在没有显示开关状态时配置，则默认处于启动状态。只要将配置好的授权策略应用到对应的工作负载就可以进行访问控制了。

Istio中的授权策略是通过自定义资源AuthorizationPolicy进行配置的。除了定义策略指定的目标（网格、命名空间、工作负载）和动作（容许、拒绝），Istio还提供了丰富的策略匹配规则（比如，可以设置来源、目标、路径、请求标头、方法等条件），甚至支持自定义匹配条件，其灵活性可以极大地满足用户需求。

2.3 可观察性

面对复杂的应用环境和不断扩展的业务需求，即使再完备的测试也难以覆盖所有场景，无法保证服务不会出现故障。因此，系统才需要“可观察性”，对服务的运行时状态进行监控、上报、分析，以提高服务可靠性。具有可观察性的系统，可以在服务出现故障时大大降低问题定位的难度，甚至可以在出现问题之前及时发现问题以降低风险。具体来说，可观察性可以做到以下3点。

- 及时反馈异常或风险，使得开发人员可以及时关注、修复和解决问题（告警）。
- 在出现问题时，能够快速定位问题根源并解决问题，以减少服务损失（减损）。

- 收集并分析数据，以帮助开发人员不断调整和改善服务（持续优化）。

在微服务治理中，随着服务数量大大增加，服务拓扑日益复杂，可观察性也越来越重要。Istio 自然也不可能缺少对可观察性的支持。它会为所有的服务间通信生成详细的遥测数据，使得网格中每个服务请求都可以被观察和跟踪。开发人员可以凭此定位故障，维护和优化相关服务。而且，这一特性的引入无须侵入被观察的服务。

Istio 一共提供了 3 种不同类型的数据，从不同的角度支持可观察性。

- 指标（Metrics）：指标本质上是时间序列上的一系列具有特定名称的计数器的组合。不同计数器用于表征系统中的不同状态并将之数值化。完成数据聚合之后，指标可以用于查看一段时间内系统状态的变化情况，甚至预测未来一段时间内系统的行为。例如，系统可以使用一个计数器对所有请求进行计数，并且周期性（周期越短，实时性越好，开销越大）地将该数值输出到时间序列数据库（如 Prometheus）中。由此得到的一组数值，经过数据处理，可以直观地展示系统中单位时间内的请求数及其变化趋势，也可以用于实时监控系统中的流量大小并预测未来的流量趋势。而具体到 Istio 中，指标基于 4 类不同的监控标识（响应延迟、流量大小、错误数量和饱和度）生成了一系列观测不同服务的监控指标，用于记录和展示网格中的服务状态。除此之外，它还提供了一组默认的基于上述指标的网格监控仪表板，对指标数据进行聚合和可视化。借助指标，开发人员可以快速了解当前网格中流量大小、是否频繁地出现异常响应、性能是否符合预期等关键状态。但是，如前所述，指标本质上是计数器的组合和系统状态的数值化表示，所以往往缺失细节内容，是从一个相对宏观的角度来展现整个网格或系统状态随时间发生的变化及趋势的。在一些情况下，指标也可以辅助定位问题。
- 日志（Access Logs）：日志是软件系统中记录软件执行状态及内部事件最常用、有效的工具。在可观测性的语境之下，日志是具有相对固定结构的一段文本或二进制数据（区别于运行时日志），并且和系统中需要关注的事件一一对应。当系统中发生一个新的事件时，指标只会进行几个相关的计数器自增，而日志则会记录该事件具体的上下文。因此，日志包含了系统状态更多的细节部分。在分布式系统中，日志是定位复杂问题的关键手段。同时，由于每个事件都会产生一条对应的日志，因此日志往往作为数据源被用于计费系统。其相对固定的结构，为开发人员提供了日志解析和快速搜索的可能，开发人员在对接 ELK 等日志分析系统后，可以快速地筛选出具有特定特征的日志，以分析系统中某些特定的或需要关注的事件。在 Istio 网格中，当请求流入网格的任何一个服务中时，Istio 都会生成该请求的完整记录，包括请求源、请求目标，以及请求本身的元数据等。日志使网格开发人员可以在单个服务实例级别中观察和审计流经该实例的所有流量。

- 分布式追踪（Distributed Traces）：尽管日志记录了各个事件的细节，但是在分布式系统中，日志仍然存在不足之处。虽然日志记录的事件是孤立的，但是在实际的分布式系统中，不同组件中发生的事件往往存在因果关系。例如，组件 A 接收外部请求之后，会调用组件 B，而组件 B 会继续调用组件 C。在组件 A、B、C 中，分别有一个事件发生，还各自产生了一条日志，但是 3 条日志并没有将 3 个事件的因果关系记录下来。分布式追踪正是为了解决该问题而存在的。分布式追踪通过额外数据（Span ID 等特殊标记）记录不同组件中事件之间的关联，并由外部数据分析系统重新构造出事件的完整事件链路及因果关系。在服务网格的一次请求中，Istio 会为途径的所有服务生成分布式追踪数据并上报。通过 Zipkin 等追踪系统重构服务调用链，开发人员可以借此了解网格内服务的依赖关系和调用流程，构建整个网格的服务拓扑。在未发生故障时，可以借此分析网格性能瓶颈或热点服务；而在发生故障时，则可以通过分布式追踪快速定位故障点。

本节只简单介绍了 Istio 中可观察性的相关概念，而未深入讲解具体的细节，希望读者能够基于这些建立起对可观察性的初步印象。

2.4 本章小结

Istio 作为 Service Mesh 的实现产品，主要功能包括流量控制、安全和可观察性 3 个方面。

流量控制是 Service Mesh 最核心的功能，也是服务治理主要的手段之一。Istio 从路由、弹性和调试 3 个方面提供了丰富的流量控制功能，对微服务应用进行全面的流量治理。用于实现流量控制的自定义资源，主要包括 VirtualService、DestinationRule、ServiceEntry、Gateway、Sidecar 和 WorkloadEntry/WorkloadGroup 等。它们配合在一起，使得 Istio 可以全面管理与网格交互的流量。后面会对这些核心资源做详细介绍。

Istio 从认证和授权两方面提供了安全相关的特性。认证方式有两种：传输认证和身份认证。传输认证指的是从服务到服务的认证，目前只支持 mTLS；身份认证指的是终端用户的认证，通常使用 JWT 方式。

可观察性对微服务应用是非常重要的监控手段。Istio 可以非常方便地和主流的日志、指标和分布式追踪等工具集成完成服务网格的监控。

第 3 章

架构解析

作为新一代 Service Mesh 产品的领航者，Istio 创新性地在原有网格产品的基础上，添加了控制平面这一结构，使其产品形态更加完善。因此，它被称为“第二代 Service Mesh”。在此之后，几乎所有的网格产品都是以此为基础进行架构设计的。毫不夸张地说，Istio 作为 Service Mesh 领域的“弄潮儿”，引领了时代的潮流，一经推出就“大红大紫”。下面为读者介绍它的架构组成。

3.1 Istio 的架构组成

Istio 的架构由两部分组成，分别是数据平面（Data Plane）和控制平面（Control Plane）。Istio 的架构如图 3-1 所示。

数据平面，由整个网格内的 Sidecar 代理组成，这些代理都是以 Sidecar 的形式和应用服务一起部署的。每一个 Sidecar 都会接管进入和离开服务的流量，并配合控制平面完成流量控制等方面的功能。数据平面可以被看作网格内 Sidecar 代理的网络拓扑集合。

关于数据平面的内容，将在 3.5 节中详细介绍，这里不过多说明。

控制平面，顾名思义，用于控制和管理数据平面中的 Sidecar 代理，完成配置分发、服务发现、授权鉴权等功能。在架构中拥有控制平面的优势在于，可以统一地对数据平面进行管理。如果没有它，对网格内的代理进行配置更新操作，就不是一件轻松的事情了。这也正是拥有控制平面的产品比 Linkerd 这种第一代 Service Mesh 产品更具竞争优势的原因。在 Istio 1.5 版本中，控制平面从原来分散的、独立部署的几个组件整合为一个单体结构 istiod，从而变成了一个单进程、多模块的组织形态。

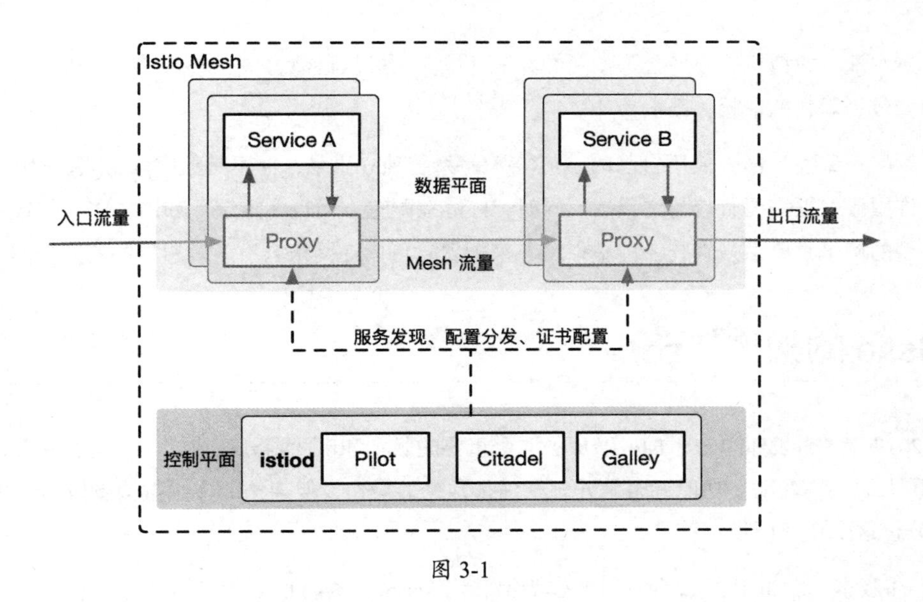

图 3-1

关于控制平面的内容，将在 3.4 节中详细介绍。

3.2 Istio 的设计目标

因为 Istio 团队希望打造一个最终形态的 Service Mesh 产品，所以 Istio 一经发布就功能异常丰富。在设计理念上，Istio 并未遵从最小可行性产品（MVP）的演进策略，而是希望借此提供一个完善而强大的产品和架构体系。下面的 4 点设计目标促成了其架构形态。

- 对应用透明：从本质上来说，对应用透明是 Service Mesh 的特性，一个合格的 Service Mesh 产品都应该具有这一特性，否则就失去了网格产品的核心竞争力。Istio 在这一点上做得无可厚非。通过借助 Kubernetes 的 Admission Controller，配合 Webhook 可以完成 Sidecar 的自动注入。在配置方面，也基本做到了对应用无侵入。
- 可扩展性：随着深入使用 Istio 提供的功能，运维和开发人员会逐渐提出更多的需求，并且主要集中在策略方面。因此，为策略系统提供足够的扩展性，成为 Istio 的一个主要设计目标。Mixer 组件就是在这一理念下诞生的，并被设计为一个插件模型，使开发人员可以通过接入各种适配器（Adapter），实现多样化的策略需求。毫不夸张地说，Mixer 的这种插件设计为 Istio 提供了无限的扩展性。
- 可移植性：考虑到现有云生态的多样性，Istio 被设计为可以支持几种不同的底层平台，也支持本地、虚拟机、云平台等不同的部署环境。不过从目前的情况来看，Istio 和 Kubernetes 有着较为紧密的依赖关系。

- 策略一致性：Istio 使用自己的 API 将策略系统独立出来，而不是集成到 Sidecar 中，所以允许服务根据需要直接与之集成。同时，Istio 在配置方面也注重统一和用户体验一致。一个典型的例子是路由规则统一由虚拟服务来配置，可以在网格内、外及边界的流量控制中复用。

3.3 Istio 的架构变迁

从 2017 年 5 月发布以来，Istio 经历了 4 个重要的版本和由此划分而成的 3 个发展阶段，并出现了两次重大的架构变动。功能调整是开源软件很常见的操作，但架构的多次重构就较为少见了。下面简要分析这个变迁历程。

- 0.1 版本：发布于 2017 年 5 月。作为第二代 Service Mesh 的开创者，宣告了 Istio 的诞生，也燃起了服务网格市场的硝烟与战火。
- 1.0 版本：发布于 2018 年 7 月，对外宣传生产环境可用。从 0.1 版本到 1.0 版本，虽然开发时间历经了一年多，但期间持续发布了多个 0.x 版本，这一阶段属于快速迭代期。
- 1.1 版本：发布于 2019 年 3 月，号称企业级可用的版本。一个版本号变化居然耗费了半年之久，其主要原因是出现了第一次架构重构，这一阶段算是调整期。
- 1.5 版本：发布于 2020 年 3 月，再次进行架构的重构，将多组件整合为单体形态的 istiod，开始支持 WebAssembly。从 1.1 版本到 1.5 版本的一年中，Istio 开始遵循季度性发布规律，进入了产品的稳定发展期。
- 1.6 版本：发布于 2020 年 5 月，添加了新的自定义资源 WorkloadEntry，开始加入对虚拟机的支持。
- 1.8 版本：发布于 2020 年 11 月，截止本书写作之时，Istio 已经发布到了 1.11 版本，并且一直以季度性发布（一年发布 4 个版本）的节奏在持续更新。

在第一次架构变化中，Istio 团队认为，虽然 Mixer 的插件模型为 Istio 带来了扩展性方面的优势，但是与 Adapter 的相互依赖关系使得 Istio 会受到插件变化的影响。1.1 版本彻底贯彻了解耦原则，解决了存在的耦合问题，职责分明，结构清晰，做到了设计上的极致。然而物极必反，高度松散的结构引入了性能方面的问题，同时在易用性上也受人诟病。看到 Istio 在市场上的惨淡结果后，Istio 团队痛定思痛并下定决心“断臂自救”，在开发 1.5 版本时以回归单体的形式进行了架构的重建，完成了一次自我救赎。

现在 Istio 的架构简洁、明了，在降低系统复杂度的同时，提升了易用性。尽管新版本还未受到市场的检验，但是 Istio 团队敢于变革的勇气让用户对 Istio 的未来又有了新的期待。

接下来，我们将从控制平面和数据平面两方面，详细介绍 Istio 架构中各组件的主要功能和工作流程。

3.4 控制平面

3.1 节简单介绍了控制平面的功能，本节将对目前控制平面中的核心组件，包括 Pilot、Citadel 和 Galley，进行详细介绍。

3.4.1 Pilot

在应用从单体架构向微服务架构演进的过程中，微服务之间的服务发现、负载均衡、熔断、限流等服务治理需求是无法回避的问题。

在 Service Mesh 出现之前，通常的做法是将这些基础功能以 SDK 的形式嵌入业务代码中，但是这种强耦合的方案会增加开发难度、维护成本和质量风险。比如，SDK 需要新增特性，业务代码很难配合 SDK 开发人员进行升级，所以很容易造成 SDK 的版本碎片化问题。对于多语言交互（即跨语言应用间的交互），SDK 的支持非常低效，其原因主要有两方面：一方面是相当于使用相同的代码以不同语言重复实现，实现这类代码很难给开发人员带来成就感，团队稳定性难以保障；另一方面是如果在实现这类基础框架时涉及了语言特性，其他语言的开发人员就很难直接翻译。

而 Service Mesh 的本质就是将此类通用的功能沉淀至 Sidecar 中，由 Sidecar 接管服务的流量并对其进行治理。在这个思路下，可以通过流量劫持的手段，做到代码零侵入性。这样可以让业务开发人员更关心业务功能。而底层功能因对业务零侵入，从而使基础功能的升级和快速更新迭代成为可能。

Istio 是近年来 Service Mesh 的代表作，而 Istio 流量管理的核心组件就是 Pilot。Pilot 的主要功能是管理和配置部署在特定 Istio 服务网格中的所有 Sidecar 代理实例。它管理 Sidecar 代理之间的路由流量规则，并配置故障恢复功能，如超时、重试和熔断。

3.4.1.1 Pilot 架构

Istio Pilot 的架构如图 3-2 所示。

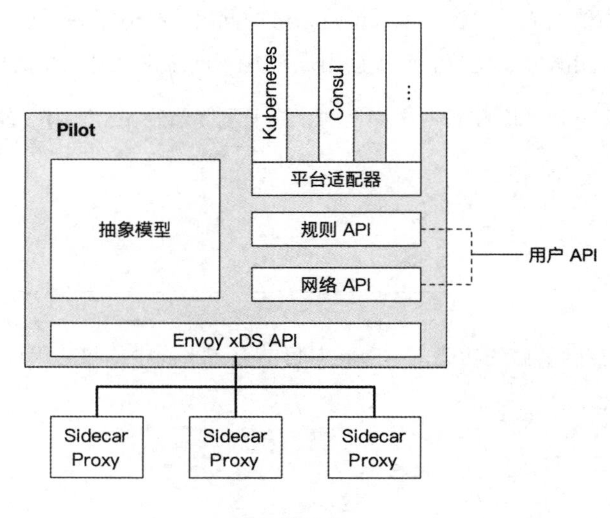

图 3-2

根据图 3-2，Pilot 可分为如下 4 个关键模块。

1．抽象模型（Abstract Model）

为了实现对不同服务注册中心（Kubernetes、Consul 等）的支持，Pilot 需要对不同来源的输入数据进行统一格式的存储，即抽象模型。

抽象模型中定义的关键成员包括 HostName（service 名称）、Ports（service 端口）、Address（service ClusterIP）、Resolution（负载均衡策略）等。

2．平台适配器（Platform Adapters）

Pilot 的实现是基于平台适配器的，借助平台适配器 Pilot 可以实现服务注册中心数据和抽象模型数据之间的转换。

例如，Pilot 中的 Kubernetes 适配器可以通过 Kubernetes API 服务器得到 Kubernetes 中 service 和 Pod 的相关信息，并将其翻译为抽象模型供 Pilot 使用。

通过平台适配器模式，Pilot 可以从 Consul 等平台中获取服务信息，也可以开发适配器将其他提供服务发现的组件集成到 Pilot 中。

3．xDS API

Pilot 使用了一套源于 Envoy 项目的标准数据平面 API，将服务信息和流量规则下发到数据平面的 Sidecar 中。这套标准数据平面 API，也被称为 xDS。

Sidecar 通过 xDS API 可以动态获取 Listener（监听器）、Route（路由）、Cluster（集群）及 Endpoint（集群成员）配置。

- LDS，Listener 发现服务：Listener 控制 Sidecar 启动端口监听（目前支持的协议只有 TCP），并配置 L3/L4 层过滤器，当网络连接完成时，配置好的网络过滤器堆栈开始处理后续事件。
- RDS，Router 发现服务：用于 HTTP 连接管理过滤器动态获取路由配置，路由配置包含 HTTP 头部修改（增加、删除 HTTP 头部键值）、Virtual Hosts（虚拟主机），以及 Virtual Hosts 定义的各个路由条目。
- CDS，Cluster 发现服务：用于动态获取 Cluster 信息。
- EDS，Endpoint 发现服务：用于动态维护端点信息，端点信息中还包括负载均衡权重、金丝雀状态等。基于这些信息，Sidecar 可以做出智能的负载均衡决策。

通过采用该标准 API，Istio 将控制平面和数据平面进行了解耦，为多种数据平面 Sidecar 实现提供了可能性，如蚂蚁集团开源的 Golang 版本的 Sidecar MOSN (Modular Observable Smart Network)。

4．用户 API（User API）

Pilot 还定义了一套用户 API，用户 API 提供了面向业务的高层抽象，可以被运维人员理解和使用。

运维人员使用该 API 定义流量规则并将它下发到 Pilot 中。这些规则先被 Pilot 翻译成数据平面的配置，再通过标准数据平面 API 分发到 Sidecar 实例中，最后在运行期间对微服务的流量进行控制和调整。

通过运用不同的流量规则，可以对网格中微服务进行精细化的流量控制，如按版本分流、断路器、故障注入、灰度发布等。

3.4.1.2 Pilot 实现

上文介绍了 Pilot 的架构，下面将为读者介绍 Pilot 的实现，如图 3-3 所示。

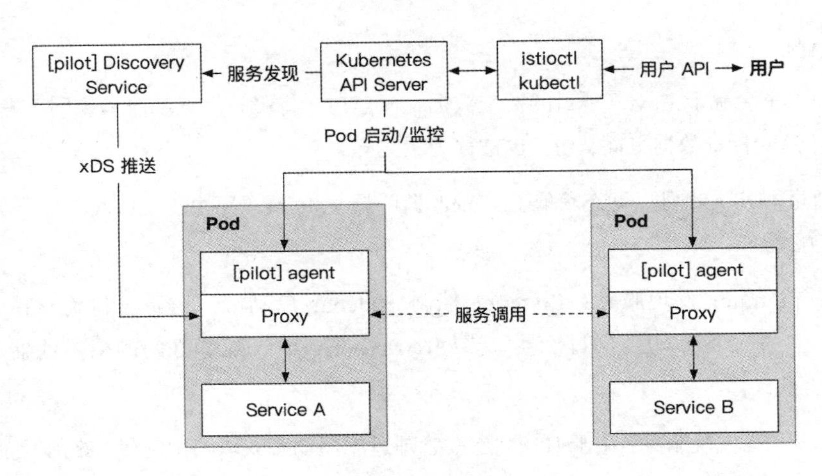

图 3-3

其中，实线连线表示控制流，虚线连线表示数据流，带[pilot]标识的组件表示为 Pilot 组件。在图 3-3 中，关键的组件如下。

- Discovery Service：即 pilot-discovery，主要功能是从 Service Provider（如 Kubernetes 或 Consul）中获取服务信息，从 Kubernetes API Server 中获取流量规则（Kubernetes CRD Resource），并将服务信息和流量规则转化为数据平面可以理解的格式，通过标准的数据平面 API 下发到网格中的各个 Sidecar 中。
- agent：即 pilot-agent 组件，该进程根据 Kubernetes API Server 中的配置信息生成 Envoy 的配置文件，负责启动、监控 Sidecar 进程。
- Proxy：即 Sidecar Proxy，是所有服务的流量代理，直接连接 pilot-discovery，间接地从 Kubernetes 等服务注册中心获取集群中微服务的注册情况。
- Service A/B：即使用了 Istio 的应用，其进出网络流量会被 Proxy 接管。

下面介绍 Pilot 相关的组件 pilot-agent、pilot-discovery 的实现关键。

1．pilot-agent

pilot-agent 负责的主要工作如下。

1）生成 Sidecar 的配置

Sidecar 的配置主要在 pilot-agent 的 init 方法与 Proxy 命令处理流程的前半部分生成。其中，init 方法用于在 pilot-agent 二进制数的命令行中配置大量的 flag 与默认值；而 Proxy 命令处理流程则负责将这些 flag 组装成 ProxyConfig 对象，以启动 Envoy。下面分析几个相对重要的配置。

```
//Go 语言，源码摘自 pilot-agent，role 角色定义
role = &model.Proxy{}
...

type Proxy struct {
    //ClusterID 用于指代 Proxy 所在集群的名称
    ClusterID string

    //Type 用于标记 Proxy 运行模式
    Type NodeType

    IPAddresses []string
    ID string
    DNSDomain string
    ...
}
```

role 默认的对象为 Proxy，关键参数如下。

- Type:pilot-agent 的 role 有两种运行模式。根据 role.Type 变量定义，最新版本有 Sidecar、Router 两种类型，默认是 Sidecar。
- IPAddresses、ID、DNSDomain:可以接收参数，根据注册中心的类型给予默认值。在 Kubernetes 环境下，IPAddresses 默认值为 INSTANCE_IP，ID 默认值为 POD_NAME，DNSDomain 默认值为 default.svc.cluster.local。
- Istio 可以对接的第三方注册中心有 Kubernetes、Consul、MCP、Mock。

```
//Go 语言，源码摘自 pilot-agent，Envoy 启动代理及监听器
envoyProxy := envoy.NewProxy(envoy.ProxyConfig{
            //Envoy 的配置，如目录等
            Config:             proxyConfig,
            //role 的字符串拼接，node.Type~ip~ID~DNSDomain 格式
            Node:               role.ServiceNode(),
            NodeIPs:            role.IPAddresses,
            PodName:            podName,
            PodNamespace:       podNamespace,
            PodIP:              podIP,
            ...
        })

//Envoy 的代理
agent := envoy.NewAgent(envoyProxy, features.TerminationDrainDuration())

//Envoy 的监控和程序，会监听证书变化和启动 Envoy
```

```
watcher := envoy.NewWatcher(tlsCerts, agent.Restart)
go watcher.Run(ctx)

//监听停止信号
go cmd.WaitSignalFunc(cancel)

//Envoy 主循环，阻塞等待停止信号
return agent.Run(ctx)
```

Envoy 配置文件及命令行参数主要有如下两个。

- Envoy 的启动目录默认为/usr/local/bin/envoy。
- Envoy 的启动参数相关代码在 func (e *envoy) args 中。

```
//Go 语言，源码摘自 pilot-agent，Envoy 启动参数
startupArgs := []string{"-c", fname,
        "--restart-epoch", fmt.Sprint(epoch),
        "--drain-time-s", fmt.Sprint(int(convertDuration(e.Config.DrainDuration) /
time.Second)),
        "--parent-shutdown-time-s",
fmt.Sprint(int(convertDuration(e.Config.ParentShutdownDuration) / time.Second)),
        "--service-cluster", e.Config.ServiceCluster,
        "--service-node", e.Node,
        "--max-obj-name-len", fmt.Sprint(e.Config.StatNameLength),
        "--local-address-ip-version", proxyLocalAddressType,
        "--log-format", fmt.Sprintf("[Envoy (Epoch %d)] ", epoch) +
"[%Y-%m-%d %T.%e][%t][%l][%n] %v",
    }
```

Envoy 启动参数关键释义。

- –restart-epoch：epoch 决定了 Envoy 热重启的顺序，第一个 Envoy 进程对应的 epoch 为 0，后面新建的 Envoy 进程对应的 epoch 顺序递增 1。
- –drain-time-s：在 pilot-agent 组件的 init 函数中指定默认值为 2s，可以通过 pilot-agent 组件中 Proxy 命令的 DrainDuration flag 指定。
- –parent-shutdown-time-s：在 pilot-agent 组件的 init 函数中指定默认值为 3s，可以通过 pilot-agent 组件中 Proxy 命令的 ParentShutdownDuration flag 指定。
- –service-cluster：在 pilot-agent 组件的 init 函数中指定默认值为 istio-proxy，可以通 pilot-agent 组件中 Proxy 命令的 ServiceCluster flag 指定。
- –service-node：将 role 的字符串拼接成 node.Type~ip~ID~DNSDomain 格式。

2）Sidecar的启动与监控

- 创建 Envoy 对象，结构体包含 proxyConfig、role.serviceNode、loglevel 和 pilotSAN（Service Account Name）等。
- 创建agent对象，包含前面创建的Envoy结构体，一个epochs的map，1个channel：statusCh。
- 创建 watcher，包含证书和 agent.Restart 方法，可以启动协程来执行 watcher.Run。
- watcher.Run 首先执行 agent.Restart，启动 Envoy；然后启动协程来调用 watchCerts，用于监控各种证书，如果证书文件发生变化，则重新生成证书签名并重启 Envoy。
- 创建 context，启动协程调用 cmd.WaitSignalFunc 以等待进程接收 SIGTERM 信号，在接收到信号之后通过 context 通知 agent 对象，在 agent 接到通知后调用 terminate 来结束所有 Envoy 进程，并退出 agent 进程。
- agent.Run 主进程堵塞，监听 statusCh，这里的 status 其实就是 exitStatus，在监听到 exitStatus 后，删除当前 epochs 中的 channel 资源。

2. pilot-discovery

pilot-discovery 扮演着服务注册中心、Istio 控制平面与 Sidecar 之间桥梁的角色。pilot-discovery 的主要功能如下。

- 监控服务注册中心（如 Kubernetes）的服务注册情况。在 Kubernetes 环境下，会监控 service、Endpoint、Pod、Node 等资源信息。
- 监控 Istio 控制平面的信息变化。在 Kubernetes 环境下，会监控包括 RouteRule、VirtualService、Gateway、EgressRule、ServiceEntry 等以 Kubernetes CRD 形式存在的 Istio 控制平面配置信息。
- 将上述两类信息合并，组合为 Sidecar 可以理解的（遵循 Envoy Data Plane API 的）配置信息，并将这些信息以 gRPC 协议形式提供给 Sidecar。

pilot-discovery 的关键实现逻辑如下。

1）初始化及启动

```
//Go 语言，源码摘自 pilot-discovery，pilot-discovery 初始化及启动的关键部分，省去异常处理

//创建 discoveryServer 对象并启动
discoveryServer, err := bootstrap.NewServer(serverArgs)
discoveryServer.Start(stop)
```

```
//discoveryServer 对象的具体创建方法
func NewServer(args *PilotArgs) (\*Server, error) {
    //环境变量
    e := &model.Environment{...}

    s := &Server{
        clusterID:      getClusterID(args),                          //集群 ID
        environment:    e,                                           //环境变量
        //遵循 Envoy v2 xDS API 的 gRPC 实现，用于通知 Envoy 配置更新
        EnvoyXdsServer: envoyv2.NewDiscoveryServer(e, args.Plugins),
        ...
    }

    s.initKubeClient(args)
    s.initMeshConfiguration(args, fileWatcher)
    s.initConfigController(args)
    s.initServiceControllers(args)
    s.initDiscoveryService(args)
    ...
}
...

//gRPC 服务启动
func (s *Server) Start(stop <-chan struct{}) error {
    go func() {
        s.grpcServer.Serve(s.GRPCListener)
    }()
}
```

pilot-discovery 等初始化主要在 pilot-discovery 的 init 方法中，以及 discovery 命令处理流程中调用 bootstrap.NewServer 等完成，关键步骤如下。

- 创建 Kubernetes apiserver client（initKubeClient），可以在 pilot-discovery 的 discovery 命令的 kubeconfig flag 中提供文件路径，默认为空。
- 读取 Mesh 配置（initMeshConfiguration），包含 MixerCheckServer、MixerReportServer、ProxyListenPort、RdsRefreshDelay、MixerAddress 等一系列配置，默认 Mesh 配置文件位于 /etc/istio/config/mesh 路径下。
- 连接初始化与配置存储中心（通过 initConfigController 方法），对 Istio 进行各种配置，如 RouteRule、VirtualService 等需要保存在配置存储中心（Config Store）内。
- 连接配置与服务注册中心（Service Registry），通过 initServiceControllers 方法。
- 初始化 Discovery 服务（initDiscoveryService），将 Discovery 服务注册为 Config Controller

和 Service Controller 的 Event Handler，监听配置和服务变化消息。

- 启动 gRPC Server 并接收来自 Envoy 端的连接请求。
- 接收 Sidecar 端的 xDS 请求，从 Config Controller、Service Controller 中获取配置和服务信息，生成响应消息发送给 Sidecar 端。
- 监听来自 Config Controller、Service Controller 的变化消息，并将配置、服务变化内容通过 xDS 接口推送到 Sidecar 端。

2）配置信息监控与处理

Config Controller 是 Pilot 实现配置信息监控与处理的核心，关联了如下几个关键的结构体。

```
//Go 语言，源码摘自 pilot-discovery，pilot-discovery 实现配置信息监控的关键部分

//用于存储 RouteRule、VirtualService 等流量配置信息
type ConfigStore interface {
    Schemas() collection.Schemas
    Get(typ resource.GroupVersionKind, name, namespace string) *Config
    List(typ resource.GroupVersionKind, namespace string) ([]Config, error)
    Create(config Config) (revision string, err error)
    Update(config Config) (newRevision string, err error)
    Delete(typ resource.GroupVersionKind, name, namespace string) error
    Version() string
    GetResourceAtVersion(version string, key string) (resourceVersion string, err error)
    GetLedger() ledger.Ledger
    SetLedger(ledger.Ledger) error
}

//扩展了 ConfigStore 存储，并提供资源处理的注册函数，
//如果使用此函数注册，资源变更就会回调 handler 进行处理
type ConfigStoreCache interface {
    RegisterEventHandler(kind resource.GroupVersionKind, handler func(Config, Config,
Event))
    Run(stop <-chan struct{})
    HasSynced() bool
}


//controller 实现了 ConfigStore 接口和 ConfigStoreCache 接口
type controller struct {
    client *Client
    queue  queue.Instance
    kinds  map[resource.GroupVersionKind]*cacheHandler
}
```

```
type Task func() error

//controller 的 queue 的类型，包装了 Task 任务
type Instance interface {
    Push(task Task)
    Run(<-chan struct{})
}

//initServiceControllers 下的 kubernetes 下的 Controller，由 initKubeRegistry 创建
func NewController(client kubernetes.Interface, options Options) *Controller {
    c := &Controller{
        client:                      client,
        queue:                       queue.NewQueue(1 * time.Second),
        ...
    }

    ...

    registerHandlers(c.services, c.queue, "Services", c.onServiceEvent)
```

Config Controller 用于处理 Istio 流控 CRD，如 VirtualService、DestinationRule 等。

- ConfigStore 对象将 client-go 库从 Kubernetes 中获取以 RouteRule、VirtualService 等 CRD 形式存在的控制平面信息，转换为 model 包下的 Config 对象，并对外提供 Get、List、Create、Update、Delete 等 CRUD 服务。
- ConfigStoreCache 则主要扩展了注册 Config 变更事件处理函数 RegisterEventHandler 和开始处理流程的 Run 方法。

在 Pilot 中，目前实现了 ConfigStoreCache 的 controller 主要有以下 5 种。

- crd/controller/controller.go。
- serviceregistry/mcp/controller.go。
- kube/gateway/controller.go。
- kube/ingress/controller.go。
- memory/controller.go。

其中，比较关键的是 CRD Controller。CRD 是 CustomResourceDefinition 的缩写，CRD Controller 利用 SharedIndexInformer 实现对 CRD 资源的 list/watch。将 Add、Update 和 Delete 事件涉及的 CRD 资源对象封装为一个 Task，并 push 到 Config Controller 的 queue 里，queue 队列始终处于监听状态，只要队列中有内容，就会回调 task()函数执行。关键代码的实现如下。

```
//Go 语言，源码摘自 pilot-discovery，
//pilot-discovery 实现配置监听的关键部分，接上一段代码中的 registerHandlers

func  registerHandlers(informer  cache.SharedIndexInformer,  q  queue.Instance,  otype
string,
    handler func(interface{}, model.Event) error) {

    informer.AddEventHandler(
        cache.ResourceEventHandlerFuncs{
            AddFunc: func(obj interface{}) {
                ...
                q.Push(...)
                ...
            },
            UpdateFunc: func(old, cur interface{}) {
                ...
                q.Push(...)
                ...
            },
            DeleteFunc: func(obj interface{}) {
                ...
                q.Push(...)
                ...
            },
        })
}

//queue 的实现，始终等待执行 task
func (q *queueImpl) Run(stop <-chan struct{}) {
    ...
    for {
        if len(q.tasks) == 0 {
            return
        }
        task, q.tasks = q.tasks[0], q.tasks[1:]
        task()
    }
}
```

3.4.2 Citadel

Citadel 是 Istio 中负责身份认证和证书管理的核心安全组件，Istio 1.5 之后的版本取消了其独立进程，将其作为一个模块整合在 istiod 中。本小节将介绍 Citadel 的基本功能和工作原理。

3.4.2.1 Citadel 基本功能

总体来说，Istio 的安全架构中主要包括以下内容。

- 证书签发机构（CA）负责密钥和证书管理。
- API 服务器将安全配置分发给数据平面。
- 客户端、服务端通过代理进行安全通信。
- Envoy 代理管理遥测和审计。

Istio 的身份标识模型可以使用一级服务标识确定请求的来源，灵活标识终端用户、工作负载等。在平台层面，Istio 可以使用服务名称或平台提供的服务标识来标识身份，比如，Kubernetes 的 ServiceAccount，AWS IAM 用户、角色账户等。

在身份和证书管理方面，Istio 使用 X.509 证书，并支持密钥和证书的自动轮换。Istio 从 1.1 版本开始支持安全发现服务器（SDS），随着不断地完善和增强，SDS 在 Istio 1.5 版本中已经成为默认开启的组件。Citadel 以前有两个功能：将证书以 Secret 的方式挂载到命名空间里；通过 SDS gRPC 接口与 nodeagent（已废弃）通信。目前，Citadel 只需要完成与 SDS 相关的工作，其他功能被移到 istiod 中了。

3.4.2.2 Citadel 工作原理

Citadel 主要包括 CA 服务器、SDS 服务器、证书密钥控制器和证书轮换等模块。这些模块的工作原理如下。

1．CA 服务器

Citadel 中的 CA 签发机构是一个 gRPC 服务器，启动时会注册两个 gRPC 服务：一个是 CA 服务，用来处理 CSR 请求（Certificate Signing Request）；另一个是证书服务，用来签发证书。CA 首先通过 HandleCSR 接口处理来自客户端的 CSR 请求，然后对客户端进行身份认证（包括 TLS 认证和 JWT 认证），认证成功后会调用 CreateCertificate 进行证书签发。

2．SDS 服务器

SDS 即安全发现服务（Secret Discovery Service），是一种在运行时动态获取证书私钥的 API。Envoy 代理通过 SDS 动态获取证书私钥。Istio 中的 SDS 服务器负责证书管理，并实现了安全配置的自动化。与传统的方式相比，使用 SDS 主要有以下优点。

- 无须挂载 Secret 卷。

- 动态更新证书，无须重启。
- 可以监听多个证书密钥对。

使用 SDS 的证书请求流程如图 3-4 所示。

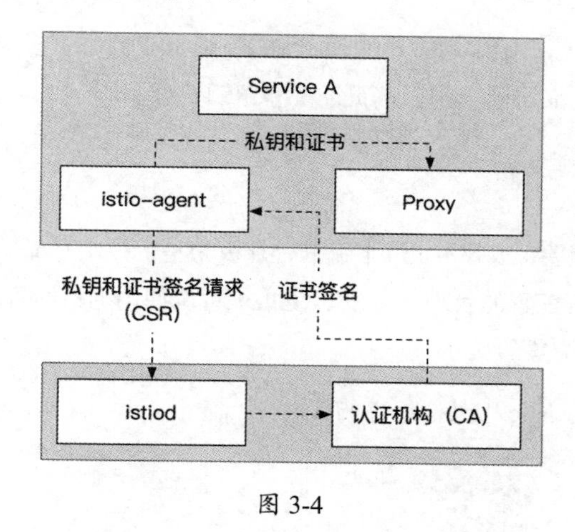

图 3-4

在目前的版本中，SDS 是默认开启的，其工作流程如下。

- Envoy 通过 SDS API 发送证书和密钥请求。
- istio-agent 作为 Envoy 的代理，创建一个私钥和证书签名请求（CSR），并发送给 istiod。
- 证书签发机构验证收到 CSR 并生成证书。
- istio-agent 将私钥和从 istiod 中收到的证书通过 SDS API 发送给 Envoy。
- 以上流程周期性执行，实现密钥和证书的轮换。

3. 证书密钥控制器

证书密钥控制器可以监听 istio.io/key-and-cert 类型的 Secret 资源，还会周期性地检查证书是否过期，并更新证书。

4. 证书轮换

如果没有自动证书轮换功能，当证书过期时，就不得不重启签发，并重启代理。证书轮换功能解决了这一问题，提高了服务的可用性。Istio 通过一个轮换器（Rotator）自动检查自签名的根证书，并在证书即将过期时进行更新。它本质上是一个协程（Goroutine），在后台轮询中实现。

- 获取当前证书，解析证书的有效期并获取下一次轮换时间。
- 启动定时器，如果发现证书到达轮换时间，则从 CA 中获取最新的证书密钥对。
- 更新证书。

从 Istio 1.5 版本开始，Citadel 从独立的进程变成了 istiod 中的一个模块，其功能也逐渐被弱化，目前主要和 istiod、istio-agent 协同工作，负责证书和密钥管理。

3.4.3 Galley

Galley 原来仅负责配置验证，在 Istio 1.1 版本后升级为整个控制平面的配置管理中心，除了继续提供配置验证功能，还负责配置的管理和分发。Galley 可以使用网格配置协议（Mesh Configuration Protocol）和其他组件进行配置的交互。

图 3-5 所示为 Galley 与 Istio 中其他组件的交互。

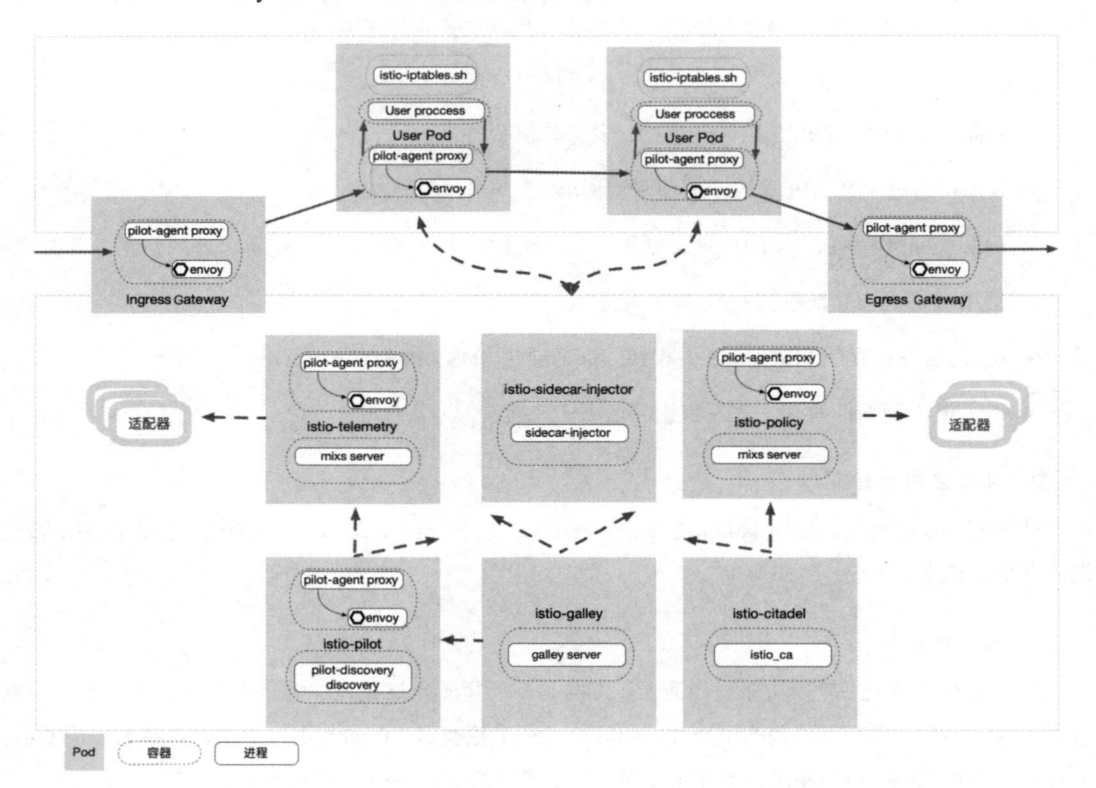

图 3-5

3.4.3.1 Galley 的演进背景

在 Kubernetes 场景下，“配置（Configuration）”一词主要指通过 YAML 编写的 Resource Definition，如 service、Pod，以及扩展的 CRD（Custom Resource Definition）。具体的 CRD，如 Istio 的 VirtualService、DestinationRule 等。

声明式 API 是 Kubernetes 项目编排能力“赖以生存”的核心，而配置是声明式 API 的承载方式。

Istio 项目的设计与实现，其实都依托于 Kubernetes 的声明式 API 和它所提供的各种编排能力。可以说，Istio 是在 Kubernetes 项目使用上的一位“集大成者”。Istio 项目有多火热，就说明 Kubernetes 这套“声明式 API”有多成功。

Kubernetes 内置了几十个 resource，Istio 创造了 50 多个 CRD，其复杂度可见一斑，所以有人说面向 Kubernetes 编程近似于面向 YAML 编程。

早期的 Galley 只负责对配置进行运行时验证，Istio 控制平面的各个组件各自对其关注的配置执行 list/watch 操作。

越来越多且复杂的“配置”给 Istio 用户带来了诸多不便，主要体现在以下方面。

- 配置缺乏统一管理，组件各自订阅，缺乏统一回滚机制，使配置问题难以定位。
- 配置可复用度低。比如，在 Istio 1.1 版本之前，每个 Mixer Adapter 都需要定义一个新的 CRD。
- 配置的隔离、ACL 控制、一致性、抽象程度、序列化等方面都不令人满意。

随着 Istio 功能的演进，可预见的 Istio CRD 数量还会继续增加，社区计划将 Galley 强化为 Istio 配置控制层。因此 Galley 除了继续提供配置验证功能，还将提供配置管理流水线功能，包括输入、转换、分发，以及适合 Istio 控制平面的配置分发协议（MCP）。

3.4.3.2 Galley 配置验证功能

Galley 使用了 Kubernetes 提供的一个 Admission Webhook——ValidatingWebhook 来做配置的验证，如图 3-6 所示。

Istio 需要一个关于 ValidatingWebhook 的配置项，用于告诉 Kubernetes API 服务器，哪些 CRD 应该发往哪个服务的哪个接口去进行验证，该配置名为 istio-galley，简化的内容如下。

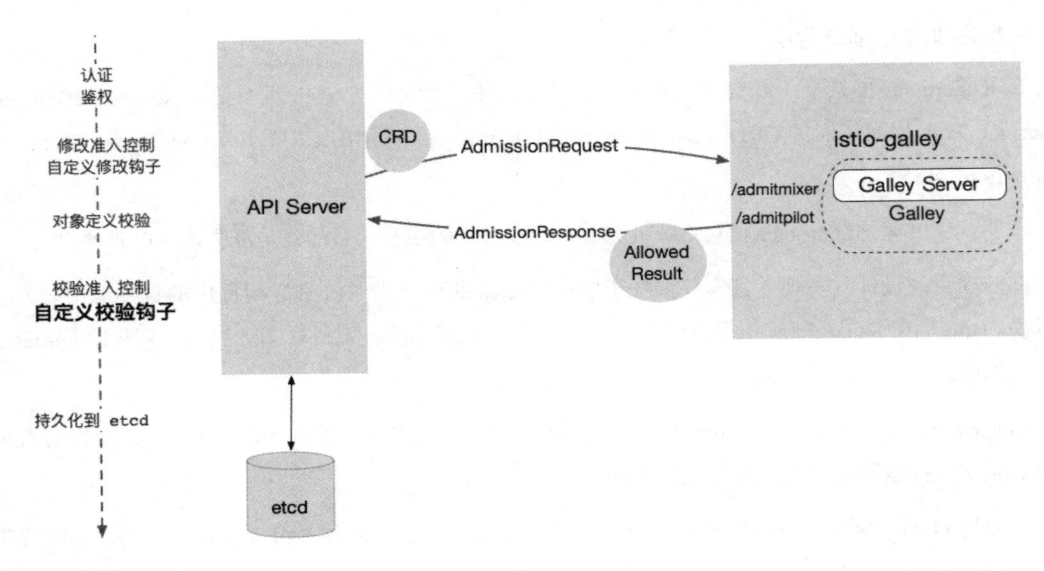

图 3-6

```
%kubectl get ValidatingWebhookConfiguration istio-galley -oyaml

apiVersion: admissionregistration.k8s.io/v1beta1
kind: ValidatingWebhookConfiguration
metadata:
  name: istio-galley
webhooks:
- clientConfig:
  ......
    service:
      name: istio-galley
      namespace: istio-system
      path: /admitpilot
  failurePolicy: Fail
  name: pilot.validation.istio.io
  rules:
  ...Pilot 关注的 CRD...
    - gateways
    - virtualservices
  ......
- clientConfig:
  ......
    service:
      name: istio-galley
      namespace: istio-system
      path: /admitmixer
  name: mixer.validation.istio.io
```

```
rules:
...Mixer 关注的 CRD...
  - rules
  - metrics
......
```

可以看到，该配置将 Pilot 和 Mixer 关注的 CRD，分别发到了服务 istio-galley 的/admitpilot 和/admitmixer 中。在 Galley 源码中，可以很容易找到这两个 path Handler 的入口。

```
h.HandleFunc("/admitpilot", wh.serveAdmitPilot)
h.HandleFunc("/admitmixer", wh.serveAdmitMixer)
```

3.4.3.3 MCP 协议

MCP 提供了一套用于配置订阅和分发的 API，这些 API 在 MCP 中可以被抽象为以下模型。

- source："配置"的提供端，在 Istio 中，Galley 即 source。
- sink："配置"的消费端，在 Istio 中，典型的 sink 包括 Pilot 和 Mixer 组件。
- resource：source 和 sink 关注的资源体，就是 Istio 中的"配置"。

当 sink 和 source 之间建立了对某些 resource 的订阅和分发关系后，source 会将指定 resource 的变化信息推送给 sink，sink 端可以选择接受或不接受 resource 更新（比如，格式错误的情况），并对应返回 ACK/NACK 给 source 端。

其中包括两个 service：ResourceSource 和 ResourceSink。在通常情况下，source 会作为 gRPC 的服务端，提供 ResourceSource 服务；sink 作为 gRPC 的客户端，会主动发起请求连接 source。不过在有的 Istio 场景下，source 会作为 gRPC 的服务端，sink 作为 gRPC 的服务端提供 ResourceSink 服务，同时 source 会主动发起请求连接 sink。

以上两个服务，内部功能逻辑都是一致的，都是 sink 需要订阅 source 管理的 resource，区别在于是哪端主动发起的连接请求。

具体到 Istio 的场景中，上述过程如下。

- 在单 Kubernetes 集群的 Istio Mesh 中，Galley 默认实现了 ResourceSource 服务，Pilot 和 Mixer 会作为该 service 的客户端主动连接 Galley 进行配置订阅。
- Galley 可以配置主动连接远程的其他 sink，比如，在多 Kubernetes 集群的 Mesh 中，主集群中的 Galley 可以为多个集群的 Pilot/Mixer 提供配置管理，跨集群的 Pilot/Mixer 无法主动连接主集群 Galley，这时 Galley 就可以作为 gRPC 的客户端主动发起连接，跨集群的 Pilot/Mixer

作为 gRPC 服务端实现 ResourceSink 服务。

3.4.3.4 Galley 配置管理实现

Galley 进程对外暴露了若干服务，最重要的就是基于 gRPC 的 MCP 服务，以及 HTTP 的验证服务，除此之外，还提供了 prometheus exporter 接口及 Profiling 接口。

```
if serverArgs.EnableServer { //配置管理服务
    go server.RunServer(serverArgs, livenessProbeController, readinessProbeController)
}
if validationArgs.EnableValidation { //验证服务
    go validation.RunValidation(validationArgs, kubeConfig, livenessProbeController,
readinessProbeController)
}

//提供 prometheus exporter 接口
go server.StartSelfMonitoring(galleyStop, monitoringPort)

if enableProfiling {
    //使用包 net/http/pprof
    //通过 HTTP Server 提供 Profiling 接口
    go server.StartProfiling(galleyStop, pprofPort)
}
//开始探针更新
go      server.StartProbeCheck(livenessProbeController,      readinessProbeController,
galleyStop)
```

Galley 配置服务结构如图 3-7 所示。

从图 3-7 中可以看到，Galley 配置服务主要包括 Processor 和负责 MCP 通信的 gRPC Server。其中，Processor 又由以下部分组成。

- Source：代表 Galley 管理配置的来源。
- Handler：对“配置”事件进行处理的处理器。
- State：Galley 管理的“配置”在内存中的状态。

Galley 源码展示了面向抽象（Interface）编程的好处，其中，Source 是对“配置”数据源的抽象，Distributor 是对“配置”快照存储的抽象，Watcher 是对“配置”订阅端的抽象。抽象的具体实现方式可以组合起来使用。另外，Galley 组件之间也会充分解耦，组件之间的数据通过 chan/watcher 等流转。

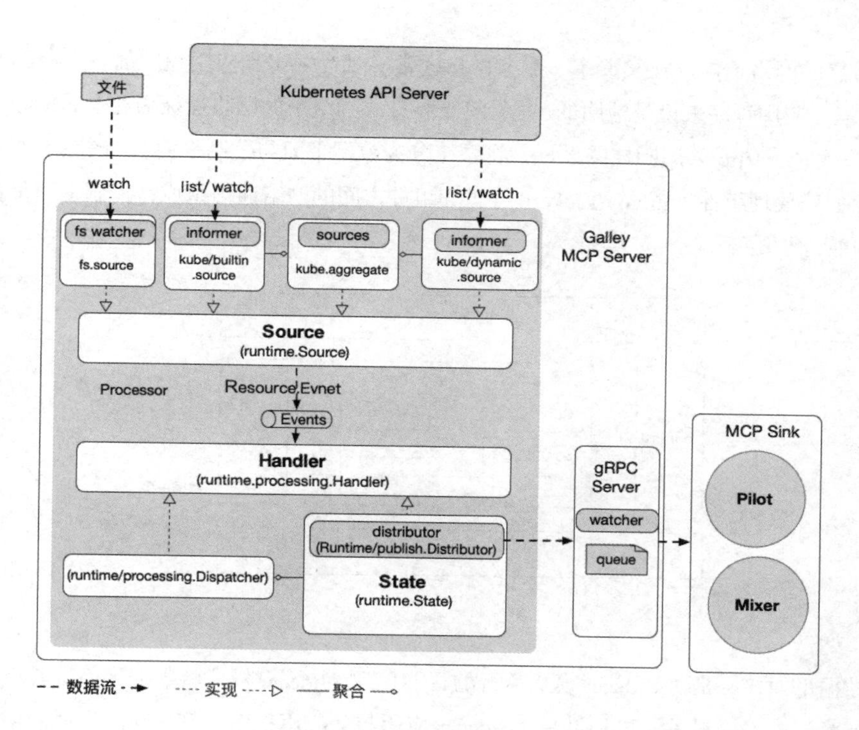

图 3-7

3.5 数据平面

数据平面（Data Plane）是最先出现在分层网络中的概念，网络层一般被分为控制平面（Control Plane）与数据平面。控制平面主要为数据包的快速转发准备必要信息，如路由协议、设备管理信息、命令行、ARP、IGMP 等；而数据平面则主要负责高速地处理和转发数据包，因为所有由网络处理器处理的数据包都必须经过这里，所以数据平面是影响整个系统性能的关键因素。这样划分的目的是把不同类型的工作分离开，避免不同类型的事务相互干扰。数据平面的转发工作无疑是网络层的重要工作，需要最高的优先级；而控制平面的路由协议等无须在短时间内处理大量的包，可以将其放到次一级的优先级中。数据平面可以专注使用定制序列化等各种技术来提高传输速率，而控制平面则可以借助通用库达到更好的控制与保护效果。

3.5.1 数据平面的概念

服务网格（Service Mesh）是一个用于处理服务间通信的基础设施层，负责为构建复杂的云原生应用传递可靠的网络请求。在实践中，服务网格通常实现为一组和应用程序部署在一起的轻量级的网络代理，但对应用程序来说是透明的。这看起来和分层网络中的网络层极为相似，因此作为 Service Mesh 的典型实现，Istio 采用同样的设计，将系统分为数据平面与控制平面，如图 3-8 所示。其中，数据平面由通信代理组件（Envoy/Linkerd 等）和组件之间的网络通信组成；控制平面负责对通信代理组件进行管理和配置。

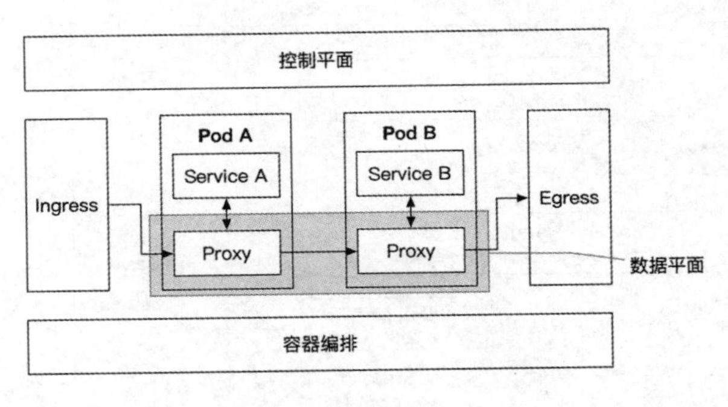

图 3-8

Istio 数据平面核心是以 Sidecar 模式运行的智能代理。Sidecar 模式将数据平面核心组件部署到单独的流程或容器中，以提供隔离和封装。Sidecar 应用与父应用程序共享相同的生命周期，与父应用程序一起创建和退出。Sidecar 应用附加到父应用程序，并为应用程序提供额外的特性支持，Sidecar 模式的详细内容此处不再赘述。

如图 3-9 所示，数据平面的 Sidecar 代理可以调节和控制微服务之间所有的网络通信，每个服务 Pod 在启动时会伴随启动 istio-init 和 Proxy 容器。其中，istio-init 容器的主要功能是初始化 Pod 网络和对 Pod 设置 iptable 规则，在设置完成后自动结束。Proxy 容器的会启动两个服务：istio-agent 及网络代理组件。istio-agent 的作用是同步管理数据，启动并管理网络代理服务进程，上报遥测数据；网络代理组件则根据管理策略完成流量管控、生成遥测数据。数据平面真正触及对网络数据包的相关操作，是上层控制平面策略的具体执行者。

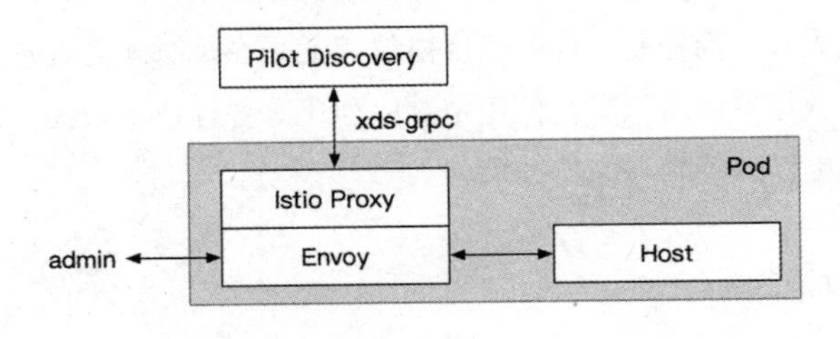

图 3-9

在 Istio 中，数据平面主要负责执行如下任务。

- 服务发现：探测所有可用的上游或后端服务实例。
- 健康检测：探测上游或后端服务实例是否健康，是否准备好接收网络流量。
- 流量路由：将网络请求路由到正确的上游或后端服务。
- 负载均衡：在对上游或后端服务进行请求时，选择合适的服务实例接收请求，同时负责处理超时、断路、重试等情况。
- 身份认证和授权：在 istio-agent 与 istiod 的配合下，对网络请求进行身份认证、权限认证，以决定是否响应及如何响应，还可以使用 mTLS 或其他机制对链路进行加密等。
- 链路追踪：对每个请求生成详细的统计信息、日志记录和分布式追踪数据，以便操作人员能够明确调用路径并在出现问题时进行调试。

简单来说，数据平面的工作就是负责有条件地转换、转发，以及观察进出服务实例的每个网络包。

目前，常见的数据平面实现如下。

- Envoy：Istio 默认使用的数据平面实现方案，使用 C++开发，性能较高。
- MOSN：由阿里巴巴公司开源，设计类似 Envoy，使用 Go 语言开发，优化了过多协议支持的问题。
- Linkerd：一个提供弹性云原生应用服务网格的开源项目，也是面向微服务的开源 RPC 代理，使用 Scala 开发。它的核心是一个透明代理，因此也可作为典型的数据平面实现方案。

3.5.2 Sidecar 注入及透明流量劫持

将应用程序的功能划分为多个单独的进程，使其运行在同一个最小调度单元中（如 Kubernetes 中的 Pod），这便被视为 Sidecar 模式。如图 3-10 所示，Sidecar 模式允许用户在应用程序旁边添加更多功能，而无须配置额外的第三方组件或修改应用程序代码。

Sidecar 就像连接了三轮摩托车一样，在软件架构中可以连接到父应用程序，并为其添加扩展或增强功能。Sidecar 应用与主应用程序松散耦合时，可以屏蔽不同编程语言的差异，统一实现微服务的可观察性、监控、日志记录、配置、断路器等功能。

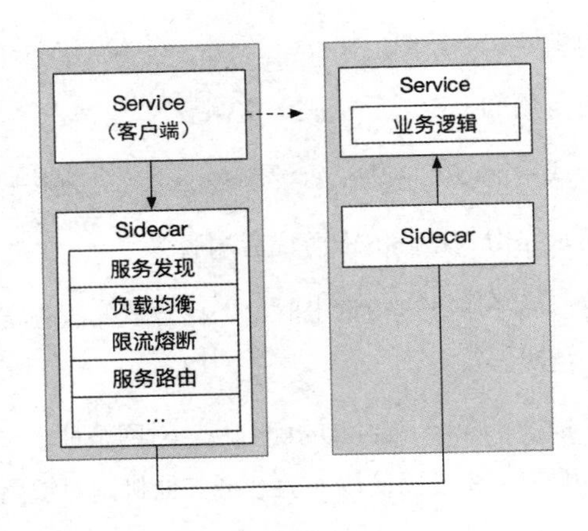

图 3-10

3.5.2.1 使用 Sidecar 模式的优势

在使用 Sidecar 模式部署服务网格时，无须在节点上运行代理，但是需要在集群中运行多个相同的 Sidecar 副本。在 Sidecar 部署方式中，每个应用的容器旁边都会部署一个伴生容器（如 Envoy 或 MOSN），这个容器被称为 Sidecar 容器。Sidecar 接管进出应用容器的所有流量。在 Kubernetes 的 Pod 中，在原有的应用容器旁边注入一个 Sidecar 容器，这两个容器共享存储、网络等资源，可以广义地将这个包含了 Sidecar 容器的 Pod 理解为一台主机，而这两个容器共享主机资源。

因部署结构独特，Sidecar 模式具有以下优势。

- 将与应用业务逻辑无关的功能抽象到共同基础设施，降低了微服务代码的复杂度。
- 因为不再需要编写相同的第三方组件配置文件和代码，所以能够降低微服务架构中的代码重复度。
- Sidecar 可以独立升级，降低了应用程序代码和底层平台的耦合度。

3.5.2.2 Istio 中的 Sidecar 注入

Istio 中提供了以下两种 Sidecar 注入方式。

- 使用 istioctl 手动注入。
- 基于 Kubernetes 的突变 Webhook 入驻控制器自动注入。

不论是手动注入还是自动注入，Sidecar 的注入过程都需要遵循如下步骤。

（1）Kubernetes 需要了解待注入的 Sidecar 所连接的 Istio 集群及其配置。

（2）Kubernetes 需要了解待注入的 Sidecar 容器本身的配置，如镜像地址、启动参数等。

（3）Kubernetes 根据 Sidecar 注入模板和以上配置填充 Sidecar 的配置参数，将以上配置注入应用容器的一侧。

使用下面的命令可以手动注入 Sidecar。

```
istioctl kube-inject -f ${YAML_FILE} | kubectl apply -f -
```

该命令会使用 Istio 内置的 Sidecar 配置进行注入，Istio 的详细配置请参考 Istio 官方网站。

在注入完成后将看到 Istio 为原有的 Pod Template 注入了 initContainers 及 Sidecar Proxy 相关配置。

Init 容器是一种专用容器，在应用程序容器启动之前运行，用来包含一些应用镜像中不存在的实用工具或安装脚本。

一个 Pod 中可以指定多个 Init 容器，如果指定了多个，则 Init 容器将按顺序依次运行。只有当前面的 Init 容器运行成功后，下一个 Init 容器才可以运行。当所有的 Init 容器运行完成后，Kubernetes 才初始化 Pod 并运行应用程序容器。

Init 容器使用了 Linux Namespace，相对应用程序容器来说，具有不同的文件系统视图。因此，Init 容器具有访问 Secret 的权限，而应用程序容器则不具有。

在 Pod 启动过程中，Init 容器会按顺序在网络和数据初始化之后启动。每个容器必须在下一个容器启动之前成功退出。如果在运行时失败或退出，将导致容器启动失败，它就会根据 Pod 中 restartPolicy 指定的策略进行重试。然而，如果将 Pod 的 restartPolicy 设置为 Always，则会在 Init 容器失败时使用 restartPolicy 策略。

在所有的 Init 容器成功运行之前，Pod 不会变成 Ready 状态，Init 容器的端口也不会在 Service 中进行聚集。正在初始化中的 Pod 处于 Pending 状态。

3.5.2.3 Sidecar 注入实例分析

以 Istio 官方提供的 Bookinfo 中 productpage 的 YAML 为例，（关于 Bookinfo 应用的详细 YAML 配置请参考 bookinfo.yaml），下文将从以下 3 个方面进行讲解。

- Sidecar 容器的注入。
- iptables 规则的创建。
- 路由的详细过程。

productpage 的 YAML 如下。

```yaml
apiVersion: apps/v1
kind: Deployment
metadata:
  name: productpage-v1
  labels:
    app: productpage
    version: v1
spec:
  replicas: 1
  selector:
    matchLabels:
      app: productpage
      version: v1
  template:
    metadata:
      labels:
        app: productpage
        version: v1
    spec:
      serviceAccountName: bookinfo-productpage
      containers:
      - name: productpage
        image: docker.io/istio/examples-bookinfo-productpage-v1:1.15.0
        imagePullPolicy: IfNotPresent
        ports:
        - containerPort: 9080
        volumeMounts:
        - name: tmp
          mountPath: /tmp
      volumes:
      - name: tmp
        emptyDir: {}
```

查看 productpage 容器的 Dockerfile，如下。

```dockerfile
FROM python:3.7.4-slim

COPY requirements.txt ./
RUN pip install --no-cache-dir -r requirements.txt

COPY test-requirements.txt ./
RUN pip install --no-cache-dir -r test-requirements.txt

COPY productpage.py /opt/microservices/
COPY tests/unit/* /opt/microservices/
COPY templates /opt/microservices/templates
COPY static /opt/microservices/static
COPY requirements.txt /opt/microservices/
```

```
ARG flood_factor
ENV FLOOD_FACTOR ${flood_factor:-0}

EXPOSE 9080
WORKDIR /opt/microservices
RUN python -m unittest discover

USER 1

CMD ["python", "productpage.py", "9080"]
```

由上述代码可知，Dockerfile 中没有配置 ENTRYPOINT，所以 CMD 的配置 python productpage.py 9080 将作为默认的 ENTRYPOINT。记住这一点后，查看注入 Sidecar 之后的配置。

```
$ istioctl kube-inject -f samples/bookinfo/platform/kube/bookinfo.yaml
```

这里只截取与 productpage 相关的 Deployment 配置中的部分 YAML 配置。

```
    containers:
    - image: docker.io/istio/examples-bookinfo-productpage-v1:1.15.0 #应用镜像
      name: productpage
      ports:
      - containerPort: 9080
    - args:
      - proxy
      - sidecar
      - --domain
      - $(POD_NAMESPACE).svc.cluster.local
      - --configPath
      - /etc/istio/proxy
      - --binaryPath
      - /usr/local/bin/envoy
      - --serviceCluster
      - productpage.$(POD_NAMESPACE)
      - --drainDuration
      - 45s
      - --parentShutdownDuration
      - 1m0s
      - --discoveryAddress
      - istiod.istio-system.svc:15012
      - --zipkinAddress
      - zipkin.istio-system:9411
      - --proxyLogLevel=warning
      - --proxyComponentLogLevel=misc:error
      - --connectTimeout
      - 10s
      - --proxyAdminPort
```

```
    - "15000"
    - --concurrency
    - "2"
    - --controlPlaneAuthPolicy
    - NONE
    - --dnsRefreshRate
    - 300s
    - --statusPort
    - "15020"
    - --trust-domain=cluster.local
    - --controlPlaneBootstrap=false
    image: docker.io/istio/proxyv2:1.5.1 #Sidecar Proxy
    name: istio-proxy
    ports:
    - containerPort: 15090
      name: http-envoy-prom
      protocol: TCP
  initContainers:
  - command:
    - istio-iptables
    - -p
    - "15001"
    - -z
    - "15006"
    - -u
    - "1337"
    - -m
    - REDIRECT
    - -i
    - '*'
    - -x
    - ""
    - -b
    - '*'
    - -d
    - 15090,15020
    image: docker.io/istio/proxyv2:1.5.1 #Init 容器
    name: istio-init
```

Istio 给应用 Pod 注入的配置主要包括如下内容。

- Init 容器 istio-init：用于设置 Pod 中 iptables 端口的转发。
- Sidecar 容器 istio-proxy：运行 Sidecar 代理，如 Envoy 或 MOSN。

下面将分别解析这两个容器。

3.5.2.4 Init 容器解析

Istio 在 Pod 中注入的 Init 容器名为 istio-init，但是在 Istio 注入完成后的 YAML 文件中，该容器的启动命令如下。

```
istio-iptables -p 15001 -z 15006 -u 1337 -m REDIRECT -i '*' -x "" -b '*' -d 15090,15020
```

-p：指定重定向所有 TCP 流量的 Sidecar 端口（默认为$ENVOY_PORT = 15001）。

-m：指定入站连接重定向到 Sidecar 的模式，REDIRECT 或 TPROXY（默认为$ISTIO_INBOUND_INTERCEPTION_MODE)。

-b：逗号分隔的入站端口列表，其流量将重定向到 Envoy（可选）。使用通配符"*"表示重定向所有端口。为空时表示禁用所有入站重定向（默认为$ISTIO_INBOUND_PORTS）。

-d：指定要从重定向到 Sidecar 中排除入站端口列表（可选），以逗号格式分隔。使用通配符"*"表示重定向所有入站流量（默认为$ISTIO_LOCAL_EXCLUDE_PORTS）。

-o：逗号分隔的出站端口列表，不包括重定向到 Envoy 的端口。

-i：指定重定向到 Sidecar 的 IP 地址范围（可选），以逗号分隔 CIDR 格式列表。使用通配符"*"表示重定向所有出站流量。空列表将禁用所有出站重定向（默认为$ISTIO_SERVICE_CIDR）。

-x：指定将从重定向中排除的 IP 地址范围，以逗号分隔 CIDR 格式列表。使用通配符"*"表示重定向所有出站流量（默认为$ISTIO_SERVICE_EXCLUDE_CIDR）。

-k：以逗号分隔的虚拟接口列表，其入站流量（来自虚拟机的）被视为出站流量。

-g：指定不应用重定向的用户的 GID（默认值与-u param 相同）。

-u：指定不应用重定向的用户的 UID。在通常情况下，这是代理容器的 UID（默认值是 1337，即 istio-proxy 的 UID）。

-z：所有进入 Pod/VM 的 TCP 流量都应该被重定向到端口（默认$INBOUND_CAPTURE_PORT = 15006）。

以上传入参数会重新组装成 iptables 规则，关于该命令的详细用法请访问 tools/istio-iptables/pkg/cmd/root.go。

该容器存在的意义就是让 Sidecar 代理可以拦截所有进出 Pod 的流量，除了 15090 端口（Mixer 使用）和 15092 端口（Ingress Gateway）的所有入站流量都被重定向到 15006 端口（Sidecar），还可以拦截应用容器的出站（Outbound）流量，这些流量经过 Sidecar 处理（通过 15001 端口监听）后才能出站。关于 Istio 中端口的用途请参考 Istio 官方文档。

这条启动命令的作用如下。

- 将应用容器的所有流量都转发到 Sidecar 的 15006 端口。
- 使用 istio-proxy 用户身份运行，UID 为 1337，即 Sidecar 所处的用户空间，也是 istio-proxy 容器默认使用的用户。
- 使用默认的 REDIRECT 模式来重定向流量。
- 将所有出站流量都重定向到 Sidecar 代理（通过 15001 端口）。

因为 Init 容器在初始化完成后就会自动终止，所以无法登录容器查看 iptables 信息，但是 Init 容器初始化结果会保留到应用容器和 Sidecar 容器中。

检查该容器的 Dockerfile，看 ENTRYPOINT 如何确定是在启动时执行的命令。

```
#前面的内容省略
ENTRYPOINT ["/usr/local/bin/pilot-agent"]
```

由上述代码可知，pilot-agent 命令行工具将调用 istio-iptable 子命令。该子命令也是一个命令行工具，且它的代码位于 Istio 源码仓库的 tools/istio-iptables 目录中。

注意：Istio 在 1.1 版本时，还是使用 istio-iptables.sh 命令行操作 iptables 的。

Init 容器的启动入口是 istio-iptables 命令行，且该命令行工具的用法如下。

```
$ istio-iptables [flags]
```

3.5.2.5 iptables 注入解析

为了查看 iptables 配置，需要登录 Sidecar 容器使用 root 用户来查看，因为 kubectl 无法使用特权模式来远程操作 Docker 容器，所以需要登录 productpage Pod 所在的主机，使用 docker 命令登录容器进行查看。

如果使用 minikube 部署的 Kubernetes，则可以直接登录 minikube 的虚拟机并切换为 root 用户，查看 iptables 配置，列出 NAT（网络地址转换）表的所有规则。因为在 Init 容器启动时，选择给 istio-iptables 传递的参数指定了将入站流量重定向到 Sidecar 为 REDIRECT 的模式，所以在 iptables 中只有 NAT 表的规则，如果选择 TPROXY 还会有 mangle 表的规则。

这里仅查看与 productpage 有关的 iptables 规则，如下。

```
#进入 minikube 并切换为 root 用户，minikube 默认用户为 docker
$ minikube ssh
```

```
$ sudo -i

#查看 productpage Pod 在 istio-proxy 容器中的进程
$ docker top `docker ps|grep "istio-proxy_productpage"|cut -d " " -f1`
UID                 PID                 PPID                C                   STIME               TTY
TIME                CMD
1337                10576               10517               0                   08:09               ?
00:00:07            /usr/local/bin/pilot-agent proxy sidecar --domain
default.svc.cluster.local --configPath /etc/istio/proxy --binaryPath
/usr/local/bin/envoy --serviceCluster productpage.default --drainDuration 45s
--parentShutdownDuration 1m0s --discoveryAddress istiod.istio-system.svc:15012
--zipkinAddress zipkin.istio-system:9411 --proxyLogLevel=warning
--proxyComponentLogLevel=misc:error --connectTimeout 10s --proxyAdminPort 15000
--concurrency 2 --controlPlaneAuthPolicy NONE --dnsRefreshRate 300s --statusPort 15020
--trust-domain=cluster.local --controlPlaneBootstrap=false
1337                10660               10576               0                   08:09               ?
00:00:33            /usr/local/bin/envoy -c /etc/istio/proxy/envoy-rev0.json --restart-epoch
0 --drain-time-s 45 --parent-shutdown-time-s 60 --service-cluster productpage.default
--service-node
sidecar~172.17.0.16~productpage-v1-7f44c4d57c-ksf9b.default~default.svc.cluster.local
--max-obj-name-len 189 --local-address-ip-version v4 --log-format [Envoy (Epoch 0)]
[%Y-%m-%d %T.%e][%t][%l][%n] %v -l warning --component-log-level misc:error --concurrency
2

#使用 nsenter 进入 Sidecar 容器的命名空间（以上任何一个都可以）
$ nsenter -n --target 10660
```

在该进程的命名空间下查看 iptables 规则。

```
#查看 NAT 表中规则配置的详细信息
$iptables -t nat -L -v
# PREROUTING 链：用于目标地址转换（DNAT），将所有入站 TCP 流量转发到 ISTIO_INBOUND 链上
Chain PREROUTING (policy ACCEPT 2701 packets, 162K bytes)
 pkts bytes target     prot opt in     out     source               destination
 2701  162K ISTIO_INBOUND  tcp  --  any    any     anywhere             anywhere

#INPUT 链：处理输入数据包，非 TCP 流量将继续转发至 OUTPUT 链
Chain INPUT (policy ACCEPT 2701 packets, 162K bytes)
 pkts bytes target     prot opt in     out     source               destination

#OUTPUT 链：将所有出站数据包转发到 ISTIO_OUTPUT 链上
Chain OUTPUT (policy ACCEPT 79 packets, 6761 bytes)
 pkts bytes target     prot opt in     out     source               destination
   15   900 ISTIO_OUTPUT  tcp  --  any    any     anywhere             anywhere

#POSTROUTING 链：所有数据包在流出网卡时都要先进入 POSTROUTING 链，
#再由内核根据数据包目的地判断是否需要转发出去，此处未做任何处理
Chain POSTROUTING (policy ACCEPT 79 packets, 6761 bytes)
```

```
 pkts bytes target     prot opt in     out     source               destination

#ISTIO_INBOUND 链：先将所有入站流量重定向到 ISTIO_IN_REDIRECT 链上，
#目的地为除了 15090（Mixer 使用）和 15020（Ingress Gateway 使用，用于 Pilot 健康检查）端口的流量，
#再将发送到以上两个端口的流量返回 iptables 规则链的调用点，即 PREROUTING 链的后继 POSTROUTING
Chain ISTIO_INBOUND (1 references)
 pkts bytes target     prot opt in     out     source               destination
    0     0 RETURN     tcp  --  any    any     anywhere     anywhere     tcp dpt:ssh
    2   120 RETURN     tcp  --  any    any     anywhere     anywhere     tcp dpt:15090
 2699  162K RETURN     tcp  --  any    any  anywhere        anywhere     tcp dpt:15020
    0     0 ISTIO_IN_REDIRECT  tcp  --  any    any     anywhere       anywhere

#ISTIO_IN_REDIRECT 链：将所有的入站流量转发到本地的 15006 端口，使 Sidecar 成功地拦截了流量
Chain ISTIO_IN_REDIRECT (3 references)
 pkts bytes target     prot opt in     out     source               destination
    0     0 REDIRECT   tcp  --  any    any     anywhere             anywhere             redir
ports 15006

#ISTIO_OUTPUT 链：选择需要重定向到 Envoy（即本地）的出站流量，
#并将所有非 localhost 的流量全部转发到 ISTIO_REDIRECT。为了避免流量在该 Pod 中无限循环，
#所有到 istio-proxy 用户空间的流量都返回它的调用点中的下一条规则（本例为 OUTPUT 链，
#在跳出 ISTIO_OUTPUT 规则之后就进入下一条 POSTROUTING 链中）。
#如果目的地非 localhost，就跳转到 ISTIO_REDIRECT；如果流量是来自 istio-proxy 用户空间的，就跳出该链，
#返回它的调用链继续执行下一条规则（OUTPUT 的下一条规则，无须对流量进行处理）；
#如果流量来自所有的非 istio-proxy 用户空间，目的地是 localhost，就跳转到 ISTIO_REDIRECT 链上
Chain ISTIO_OUTPUT (1 references)
 pkts bytes target     prot opt in     out     source               destination
    0     0 RETURN     all  --  any    lo      127.0.0.6            anywhere
    0     0 ISTIO_IN_REDIRECT all  --  any    lo      anywhere         !localhost           owner
UID match 1337
    0     0 RETURN     all  --  any    lo      anywhere             anywhere             !
owner UID match 1337
   15   900 RETURN     all  --  any    any     anywhere             anywhere             owner
UID match 1337
    0     0 ISTIO_IN_REDIRECT all  --  any    lo      anywhere         !localhost           owner
GID match 1337
    0     0 RETURN     all  --  any    lo      anywhere             anywhere             !
owner GID match 1337
    0     0 RETURN     all  --  any    any     anywhere             anywhere             owner
GID match 1337
    0     0 RETURN     all  --  any    any     anywhere             localhost
    0     0 ISTIO_REDIRECT  all  --  any    any     anywhere             anywhere

#ISTIO_REDIRECT 链：将所有流量都重定向到 Sidecar（即本地）的 15001 端口
Chain ISTIO_REDIRECT (1 references)
 pkts bytes target     prot opt in     out     source               destination
    0     0 REDIRECT   tcp  --  any    any     anywhere             anywhere             redir
ports 15001
```

3.5.3 Sidecar 流量路由机制分析

流量管理是 Istio 服务网格的一项核心功能，Istio 中的很多功能，包括请求路由、负载均衡、灰度发布、流量镜像等，都是依托于其流量管理的功能实现的。在 Istio 服务网格中，Pilot 提供了控制平面的流量管理接口，而真正的流量路由则是由数据平面的 Sidecar 实现的。本节将对 Sidecar 的流量路由机制进行分析，以帮助读者理解 Istio 流量管理的实现原理。

注意：本节将对大量 Envoy 的配置文件内容进行分析。本节还采用了 JSON 格式展示 Envoy 的配置。虽然 JSON 本身并不支持注释，但是为了向读者解释配置文件中各部分内容的作用，本节将采用“// 注释...”的格式添加注释进行说明。另外，为了方便阅读，将重点展示配置中和流量路由相关的部分，省略部分内容。建议读者在阅读本节时参考 GitHub 中的完整配置文件，以辅助对本节的理解。

3.5.3.1 基本概念和术语

为了理解 Sidecar 中的流量路由机制，需要了解 Envoy 中的一些基本概念。下面介绍 Envoy 中和流量处理相关的一些术语，如果需要了解更多关于 Envoy 的内容，请参考 3.5.5 节。

- Host：能够进行网络通信的实体（如移动设备、服务器上的应用程序）。Host 是一个逻辑上的网络应用程序。在一个物理硬件上，只要 Host 是可以独立寻址的，就可以有多个 Host 运行在 EDS 接口中，可以使用 Endpoint 来表示一个应用实例，对应一个“IP + Port”的组合。
- Downstream：下游 Host 连接 Envoy，发送请求并接收响应。
- Upstream：上游 Host 接收来自 Envoy 的连接和请求，并返回响应。
- Listener：监听器是一个命名网络地址（例如，端口、UNIX Domain Socket 等)，可以被下游客户端连接。Envoy 中暴露一个或多个给下游主机连接的监听器。在 Envoy 中，Listener 可以绑定到端口上直接对外提供服务，也可以不绑定到端口上，而是接收其他 Listener 转发的请求。
- Cluster：集群，指 Envoy 连接的一组上游主机。集群中的主机是对等的，对外提供相同的服务，这些主机一起组成了一个可以提供负载均衡和高度可用的服务集群。Envoy 可以通过服务发现来发现集群中的成员，还可以选择通过主动健康检查来确定集群成员的健康状态。Envoy 通过负载均衡策略决定将请求路由到哪个集群成员。

3.5.3.2 xDS 接口

Pilot 通过 xDS 接口向数据平面的 Sidecar 下发动态配置信息，以对网格中的数据流量进行控制。xDS 中的 DS 意为 Discovery Service，即发现服务，表示 xDS 接口使用动态发现的方式为数据平面提供所需的配置数据。而 x 则是一个代词，表示有多种 Discovery Service。本节不对 xDS 接口进行展开描述，关于 xDS 接口的更多内容，请参考本书 1.2.5 节中对 xDS 的介绍。

3.5.3.3 Envoy 配置介绍

Envoy 是一个四层/七层代理，其架构非常灵活，采用了插件式的机制来实现各种功能，并通过配置的方式对其功能进行定制。Envoy 提供了两种配置的方式：通过配置文件向 Envoy 提供静态配置，或者通过 xDS 接口向 Envoy 下发动态配置。在 Istio 中同时采用了这两种方式对 Envoy 的功能进行了设置。如需了解 Envoy 的更多内容，请参考本书 1.2.6 节中对 Envoy 的介绍。

1. Envoy 初始化配置文件

在 Istio 中，Envoy 的大部分配置都来自控制平面通过 xDS 接口下发的动态配置，包括网格中服务相关的 service Cluster、Listener、Route 规则等。但 Envoy 是如何知道 xDS Server 地址的呢？这是因为 xDS Server 的地址是在 Envoy 初始化配置文件中以静态资源的方式配置的。Sidecar 容器中有一个 pilot-agent 进程，该进程根据启动参数生成 Envoy 的初始配置文件，并采用该配置文件来启动 Envoy 进程。

使用下面的命令将配置文件从 productpage Pod 中导出，并查看其中的内容。

```
kubectl exec productpage-v1-6d8bc58dd7-ts8kw -c istio-proxy cat /etc/istio/proxy/
envoy-rev0.json > envoy-rev0.json
```

该文件的结构如下。

```
{
    "node": {...},
    "stats_config": {...},
    "admin": {...},
    "dynamic_resources": {...},
    "static_resources": {...},
    "tracing": {...}
}
```

该配置文件中包含了下面的内容。

- node：包含了 Envoy 所在节点的相关信息，如节点的 ID，节点所属的 Kubernetes 集群，节点的 IP 地址等。
- admin：Envoy 的日志路径及管理端口。
- dynamic_resources：动态资源，即来自 xDS 服务器下发的配置。

- static_resources：静态资源，包括预置的一些 Listener 和 Cluster，例如，调用跟踪和指标统计使用到的 Listener 和 Cluster。
- tracing：分布式调用追踪的相关配置。

2. Envoy 完整配置

从 Envoy 初始化配置文件中，可以看出 Istio 中 Envoy Sidecar 真正的配置实际上是由两部分组成的。pilot-agent 在启动 Envoy 时将 xDS Server 信息通过静态资源的方式配置到 Envoy 的初始化配置文件中，在 Envoy 启动后通过 xDS Server 获取网格中的服务信息、路由规则等动态资源。

Envoy 完整配置的生成流程，如图 3-11 所示。

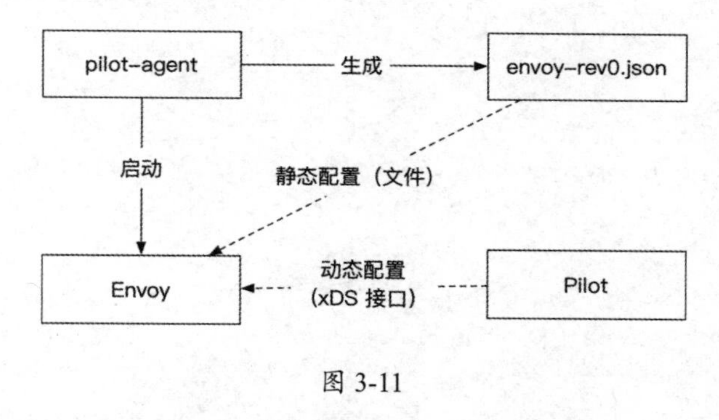

图 3-11

- pilot-agent 根据启动参数生成 Envoy 的初始配置文件 envoy-rev0.json，该文件会告诉 Envoy 从指定的 xDS Server 中获取动态配置信息，并配置了 xDS Server 的地址信息，即控制平面的 Pilot 服务器地址。
- pilot-agent 使用 envoy-rev0.json 启动 Envoy 进程。
- Envoy 根据初始配置获得 Pilot 地址，通过 xDS 接口从 Pilot 中获取到 Listener、Cluster、Route 等动态配置信息。
- Envoy 根据获取到的动态配置启动 Listener，并且根据 Listener 的配置，结合 Route 和 Cluster 对拦截到的流量进行处理。

从图 3-11 中可以看到，Envoy 中实际生效的配置是由初始化配置文件中的静态配置和从 Pilot 中获取的动态配置共同组成的。因此只对 envoy-rev0 .json 进行分析并不能看到网络中流量管理的全貌。那么，有没有办法可以看到 Envoy 中实际生效的完整配置呢？Envoy 提供了相应的管理接口，可以采用下面的命令导出 productpage-v1 服务 Sidecar 的完整配置。

```
kubectl exec -it productpage-v1-6d8bc58dd7-ts8kw -c istio-proxy curl
http://127.0.0.1:15000/config_dump > config_dump
```

该配置文件的内容如下。

```
{
 "configs": [
  {
   "@type": "type.googleapis.com/envoy.admin.v3.BootstrapConfigDump",
   "bootstrap": {},
   "last_updated": "2020-03-11T08:14:03.630Z"
   },
  {
   "@type": "type.googleapis.com/envoy.admin.v3.ClustersConfigDump",
   "version_info": "2020-03-11T08:14:06Z/23",
   "static_clusters": [...],
   "dynamic_active_clusters": [...]
  },
  {
    "@type": "type.googleapis.com/envoy.admin.v3.ListenersConfigDump",
    "version_info": "2020-03-11T08:13:39Z/22",
     "static_listeners": [...],
    "dynamic_listeners": [...]
  },
  {
   "@type": "type.googleapis.com/envoy.admin.v3.RoutesConfigDump",
   "static_route_configs": [...],
   "dynamic_route_configs": [...],
  },
  {
   "@type": "type.googleapis.com/envoy.admin.v3.SecretsConfigDump",
   "dynamic_active_secrets": [...]
   }
 ]
}
```

从导出的文件中可以看到 Envoy 主要由以下 5 部分内容组成。

- BootstrapConfigDump：初始化配置，来自初始化配置文件中配置的内容。
- ClustersConfigDump：集群配置，包括对应于外部服务的 Outbound Cluster 和自身所在节点服务的 Inbound Cluster。
- ListenersConfigDump：监听器配置，包括用于处理对外业务请求的 Outbound Listener，处理入站业务请求的 Inbound Listener，以及作为流量处理入口的 Virtual Listener。

- RoutesConfigDump：路由配置，用于 HTTP 请求的路由处理。
- SecretsConfigDump：TLS 双向认证相关的配置，包括自身的证书，以及用于验证请求方的 CA 根证书。

在上述配置中，SecretsConfigDump 主要与安全相关，此处不做过多说明。下面对该配置文件中与流量路由相关的配置进行详细分析。

1）Bootstrap

从名字可以看出这是 Envoy 的初始化配置，打开该节点，可以看到其中的内容和 envoy-rev0.json 是一致的，这里不再赘述。需要注意的是，在 Bootstrap 部分配置的一些内容也会用于其他部分，例如，Clusters 部分就包含了 Bootstrap 中定义的一些静态 Cluster 资源。

```
{
 "@type": "type.googleapis.com/envoy.admin.v3.BootstrapConfigDump",
 "bootstrap": {
  "node": {...},
  "stats_config": {...},
  "admin": {...},
  "dynamic_resources": {...},
  "static_resources": {...},
  "tracing": {...}
 },
 "last_updated": "2020-03-11T08:14:03.630Z"
},
```

2）Cluster

这部分配置定义了 Envoy 中所有的 Cluster，即服务集群。Cluster 中包含一个或多个 Endpoint，且每个 Endpoint 都可以提供服务。Envoy 根据负载均衡算法将请求发送到这些 Endpoint 中。

从配置文件结构中可以看到，在 productpage 的 Cluster 配置中包含 static_clusters 和 dynamic_active_clusters 两部分，其中 static_clusters 是来自 envoy-rev0.json 的初始化配置中的 prometheus_stats、xDS Server、Zipkin Server 信息；dynamic_active_clusters 是 Envoy 通过 xDS 接口从 Istio 控制平面获取的服务信息。

其中，Dynamic Cluster 又分为以下几类。

第一类，Outbound Cluster。

这部分的 Cluster 占了绝大多数，该类 Cluster 对应于 Envoy 所在节点的外部服务。以 reviews 为例，对 productpage 来说，reviews 是一个外部服务，因此在 Cluster 名称中包含 Outbound 字样。

从 reviews 服务对应的 Cluster 配置中可以看到，其类型为 EDS，即表示该 Cluster 的 Endpoint 来自动态发现，在动态发现中 eds_config 指向了 ads，最终指向 static resource 中配置的 xds-grpc Cluster，即 Pilot 的地址。

```
{
 "version_info": "2020-03-11T08:13:39Z/22",
 "cluster": {
  "@type": "type.googleapis.com/envoy.api.v2.Cluster",
  "name": "outbound|9080||reviews.default.svc.cluster.local",
  "type": "EDS",
  "eds_cluster_config": {
   "eds_config": {
    "ads": {}
   },
   "service_name": "outbound|9080||reviews.default.svc.cluster.local"
  },
  "connect_timeout": "1s",
  "circuit_breakers": {},
  "filters": [],
  "transport_socket_matches": []
 },
 "last_updated": "2020-03-11T08:14:04.664Z"
}
```

通过 Pilot 的调试接口获取该 Cluster 的 Endpoint。

```
curl http://10.97.222.108:15014/debug/edsz > pilot_eds_dump
```

从导出的文件内容可以看到，reviews Cluster 配置了 3 个 Endpoint 地址，是 reviews 的 Pod IP 地址。

```
{
  "clusterName": "outbound|9080||reviews.default.svc.cluster.local",
  "endpoints": [
    {
      "lbEndpoints": [
        {
          "endpoint": {
            "address": {
              "socketAddress": {
                "address": "10.40.0.15",
                "portValue": 9080
              }
            }
          },
          "metadata": {},
          "loadBalancingWeight": 1
        },
        {
```

```
          "endpoint": {
            "address": {
              "socketAddress": {
                "address": "10.40.0.16",
                "portValue": 9080
              }
            }
          },
          "metadata": {},
          "loadBalancingWeight": 1
        },
        {
          "endpoint": {
            "address": {
              "socketAddress": {
                "address": "10.40.0.17",
                "portValue": 9080
              }
            }
          },
          "metadata": {},
          "loadBalancingWeight": 1
        }
      ],
      "loadBalancingWeight": 3
    }
  ]
}
```

第二类，Inbound Cluster。

对 Envoy 来说，Inbound Cluster 对应于入站请求的 Upstream 集群，即 Envoy 自身所在节点的服务。对于 productpage Pod 上的 Envoy，其对应的 Inbound Cluster 只有一个，即 productpage。Inbound Cluster 对应的 Host 为 127.0.0.1，即回环地址上 productpage 的监听端口。由于 iptable 规则中排除了 127.0.0.1，入站请求，因此通过 Inbound Cluster 处理后将跳过 Envoy，直接发送给 productpage 进程处理。

```
{
 "version_info": "2020-03-11T08:13:39Z/22",
 "cluster": {
  "@type": "type.googleapis.com/envoy.api.v2.Cluster",
  "name": "inbound|9080|http|productpage.default.svc.cluster.local",
  "type": "STATIC",
  "connect_timeout": "1s",
  "circuit_breakers": {
   "thresholds": []
```

```
},
"load_assignment": {
 "cluster_name": "inbound|9080|http|productpage.default.svc.cluster.local",
 "endpoints": [
  {
   "lb_endpoints": [
    {
     "endpoint": {
      "address": {
       "socket_address": {
        "address": "127.0.0.1",
        "port_value": 9080
       }
      }
     }
    }
   ]
  }
 ]
}
},
"last_updated": "2020-03-11T08:14:04.684Z"
}
```

第三类，BlackHoleCluster。

这是一个特殊的 Cluster，其中并没有配置后端处理请求的 Host。正如其名字所表明的意思一样，在请求进入该 Cluster 后如同进入了一个黑洞，将被丢弃掉，而不是发送一个 Upstream Host。

```
{
    "version_info": "2020-03-11T08:13:39Z/22",
    "cluster": {
     "@type": "type.googleapis.com/envoy.api.v2.Cluster",
     "name": "BlackHoleCluster",
     "type": "STATIC",
     "connect_timeout": "1s",
     "filters": []
    },
    "last_updated": "2020-03-11T08:14:04.665Z"
```

第四类，PassthroughCluster。

该 Cluster 的 type 被设置为 ORIGINAL_DST，表明任何向该 Cluster 发送的请求都会被直接发送到其请求中的原始目的地，Envoy 不会对请求进行重新路由。

```
{
 "version_info": "2020-03-11T08:13:39Z/22",
 "cluster": {
```

```
  "@type": "type.googleapis.com/envoy.api.v2.Cluster",
  "name": "PassthroughCluster",
  "type": "ORIGINAL_DST",
  "connect_timeout": "1s",
  "lb_policy": "CLUSTER_PROVIDED",
  "circuit_breakers": {
   "thresholds": []
  },
  "filters": []
 },
 "last_updated": "2020-03-11T08:14:04.666Z"
}
```

3）Listener

Envoy 使用 Listener 接收并处理 Downstream 发过来的请求。Listener 采用插件式的架构，可以通过配置不同的 filter 在 Listener 中插入不同的处理逻辑。

Listener 可以绑定到 IP Socket 或 UNIX Domain Socket 上，以接收来自客户端的请求；也可以不绑定，而是接收从其他 Listener 转发来的数据。Istio 利用了 Envoy Listener 的这一特点，通过 Virtual Outbound Listener 在一个端口接收所有出站请求，并按照请求的端口分别转发给不同的 Listener 分别处理。

第一类，Virtual Outbound Listener。

Istio 在 Envoy 中配置了一个在 15001 端口监听的虚拟入口监听器。iptable 规则在将 Envoy 所在 Pod 的对外请求拦截后发到本地的 15001 端口，该监听器接收后并不进行业务处理，而是根据请求的目的端口分发给其他监听器处理。这就是该监听器取名为 Virtual（虚拟）监听器的原因。

Envoy 是如何做到按照请求的目的端口进行分发的呢？从下面 Virtual Outbound Listener 的配置中可以看到，use_original_dest 属性被设置为 true，这表示该监听器在接收到来自 Downstream 的请求后，会将请求转交给匹配该请求原目的地址的 Listener（即名字格式为 0.0.0.0_请求目的端口的 Listener）进行处理。

如果在 Envoy 的配置中找不到匹配请求目的端口的 Listener，则会根据 Istio 的 outboundTrafficPolicy 全局配置选项进行处理。此时存在两种情况。

- 如果 outboundTrafficPolicy 被设置为 ALLOW_ANY：这表明网格允许向任何外部服务发送请求，无论该服务是否在 Pilot 的服务注册表中。在该策略下，Pilot 将在下发给 Envoy 的 Virtual Outbound Listener 中加入一个 Upstream Cluster 为 PassthroughCluster 的 TCP Proxy filter，用于处理找不到匹配端口 Listener 的请求，并将请求发送到其 IP 头中的原始目的地地址。

- 如果 outboundTrafficPolicy 被设置为 REGISTRY_ONLY，则表明网络只允许向 Pilot 服务注册表中存在的服务发送对外请求。在该策略下，Pilot 将在下发给 Envoy 的 Virtual Outbound Listener 中加入一个 Upstream Cluster 为 BlackHoleCluster 的 TCP Proxy filter，找不到匹配端口 Listener 的请求会被该 TCP Proxy filter 处理，因为 BlackHoleCluster 中没有配置 Upstream Host，所以请求实际上会被丢弃。

下面是 Bookinfo 实例中 productpage 服务 Envoy Proxy 的 Virtual Outbound Listener 配置。由于 outboundTrafficPolicy 的默认配置为 ALLOW_ANY，因此在 Listener 的 filterchain 中，第二个 filterchain 是一个 Upstream Cluster 为 PassthroughCluster 的 TCP Proxy filter。需要注意的是，该 filter 没有 filter_chain_match 匹配条件，因此如果进入该 Listener 的请求在配置中找不到匹配其目的端口的 Listener，就会默认进入该 filter 进行处理。

filterchain 中的第一个 filterchain 是一个 Upstream Cluster 为 BlackHoleCluster 的 TCP Proxy filter，该 filter 设置了 filter_chain_match 匹配条件，只有向 10.40.0.18 这个 IP 地址发送出站请求才会进入该 filter 处理。10.40.0.18 是 productpage 服务自身的 IP 地址。该 filter 的目的是防止服务因向自己发送请求而导致死循环。

```
{
 "name": "virtualOutbound",
 "active_state": {
  "version_info": "2020-03-11T08:13:39Z/22",
  "listener": {
   "@type": "type.googleapis.com/envoy.api.v2.Listener",
   "name": "virtualOutbound",
   "address": {
    "socket_address": {
     "address": "0.0.0.0",
     "port_value": 15001
    }
   },
   "filter_chains": [
    {
     "filter_chain_match": {
      "prefix_ranges": [
       {
        "address_prefix": "10.40.0.18",
        "prefix_len": 32
       }
      ]
     },
     "filters": [
      {
```

```
        "name": "envoy.tcp_proxy",
        "typed_config": {
         "@type":
"type.googleapis.com/envoy.config.filter.network.tcp_proxy.v2.TcpProxy",
         "stat_prefix": "BlackHoleCluster",
         "cluster": "BlackHoleCluster"
        }
       }
      ]
     },
     {
      "filters": [
       {
        "name": "envoy.tcp_proxy",
        "typed_config": {
         "@type":
"type.googleapis.com/envoy.config.filter.network.tcp_proxy.v2.TcpProxy",
         "stat_prefix": "PassthroughCluster",
         "cluster": "PassthroughCluster",
         "access_log": []
     }
    ],
    "use_original_dst": true,
    "traffic_direction": "OUTBOUND"
   },
  "last_updated": "2020-03-11T08:14:04.929Z"
 }
},
```

第二类，Outbound Listener。

Envoy为网格中的外部服务按照端口创建多个Outbound Listener,用于处理出站请求。在Bookinfo实例程序中使用了9080作为微服务的业务端口，因此这里主要分析9080这个业务端口的Listener。和其他所有Outbound Listener一样，该Listener配置了"bind_to_port"：false属性，因此该Listener没有被绑定到TCP端口上，其接收到的所有请求都转发自15001端口的Virtual Listener。

该Listener的名称为0.0.0.0_9080，因此会匹配发送到任意IP地址的9080端口的请求。Bookinfo程序中的productpage、reviews、ratings、details四个服务都使用了9080端口，那么，Envoy如何区别处理这4个服务呢？

注意：根据业务逻辑，实际上productpage并不会调用ratings服务，但Istio并不知道各个业务之间会如何调用，因此将所有的服务信息都下发到了Envoy中。这样做对Envoy的内存占用和效率有一定影响，如果想要去掉Envoy配置中的无用数据，则可以通过Sidecar CRD对Envoy的Ingress和

Egress service 配置进行调整。

首先，iptables 拦截到 productpage 向外发出的 HTTP 请求，并转发到同一 Pod 的 Envoy Sidecar 监听的 15001 Virtual Outbound Listener 中进行处理。Envoy 根据目的端口匹配到 0.0.0.0_9080 这个 Outbound Listener，并转交给该 Listener。

如下面的配置所示，当 0.0.0.0_9080 接收到出站请求后，并不会直接将请求发送到一个 Downstream Cluster 中，而是配置了一个路由规则 9080，在该路由规则中会根据不同的请求目的地对请求进行处理。

```
{
 "name": "0.0.0.0_9080",
 "active_state": {
  "version_info": "2020-03-11T08:13:39Z/22",
  "listener": {
   "@type": "type.googleapis.com/envoy.api.v2.Listener",
   "name": "0.0.0.0_9080",
   "address": {
    "socket_address": {
     "address": "0.0.0.0",
     "port_value": 9080
    }
   },
   "filter_chains": [
    {
     "filters": [
      {
       "name": "envoy.http_connection_manager",
       "typed_config": {
        "@type":
"type.googleapis.com/envoy.config.filter.network.http_connection_manager.v2.HttpConne
ctionManager",
        "stat_prefix": "outbound_0.0.0.0_9080",
        "rds": {
         "config_source": {
          "ads": {}
         },
         "route_config_name": "9080"
        },
        ...
       }
      }
     ]
    }
   ],
   "deprecated_v1": {
```

```
      "bind_to_port": false
    },
    "traffic_direction": "OUTBOUND"
   },
   "last_updated": "2020-03-11T08:14:04.927Z"
  }
 }
```

第三类，Virtual Inbound Listener。

在较早的版本中，Istio 采用同一个 Virtual Listener 在端口 15001 上同时处理入站和出站的请求。该方案存在一些潜在的问题，例如，可能会出现死循环。在 Istio 1.4 版本之后，Istio 为 Envoy 单独创建了一个 Virtual Inbound Listener，在 15006 端口监听入站请求，原来的 15001 端口只用于处理出站请求。

另外一个变化是当 Virtual Inbound Listener 接收到请求后，将直接在 Virtual Inbound Listener 中采用一系列 filterchain 对入站请求进行处理，而不是像 Virtual Outbound Listener 一样分发给其他独立的 Listener 进行处理。

这样修改后，Envoy 配置中入站和出站的请求处理流程被完全拆分开，请求处理流程更为清晰，可以避免因配置导致的一些潜在错误。

下面是 Bookinfo 实例中 reviews 服务 Envoy Proxy 的 Virtual Inbound Listener 配置。在配置中采用注释标注了各个 filterchain 的不同作用。

```
{
 "name": "virtualInbound",
 "active_state": {
  "version_info": "2020-03-11T08:13:14Z/21",
  "listener": {
   "@type": "type.googleapis.com/envoy.api.v2.Listener",
   "name": "virtualInbound",
   "address": {
    "socket_address": {
     "address": "0.0.0.0",
     "port_value": 15006
    }
   },
   "filter_chains": [
     {...} //passthrough，启用 TLS
     {...} //passthrough，未启用 TLS
     {...} //处理发送到 15020 端口的监控检查
     {...} //9080 业务端口，启用 TLS
     {...} //9080 业务端口，未启用 TLS
   ],
```

```
    "listener_filters": [
     {
      "name": "envoy.listener.original_dst"
     },
     {
      "name": "envoy.listener.tls_inspector"
     }
    ],
    "listener_filters_timeout": "1s",
    "traffic_direction": "INBOUND",
    "continue_on_listener_filters_timeout": true
   },
   "last_updated": "2020-03-11T08:13:39.372Z"
  }
 }
```

如该配置所示，在 reviews 服务中一共配置了 5 个 filterchain，其中，最后两个 filterchain 用于业务处理：一个用于处理 HTTPS 请求；一个用于处理 plain HTTP 请求。

除了与 TLS 相关的配置，这两个 filterchain 的处理逻辑是相同的。打开 HTTPS filterchain，查看其内部的内容。

```
{
 "filter_chain_match": {
  "prefix_ranges": [
   {
    "address_prefix": "10.40.0.15",
    "prefix_len": 32
   }
  ],
  "destination_port": 9080,
  "application_protocols": [
   "istio-peer-exchange",
   "istio",
   "istio-http/1.0",
   "istio-http/1.1",
   "istio-h2"
  ]
 },
 "filters": [
  {
   "name": "envoy.filters.network.metadata_exchange",
   "config": {
    "protocol": "istio-peer-exchange"
   }
  },
  {
```

```
   "name": "envoy.http_connection_manager",
   "typed_config": {
    "@type":
"type.googleapis.com/envoy.config.filter.network.http_connection_manager.v2.HttpConne
ctionManager",
    "stat_prefix": "inbound_10.40.0.15_9080",
    "route_config": {
     "name": "inbound|9080|http|reviews.default.svc.cluster.local",
     "virtual_hosts": [
      {
       "name": "inbound|http|9080",
       "domains": [
        "*"
       ],
       "routes": [
        {
         "match": {
          "prefix": "/"
         },
         "route": {
          "cluster": "inbound|9080|http|reviews.default.svc.cluster.local",
          "timeout": "0s",
          "max_grpc_timeout": "0s"
         },
         "decorator": {
          "operation": "reviews.default.svc.cluster.local:9080/*"
         },
         "name": "default"
        }
       ]
      }
     ],
     "validate_clusters": false
    },
    "http_filters": [
     {
      "name": "envoy.filters.http.wasm",
      ......
     },
     {
      "name": "istio_authn",
      ......
     },
     {
      "name": "envoy.cors"
     },
     {
      "name": "envoy.fault"
```

```
            },
            {
             "name": "envoy.filters.http.wasm",
             ......
            {
             "name": "envoy.router"
            }
           ],
          "tracing": {
           ......
          },
          "server_name": "istio-envoy",
          ......
         }
        }
       ],
      },
      "transport_socket": {
       "name": "envoy.transport_sockets.tls",
       "typed_config": {
        "@type": "type.googleapis.com/envoy.api.v2.auth.DownstreamTlsContext",
        "common_tls_context": {
         "alpn_protocols": [
          "istio-peer-exchange",
          "h2",
          "http/1.1"
         ],
         "tls_certificate_sds_secret_configs": [
          {
           "name": "default",
           "sds_config": {
            "api_config_source": {
             "api_type": "GRPC",
             "grpc_services": [
              {
               "envoy_grpc": {
                "cluster_name": "sds-grpc"
               }
              }
             ]
            }
           }
          }
         ],
         "combined_validation_context": {
          "default_validation_context": {},
          "validation_context_sds_secret_config": {
           "name": "ROOTCA",
```

```
      "sds_config": {
       "api_config_source": {
        "api_type": "GRPC",
        "grpc_services": [
         {
          "envoy_grpc": {
           "cluster_name": "sds-grpc"
          }
         }
        ]
       }
      }
     }
    }
   },
   "require_client_certificate": true
  }
 }
}
```

该 filterchain 配置了一个 http_connection_manager filter，http_connection_manager 中又配置了 WASM、istio_authn、envoy.router 等 HTTP filter。Istio 中提供的一些基础功能，例如，安全认证、指标收集、请求限流等，就是通过该 filter 实现的。请求经过 HTTP filter 处理后，最终被转发给 inbound|9080|http|reviews.default.svc.cluster.local 这个 Inbound Cluster，该 Inbound Cluster 中配置的 Upstream 为 127.0.0.1:9080，因此该请求将被发送到和 Sidecar 同一个 Pod 的 reviews 服务的 9080 端口上进行业务处理。

在 transport_socket 部分配置的是 TLS 双向认证所需的证书信息，从配置中可以得知，Envoy 将通过 SDS（Secret Discovery Service）获取自身的服务器证书和验证客户端证书所需的根证书。

如果入站访问的目的端口不能匹配到业务服务的 filterchain，则会进入 passthrough 的 filterchain 中进行处理。该 filterchain 对应的 Cluster 为 InboundPassthroughClusterIpv4。结合 iptables 规则，该 Cluster 会把请求转发到其本地的原始目的端口进行处理。

4）Route

这部分配置是 Envoy 的 HTTP 路由规则。在前面 Listener 的分析中，可以看到 Outbound Listener 是以端口为最小粒度进行处理的，而且不同的服务可能采用了相同的端口，因此需要通过 Route 进一步对发送到同一目的端口的不同服务的请求进行区分和处理。Istio 在下发给 Sidecar 的默认路由规则中为每个端口设置了一个路由规则，并根据 Host 对请求进行路由分发。

下面是 productpage 服务中 9080 端口的路由配置，从文件中可以看到对应了 5 个 Virtual Host，分别是 details、productpage、ratings、reviews 和 allow_any，其中，前四个 Virtual Host 分别对应到不同服务的 Outbound Cluster，最后一个对应到 PassthroughCluster，即当入站的请求没有找到对应的服务时，也会让其直接通过。

```
{
 "version_info": "2020-03-11T08:13:39Z/22",
 "route_config": {
  "@type": "type.googleapis.com/envoy.api.v2.RouteConfiguration",
  "name": "9080",
  "virtual_hosts": [
   {
    "name": "allow_any",
    "domains": [
     "*"
    ],
    "routes": [
     {
      "match": {
       "prefix": "/"
      },
      "route": {
       "cluster": "PassthroughCluster",
       "timeout": "0s"
      }
     }
    ]
   },
   {
    "name": "details.default.svc.cluster.local:9080",
    "domains": [
     "details.default.svc.cluster.local",
     "details.default.svc.cluster.local:9080",
     "details",
     "details:9080",
     "details.default.svc.cluster",
     "details.default.svc.cluster:9080",
     "details.default.svc",
     "details.default.svc:9080",
     "details.default",
     "details.default:9080",
     "10.96.60.140",
     "10.96.60.140:9080"
    ],
    "routes": [
     {
```

```
      "match": {
       "prefix": "/"
      },
      "route": {
       "cluster": "outbound|9080||details.default.svc.cluster.local",
       "timeout": "0s",
       "retry_policy": {
        "retry_on":
"connect-failure,refused-stream,unavailable,cancelled,resource-exhausted,retriable-st
atus-codes",
        "num_retries": 2,
        "retry_host_predicate": [
         {
          "name": "envoy.retry_host_predicates.previous_hosts"
         }
        ],
        "host_selection_retry_max_attempts": "5",
        "retriable_status_codes": [
         503
        ]
       },
       "max_grpc_timeout": "0s"
      },
      "decorator": {
       "operation": "details.default.svc.cluster.local:9080/*"
      },
      "name": "default"
     }
    ]
   },
   {
    "name": "productpage.default.svc.cluster.local:9080",
    "domains": [
     "productpage.default.svc.cluster.local",
     ......
    ],
    "routes": [
     {
      "match": {
       "prefix": "/"
      },
      "route": {
       "cluster": "outbound|9080||productpage.default.svc.cluster.local",
       ......
    ]
   },
   {
    "name": "ratings.default.svc.cluster.local:9080",
```

```
    "domains": [
     "ratings.default.svc.cluster.local",
     ......
    ],
    "routes": [
     {
      "match": {
       "prefix": "/"
      },
      "route": {
       "cluster": "outbound|9080||ratings.default.svc.cluster.local",
       ......
    ]
   },
   {
    "name": "reviews.default.svc.cluster.local:9080",
    "domains": [
     "reviews.default.svc.cluster.local",
     ......
    ],
    "routes": [
     {
      "match": {
       "prefix": "/"
      },
      "route": {
       "cluster": "outbound|9080||reviews.default.svc.cluster.local",
       ......
},
```

3.5.3.4 Bookinfo 端到端调用分析

通过前面对 Envoy 配置文件的分析，读者对 Envoy 上生成的各种配置数据的结构，包括 Listener、Cluster、Route 和 Endpoint 应该有了一定的了解。那么，这些配置是如何有机地结合在一起，对经过网格中的流量进行路由的呢？

下面通过 Bookinfo 实例程序中一个端到端的调用请求把这些相关的配置串联起来，并使用该完整的调用流程帮助读者理解 Istio 控制平面的流量控制功能是如何在数据平面的 Envoy 上实现的。

图 3-12 所示为 Bookinfo 实例程序中 productpage 服务调用 reviews 服务的请求流程。

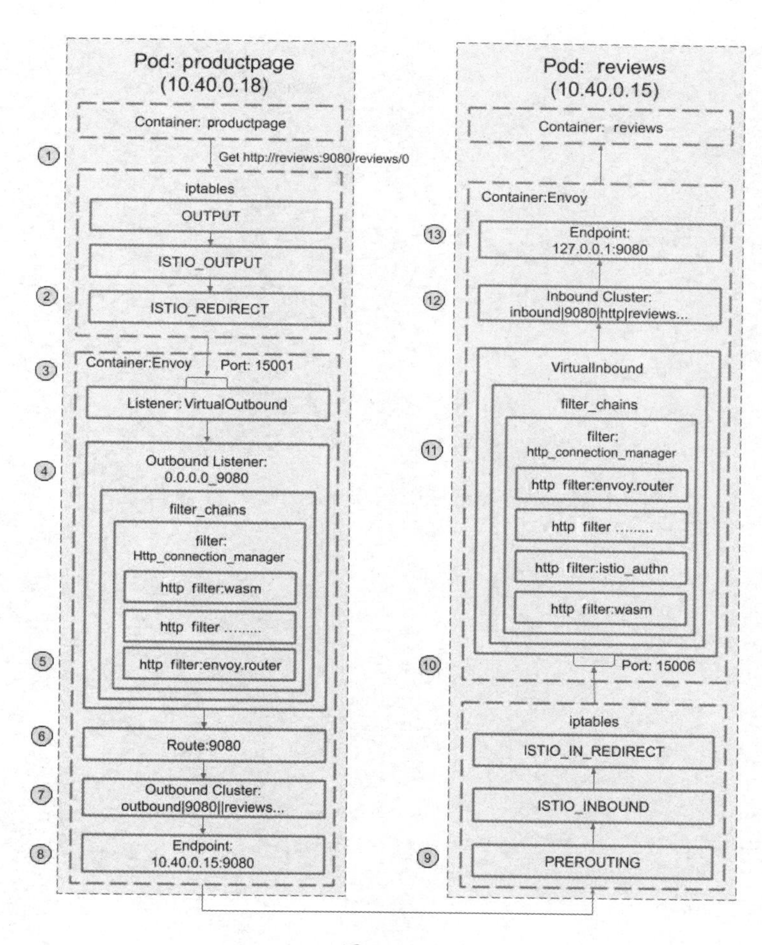

图 3-12

（1）productpage 服务发起对 reviews 服务的调用：http://reviews:9080/reviews/0。

（2）请求被 productpage Pod 的 iptable 规则拦截，重定向到本地的 15001 端口。

（3）在 15001 端口上监听的 Virtual Outbound Listener 收到了该请求。

（4）请求被 Virtual Outbound Listener 根据原目标 IP 地址（通配）和端口（9080）转发到 0.0.0.0_9080 这个 Outbound Listener 中。

```
{
 "name": "virtualOutbound",
 "active_state": {
  "version_info": "2020-03-11T08:13:39Z/22",
  "listener": {
```

```
   "@type": "type.googleapis.com/envoy.api.v2.Listener",
   "name": "virtualOutbound",
   "address": {
    "socket_address": {
     "address": "0.0.0.0",
     "port_value": 15001
    }
   },
   ......

   "use_original_dst": true,
   "traffic_direction": "OUTBOUND"
  },
  "last_updated": "2020-03-11T08:14:04.929Z"
}
```

（5）根据 0.0.0.0_9080 Listener 的 http_connection_manager filter 配置，该请求采用 9080 Route 进行分发。

```
{
     "name": "0.0.0.0_9080",
     "active_state": {
      "version_info": "2020-03-11T08:13:39Z/22",
      "listener": {
       "@type": "type.googleapis.com/envoy.api.v2.Listener",
       "name": "0.0.0.0_9080",
       "address": {
        "socket_address": {
         "address": "0.0.0.0",
         "port_value": 9080
        }
       },
       "filter_chains": [
       ......
        {
         "filters": [
          {
           "name": "envoy.http_connection_manager",
           "typed_config": {
            "@type":
"type.googleapis.com/envoy.config.filter.network.http_connection_manager.v2.HttpConne
ctionManager",
            "stat_prefix": "outbound_0.0.0.0_9080",
            "rds": {
             "config_source": {
              "ads": {}
             },
             "route_config_name": "9080"
```

```
          },
          "http_filters": [
           {
            "name": "envoy.filters.http.wasm",
            ......
           },
           {
            "name": "istio.alpn",
            ......
           },
           {
            "name": "envoy.cors"
           },
           {
            "name": "envoy.fault"
           },
           {
            "name": "envoy.filters.http.wasm",
            ......
           },
           {
            "name": "envoy.router"
           }
          ],
          "tracing": {
           "client_sampling": {
            "value": 100
           },
           "random_sampling": {
            "value": 100
           },
           "overall_sampling": {
            "value": 100
           }
          },
          ......
         }
        }
       ]
      }
     ],
     "deprecated_v1": {
      "bind_to_port": false
     },
     "traffic_direction": "OUTBOUND"
    },
    "last_updated": "2020-03-11T08:14:04.927Z"
   }
```

```
},
```

（6）在 9080 这个 Route 的配置中，Host name 为 reviews:9080 的请求对应的 Cluster 为 outbound |9080||ratings.default.svc.cluster.local。

```
{
 "version_info": "2020-03-11T08:13:39Z/22",
 "route_config": {
  "@type": "type.googleapis.com/envoy.api.v2.RouteConfiguration",
  "name": "9080",
  "virtual_hosts": [
   ......
    "name": "ratings.default.svc.cluster.local:9080",
    "domains": [
     "ratings.default.svc.cluster.local",
     "ratings.default.svc.cluster.local:9080",
     "ratings",
     "ratings:9080",
     "ratings.default.svc.cluster",
     "ratings.default.svc.cluster:9080",
     "ratings.default.svc",
     "ratings.default.svc:9080",
     "ratings.default",
     "ratings.default:9080",
     "10.102.90.243",
     "10.102.90.243:9080"
    ],
    "routes": [
     {
      "match": {
       "prefix": "/"
      },
      "route": {
       "cluster": "outbound|9080||ratings.default.svc.cluster.local",
       "timeout": "0s",
       "retry_policy": {
        "retry_on":
"connect-failure,refused-stream,unavailable,cancelled,resource-exhausted,retriable-st
atus-codes",
        "num_retries": 2,
        "retry_host_predicate": [
         {
          "name": "envoy.retry_host_predicates.previous_hosts"
         }
        ],
        "host_selection_retry_max_attempts": "5",
        "retriable_status_codes": [
         503
```

```
          ]
         },
         "max_grpc_timeout": "0s"
        },
        "decorator": {
         "operation": "ratings.default.svc.cluster.local:9080/*"
        },
        "name": "default"
       }
      ]
     },
     {
      "name": "reviews.default.svc.cluster.local:9080",
      "domains": [
       "reviews.default.svc.cluster.local",
       "reviews.default.svc.cluster.local:9080",
       "reviews",
       "reviews:9080",
       "reviews.default.svc.cluster",
       "reviews.default.svc.cluster:9080",
       "reviews.default.svc",
       "reviews.default.svc:9080",
       "reviews.default",
       "reviews.default:9080",
       "10.107.156.4",
       "10.107.156.4:9080"
      ],
      "routes": [
       {
        "match": {
         "prefix": "/"
        },
        "route": {
         "cluster": "outbound|9080||reviews.default.svc.cluster.local",
         "timeout": "0s",
         "retry_policy": {
          "retry_on":
"connect-failure,refused-stream,unavailable,cancelled,resource-exhausted,retriable-st
atus-codes",
          "num_retries": 2,
          "retry_host_predicate": [
           {
            "name": "envoy.retry_host_predicates.previous_hosts"
           }
          ],
          "host_selection_retry_max_attempts": "5",
          "retriable_status_codes": [
           503
```

```
          ]
        },
        "max_grpc_timeout": "0s"
      },
      "decorator": {
        "operation": "reviews.default.svc.cluster.local:9080/*"
      },
      "name": "default"
     }
    ]
   }
  ],
  "validate_clusters": false
 },
 "last_updated": "2020-03-11T08:14:04.971Z"
}
```

（7）outbound|9080||reviews.default.svc.cluster.local Cluster 为动态资源，通过 EDS 查询可以得到该 Cluster 中有 3 个 Endpoint。

```
{
  "clusterName": "outbound|9080||reviews.default.svc.cluster.local",
  "endpoints": [
    {
      "lbEndpoints": [
        {
          "endpoint": {
            "address": {
              "socketAddress": {
                "address": "10.40.0.15",
                "portValue": 9080
              }
            }
          },
          "metadata": {},
          "loadBalancingWeight": 1
        },
        {
          "endpoint": {
            "address": {
              "socketAddress": {
                "address": "10.40.0.16",
                "portValue": 9080
              }
            }
          },
          "metadata": {},
          "loadBalancingWeight": 1
```

```
        },
        {
          "endpoint": {
            "address": {
              "socketAddress": {
                "address": "10.40.0.17",
                "portValue": 9080
              }
            }
          },
          "metadata": {},
          "loadBalancingWeight": 1
        }
      ],
      "loadBalancingWeight": 3
    }
  ]
}
```

（8）请求被转发到其中一个 Endpoint 为 10.40.0.15 的，即 reviews-v1 所在的 Pod 中。

（9）然后该请求被 iptable 规则拦截，重定向到本地的 15006 端口。

（10）在 15006 端口上监听的 Virtual Inbound Listener 收到了该请求。

（11）根据匹配条件，请求被 Virtual Inbound Listener 内部配置的 http_connection_manager filter 处理。该 filter 设置的路由配置将其发送给 inbound|9080|http|reviews.default.svc.cluster.local 这个 Inbound Cluster。

```
{
 "name": "virtualInbound",
 "active_state": {
  "version_info": "2020-03-11T08:13:14Z/21",
  "listener": {
   "@type": "type.googleapis.com/envoy.api.v2.Listener",
   "name": "virtualInbound",
   "address": {
    "socket_address": {
     "address": "0.0.0.0",
     "port_value": 15006
    }
   },
   "filter_chains": [
    {
     "filter_chain_match": {
      "prefix_ranges": [
       {
```

```
        "address_prefix": "10.40.0.15",
        "prefix_len": 32
       }
      ],
      "destination_port": 9080,
      "application_protocols": [
       "istio-peer-exchange",
       "istio",
       "istio-http/1.0",
       "istio-http/1.1",
       "istio-h2"
      ]
     },
     "filters": [
      {
       "name": "envoy.filters.network.metadata_exchange",
       "config": {
        "protocol": "istio-peer-exchange"
       }
      },
      {
       "name": "envoy.http_connection_manager",
       "typed_config": {
        "@type":
"type.googleapis.com/envoy.config.filter.network.http_connection_manager.v2.HttpConne
ctionManager",
        "stat_prefix": "inbound_10.40.0.15_9080",
        "route_config": {
         "name": "inbound|9080|http|reviews.default.svc.cluster.local",
         "virtual_hosts": [
          {
           "name": "inbound|http|9080",
           "domains": [
            "*"
           ],
           "routes": [
            {
             "match": {
              "prefix": "/"
             },
             "route": {
              "cluster": "inbound|9080|http|reviews.default.svc.cluster.local",
              "timeout": "0s",
              "max_grpc_timeout": "0s"
             },
             "decorator": {
              "operation": "reviews.default.svc.cluster.local:9080/*"
             },
```

```
            "name": "default"
           }
          ]
         }
        ],
        "validate_clusters": false
       },
       "http_filters": [
        {
         "name": "envoy.filters.http.wasm",
         ......
        },
        {
         "name": "istio_authn",
         ......
        },
        {
         "name": "envoy.cors"
        },
        {
         "name": "envoy.fault"
        },
        {
         "name": "envoy.filters.http.wasm",
         ......
        },
        {
         "name": "envoy.router"
        }
       ],
       ......
      }
     }
    ],
    "metadata": {...},
    "transport_socket": {...}
   ],
   ......
 }
}
```

（12）inbound|9080|http|reviews.default.svc.cluster.local Cluster 配置的 Host 为 127.0.0.1:9080。

```
{
 "version_info": "2020-03-11T08:13:14Z/21",
 "cluster": {
  "@type": "type.googleapis.com/envoy.api.v2.Cluster",
  "name": "inbound|9080|http|reviews.default.svc.cluster.local",
```

```
"type": "STATIC",
"connect_timeout": "1s",
"circuit_breakers": {
 "thresholds": [
  {
   "max_connections": 4294967295,
   "max_pending_requests": 4294967295,
   "max_requests": 4294967295,
   "max_retries": 4294967295
  }
 ]
},
"load_assignment": {
 "cluster_name": "inbound|9080|http|reviews.default.svc.cluster.local",
 "endpoints": [
  {
   "lb_endpoints": [
    {
     "endpoint": {
      "address": {
       "socket_address": {
        "address": "127.0.0.1",
        "port_value": 9080
       }
      }
     }
    }
   ]
  }
 ]
}
},
"last_updated": "2020-03-11T08:13:39.118Z"
}
```

（13）请求被转发到 127.0.0.1:9080，即 reviews 服务进行业务处理。

3.5.4 Envoy

Envoy 是一款由 Lyft 开源的高性能服务代理软件，使用现代 C++ 语言（C++11 及 C++14）开发，提供四层和七层网络代理功能。2017 年，Envoy 被捐赠给 CNCF 基金会，最终成为继 Kubernetes 和 Prometheus 之后第 3 个 CNCF 毕业项目。尽管在设计之初 Envoy 没有将性能作为最终的目标，而是更加强调模块化、易测试、易开发等特性，但是它仍旧拥有足可媲美 Nginx 等经典代理软件的超高性能。在保证性能的同时，Envoy 也提供了强大的流量治理功能和可观察性。其独创的 xDS 协议则成为构建 Service Mesh 通用数据平面 API（UPDA）的基石。具体来说，Envoy 具有以下的优点。

- 高性能：使用 C++ 语言实现，基于 Libevent 事件机制及 I/O，保障性能。
- 易扩展：利用其 L3/L4/L7 筛选器机制，Envoy 可以在各个层次进行功能扩展。包括但不限于额外代理协议支持、HTTP 流量治理功能扩展等。Envoy 良好的封装和现代 C++语言对各种操作的简化，使其开发过程非常友好。此外，Envoy 也提供了基于 WASM 的扩展支持，以及基于 Lua 脚本的简单功能扩展。
- 多协议支持：原生支持代理 HTTP、Kafka、Dubbo、Redis 等多种协议。
- 动态化配置：基于 xDS 协议实现配置的完全动态化，简化配置更新操作，实现监听端口、路由规则、后端服务发现等全运行时动态下发及更新。
- 可观察性：内置日志、指标和分布式追踪 3 个模块，用于实现全方位、多维度的流量和事件观察。
- HTTP 筛选器：社区原生提供了大量的功能强大的 HTTP 筛选器，如限流、认证鉴权、缓存、压缩、gRPC 协议转换等，开箱即用。
- 社区开放活跃：Envoy 完全开源，不存在对应的商业版本，保证了它的发展不会受限于商业化；而且 Envoy 社区非常活跃，不断向前推动 Envoy 的演进和发展。

得益于以上的种种特性，Envoy 可以说已经是云原生时代数据平面的事实标准。新兴的微服务网关，如 Gloo、Ambassador 都基于 Envoy 进行扩展开发；而在服务网格中，Istio、Kong 社区 Kuma、亚马逊 AWS App Mesh 都使用 Envoy 作为默认数据平面。接下来，本节将从系统架构、xDS 协议、可观察性，以及应用场景 4 个方面介绍 Envoy 相关概念。

3.5.4.1 系统架构

在介绍更具体的内容之前，本小节先向读者介绍一些 Envoy 中常见的概念。在 Envoy 中，数据请求的入口方向被称为下游（Downstream），而数据请求的出口方向则被称为上游（Upstream）。Envoy 接收来自下游的请求并将之转发给上游。Envoy 的系统架构如图 3-13 所示。

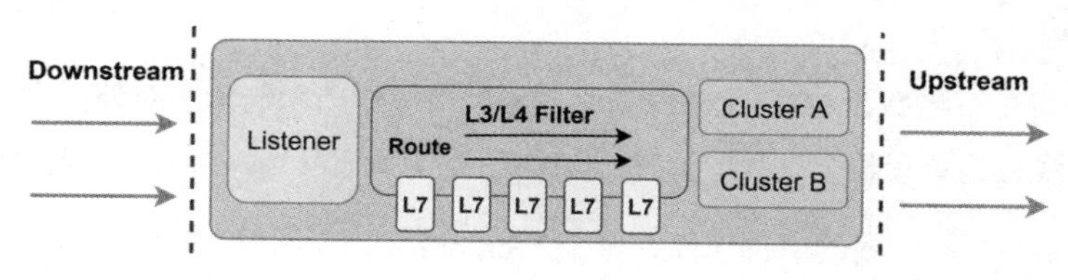

图 3-13

在下游方向，Envoy 使用监听器（Listener）来监听数据端口，接收下游连接和请求；在上游方向，Envoy 使用集群（Cluster）来抽象上游服务，管理连接池，以及与之相关的健康检查等配置。而在监听器和集群之间，Envoy 则使用筛选器（Filter）和路由（Router）将两者联系在一起。

相比于监听器、集群和路由等概念，筛选器可能需要稍微再多一点解释。筛选器是 Envoy 中可插拔的多种功能组件的统称，简单来说，筛选器就是插件。但是 Envoy 中 L3/L4 筛选器架构大大扩展了它的功能界限，以至于筛选器的内涵要比常规理解的“插件”要丰富得多，所以本小节选择直译官方名称，称其为筛选器而非插件。Envoy 包含了多种类型的筛选器。其中，L3/L4 筛选器主要用于处理连接和协议解析，不同的 L3/L4 筛选器可以使 Envoy 代理不同协议的网络数据。举例来说，Envoy 中最为核心的 HTTP 代理功能就是构筑在一个名为“HTTP 连接管理器（Http Connection Manager）”的 L4 筛选器上的。而 L7 筛选器（在绝大多数情况下，L7 筛选器都可以等同于 HTTP 筛选器）则是作为 L4 筛选器的子筛选器存在的，用于支撑实现更加丰富的流量治理功能。监听器、集群、路由和筛选器构成了 Envoy 最为核心的骨架。

1．线程模型

Envoy 采用多线程及基于 Libevent 的事件触发机制来保证其超高的性能。在 Envoy 中，共存在 3 种不同的线程，分别是 Main 线程、Worker 线程及文件刷新线程。Envoy 的线程模型如图 3-14 所示。

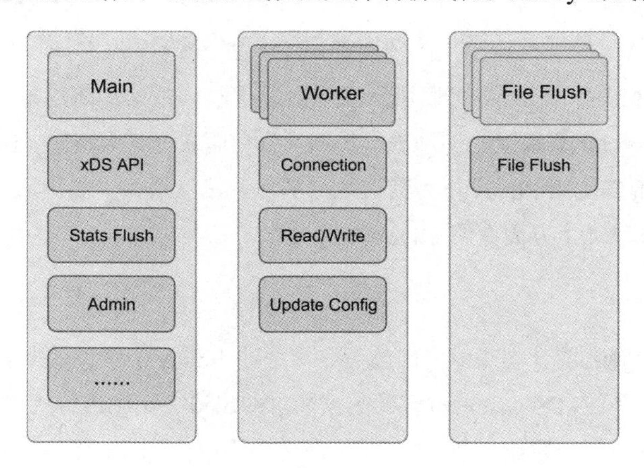

图 3-14

Main 线程负责配置更新（对接 xDS 服务）、监控指标刷新和输出、对外提供 Admin 端口等工作。此外，Main 线程也负责整个进程的管理，如处理操作系统信号、Envoy 热重启等。

Worker 线程是一个非阻塞的事件循环，每个 Worker 线程都会监听所有的 Listener，并处理相关链接和请求事件。需要注意的是，操作系统会保证一个事件最终只会被一个 Worker 线程处理。在绝大多数情况下，Worker 线程都只在不断地处理下游的请求和上游的响应。在极少数情况下，Main 线程会将配置更新以事件的形式添加到 Worker 线程的事件循环中。

文件刷新线程负责将 Envoy 需要持久化的数据写入磁盘。在 Envoy 中，所有打开的文件（主要是日志文件）都分别对应一个独立的文件刷新线程，用于周期性地把内存缓冲的数据写入磁盘文件中。而 Worker 线程在写文件时，实际只是将数据写入内存缓冲区，最终由文件刷新线程落盘。如此可以避免 Worker 线程被磁盘 I/O 所阻塞。

此外，为了尽可能地减少线程间因数据共享而引入的争用及锁操作，Envoy 设计了一套非常巧妙的 Thread Local Store 机制（简称 TLS），如果读者希望更进一步了解可以阅读 Envoy 社区提供的官方文档。这里不再深入介绍更多关于 Envoy 线程模型的技术细节。

2. 扩展功能

在对 Envoy 的整体框架及其事件模型有了一个初步的了解之后，本小节将再次着重介绍 Envoy 强大功能的源泉：筛选器。正如前文所述，筛选器本质上就是插件，因此通过扩展开发筛选器，可以在不侵入 Envoy 主干源码的前提下，实现对 Envoy 功能的扩展增强。而且 L3/L4 筛选器架构大大拓宽了 Envoy 中“扩展”二字的可能性。在 Envoy 中大量的核心功能都是以可插拔的扩展构筑在其 L3/L4 筛选器架构之上的。不过本小节并不打算过多地介绍 Envoy 中筛选器开发或实现的具体细节，而是从原理和结构层面解析不同层次筛选器的工作机制，使读者对 Envoy 筛选器及其扩展功能有一个粗略但完整的认知。Envoy 的扩展功能如图 3-15 所示。

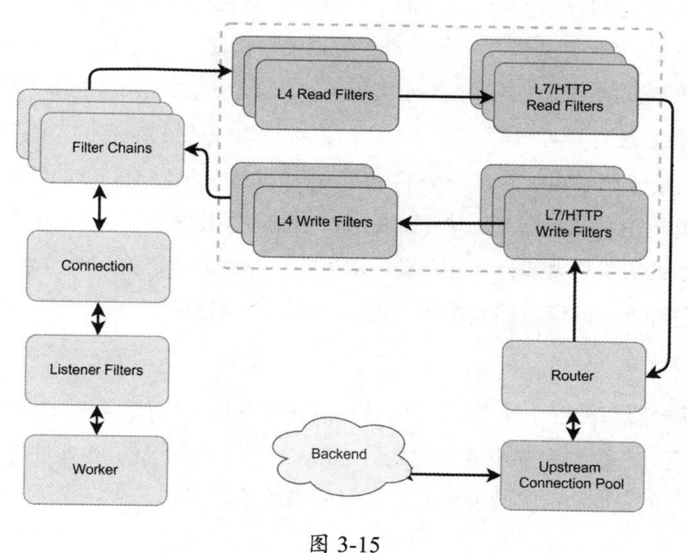

图 3-15

当操作系统接收到来自下游的连接时，会随机选择一个 Worker 线程来处理该事件。每个监听器筛选器（Listener Filter）都用于处理该连接的状态。监听器筛选器会在一个新连接被操作系统接收之后且 Envoy 仍未完全创建对应的连接对象之前发挥作用。此时，Listener 可以直接操作原始的套接字（Socket），也可以中断插件链执行。直到所有的监听器筛选器执行完成，一个可操作的 Envoy 连接对象才会被建立，Envoy 开始接收来自下游的请求或数据。当该连接具体的请求或数据到来之时，各个 L4（Network）筛选器开始工作。监听器筛选器很少被用到，对绝大部分的开发人员来说，即使是需要深度定制开发 Envoy，也极少会需要开发监听器筛选器。

L4 筛选器分为 Read 和 Write 两种不同类型，分别用于读取外部数据和向外部发送数据，它们可以直接操作连接上的二进制字节流。在大部分的实现当中，L4 筛选器负责将连接中的二进制字节流解析为具有的协议语义的数据（如 HTTP Headers，Body 等）并交由 L7 筛选器做进一步处理。Envoy 使用多个 L4 筛选器分别解析不同协议来实现多协议代理功能。目前社区已经提供了与 HTTP、Dubbo、Mongo、Kafka、Thrift 等协议对应的多种 L4 筛选器，而且通过扩展 L4 筛选器，可以轻松地在不侵入 Envoy 主干的前提下，扩展支持新的协议。另外必须说明的是，协议解析并不是 L4 筛选器的必备功能，同样存在一些非协议解析类型的 L4 筛选器，如工作在 L4 的限流、鉴权等筛选器。实际上，在 L4 筛选器和 L7 筛选器之间，应该有一个专门的编解码器。不过在常见的实现当中，编解码器都被集成到对应协议的 L4 筛选器中，所以在本节提供的筛选器链路图中干脆也略去了对应的层次。在一般情况下，只有在需要扩展 Envoy 以支持额外的协议时，才需要扩展开发 L4 筛选器。

L7 筛选器一般是对应协议的 L4 筛选器的子筛选器，如 HTTP 筛选器就是 L4 筛选器“HTTP 连接管理器”的子筛选器。L4 筛选器在完成二进制数据的解析之后，会依次调用各个 L7 筛选器来处理解析后的具有协议语义的结构化数据，用于实现各种流量治理功能，包括但不限于限流、熔断、IP 黑/白名单、认证鉴权、缓存、降级等。实际上，路由组件也往往被实现为一个特殊的 L7 筛选器。当然，整个互联网是搭建在 HTTP 上的，所以在 Envoy 中处处可见对 HTTP 的特化。在 Envoy 中，L7 筛选器几乎可以等同于 HTTP 筛选器，因为如 Kafka、Redis 等其他协议的 L4 筛选器目前还没有提供良好的 L7 支持。L7 筛选器是大部分开发人员最常用的，也是最需要关注的类型。通过扩展 L7 筛选器，可以扩展支持各种特定的流量控制功能，而且社区本身也提供了大量可靠、高性能的 L7 筛选器供用户直接使用。

在所有的 L7 筛选器都执行完成之后，路由组件将被调用，将请求通过连接池发送给后端服务，并异步等待后端响应。在收到后端服务响应之后，Envoy 会倒序执行上述插件链，最终将响应传递给客户端。至此，一个完整的请求转发和响应流程便完成了。

3.5.4.2 xDS 协议

前文已经对 Envoy 的系统架构有了一个完整的介绍，现在，本节将继续介绍 Envoy 中最为关键和核心的一部分内容：xDS 协议。与 HAProxy 及 Nginx 等传统网络代理依赖静态配置文件来定义各种资源以及数据转发规则不同，Envoy 几乎所有的配置都可以通过订阅来动态获取，如监控指定路径下的文件、启动 gRPC 流或轮询 REST 接口，对应的发现服务及各种各样的 API 统称为 xDS，如图 3-16 所示。Envoy 与 xDS 之间通过 Proto 约定请求和响应的数据模型，且不同类型的资源，对应的数据模型也不同。

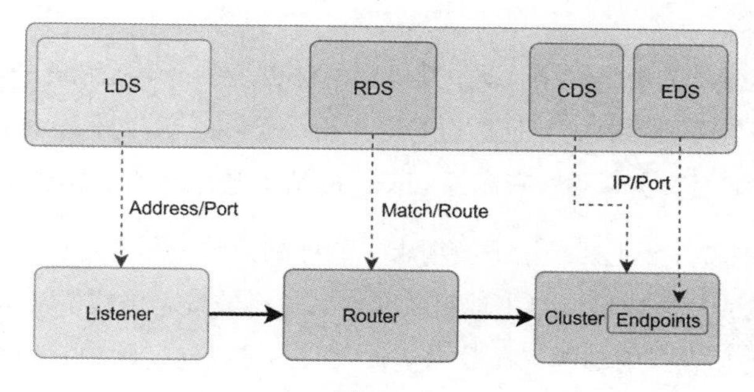

图 3-16

以 Istio 中的 Pilot 为例，当 Pilot 发现新的服务或路由规则被创建（通过监控 Kubernetes 集群中特定 CRD 资源变化，或者发现 Consul 服务的注册和配置变化）时，Pilot 会通过已经和 Envoy 建立好的 gRPC 流将相关配置推送到 Envoy。Envoy 接收到相关配置并校验无误之后，就会动态的更新运行时的配置，使用新的配置更新相关资源。资源本身是很抽象的概念，本小节为了方便统一介绍使用“资源”二字代指 Envoy 根据相关配置创建出来的具有某种特定功能或目的的实体，前文中的监听器、集群、路由及筛选器就是 Envoy 最为核心的 4 种资源。针对不同类型的资源，Envoy 提供了不同的 xDS API，包括 LDS、CDS、RDS 等。下面逐一进行介绍。

LDS 用于向 Envoy 下发监听器的相关配置，也用于动态创建新的监听器或更新已有的监听器。其中包括监听器的地址、监听端口、完整的筛选器链等。在实际的生产环境当中，LDS 往往是整个 Envoy 正常工作的基础。

CDS 用于向 Envoy 下发集群的相关配置，也用于创建新的集群或更新已有的集群。其中包括健康检查配置、连接池配置等。在一般情况下，CDS 会将其发现的所有可访问的后端服务抽象为集群配置后全部推送给 Envoy。而与 CDS 紧密相关的另一种 xDS 服务被称为 EDS。CDS 负责集群类型的推送，EDS 负责下发端点。当该集群类型为 EDS 时，说明该集群的所有可访问的端点（Endpoints）也需要由 xDS 协议动态下发，而不使用 DNS 等手段解析。

RDS 用于下发动态的路由规则。路由中最关键的配置包含匹配规则和目标集群，此外，也可能包含重试、分流、限流等。

筛选器作为核心的一种资源，但是并没有与之对应的专门的 xDS API 用于发现和动态下发筛选器的配置。筛选器的所有配置都是嵌入在 LDS、RDS 及 CDS 当中，比如，在 LDS 下发的监听器和 CDS 下发的集群中，会包含筛选器链的配置；而在 RDS 推送的路由配置当中，也可能包含与具体路由相关的一些筛选器配置。

3.5.4.3 可观察性

Envoy 作为云原生时代的新型网络代理，其可观察性也是不得不提到的一部分内容。在 Envoy 设计之初，就对其可观察性非常重视，并且通过日志（Access log）、指标（Metrics）和追踪（Tracing）3 个模块从 3 个不同的维度来实现对所有流经 Envoy 的请求进行统计、观察和监测。

日志是对 Envoy 中事件（主要是指下游请求）的详细记录，用于定位一些疑难问题。Envoy 提供了灵活的标记符系统，使用户可以自由地组装和定义自己的日志格式，以及所包含的内容。同时，Envoy 也提供了强大的日志过滤功能，在数据量较大时，可以通过此功能过滤掉非关键数据。借助 xDS 协议，无论是日志格式还是过滤规则，都可以在运行时动态的变化和修改。

指标是对 Envoy 中事件的数值化统计，往往需要搭配 Prometheus 等事件数据库配合使用。Envoy 提供了筛选器、集群等多种维度的指标，包括请求响应码类型、响应耗时区间、异常事件记录等。而且 Envoy 允许筛选器自由扩展属于自己的独特指标计数，如 HTTP 限流、鉴权等。筛选器都扩展了对应的指标，使得 Envoy 也可以从某个具体的流量治理功能的角度观察流量情况。

追踪是对 Envoy 及上下游服务中多个事件因果关系的记录，必须上下游服务同时支持，并对接外部追踪系统。Envoy 原生支持了 LightStep、Zipkin 等多种追踪系统，无须额外的修改或开发，只需简单的配置即可。

当然，可观察性是一个非常宏大的议题，日志、指标、追踪任何主题都可以扩展出一个新的章节，本小节也只是蜻蜓点水地介绍了 Envoy 所具备的特性。

3.5.4.4 应用场景

作为一个服务代理软件，Envoy 本身并不限定自己的使用方法，但它最常扮演的是两种角色：一种是作为集群流量入口的 API 网关（Gateway），管理南北向流量；另一种是作为服务 Sidecar，拦截并治理服务网格中东西向流量，如图 3-17 所示。由于本书是以 Istio 为主体，介绍服务网格的相关内容，所以本书中 Envoy 绝大部分都是以第二种角色出现的。

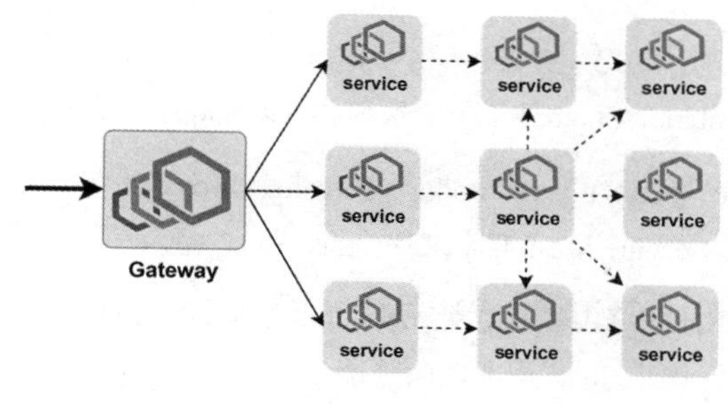

图 3-17

3.5.5 MOSN

MOSN（Modular Open Smart Network-proxy）是一款使用 Go 语言开发的网络代理软件，作为云原生的网络数据平面，旨在为服务提供多协议、模块化、智能化、安全的代理功能。MOSN 可以与任何支持 xDS API 的 Service Mesh 集成（如 Istio），也可以作为独立的四/七层负载均衡器、API Gateway、云原生 Ingress 等使用。

3.5.5.1 框架介绍

在对 MOSN 有了初步地了解后，下面从其功能特性、架构分层、内存及连接池等方面对 MOSN 进行深入剖析。

MOSN 的各个模块如图 3-18 所示。

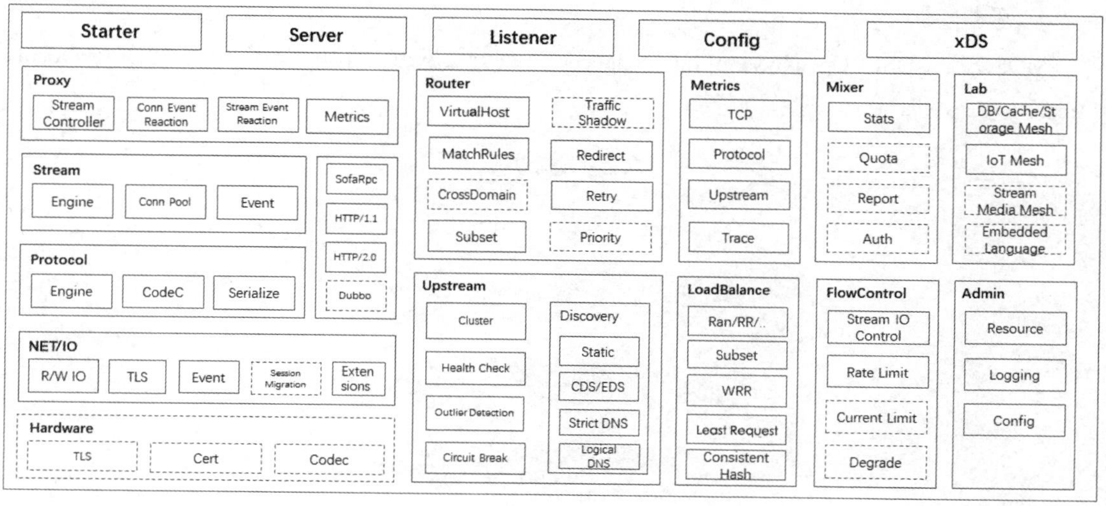

Starter　Server　Listener　Config　xDS

Proxy: Stream Controller　Conn Event Reaction　Stream Event Reaction　Metrics

Stream: Engine　Conn Pool　Event

SofaRpc　HTTP/1.1　HTTP/2.0　Dubbo

Protocol: Engine　CodeC　Serialize

NET/IO: R/W IO　TLS　Event　Session Migration　Extensions

Hardware: TLS　Cert　Codec

Router: VirtualHost　Traffic Shadow　MatchRules　Redirect　CrossDomain　Retry　Subset　Priority

Upstream: Cluster　Health Check　Outlier Detection　Circuit Break　Discovery: Static　CDS/EDS　Strict DNS　Logical DNS

Metrics: TCP　Protocol　Upstream　Trace

LoadBalance: Ran/RR/..　Subset　WRR　Least Request　Consistent Hash

Mixer: Stats　Quota　Report　Auth

FlowControl: Stream IO Control　Rate Limit　Current Limit　Degrade

Lab: DB/Cache/Storage Mesh　IoT Mesh　Stream Media Mesh　Embedded Language

Admin: Resource　Logging　Config

图 3-18

其中各个模块的功能如下。

- Starter、Server、Listener 和 Config 四个模块为 MOSN 的启动模块，用于完成 MOSN 的运行。
- 最左侧的 Hardware、NET/IO、Protocol、Stream、Proxy 及右上方的 xDS 为 MOSN 架构的核心模块，用来实现 Service Mesh 的核心功能。
- Router 模块为 MOSN 的路由模块，支持的功能包括 VirtualHost 形式的路由功能、基于 Subset 的子集群路由匹配、路由重试及重定向功能。
- Upstream 模块为后端管理模块，支持的功能包括 Cluster 动态更新、对 Cluster 的主动/被动健康检查、熔断保护机制、CDS/EDS 对接功能。
- Metrics 统计了当前网络读写流量、请求状态、连接数等元数据。其中，Trace 框架集成 SkyWalking 组件，可方便的观察请求的链路。
- LoadBalance 是负载均衡模块，当前支持 WRR、Random、Least Request、Consistent Hash 等负载均衡算法。
- Mixer 模块用来适配外部的服务，如鉴权、资源信息上报等。
- FlowControl 模块是流量控制模块，当前集成了 Sentinel SDK 可用来做限流保护。
- Lab 模块是用来集成 IOT、DB、Media 等 Mesh 服务的。
- Admin 模块是 MOSN 的资源控制器，用来查看和管理其运行状态及资源信息。

1．架构解析

MOSN 延续 OSI（Open Systems Interconnection）的分层思想，将其系统分为 NET/IO、Protocol、Stream 和 Proxy 四层，如图 3-19 所示。

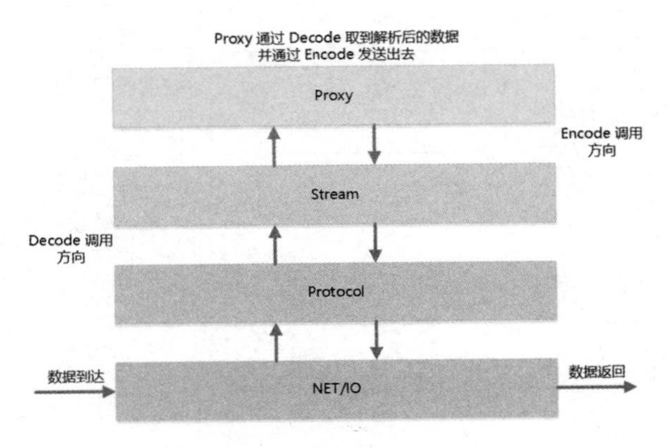

图 3-19

其中各个层的功能如下。

- NET/IO 作为网络层，可以监测连接和数据包的到来，也可以作为 Listener Filter 和 Network Filter 的挂载点。
- Protocol 作为多协议引擎层，对数据包进行检测，并使用对应协议做 Decode/Encode 处理。
- Stream 对 Decode 的数据包做二次封装为 stream，作为 Stream Filter 的挂载点。
- Proxy 作为 MOSN 的转发框架，对封装的 stream 做 Proxy 处理。

MOSN 整体框架采用分治的架构思想，每一层都通过工厂设计模式向外暴露其接口，方便用户灵活地注册自身的需求。通过协程池的方式使得用户以同步的编码风格实现异步功能特性。通过区分协程类型，可将 MOSN 分为 Read 和 Proxy Worker 两大类协程，其中，Read 协程主要用来处理网络的读取及协议解析，Proxy Worker 协程用来完成读取后数据的加工、路由和转发等。其架构如图 3-20 所示。

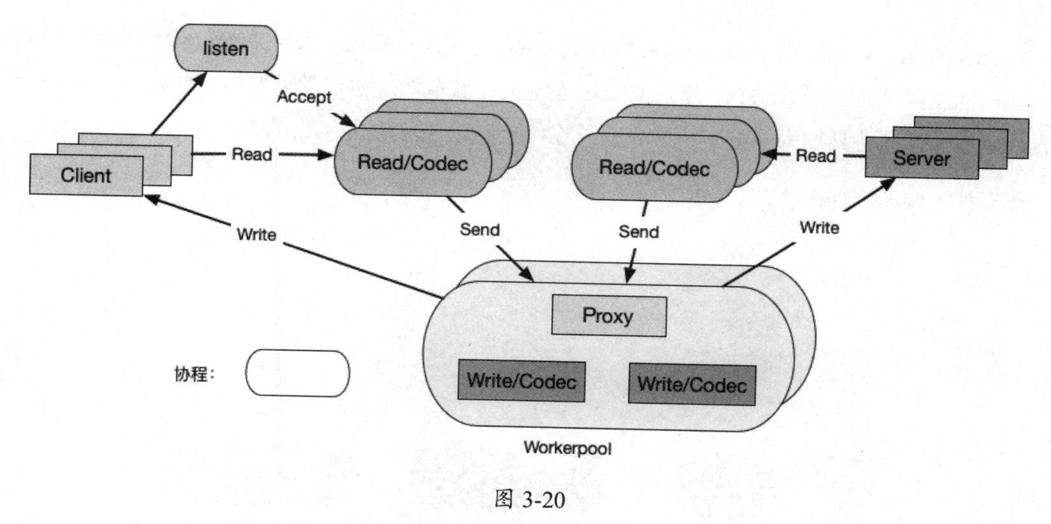

图 3-20

另外，MOSN 在网络扩展层进行了增强，除了支持原生的 GoLang Network，还支持由 C/C++ 语言集成实现的网络库，从而达到同时兼具 GoLang 的高研发效能和 C/C++ 的高处理性能。在高性能数据平面上抽象出来的 GoLang L4/L7 extension API 用于和下层数据平面（如 Nginx、Envoy）连通，然而在 MOSN 中 GoLang L4/L7 extension SDK 可以通过 CGO/WASM 通道实现 MOSN 和下层数据平面的连通，如图 3-21 所示。

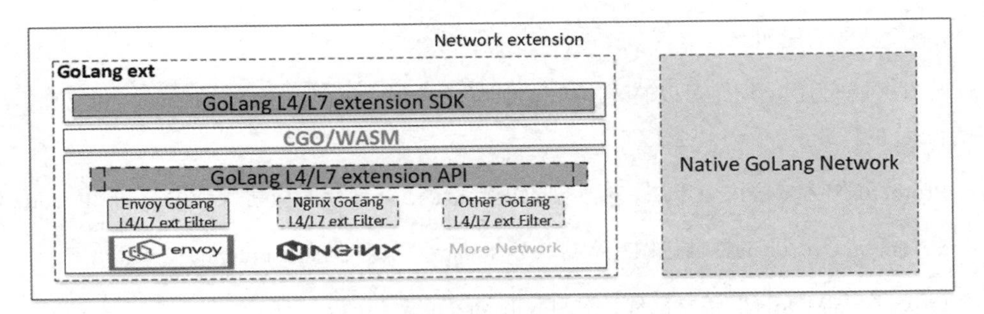

图 3-21

2．内存及连接池

为了避免因 Runtime GC 带来的卡顿问题，MOSN 自身做了内存池的封装，方便多种对象高效地复用内存，另外为了提升服务网格之间的建连性能，MOSN 还设计了多种协议的连接池，从而方便实现连接的复用及管理。

MOSN 的 Proxy 模块在 Downstream 收到 Request 时，经过路由、负载均衡等模块处理可以获取 Upstream Host 及对应的转发协议，通过 Cluster Manager 获取对应协议的连接池。如果连接池不存在，则先创建连接池并将其加入缓存中，然后在长连接上创建 Stream 并发送数据。

连接池工作原理如图 3-22 所示。

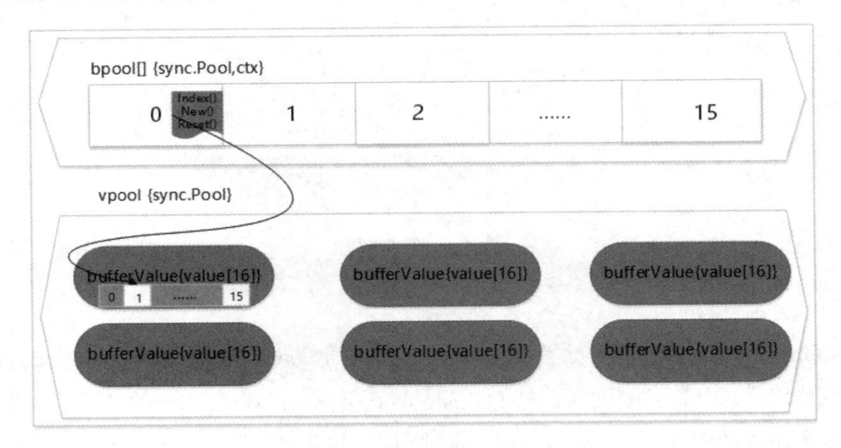

图 3-22

MOSN 在 sync.Pool 的基础上封装了一层资源对象的注册管理模块，可以方便地扩展各种类型的对象并对其进行复用和管理。其中，bpool 用来存储各类对象的构建方法，vpool 用来存放 bpool 中各个实例对象具体的值。运行时，先通过 bpool 中保存的构建方法来创建对应的对象，再通过 index 关联记录到 vpool 中，使用完后通过 sync.Pool 进行空闲对象的管理达到复用，如图 3-23 所示。

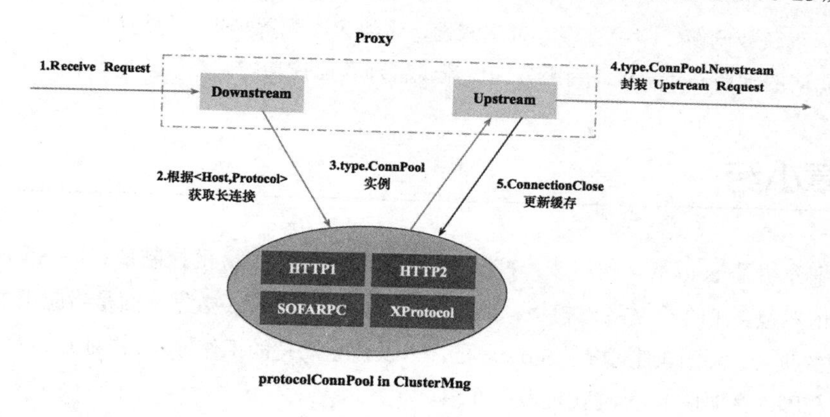

图 3-23

3.5.5.2 应用场景

MOSN 可以作为独立的四/七层负载均衡软件，也可以集成到 Istio 中作为 Sidecar 或 Kubernetes 中的 Ingress Gateway 等使用，下面介绍这两种主流的使用场景。

1．Sidecar

当 MOSN 作为 Istio 的数据平面时，如图 3-24 所示，与 istiod 组件通过 xDS 协议进行通信，运行时动态获取服务的路由、监听、Cluster 等配置信息，使 MOSN 的服务治理功能可以完美地和 Istio 结合。

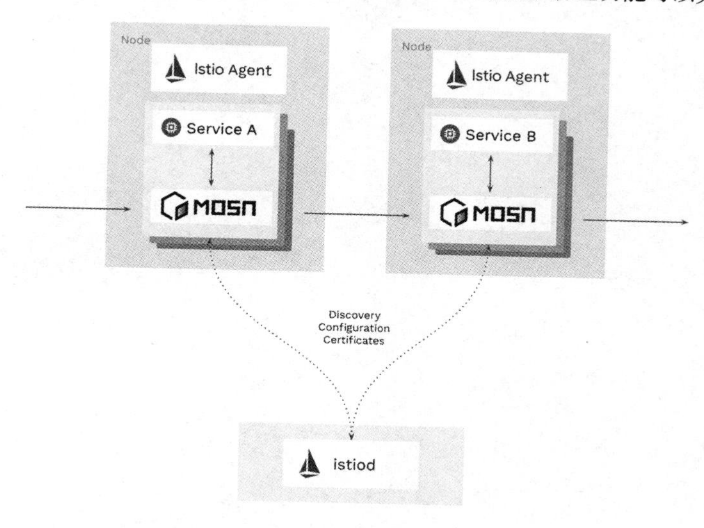

图 3-24

2．Gateway

MOSN 提供负载均衡、路由管理、可观测性、多协议、配置热生效等通用 Gateway 的功能，并将其作为南北向的七层 Gateway，为服务提供流量管理和监控功能。

3.6 本章小结

本章详细介绍了 Istio 的架构组成：控制平面和数据平面。Istio 的控制平面是一个叫 istiod 的单体进程，但依然包含了 3 个主要的模块：Pilot、Citadel 和 Galley。数据平面是指应用本身的容器和 Sidecar 代理的集合。本章详细剖析了 Sidecar 的注入及流量劫持的工作原理，并对 Istio 默认的 Sidecar 代理 Envoy 和国内开源的 MOSN 代理做了介绍。

第 4 章 安装与部署

本章从 Istio 的安装开始，逐步介绍升级和 Bookinfo 实例，带领读者快速体验 Istio 的安装方式及基本应用，并利用 Katacoda 平台，手把手带领读者快速上手 Istio，体验 Istio 的各种功能。

4.1 安装

本节讲解如何快速在本地安装 Istio 环境。

4.1.1 环境准备

本章讲解在本地 Kubernetes 环境下的 Istio 安装，这里仅给出本地环境需要的软/硬件要求。

硬件要求：至少 2 核 CPU 和 4G 的可用内存。

软件要求如下。

- minikube v1.9.2。
- istioctl v1.11.2。
- kubectl v1.18。
- docker 19.03.8。

4.1.2 安装 Kubernetes 集群

在本地计算机上部署 Kubernetes，可以帮助开发人员快速、高效地测试应用程序，同时可以在测试时避免对线上正在运行的集群造成影响。目前有许多软件提供了在本地搭建 Kubernetes 集群的功能，本书推荐使用 minikube 安装 Kubernetes 集群。

minikube 是一种可以在本地轻松运行 Kubernetes 集群的工具，适用于所有主流操作系统。minikube 可在笔记本电脑的虚拟机（VM）中运行单节点 Kubernetes 集群，供那些想要尝试 Kubernetes 或进行日常开发的用户使用。下面以 Linux 平台为例，简要说明 minikube 的安装步骤。

下载 minikube，用户可以在 GitHub 的 releases 页面中找到 Linux（AMD64）的包。这里直接下载 minikube 的二进制文件，并添加执行权限。

```
$ curl -Lo minikube https://storage.googleapis.com/minikube/releases/latest/minikube
-linux-amd64 && chmod +x minikube
```

将 minikube 可执行文件添加至 $PATH。

```
$ sudo mkdir -p /usr/local/bin/
$ sudo install minikube /usr/local/bin/
```

启动 minikube 并创建一个集群。

```
$ minikube start
```

创建成功后，用户需要使用 kubectl 工具管理和操作集群中的各种资源。使用 minikube start 命令会创建一个名为 minikube 的 kubectl 上下文。minikube 会自动将此上下文设置为默认值，但如果用户以后需要切换回它，请运行如下命令：

```
$ kubectl config use-context minikube
```

或者像这样，每个命令都附带其执行的上下文：

```
$ kubectl get pods --context=minikube
```

详细安装步骤及操作说明请参考 minikube 官方文档。

4.1.3 安装 Istio

Istio 目前支持使用 istioctl、Istio Operator 和 Helm 安装。本章使用 istioctl 安装。在 Istio release 页面中下载与操作系统匹配的安装包，执行以下命令可以下载 Istio 的最新版本。

```
$ curl -L https://istio.io/downloadIstio | sh -
```

如果用户想要下载指定版本或架构，则可以使用 ISTIO_VERSION 和 TARGET_ARCH 命令行变量来指定。例如，下载 x86_64 架构 1.6.8 版本的 Istio，命令如下。

```
$ curl -L https://istio.io/downloadIstio | ISTIO_VERSION=1.6.8 TARGET_ARCH=x86_64 sh
-
```

安装目录及内容如表 4-1 所示。

表 4-1

目　录	包含内容
bin	包含 istioctl 的客户端文件
install	包含 Consul、GCP 和 Kubernetes 平台的 Istio 安装脚本和文件
samples	包含实例应用程序
tools	包含用于性能测试和在本地计算机上进行测试的脚本

先将 istioctl 客户端路径加入 $PATH 中。

```
export PATH=$PATH:$(pwd)/istio-1.11.2/bin
```

之后就可以使用 istioctl 命令行工具了，该命令行工具具有用户输入校验功能，可以防止错误的安装和自定义选项。

由于本章主要介绍快速在本地安装 Istio 环境，不涉及性能及可用性相关话题，因此可以使用 demo 配置安装 Istio。

```
$ istioctl install --set profile=demo -y
```

安装命令运行成功后，检查 Kubernetes 服务是否部署正常，检查除 jaeger-agent 服务之外的其他服务，是否均有正确的 CLUSTER-IP。

```
$ kubectl get svc -n istio-system
NAME                          TYPE           CLUSTER-IP       EXTERNAL-IP   PORT(S)
AGE
grafana                       ClusterIP      10.108.112.31    <none>        3000/TCP
24s
istio-egressgateway    ClusterIP    10.106.157.7    <none>    80/TCP,443/TCP,15443/TCP
26s
istio-ingressgateway          LoadBalancer     10.110.57.34       <pending>
15020:31817/TCP,80:30733/TCP,443:31910/TCP,15029:32168/TCP,15030:31733/TCP,15031:3198
1/TCP,15032:30531/TCP,31400:31169/TCP,15443:31131/TCP   26s
istio-pilot                             ClusterIP        10.110.196.147      <none>
15010/TCP,15011/TCP,15012/TCP,8080/TCP,15014/TCP,443/TCP
46s
istiod                 ClusterIP     10.104.27.234    <none>        15012/TCP,443/TCP
```

```
46s
jaeger-agent              ClusterIP    None            <none>        5775/UDP,6831/UDP,6832/UDP
24s
jaeger-collector                              ClusterIP               10.103.156.147        <none>
                                                                                               24s
14267/TCP,14268/TCP,14250/TCP
jaeger-collector-headless    ClusterIP        None                <none>              14250/TCP
24s
jaeger-query          ClusterIP       10.110.109.206     <none>          16686/TCP          24s
kiali                 ClusterIP       10.96.182.125      <none>          20001/TCP          24s
prometheus            ClusterIP       10.104.167.86      <none>           9090/TCP          24s
tracing               ClusterIP       10.102.230.151     <none>             80/TCP          24s
zipkin                ClusterIP       10.111.66.10       <none>           9411/TCP          24s
```

通过以下命令检查相关Pod是否部署成功，如果所有组件对应的Pod的STATUS都变为Running，则说明Istio已经安装完成。

```
$ kubectl get pods -n istio-system
NAME                                      READY   STATUS     RESTARTS    AGE
grafana-5cc7f86765-jxdcn                  1/1     Running    0           4m24s
istio-egressgateway-598d7ffc49-bdmzw      1/1     Running    0           4m24s
istio-ingressgateway-7bd5586b79-gnzqv     1/1     Running    0           4m25s
istio-tracing-8584b4d7f9-tq6nq            1/1     Running    0           4m24s
istiod-646b6fcc6-c27c7                    1/1     Running    0           4m45s
kiali-696bb665-jmts2                      1/1     Running    0           4m24s
prometheus-6c88c4cb8-xchzd                2/2     Running    0           4m24s
```

4.2 升级

本节将讲解如何升级 Istio。Istio 官方不建议一次性跨越多个版本升级，如从 1.6.x 版本升级到 1.8.x 版本。请根据生产环境谨慎升级。

4.2.1 金丝雀升级

金丝雀升级是渐进式的 Istio 升级方式，可以让新老版本的 istiod 同时存在，在所有流量交由新版本 istiod 控制之前，先将一小部分工作负载交由新版本 istiod 控制，并进行监控，渐进式的完成升级。该方式较原地升级更加安全，推荐使用这种升级方式。

1. 控制平面升级

首先需要下载新版本 Istio 并切换目录为新版本目录。

安装 canary 版本的控制平面，将 revision 字段设置为 canary。

```
$ istioctl install --set revision=canary
```

这里会部署新的 istiod-canary，并不会对原有的控制平面造成影响，在部署成功后会看到两个并行的 istiod。

```
$ kubectl get pods -n istio-system
NAME                                    READY   STATUS    RESTARTS   AGE
pod/istiod-85745c747b-knlwb             1/1     Running   0          33m
pod/istiod-canary-865f754fdd-gx7dh      1/1     Running   0          3m25s
```

这里还可以看到新版的 Sidecar Injector 配置。

```
$ kubectl get mutatingwebhookconfigurations
NAME                              CREATED AT
istio-sidecar-injector            2020-07-07T08:39:37Z
istio-sidecar-injector-canary     2020-07-07T09:06:24Z
```

2. 数据平面升级

只安装 canary 版本的控制平面并不会对现有的代理造成影响，如果想要升级数据平面，将他们指向新的控制平面，则需要在 namespace 中插入 istio.io/rev 标签。

例如，想要升级 default namespace 的数据平面，就需要添加 istio.io/rev 标签以指向 canary 版本的控制平面，并删除 istio-injection 标签。

```
$ kubectl label namespace default istio-injection- istio.io/rev=canary
```

注意：istio-injection 标签必须删除，因为该标签的优先级高于 istio.io/rev 标签，所以保留该标就会导致数据平面无法升级。

在 namespace 更新成功后，需要重启 Pod 来重新注入 Sidecar。

```
$ kubectl rollout restart deployment -n default
```

当重启成功后，该 namespace 的 Pod 将被配置指向新的 istiod-canary 控制平面，使用如下命令查看启用新代理的 Pod。

```
$ kubectl get pods -n default -l istio.io/rev=canary
```

同时可以使用如下命令验证新 Pod 的控制平面为 istiod-canary。

```
$ istioctl proxy-config endpoints ${pod_name}.default --cluster xds-grpc -ojson | grep
hostname
    "hostname": "istiod-canary.istio-system.svc"
```

4.2.2 热升级

使用 istioctl upgrade 命令执行 Istio 进行升级。在执行升级之前，istioctl 会检查 Istio 安装是否符合升级资格标准。此外，如果它检测到 Istio 版本之间的配置文件默认值有任何变化，则会提醒用户。

原地升级的版本比升级前的版本只多一个小版本，如在升级到 1.7.x 版本之前需要 1.6.0 版本或更高版本，并且只支持升级使用 istioctl 安装的 Istio。

注意：在升级过程中，服务可能会发生流量中断。为了最大限度地减少中断，请确保每个组件（Citadel 除外）至少有两个副本正在运行。另外，请确保 PodDisruptionBudgets 配置的最低可用性为 1。

升级前，请使用以下命令确保 Kubernetes 配置指向的是需要升级的集群。

```
$ kubectl config view
```

使用 istioctl upgrade 命令进行升级。

```
$ istioctl upgrade
```

如果用户使用-f 标志安装 Istio，如 istioctl install -f <IstioOperator-custom-resource- definition-file>，则必须使用相同的-f 标志值来升级 Istio。

如果用户使用--set 标志安装 Istio，则在升级时确保传递相同的--set 标志，否则使用--set 标志做的自定义设置将被还原。对于生产使用，本书建议使用配置文件代替 --set。

如果省略 -f 标志，Istio 就会使用默认的配置文件进行升级。

istioctl 会就地将 Istio 控制平面和 Gateways 升级到新版本，并显示完成状态。

在完成升级后，还需要重启 Pod 来重新注入 Sidecar。

```
$ kubectl rollout restart deployment
```

4.3 Bookinfo 实例

Bookinfo 是 Istio 官方推荐的实例应用之一。它可以用来演示多种 Istio 的特性，是一个异构的微服务应用。该应用由 4 个单独的微服务构成。这个应用模仿了在线书店，可以展示书店中书籍的信息。例如，页面上会显示一本书的描述、书籍的细节（ISBN、页数等），以及关于这本书的一些评论。

Bookinfo 应用分为 4 个单独的微服务，这些服务对 Istio 并无依赖，但是构成了一个具有代表性的服务网格的例子。它由多个不同语言编写的服务构成，并且其中有一个应用会包含多个版本。

- productpage 会调用 details 和 reviews 两个微服务，用来生成页面。
- details 中包含了书籍的信息。
- reviews 中包含了书籍相关的评论。它还会调用 ratings 微服务。
- ratings 中包含了由书籍评价组成的评级信息。

reviews 微服务有 3 个版本，可用来展示各服务之间不同的调用链。

- v1 版本不会调用 ratings 服务。
- v2 版本会调用 ratings 服务，并使用 1 到 5 个黑色星形图标来显示评分信息。
- v3 版本会调用 ratings 服务，并使用 1 到 5 个红色星形图标来显示评分信息。

这个应用端到端架构如图 4-1 所示。

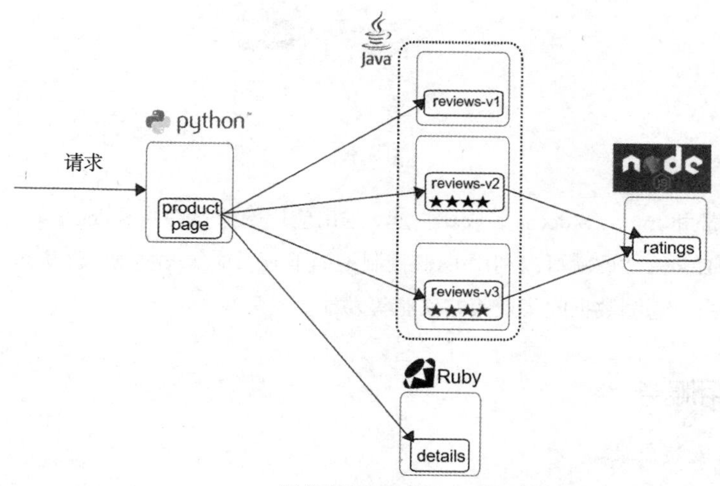

没有使用 Istio 的 Bookinfo 应用

图 4-1

4.3.1 环境准备

在 4.1.3 节中描述了 Istio 系统的安装，确认 Istio 安装成功之后，在 Istio 的 samples/bookinfo 目录下可以找到 Bookinfo 部署和源码文件，使用 kubernetes 命令就可以实现 Bookinfo 的安装部署。

4.3.2 部署应用

如果想要将应用接入 Istio 服务网格中，则需要将应用所在的命名空间进行 yaml 配置，以打入对应可自动注入 Sidecar 的标签，通过重启应用完成自动加入网格的动作。最终加入服务网格的 Bookinfo 应用架构上，如图 4-2 所示。

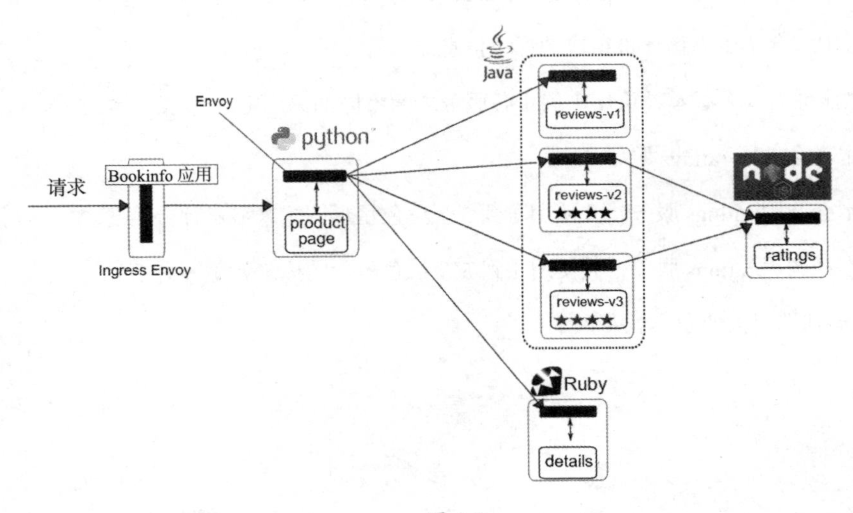

图 4-2

所有的微服务都和 Envoy Sidecar 集成在一起，进出应用的流量都被 Sidecar 劫持，这样就为外部控制准备了所需的 Hook，之后就可以利用 Istio 控制平面下发对应的 xDS 协议，从而使 Envoy Sidecar 为应用提供服务路由、遥测数据收集及策略实施等功能。

4.3.3 启动应用服务

首先进入 Istio 安装目录。

Istio 默认自动注入 Sidecar，为 default 命名空间打上 istio-injection=enabled 标签。

```
$ kubectl label namespace default istio-injection=enabled
```

使用 kubectl 部署应用。

```
$ kubectl apply -f samples/bookinfo/platform/kube/bookinfo.yaml
```

如果在安装过程中禁用了 Sidecar 自动注入功能而选择手动注入 Sidecar，则需要在部署应用之前使用 istioctl kube-inject 命令修改 bookinfo.yaml 文件，该命令可以从 Istio ConfigMap 中动态获取网格配置。

```
$ kubectl apply -f <(istioctl kube-inject -f samples/bookinfo/platform/kube/bookinfo.yaml)
```

在实际部署中，微服务版本的启动过程需要持续一段时间，并不是同时完成的，上面的命令会启动全部的 4 个服务，其中也包括了 reviews 服务的 3 个版本（v1、v2 及 v3）。

通过以下命令确认所有服务的正确定义。

```
$ kubectl get services
  NAME              CLUSTER-IP      EXTERNAL-IP    PORT(S)      AGE
  details            10.0.0.31       <none>        9080/TCP     6m
  kubernetes         10.0.0.1        <none>         443/TCP     7d
  productpage        10.0.0.120      <none>        9080/TCP     6m
  ratings            10.0.0.15       <none>        9080/TCP     6m
  reviews            10.0.0.170      <none>        9080/TCP     6m
```

通过以下命令确认所有 Pod 正常启动。

```
$ kubectl get pods
  NAME                                  READY    STATUS     RESTARTS    AGE
  details-v1-1520924117-48z17            2/2     Running       0        6m
  productpage-v1-560495357-jk1lz         2/2     Running       0        6m
  ratings-v1-734492171-rnr5l             2/2     Running       0        6m
  reviews-v1-874083890-f0qf0             2/2     Running       0        6m
  reviews-v2-1343845940-b34q5            2/2     Running       0        6m
  reviews-v3-1813607990-8ch52            2/2     Running       0        6m
```

要确认 Bookinfo 应用是否正在运行，请在某个 Pod 中用 curl 命令对应用发送请求，如 ratings。

```
$ kubectl exec -it $(kubectl get pod -l app=ratings -o jsonpath='{.items[0].metadata.name}') -c ratings -- curl productpage:9080/productpage | grep -o "<title>.*</title>"
<title>Simple Bookstore App</title>
```

4.3.4 确定 Ingress 的 IP 地址和端口

在启动并运行 Bookinfo 应用时，如果需要使应用程序从外部访问 Kubernetes 集群，则可以通过浏览器访问 Istio Gateway 来访问应用，具体操作步骤如下。

首先，为应用程序定义 Ingress 网关。

```
$ kubectl apply -f samples/bookinfo/networking/bookinfo-gateway.yaml
```

然后，确认网关创建完成。

```
$ kubectl get gateway
```

```
NAME                AGE
bookinfo-gateway    32s
```

其次，设置访问网关的 INGRESS_HOST 和 INGRESS_PORT 变量，例如，node port 模式。如果当前环境未使用外部负载均衡器，则需要通过 node port 访问。执行如下命令。

```
$ export INGRESS_PORT=$(kubectl -n istio-system get service istio-ingressgateway -o jsonpath='{.spec.ports[?(@.name=="http2")].nodePort}')
$ export SECURE_INGRESS_PORT=$(kubectl -n istio-system get service istio-ingressgateway -o jsonpath='{.spec.ports[?(@.name=="https")].nodePort}')
$ export INGRESS_HOST=127.0.0.1
```

最后，设置 GATEWAY_URL。

```
$ export GATEWAY_URL=$INGRESS_HOST:$INGRESS_PORT
```

4.3.5 集群外部访问应用

确认可以使用浏览器打开网址，浏览应用的 Web 页面。如果多刷新几次应用页面，就会看到在 productpage 页面中会随机展示不同版本 reviews 服务的效果（红色、黑色的星形或没有显示）。reviews 服务出现这种情况是因为在默认情况下的配置会随机访问 3 个版本，如果想要设置个性化配置，则可以用 Istio 来控制版本的路由。

4.4 本章小结

与老版本相比，目前的 Istio 整体安装方式更加的简便、快捷，对新手来说也更加友好，不仅不需要像之前那样在安装之前就要了解大量烦琐的参数，还提供了多种安装方式方便用户选择。同时 Istio 不再局限于安装在单个 Kubernetes 集群内，目前 Istio 还提供了多集群安装和虚拟机安装两种方式，感兴趣的读者可以阅读官方文档，了解更多内容。在升级方面，金丝雀升级的出现很好地解决了控制平面渐进式升级的需求。通过不断的迭代与改进，Istio 的安装和维护也变得越来越容易了。

第 5 章

流量控制

顾名思义，流量控制是指对系统流量的管控。它包括了对网格入口的流量、网格出口的流量，以及在网格内部微服务间相互调用的流量的控制。Istio 架构在逻辑上分为控制平面（Control Plane）和数据平面（Data Plane），其中，控制平面负责整体管理和配置代理，数据平面负责网格内所有微服务间的网络通信，同时收集报告网络请求的遥测数据等。流量控制则是在数据平面上实现的。

与传统的微服务架构一样，想要实现流量的管控，首先就需要知道在一个网格中有多少端点（Endpoints），这些端点都属于哪些服务，然后将这些信息都记录到注册中心中便于实现服务发现。Istio 也有一个服务注册中心（Service Registry）用来存储网格内所有可以被路由的服务列表，如果是 Kubernetes 用户，Istio 就会自动从 Kubernetes 的 etcd 中拉取可用服务列表并维护到自己的服务注册中心中。

5.1 流量控制 CRD

Istio 的流量控制是通过一系列的 CRD（Kubernetes 的自定义资源）实现的，包括 VirtualService、DestinationRule、ServiceEntry、Gateway 和 Sidecar 五个资源。

VirtualService 用于控制流量转发规则及 API 粒度治理功能，包括错误注入、域控制等。通俗来讲，就是所谓的路由规则及路由级流量治理。通过 VirtualService，用户可以将特定域名或者符合特定匹配条件（路径匹配，请求标头匹配等）的流量转发给某个服务或者某个服务的特定子集，也可以实现对特定域名或者符合特定匹配条件的流量的治理。

DestinationRule 用于抽象路由转发的上游目标服务及其相关配置项，如目标服务连接池配置、熔断配置、健康检查配置等。用户 DestinationRule 可以将目标服务根据特定标签匹配划分为多个子集。

ServiceEntry 用于将服务网格之外的 IP 流量注册到 Istio 中，让 Istio 可以像治理普通的 Kubernetes 服务流量一样，治理指向该服务网格之外的 IP 流量。

Gateway 一般用于 Ingress 和 Egress，定义了服务网格的出入口及相关治理规则。通俗来说，Gateway 会控制一些特定的工作负载打开一个公开的监听端口，供服务网格内外部业务直接访问。再配合 VirtualService 和 DestinationRule 等 CRD，可以对到达该端口的流量做一系列的管理和观察。

Sidecar 用于声明服务网格中服务间的依赖关系。一般来说，网格数据平面为了代理网格流量，只需要了解其所依赖的少量服务的状态、治理配置、目标地址等信息即可。但是，因为服务网格不了解服务间依赖关系，所以默认服务网格会将所有配置都推送给网格数据平面，从而带来内存开销膨胀的问题。而 Sidecar 则可以显式指定服务间的依赖关系，改善内存开销问题。

5.1.1 VirtualService

VirtualService 与 DestinationRule 是流量控制最关键的两个自定义资源。在 VirtualService 中定义了一组路由规则，当流量进入时，逐个规则进行匹配，直到匹配成功后将流量转发给指定的路由地址。它的一个简单例子如下。

```
apiVersion: networking.istio.io/v1alpha3
kind: VirtualService
metadata:
  name: reviews
spec:
  hosts:
  - reviews
  http:
  - match:
    - headers:
        end-user:
          exact: jason
    route:
    - destination:
        host: reviews
        subset: v2
  - route:
    - destination:
        host: reviews
        subset: v3
```

下面对一些关键字段进行一一介绍。

- hosts：用来配置下游访问的可寻址地址。配置一个 String[]类型的值，其值可以有多个。指定发送流量的目标主机，可以使用全限定域名（Fully Qualified Domain Name，FQDN）或短域名，也可以使用一个前缀匹配的域名格式或一个具体的IP地址。

- match：这部分用来配置路由规则，在通常情况下可以配置一组路由规则，当请求到来时，自上而下依次进行匹配，直到匹配成功后跳出匹配。它可以对请求的uri、method、authority、headers、port、queryParams，以及是否对uri大小写敏感等进行配置。
- route：用来配置路由转发目标规则，可以指定需要访问的subset（服务子集），同时可以对请求权重进行设置，对请求标头、响应标头中的数据进行增加、删除、修改等操作。subset（服务子集）是指同源服务但不同版本的Pod，通常在Deployment资源中通过不同的label进行标识。

以上配置表示：当访问reviews服务时，如果请求标头中存在end-user:jason这样的键值对则转发到v2版本的reviews服务子集中；其他的请求则转发到v3版本的reviews服务子集中。

注意：在Istio 1.6版本中新增了VirtualService Chain机制，也就是说，用户可以通过delegate配置项将一个VirtualService代理到另外一个VirtualService中进行规则匹配。

5.1.2 DestinationRule

DestinationRule是Istio中定义的另外一个比较重要的资源。它定义了网格中某个service对外提供的服务策略及规则，包括负载均衡策略、异常点检测、熔断控制、访问连接池等。负载均衡策略支持简单的负载策略（ROUNDROBIN、LEASTCONN、RANDOM、PASSTHROUGH）、一致性Hash策略和区域性负载均衡策略；异常点检测配置在服务连续返回5xx的错误时进行及时的熔断保护，避免引起雪崩效应。DestinationRule也可以同VirtualService配合使用，实现对同源服务但不同子集服务的访问配置。下面是一个简单的例子。

```
apiVersion: networking.istio.io/v1alpha3
kind: DestinationRule
metadata:
  name: bookinfo-ratings
spec:
  host: ratings.prod.svc.cluster.local
  trafficPolicy:
    loadBalancer:
      simple: LEAST_CONN
```

在上面的配置中，定义了name为bookinfo-ratings的metadata，并且这个name通常被使用在VirtualService的Destination配置中。它定义的Host为ratings.prod.svc.cluster.local，表示流量将被转发到ratings.prod这个服务中去。同时指定路由的全局负载均衡策略是LEAST_CONN（最少连接）策略。

5.1.3 Gateway

Gateway 定义了所有 HTTP/TCP 流量进入网格的统一入口和从网格中出站的统一出口。它描述了一组对外公开的端口、协议、负载均衡及 SNI 配置。Istio Gateway 包括 Ingress Gateway 与 Egress Gateway，分别用来配置网格的入口流量与出口流量。Ingress Gateway 使用 istio-ingressgateway 负载均衡器来代理流量，而 istio-ingressgateway 的本质是一个 Envoy 代理。它的一个简单例子如下。

```
apiVersion: networking.istio.io/v1alpha3
kind: Gateway
metadata:
  name: my-gateway
  namespace: some-config-namespace
spec:
  selector:
    app: my-gateway-controller
  servers:
  - port:
      number: 80
      name: http
      protocol: HTTP
    hosts:
    - uk.bookinfo.com
    - eu.bookinfo.com
    tls:
      httpsRedirect: true # sends 301 redirect for http requests
  - port:
      number: 443
      name: https-443
      protocol: HTTPS
    hosts:
    - uk.bookinfo.com
    - eu.bookinfo.com
    tls:
      mode: SIMPLE # enables HTTPS on this port
      serverCertificate: /etc/certs/servercert.pem
      privateKey: /etc/certs/privatekey.pem
  - port:
      number: 9443
      name: https-9443
      protocol: HTTPS
    hosts:
    - "bookinfo-namespace/*.bookinfo.com"
    tls:
      mode: SIMPLE # enables HTTPS on this port
      credentialName: bookinfo-secret # fetches certs from Kubernetes secret
  - port:
```

```
      number: 9080
      name: http-wildcard
      protocol: HTTP
    hosts:
    - "ns1/*"
    - "ns2/foo.bar.com"
  - port:
      number: 2379 # to expose internal service via external port 2379
      name: mongo
      protocol: MONGO
    hosts:
    - "*"
```

在该例子中，Gateway 被引用在 some-config-namespace 这个 namespace 下，并使用 label my-gateway-controller 关联部署网络代理的 Pod。它对外公开了 80、443、9443、9080 和 2379 端口。

- 80 端口附属配置的 Host 为 uk.bookinfo.com 和 eu.bookinfo.com，同时在 tls 中进行配置（如果使用 HTTP1.1 协议访问将被返回 301，则要求使用 HTTPS 访问），通过这种配置变相地禁止了对 uk.bookinfo.com 和 eu.bookinfo.com 域名的 HTTP1.1 协议的访问。
- 443 端口为 TLS/HTTPS 访问的端口，表示接受 uk.bookinfo.com 和 eu.bookinfo.com 域名的 HTTPS 协议的访问。protocol 属性指定了它的协议类型。在 tls 的配置中指定了 443 端口的会话模式为单向 TLS，也指定了服务端证书和私钥的存放地址。
- 9443 端口也是提供 TLS/HTTPS 访问的端口，与 443 端口不同的是，9443 端口的认证不是指定存放证书的地址，而是通过 credentialName 名称从 Kubernetes 的证书管理中心拉取的。
- 9080 端口为一个提供简单 HTTP1.1 协议请求的端口。这里需要注意的是，它的 hosts 中配置了 ns1/*与 ns2/foo.bar.com 两个配置项，表示只允许 ns1 这个 namespace 下的 VirtualService 及 ns2 这个命名空间下配置的 Host 为 foo.bar.com 的 VirtualService 绑定它。
- 2379 端口提供了一个 MONGO 协议的请求端口。允许所有 Host 绑定它。

Egress Gateway 提供了对网格的出口流量进行统一管控的功能，在安装 Istio 时默认是不开启的。可以使用以下命令查看是否开启。

```
kubectl get pod -l istio=egressgateway -n istio-system
```

若没有开启，则使用如下命令添加。

```
istioctl manifest apply --set values.global.istioNamespace=istio-system \
    --set values.gateways.istio-egressgateway.enabled=true
```

Egress Gateway 的一个简单例子如下。

```
apiVersion: networking.istio.io/v1alpha3
kind: Gateway
metadata:
  name: istio-egressgateway
spec:
  selector:
    istio: egressgateway
  servers:
  - port:
      number: 80
      name: http
      protocol: HTTP
    hosts:
    - edition.cnn.com
```

由上可知，与 Ingress Gateway 不同，Egress Gateway 使用有 istio: egressgateway 标签的 Pod 来代理流量，实际上这也是一个 Envoy 代理。当网格内部需要访问 edition.cnn.com 这个地址时，先将流量统一转发到 Egress Gateway 上，再由 Egress Gateway 将流量转发到 edition.cnn.com 上。

5.1.4 ServiceEntry

ServiceEntry 可以将网格外的服务注册到 Istio 的注册表中，这样就可以把外部服务当作和网格内部的服务一样进行管理和操作，包括服务发现、路由控制等。在 ServiceEntry 中可以配置 hosts，vips，ports，protocols，endpoints 等。它的一个简单例子如下。

```
    apiVersion: networking.istio.io/v1alpha3
kind: ServiceEntry
metadata:
  name: external-svc-https
spec:
  hosts:
  - api.dropboxapi.com
  - www.googleapis.com
  - api.facebook.com
  location: MESH_EXTERNAL
  ports:
  - number: 443
    name: https
    protocol: TLS
  resolution: DNS
```

这个例子定义了在网格内部使用 HTTPS 协议访问外部的几个服务的配置。通过上面配置，网格内部的服务就可以把 api.dropboxapi.com、www.googleapis.com 和 api.facebook.com 这 3 个外部的服务当作网格内部服务去访问了。MESH_EXTERNAL 表示网格外服务，该参数会影响到服务间调用的 mTLS 认证、策略执行等。

在 ServiceEntry 测试时，很多用户会发现，即使不配置 ServiceEntry，也能正常地访问外部域名，这是因为 global.outboundTrafficPolicy.mode 的默认值为 ALLOW_ANY。它有两个值。

- ALLOW_ANY：Istio 代理允许调用未知的服务。
- REGISTRY_ONLY：Istio 代理会阻止任何没有在网格中定义的 HTTP 服务或 ServiceEntry 的主机。

使用以下命令查看该配置项。

```
$ kubectl get configmap istio -n istio-system -o yaml | grep -o "mode: ALLOW_ANY"
```

使用以下命令修改该配置项。

```
$ kubectl get configmap istio -n istio-system -o yaml  \
           | sed  's/mode:  REGISTRY_ONLY/mode:  ALLOW_ANY/g'  |  kubectl  replace  -n
istio-system -f -
```

5.1.5 Sidecar

在默认的情况下，Istio 中所有 Pod 的 Envoy 代理都是可以被寻址的。然而在某些场景下，例如，为了做资源隔离，希望只访问某些 namespace 下的资源时，用户就可以使用 Sidecar 配置来实现。下面是一个简单的例子。

```
apiVersion: networking.istio.io/v1alpha3
kind: Sidecar
metadata:
  name: default
  namespace: bookinfo
spec:
  egress:
  - hosts:
    - "./*"
    - "istio-system/*"
```

该例子就规定了，在命名空间为 bookinfo 下的所有服务仅可以访问本命名空间下的服务，以及 istio-system 命名空间下的服务。

5.2 路由

Istio 的流量路由规则可以让用户很容易地控制服务之间的流量和 API 调用。Istio 在服务层面提供了断路器，以及超时、重试等功能，通过这些功能可以简单地实现 A/B 测试、金丝雀发布，以及基于百分比的流量分割等。此外，Istio 还提供了开箱即用的故障恢复功能，用于增加应用的健壮性，以应对服务故障或网络故障。这些功能都可以通过 Istio 的流量管理 API 添加流量配置来实现。

与其他 Istio 配置一样，流量管理 API 也使用 CRD 指定，这些 CRD 在 5.1 节中已经有了一些介绍。下面具体介绍如何使用相关的 CRD 来实现最基础的路由转发功能。 5.1 节中的大部分 CRD 都和基础路由有一定的关联，所以，本节内容和 5.1 节的关联度非常高。

5.2.1 VirtualService

VirtualService（虚拟服务）在增强 Istio 流量管理的灵活性和有效性方面，发挥着至关重要的作用。VirtualService 由一组路由规则组成，用于对服务实体（在 Kubernetes 中对应为 Pod）进行寻址。如果有流量命中了某条路由规则，就会将其发送到对应的服务或服务的一个版本/子集中。

VirtualService 描述了用户可寻址目标到网格内实际工作负载之间的映射。可寻址的目标服务可以使用 hosts 字段指定，而网格内的实际负载是由每个 Route 配置项中的 destination 字段指定的，读者可以在本节的例子中看到详细的配置说明。

VirtualService 通过对客户端请求的目标地址与真实响应请求的目标工作负载进行解耦来实现。VirtualService 同时提供了丰富的配置方式，为发送至这些工作负载的流量指定不同的路由规则。

如果没有 VirtualService，Envoy 会以轮询的方式在所有的服务实例中分发请求。用户可以根据具体的工作负载改进这种行为。例如，有些工作负载代表不同的版本。这在 A/B 测试场景中可能有用，用户可以根据不同版本的比重来配置路由，或者将来自内部用户的流量定向到一组特定的服务实例中。

使用 VirtualService，用户可以为一个或多个主机名指定流量行为。在 VirtualService 中使用路由规则，告诉 Envoy 如何发送 VirtualService 的流量到适当的目标。路由目标可以是相同服务的不同版本，也可以是完全不同的服务。

一个典型的应用场景是将流量发送到被指定为服务子集的不同服务版本中。首先客户端会将 VirtualService 并视为一个单一实体，并将请求发送至 VirtualService 主机，然后 Envoy 根据 VirtualService 规则把流量路由到不同的版本中。例如，“20%的调用转到新的版本”或者“这些用户的请求转到 v2 中”。这样一来，用户就可以创建一种金丝雀的发布策略，实现新版本流量的平滑比重升级。流量路由完全独立于实例部署，这意味着实现新版本服务的实例可以根据流量的负载来伸缩，完全不影响流量路由。相比之下，类似 Kubernetes 的容器调度平台仅支持基于部署中实例扩缩容比重的流量分发，那样会日趋复杂化。用户可以在使用 Istio 实现金丝雀部署中，获取更多的 VirtualService 中关于金丝雀部署的帮助信息。

VirtualService 也提供了如下功能。

- 通过单个 VirtualService 处理多个应用程序服务。例如，如果服务网格使用是 Kubernetes，则可以配置一个 VirtualService 来处理一个特定命名空间的所有服务。将单一的 VirtualService 映射为多个“真实”的服务特别有用，可以在不需要客户适应转换的情况下，将单体应用转换为微服务构建的复合应用系统。路由规则可以指定“请求到 monolith.com 的 URL 跳转至 microservice A 中”。
- 和 Gateway（网关）一起配置流量规则，控制入口和出口流量。

在一些应用场景中，由于指定了服务子集，因此用户需要配置 DestinationRule（目标规则）来使用这些功能。在不同的对象中指定服务子集，以及指定其他特定的目标策略可以帮助用户在不同的 VirtualService 中清晰地复用这些功能。

VirtualService 通过解耦客户端请求的目标地址和真实响应请求的目标工作负载为服务提供了合适的统一抽象层，而由此演化设计的配置模型为管理这方面提供了一致的环境。读者可以在下面的例子中看到一些典型的配置场景。

下面的 VirtualService 配置根据请求是否来自某个特定用户，从而将其路由到同一服务的不同版本之中（如果请求来自用户 jason，则访问 v2 版本的 reviews，否则访问 v3 版本）。

```
apiVersion: networking.istio.io/v1alpha3
kind: VirtualService
metadata:
  name: reviews
spec:
  hosts:
  - reviews
  http:
  - match:
    - headers:
        end-user:
          exact: jason
    route:
    - destination:
```

```
      host: reviews
      subset: v2
- route:
  - destination:
      host: reviews
      subset: v3
```

5.2.2 路由规则

基本的路由规则定义在 VirtualService 的 hosts 字段和 http 字段中。其中，hosts 字段用于描述该路由规则生效的目标服务；而 http 字段为 HTTP1.1、HTTP2，其 gRPC 流量描述的是流量匹配条件和路由目标地址（也可以使用 tcp 和 tls 片段为 TCP 和未终止的 TLS 流量设置路由规则）。根据使用的场景，一条路由规则包含零个或多个匹配条件的目标地址。

1．匹配条件

下面的例子中第一条路由规则有一个以 match 字段开头的条件。在这种场景中，用户想应用这条所有从用户“jason”的请求，可以使用 headers、end-user 和 exec 字段匹配符合条件的请求。

```
- match:
  - headers:
      end-user:
        exact: jason
```

2．Destination

路由片段的 destination 字段可以指定符合匹配条件的流量目标地址。这里不像 VirtualService 的 hosts，Destination 的 Host 必须是存在于 Istio 服务注册中心的实际目标地址，否则 Envoy 不知道应该将请求发送到哪里。这个目标地址可以是代理的网格服务，也可以作为服务入口加入的非网格服务。下面的场景为运行在 Kubernetes 平台上，主机名是 Kubernetes 的服务名。

```
route:
- destination:
    host: reviews
    subset: v2
```

在这些例子中需要注意的是，为了简化可以使用 Kubernetes 的短名字作为目标主机名字。当这条路由规则生效时，Istio 会基于包含路由规则的 VirtualService 命名空间添加域名前缀去获取完全限定域名作为主机名字。在本文的例子中使用短名字也意味着用户可以复制并在任何命名空间中尝试它。

注意：像这样使用短名字只有目标主机和 VirtualService 在同一个 Kubernetes 的命名空间中才起

作用。因为使用 Kubernetes 的短名字容易导致配置错误，所以推荐用户在生产环境中使用完全限定域名。destination 片段也指定了 Kubernetes 服务的子集，将匹配此规则条件的请求转入其中。在此例子中，子集的名字为 v2。在下一节中会介绍怎样定义一个服务子集。

3．路由规则优先级

路由规则按照从上到下的顺序选择，在服务中定义的第一条规则具有最高优先级。在本例中，不满足第一条路由规则的流量均流向一个默认的目标。因此，第二条规则如果没有匹配条件，就直接将流量导到 v3 子集中。

```
- route:
  - destination:
      host: reviews
      subset: v3
```

本书推荐在每个 VirtualService 中都配置一条默认“无条件的”或基于权重的规则以确保 VirtualService 至少有一条匹配的路由。

4．路由规则的更多内容

路由规则是将特定流量子集路由到特定目标地址的工具。在 VirtualService 中，流量端口、header 字段和 URI 等内容上都可以设置匹配条件。例如，下面的 VirtualService 会使用户发送到 http://bookinfo.com 的流量根据 URI 转发给两个独立的服务，ratings 服务和 reviews 服务，就好像 ratings 服务和 reviews 服务是 http://bookinfo.com 这个虚拟服务的一部分一样。

```
apiVersion: networking.istio.io/v1alpha3
kind: VirtualService
metadata:
  name: bookinfo
spec:
  hosts:
    - bookinfo.com
  http:
  - match:
    - uri:
        prefix: /reviews
    route:
    - destination:
        host: reviews
  - match:
    - uri:
        prefix: /ratings
    route:
    - destination:
```

```
        host: ratings
```

匹配条件可以使用确定的值，或者一条前缀、一条正则表达式。

用户可以使用 AND 向同一个 match 块添加多个匹配条件，或者使用 OR 向同一个规则添加多个 match 块。任意给定的 VirtualService 都可以配置多条路由规则，使路由条件在一个单独的 VirtualService 中基于业务场景的复杂程度进行相应的配置，也可以参考 HTTPMatchRequest 查看匹配的条件字段及其可能的值。

除了使用匹配条件，用户还可以使用百分比的“权重”来分发流量。这在 A/B 测试和金丝雀部署中非常有用。

```
spec:
  hosts:
  - reviews
  http:
  - route:
    - destination:
        host: reviews
        subset: v1
      weight: 75
    - destination:
        host: reviews
        subset: v2
      weight: 25
```

用户也可以使用路由规则在流量上执行一些操作，例如：

- 扩展或删除 headers。
- 重写 URL。
- 为调用这个目标地址设置重试策略。

5.2.3 DestinationRule

DestinationRule 是 Istio 流量路由功能的重要组成部分。一个 VirtualService 是如何将流量分发到给定的目标地址的，又是如何调用 DestinationRule 来配置分发到该目标地址的流量的。DestinationRule 在 VirtualService 的路由规则之后起作用（即在 VirtualService 的 match → Route → destination 之后起作用，此时流量已经分发到真实的 service 上），应用于真实的目标地址。

特别地，可以使用 DestinationRule 来指定命名的服务子集。例如，根据版本先对服务的实例进行分组，然后通过 VirtualService 的路由规则中的服务子集将流量分发到不同服务的实例中。

DestinationRule 允许在调用完整的目标服务或特定的服务子集（如倾向使用的负载均衡模型，TLS 安全模型或断路器）时，自定义 Envoy 流量策略。

Istio 默认会使用轮询策略，此外，Istio 也支持如下负载均衡模型，可以在 DestinationRule 中使用这些模型，将请求分发到特定的服务或服务子集中。

- Random：将请求转发到一个随机的实例上。
- Weighted：按照指定的百分比将请求转发到实例上。
- Least Requests：将请求转发到具有最少请求数目的实例上。

下面的 DestinationRule 使用不同的负载均衡策略为 my-svc 目标服务配置了 3 个不同的服务子集（subset）。

```
apiVersion: networking.istio.io/v1alpha3
kind: DestinationRule
metadata:
  name: my-destination-rule
spec:
  host: my-svc
  trafficPolicy:      #默认的负载均衡策略模型为随机
    loadBalancer:
      simple: RANDOM
  subsets:
  - name: v1  #subset1，将流量转发到具有标签 version:v1 的 Deployment 对应的服务上
    labels:
      version: v1
  - name: v2
  #subset2，将流量转发到具有标签 version:v2 的 Deployment 对应的服务上,指定负载均衡为轮询
    labels:
      version: v2
    trafficPolicy:
      loadBalancer:
        simple: ROUND_ROBIN
  - name: v3   #subset3，将流量转发到具有标签 version:v3 的 Deployment 对应的服务上
    labels:
      version: v3
```

每个子集由一个或多个 labels 定义，对应 Kubernetes 中对象（如 Pod）的 key/value 对。这些标签定义在 Kubernetes 服务的 Deployment 的 metadata 中，用于标识不同的版本。

除了定义子集，DestinationRule 还定义了该目标服务中所有子集的默认流量策略，以及仅覆盖该子集的特定策略。默认的策略定义在 subset 字段上，为 v1 和 v3 子集设置了随机负载均衡策略，在 v2 策略中使用了轮询负载均衡。

5.2.4 Gateway

Gateway 用于管理进出网格的流量，可以指定进入或离开网格的流量。Gateway 配置应用于网格边缘的独立的 Envoy 代理上，而不是服务负载的 Envoy 代理上。

与其他控制进入系统的流量的机制（如 Kubernetes Ingress API）不同，Istio Gateway 允许利用 Istio 流量路由的强大功能和灵活性。Istio 的 Gateway 资源仅允许配置 4 至 6 层的负载属性，如暴露的端口、TLS 配置等，但结合 Istio 的 VirtualService，就可以像管理 Istio 服务网格中的其他数据平面流量一样管理 Gateway 的流量。

Gateway 主要用于管理 Ingress 流量，但也可以配置 Egress Gateway。通过 Egress Gateway 可以配置流量离开网格的特定节点，限制哪些服务可以访问外部网络，或者通过 Egress 的安全控制来提高网格的安全性。Gateway 可以用于配置为一个纯粹的内部代理。

Istio（通过 istio-ingressgateway 和 istio-egressgateway 参数）提供了一些预配置的 Gateway 代理，其中，default profile 仅会部署 Ingress Gateway；Gateway 可以通过部署文件进行部署，也可以单独部署。

下面是 default profile 默认安装的 Ingress。

```
$ kubectl get gateways.networking.istio.io -n istio-system
NAME                    AGE
istio-ingressgateway    4d20h
```

下面可以看到该 Ingress 就是一个普通的 Pod，该 Pod 仅包含一个 istio-proxy 容器。

```
$ kubectl get pod -n istio-system |grep ingress
istio-ingressgateway-64f6f9d5c6-qrnw2 1/1 Running 0 4d20h
```

下面是一个 Gateway 的例子，用于配置外部 HTTPS 的 Ingress 流量。

```
apiVersion: networking.istio.io/v1alpha3
kind: Gateway
metadata:
  name: ext-host-gwy
spec:
  selector:       #指定 Gateway 配置下发的代理，如具有标签为 app: my-gateway-controller 的 Pod
    app: my-gateway-controller
  servers:
  - port:         #Gateway Pod 暴露的端口信息
      number: 443
      name: https
      protocol: HTTPS
    hosts:        #外部流量
    - ext-host.example.com
    tls:
```

```
    mode: SIMPLE
    serverCertificate: /tmp/tls.crt
    privateKey: /tmp/tls.key
```

上述 Gateway 配置允许来自 ext-host.example.com 的流量进入网格的 443 端口，但没有指定该流量的路由。此时流量只能进入网格，由于没有指定处理该流量的服务，因此需要和 VirtualService 绑定。

为 Gateway 指定路由，需要通过 Virtual Service 的 Gateway 字段，将 Gateway 绑定到一个 Virtual Service 上，将来自 ext-host.example.com 的流量引入一个 VirtualService。hosts 可以是通配符，表示引入匹配到的流量。

```
apiVersion: networking.istio.io/v1alpha3
kind: VirtualService
metadata:
  name: virtual-svc
spec:
  hosts:
  - ext-host.example.com
  gateways:  #将 Gateway 的 "ext-host-gwy" 绑定到 VirtualService 的 "virtual-svc"上
  - ext-host-gwy
```

5.2.5 ServiceEntry

Istio 支持对接 Kubernetes、Consul 等多种不同的注册中心，在控制平面 Pilot 启动时，会先从指定的注册中心获取 Service Mesh 集群的服务信息和实例列表，并将这些信息进行处理和转换，然后通过 xDS 下发给对应的数据平面，保证服务之间可以互相发现并正常访问。

同时，由于这些服务和实例信息都来源于服务网格内部，Istio 无法从注册中心直接获取网格外的服务，因此导致不利于网格内部与外部服务之间的通信和流量管理。为此，Istio 引入 ServiceEntry 实现对外的通信和管理。

使用 ServiceEntry 可以将外部的服务条目添加到 Istio 内部的服务注册表中，以便让网格中的服务能够访问并路由到这些手动指定的服务。ServiceEntry 描述了服务的属性（DNS 名称、VIP、端口、协议、端点）。这些服务可能是位于网格外部（如，Web APIs），也可能是处于网格内部但不属于平台服务注册表中的条目（如，需要和 Kubernetes 服务交互的一组虚拟机服务）。

对于网格外部的服务，下面的 ServiceEntry 实例表示网格内部的应用通过 HTTPS 访问外部的 API。

```
apiVersion: networking.istio.io/v1alpha3
```

```yaml
kind: ServiceEntry
metadata:
  name: google
spec:
  hosts:
  - www.google.com
  ports:
  - number: 443
    name: https
    protocol: HTTPS
  resolution: DNS
  location: MESH_EXTERNAL
```

对于在网格内部但不属于平台服务注册表的服务，使用下面的例子可以将一组在非托管 VM 上运行的 MongoDB 实例添加到 Istio 的注册中心，以便可以将这些服务视为网格中的任何其他服务。

```yaml
apiVersion: networking.istio.io/v1alpha3
kind: ServiceEntry
metadata:
  name: external-svc-mongocluster
spec:
  exportTo:
  - '*'
hosts:
  - mymongodb.somedomain
  addresses:
  - 192.192.192.192/24 # VIPs
  ports:
  - number: 27018
    name: mongodb
    protocol: MONGO
  location: MESH_INTERNAL
  resolution: STATIC
  endpoints:
  - address: 2.2.2.2
  - address: 3.3.3.3
```

结合上面给出的例子，这里对 ServiceEntry 涉及的关键属性进行如下解释。

- hosts：表示与该 ServiceEntry 相关的主机名，可以是带有通配符前缀的 DNS 名称。
- addresses：与服务相关的虚拟 IP 地址，可以是 CIDR 前缀的形式。addresses 和 endpoints 的关系类似于 Kubernetes 中 Service IP 地址和 Pod IP 地址的关系。
- ports：与外部服务相关的端口，如果外部服务的 endpoints 是 UNIX Socket 地址，这里就必须只有一个端口。

- location：用于指定该服务属于网格内部（MESH_INTERNAL）还是外部（MESH_EXTERNAL）。
- resolution：主机的服务发现模式，可以是 NONE、STATIC、DNS。
- endpoints：与服务相关的一个或多个端点。
- exportTo：用于控制 ServiceEntry 跨命名空间的可见性，这样就可以控制在一个命名空间下定义的资源对象是否可以被其他命名空间下的 Sidecar、Gateway 和 VirtualService 使用。目前支持两种选项，其中，“.” 表示仅应用到当前命名空间，“*” 表示应用到所有命名空间。

1. 使用 ServiceEntry 访问外部服务

Istio 提供了 3 种访问外部服务的方法。

- 允许 Sidecar 将请求传递到未在网格内配置过的任何外部服务。使用这种方法时，无法监控对外部服务的访问，也不能利用 Istio 的流量控制功能。
- 配置 ServiceEntry 以提供对外部服务的受控访问。这是 Istio 官方推荐使用的方法。
- 允许特定范围的 IP 地址，完全绕过 Sidecar。只有在出于性能或其他原因无法使用 Sidecar 配置外部访问时，才建议使用该配置方法。

这里重点讨论第二种方法，也就是使用 ServiceEntry 完成对网格外部服务的受控访问。

对于 Sidecar 对外部服务的处理方式，Istio 提供了两种选项。

- ALLOW_ANY：默认值，表示 Istio 代理允许调用未知的外部服务。上面的第一种方法就使用了该配置项。
- REGISTRY_ONLY：Istio 代理会阻止任何没有在网格中定义的 HTTP 服务或 ServiceEntry 的主机。

使用下面的命令可以查看当前所使用的模式。

```
$ kubectl get configmap istio -n istio-system -o yaml | grep -o "mode: ALLOW_ANY"
mode: ALLOW_ANY
```

如果当前使用的是 ALLOW_ANY 模式，则可以使用下面的命令将其切换为 REGISTRY_ONLY 模式。

```
$ kubectl get configmap istio -n istio-system -o yaml | sed 's/mode: ALLOW_ANY/mode: REGISTRY_ONLY/g' | kubectl replace -n istio-system -f -
configmap "istio" replaced
```

在 REGISTRY_ONLY 模式下，需要使用 ServiceEntry 才能完成对外部服务的访问。当创建如下的 ServiceEntry 时，服务网格内部的应用就可以正常访问 httpbin.org 服务了。

```
apiVersion: networking.istio.io/v1alpha3
kind: ServiceEntry
metadata:
  name: httpbin-ext
spec:
  hosts:
  - httpbin.org
  ports:
  - number: 80
    name: http
    protocol: HTTP
  resolution: DNS
  location: MESH_EXTERNAL
```

2．使用 ServiceEntry 管理外部流量

使用 ServiceEntry 可以使网格内部服务发现并访问外部服务，除此之外，还可以对这些到外部服务的流量进行管理。结合 VirtualService 为对应的 ServiceEntry 配置外部服务访问规则，如请求超时、故障注入等，实现对指定服务的受控访问。

下面的例子就是为外部服务 httpbin.org 设置了超时时间。当请求时间超过 3s 时，请求就会直接中断，避免因外部服务访问时长过长而影响内部服务的正常运行。由于外部服务的稳定性通常无法管控和监测，因此这种超时机制对内部服务的正常运行具有重要意义。

```
apiVersion: networking.istio.io/v1alpha3
kind: VirtualService
metadata:
  name: httpbin-ext
spec:
  hosts:
  - httpbin.org
  http:
  - timeout: 3s
    route:
      - destination:
          host: httpbin.org
        weight: 100
```

同样地，用户也可以为 ServiceEntry 设置故障注入规则，为系统测试提供基础。下面的例子表示为所有访问 httpbin.org 服务的请求注入一个 403 错误。

```
apiVersion: networking.istio.io/v1alpha3
kind: VirtualService
metadata:
```

```yaml
  name: httpbin-service
spec:
  hosts:
  - httpbin.org
  http:
  - route:
    - destination:
        host: httpbin.org
    fault:
      abort:
        percent: 100
        httpStatus: 403
```

5.3 流量镜像

流量镜像（Mirroring / Traffic Shadow），也被称为影子流量，可以通过一定的配置将线上的真实流量复制一份到镜像服务中，并通过流量镜像转发，从而达到在不影响线上服务的情况下对流量或请求内容做具体分析的目的。它的设计思想是只做转发而不接收响应。这个功能在传统的微服务架构里是很难做到的，一方面，传统服务之间的通信是由 SDK 支持的，因此对流量镜像的支持就代表着在业务服务逻辑中有着镜像逻辑相关代码的侵入，这会影响业务服务的代码的整洁性；另一方面，流量镜像的功能是需要非常灵活的多维度、可动态管控的一个组件。如果将这样的一个组件集成到 SDK 中在完成它的使命后却无法及时清除，这样的设计势必是臃肿而烦琐的。所幸的是，随着微服务架构的发展，Service Mesh 登上了历史舞台，成为新一代的服务架构引领者。而 Istio 作为 Service Mesh 优秀的落地架构，利用它本身使用 Envoy 代理转发流量的特性，可以轻松实现流量镜像的功能。由于它的实现不需要任何代码的侵入，只需要在配置文件中简单加上几个配置项即可，因此这些设计及实现方式足以让开发测试人员眼前一亮。那么，流量镜像到底能解决哪些具体问题呢？

5.3.1 流量镜像能够做什么

在多数情况下，当需要对服务做重构，或者对项目做重大优化时，开发人员如何保证服务是健壮的呢？在传统的服务中，开发人员只能通过大量的测试，模拟在各种情况下服务的响应情况进行检测。虽然也有手动测试、自动化测试、压力测试等一系列手段可以检测它，但是测试本身就是一个样本化的行为，即使测试人员再完善它的测试样例，也无法全面地表现出线上服务的一个真实流量形态。往往在项目发布之后，总会出现一些意外，比如，服务里收到客户使用的某些数据库不认识的特殊符号；用户在本该输入日期的文本框中输入“--”字样的字符；用户使用乱码替换你的 token

值，从而导致服务被批量恶意攻击等。这样的情况屡见不鲜。数据的多样性、复杂性决定了开发人员在开发阶段是无法考虑周全的。

而流量镜像的设计，最大限度地解决了这类问题。流量镜像讲究的不再是使用少量样本去评估一个服务的健壮性，而是在不影响线上环境的前提下将线上流量持续镜像到预发布的环境中，让重构后的服务在上线之前就结结实实地接受一波真实流量的冲击与考验，使所有的风险全部暴露在上线前夕，通过不断的暴露问题，解决问题使服务在上线前夕就拥有和线上服务一样的健壮性。因为测试环境使用的是真实的流量，所以不管从流量的多样性，真实性，还是复杂性上都将能够得以展现，同时预发布服务也表现出其最真实的处理能力和对异常的处理能力。运用这种模式，一方面，开发测试人员不会像以前一样在发布服务前夕内心始终忐忑不安，只能祈祷上线之后不会出现问题；另一方面，当大量的流量流入重构服务之后，开发过程中难以评估的性能问题也将完完整整地暴露出来，此时开发人员将会考虑服务的性能，测试人员将会更加完善他们的测试样例。通过暴露问题，解决问题，再暴露问题，再解决问题的方式循序渐进地完善预发布服务来增加服务上线的成功率。同时变相地促进开发测试人员技能水平的提高。

当然，流量镜像的作用不仅可以解决上面这样的场景问题，根据它的特性，还可以解决更多的问题。比如，在上线后突然发现一个线上问题，而这个问题在测试环境中始终不能复现。这时开发测试人员就能利用流量镜像将异常流量镜像到一个分支服务中，并且可以随意在这个分支服务上进行分析、调试。这里所说的分支服务，可以是原服务只用于问题分析而不处理正式业务的副本服务，也、可以是一个只收集镜像流量的组件类服务，比如，突然需要收集某个时间段某些流量的特征数据做分析，像这种临时性的需求，使用流量镜像来处理非常合适，既不影响线上服务的正常运转，又能达到收集分析的目的。

5.3.2 流量镜像的实现原理

实际上在 Istio 中，服务间的通信都是被 Envoy 代理拦截并处理的，Istio 流量镜像的设计也是基于 Envoy 特性实现的。它的流量转发如图 5-1 所示，当流量进入 Service A 时，因为在 Service A 的 Envoy 代理上配置了流量镜像规则，所以它首先会将原始流量转发到 v1 版本的 Service B 服务子集中，同时会将相同的流量复制一份，异步地发送到 v2 版本的 Service B 服务子集中。从图 5-1 中可以明显看到，Service A 发送完镜像流量之后并不关心它的响应情况。

在很多情况下，我们需要将真实的流量数据与镜像的流量数据进行收集并分析，那么在收集完成后应该怎样区分哪些是真实流量，哪些是镜像流量呢？实际上，Envoy 团队早就考虑到了这样的场景，他们为了区分镜像流量与真实流量，在镜像流量中修改了请求标头中的 Host 值来标识。它的修改规则是：在原始流量请求标头中的 Host 属性值拼接上“-shadow”字样作为镜像流量的 Host 请求标头。

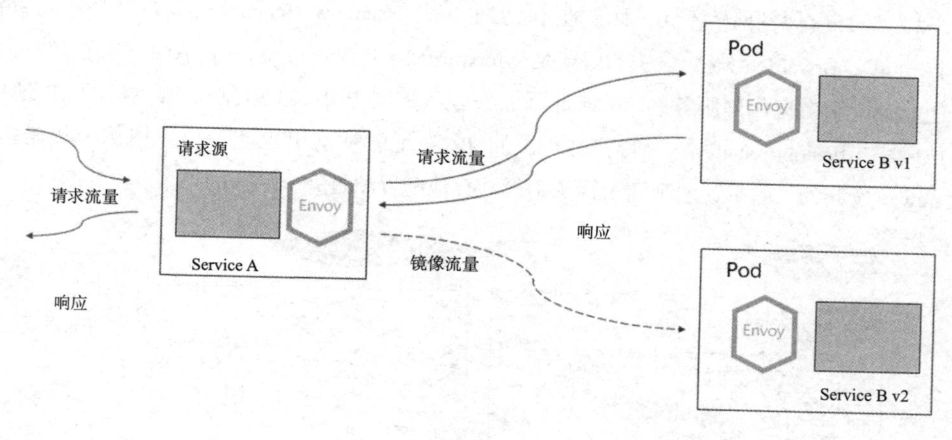

图 5-1

为了更清晰地对比原始流量与镜像流量的区别，我们可以使用下面的一个例子进行说明。

如图 5-2 所示，在发起一个 http://istio.gateway.xxxx.tech/serviceB/request/info 的请求时，请求首先进入 istio-ingressgateway 中。istio-ingressgateway 是一个 Istio 的 Gateway 资源类型的服务，且本身就是一个 Envoy 代理。在这个例子中，就是它对流量进行了镜像处理。从图 5-2 中可以看到，它将流量转发给 v1 版本的 Service B 服务子集的同时，也复制了一份流量发送到 v2 版本的 Service B 服务子集中。

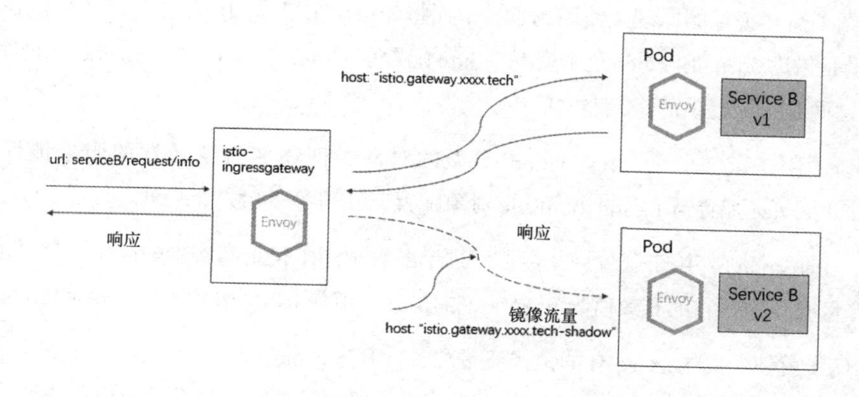

图 5-2

在上面的请求链中，请求标头的数据有什么变化呢？如图 5-3 所示，可以明显地对比出真实流量与镜像流量请求标头中 Host 属性的区别（部分相同的属性值过长，这里只截取了前半段）。从图中可以看出，首先是 Host 属性值的不同，而区别就是多了一个“-shadow”的后缀；然后发现 x-forwarded-for 属性也不相同，x-forwarded-for 协议头的格式是 x-forwarded-for: Client,Proxy1,Proxy2，当流量经过 Envoy 代理时这个协议头会把代理服务的 IP 地址添加进去。实例中 10.10.2.151 是云主机的 IP 地址，而 10.10.2.121 是 istio-ingressgateway 所对应 Pod 的 IP 地址。从这里也能看出，镜像流量是由 istio-ingressgateway 发起的。除了这两个请求标头不同，其他配置项是完全一样的。

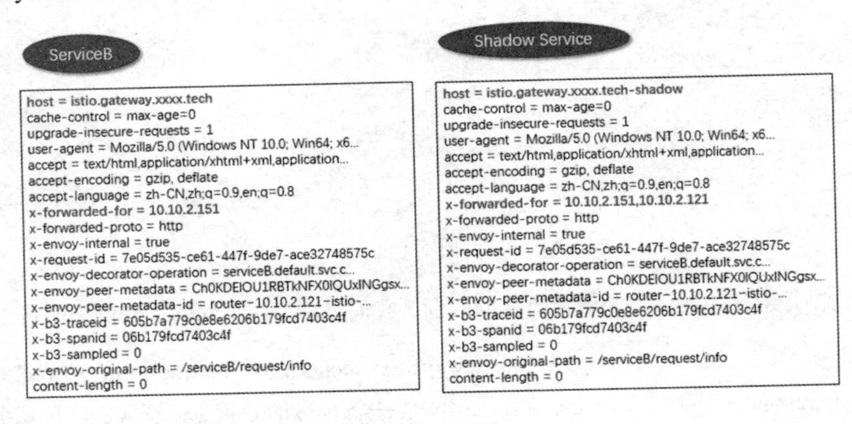

图 5-3

5.3.3 流量镜像的配置

上面介绍了流量镜像的原理及使用场景，下面将介绍流量镜像如何配置才能生效。在 Istio 架构里，镜像流量是借助 VirtualService 这个资源中 http 配置项的 mirror 与 mirrorPercentage 两个子配置项来实现的。这两个子配置项的定义非常简单。

- mirror：用于配置一个 Destination 类型的对象，即镜像流量转发的服务地址。具体的 VirtualService 配置与 DestinationRule 对象配置属性请参考相关介绍页。
- mirrorPercentage：用于配置一个数值。这个配置项用来指定有多少的原始流量会被转发到镜像流量服务中，它的有效值为 0～100，如果配置值为 0，则表示不发送镜像流量。

下面的例子就使用到 Service B 的镜像流量配置，其中，mirror.host 配置项是配置了一个域名，或者在 Istio 注册表中注册过的服务名称，该配置指定了镜像流量需要发送的目标服务地址为 Service B；mirror.subset 配置项配置了一个 Service B 的服务子集名称，指定了要将镜像流量镜像到 v2 版本的 Service B 服务子集中；mirrorPercentage 配置项将 100%的真实流量进行镜像发送。所以下面的配置整体表示当流量到来时，将请求转发到 v1 版本的 Service B 服务子集中，再以镜像的方式发送到 v2 版本的 Service B 服务子集中，从而将真实流量全部镜像。

```
apiVersion: networking.istio.io/v1alpha3
kind: VirtualService
metadata:
  name: serviceB
spec:
  hosts:
  - istio.gateway.xxxx.tech
  gateways:
  - ingressgateway.istio-system.svc.cluster.local
  http:
  - match:
    - uri:
        prefix: /serviceB
    rewrite:
      uri: /
    route:
    - destination:
        host: serviceB
        subset: v1
    mirror:
      host: serviceB
      subset: v2
    mirrorPercentage:
      Value: 100.0
```

Service B 对应的 DestinationRule 配置如下。

```
apiVersion: networking.istio.io/v1alpha3
kind: DestinationRule
metadata:
  name: serviceB
  namespace: default
spec:
  host: serviceB
  subsets:
  - name: v2
    labels:
      version: v2
  - name: v1
    labels:
      version: v1
```

5.3.4 流量镜像实践

对流量镜像功能的测试可以使用 httpbin 服务的 v1、v2 两个版本来进行。v1 版本用来接收原始流量，v2 版本用来接收镜像流量，这两个版本的服务使用相同的镜像名称，只有在编写 Kubernetes 的 Deployment 资源时，才使用 version:v1 和 version:v2 这两个不同的 Labels 进行区分。

测试流程是：先将两个版本的服务都部署起来，并设置它的默认路由策略，再将所有流量转发到 v1 版本中，测试正常后，通过对 v1 版本服务的 VirtualService 进行设置，最后将流量镜像到 v2 版本的服务中，在测试流量镜像成功后，通过修改流量镜像的采样百分比来观察实际的表现效果。

5.3.4.1 部署测试服务

首先，通过以下命令来部署两个版本的 httpbin 服务，并设置它的默认路由策略，将所有流量转发到 v1 版本中。

（1）创建 v1 版本 httpbin 服务的 Deployment。

```
$ cat <<EOF | istioctl kube-inject -f - | kubectl create -f -
apiVersion: apps/v1
kind: Deployment
metadata:
  name: httpbin-v1
spec:
  replicas: 1
  selector:
    matchLabels:
      app: httpbin
      version: v1
  template:
    metadata:
      labels:
        app: httpbin
        version: v1
    spec:
      containers:
      - image: docker.io/kennethreitz/httpbin
        imagePullPolicy: IfNotPresent
        name: httpbin
        command: ["gunicorn", "--access-logfile", "-", "-b", "0.0.0.0:80", "httpbin:app"]
        ports:
        - containerPort: 80
EOF
```

（2）创建 v2 版本 httpbin 服务的 Deployment。

```
$ cat <<EOF | istioctl kube-inject -f - | kubectl create -f -
```

```
apiVersion: apps/v1
kind: Deployment
metadata:
  name: httpbin-v2
spec:
  replicas: 1
  selector:
    matchLabels:
      app: httpbin
      version: v2
  template:
    metadata:
      labels:
        app: httpbin
        version: v2
    spec:
      containers:
      - image: docker.io/kennethreitz/httpbin
        imagePullPolicy: IfNotPresent
        name: httpbin
        command: ["gunicorn", "--access-logfile", "-", "-b", "0.0.0.0:80", "httpbin:app"]
        ports:
        - containerPort: 80
EOF
```

（3）创建 httpbin 服务的 Service。

```
$ kubectl create -f - <<EOF
apiVersion: v1
kind: Service
metadata:
  name: httpbin
  labels:
    app: httpbin
spec:
  ports:
  - name: http
    port: 8000
    targetPort: 80
  selector:
    app: httpbin
EOF
```

（4）创建 httpbin 服务的默认路由策略。

```
$ kubectl apply -f - <<EOF
apiVersion: networking.istio.io/v1alpha3
kind: VirtualService
metadata:
```

```
  name: httpbin
spec:
  hosts:
    - '*'
  gateways:
    - istio-system/ingressgateway
  http:
  - match:
    - uri:
        prefix: /httpbin
    rewrite:
      uri: /
    route:
    - destination:
        host: httpbin
        subset: v1
      weight: 100
---
apiVersion: networking.istio.io/v1alpha3
kind: DestinationRule
metadata:
  name: httpbin
spec:
  host: httpbin
  subsets:
  - name: v1
    labels:
      version: v1
  - name: v2
    labels:
      version: v2
EOF
```

注意：VirtualService 资源是 Istio 中用来配置路由、流量转发权重占比等规则的一种 Kubernetes 自定义资源（CRDS），具体介绍详见本书 5.2.1 节。DestinationRule 资源是 Istio 中用来配置客户端负载策略、连接池配置、异常点检测、服务子集等功能的一种 Kubernetes 自定义资源（CRDS），具体介绍详见本书 5.2.3 节。

在部署好以上服务之后，通过如下命令查看相关资源是否全部创建完成，服务是否正常启动。如果相关的 kubectl 命令都有相应返回，则说明服务是正常部署的。

```
$ kubectl get svc,po,vs,dr
NAME              TYPE        CLUSTER-IP       EXTERNAL-IP   PORT(S)    AGE
service/httpbin   ClusterIP   172.20.227.164   <none>        8000/TCP   72s

NAME                                READY   STATUS       RESTARTS   AGE
```

```
pod/httpbin-v1-595647cbcc-h6s5m   2/2     Running        0          85s
pod/httpbin-v2-96486cc9d-jcz9f    2/2     Running        0          79s

NAME                                          GATEWAYS   HOSTS         AGE
virtualservice.networking.istio.io/httpbin               [httpbin]     34s

NAME                                              HOST         AGE
destinationrule.networking.istio.io/httpbin       httpbin      34s
```

然后，使用如下命令向 httpbin 服务发送一些流量请求。

（1）将 istio-gateway 的 service 地址导入环境变量中。

```
$ export GATEWAY_URL=$(kubectl -n istio-system get service istio-ingressgateway -o
jsonpath='{.status.loadBalancer.ingress[0].hostname}')
```

（2）对 httpbin 服务发送请求。

```
$ curl http://${GATEWAY_URL}/httpbin/headers
{
  "headers": {
    "Accept": "*/*",
    "Content-Length": "0",
    "Host": "abcc68c3b126c11eab2630a8eb933271-1419444084.us-west-2.elb.amazonaws.com",
    "User-Agent": "curl/7.29.0",
    "X-B3-Parentspanid": "1a8b1eced190c3a2",
    "X-B3-Sampled": "0",
    "X-B3-Spanid": "f2212d5df93bd3da",
    "X-B3-Traceid": "3bbee4b27efecd5d1a8b1eced190c3a2",
    "X-Envoy-Internal": "true",
    "X-Envoy-Original-Path": "/httpbin/headers",
    "X-Forwarded-Client-Cert":
"By=spiffe://cluster.local/ns/default/sa/default;Hash=855455e7c4d742bb7ce76df7c3c3c9e
cf4b978e2421097ae74f6b2deec91af9c;Subject=\"\";URI=spiffe://cluster.local/ns/istio-sy
stem/sa/istio-ingressgateway-service-account"
  }
}
```

最后，分别查看 v1 和 v2 版本 httpbin 服务的日志信息会发现，v1 版本接收到了请求并打印了日志，v2 版本则没有打印日志信息。

（1）将 v1 版本 httpbin 服务的 Pod 名称导入环境变量中。

```
$ export V1_POD=$(kubectl get pod -l app=httpbin,version=v1 -o
jsonpath={.items..metadata.name})
```

（2）查看 v1 版本 httpbin 服务对应 Pod 的应用日志信息。

```
$ kubectl logs -f $V1_POD -c httpbin
127.0.0.1 - - [30/Apr/2020:02:21:39 +0000] "GET //headers HTTP/1.1" 200 694 "-"
"curl/7.29.0"
```

（3）将 v2 版本 httpbin 服务的 Pod 名称导入环境变量中。

```
$ export V2_POD=$(kubectl get pod -l app=httpbin,version=v2 -o
jsonpath={.items..metadata.name})
```

（4）查看 v2 版本 httpbin 服务对应 Pod 的应用日志信息。

```
$ kubectl logs -f $V2_POD -c httpbin
<none>
```

5.3.4.2 流量镜像测试

流量镜像最常用的场景是在一个集群内，将流量从服务的一个版本镜像到同源服务的另外一个版本中。它的场景模型如图 5-4 所示。在这个例子中，把访问 v1 版本 httpbin 服务的流量镜像到 v2 版本的 httpbin 服务中。

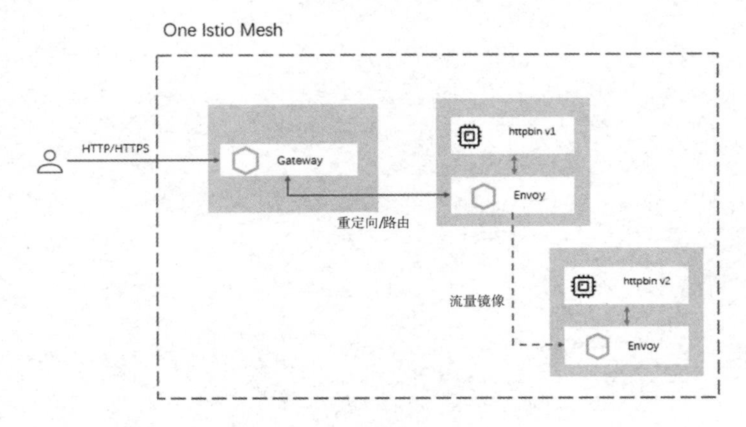

图 5-4

在以上配置下，VirtualService 资源可以使用 kubectl apply -f <file>命令进行修改。

```
$ kubectl apply -f - <<EOF
apiVersion: networking.istio.io/v1alpha3
kind: VirtualService
metadata:
  name: httpbin
spec:
  hosts:
    - '*'
```

```
  gateways:
    - istio-system/ingressgateway
  http:
  - match:
    - uri:
        prefix: /httpbin
    rewrite:
      uri: /
    route:
    - destination:
        host: httpbin
        subset: v1
      weight: 100
    mirror:
      host: httpbin
      subset: v2
    mirrorPercentage:
      value: 100.0
EOF
```

流量镜像相关的配置具体如下。

```
  ...
  mirror:
    host: httpbin
    subset: v2
  mirrorPercentage:
    value: 100.0
```

mirror 表示配置一个 Destination 类型的对象，以及该请求的流量镜像到哪个服务中。Destination 类型的对象可配置以下子属性。

- host：必配项，是一个 string 类型的值，表示上游资源的地址。Host 可配置的资源为所有在集群中注册的 service 域名或资源，可以是一个 Kubernetes 的 service，也可以是一个 Consul 的 services，甚至可以是一个 ServiceEntry 类型的资源。同样地，这里配置的域名可以是一个 FQDN，也可以是一个短域名。需要注意的是，如果您是 Kubernetes 用户，那么这里的资源地址补全同样依赖于该 VirtualService 所在的命名空间。比如，在 prod 命名空间下配置了 destination.host=reviews，则 Host 最终将被解释并补全为 reviews.prod.svc.cluster.local。
- subset：非必配项，是一个 string 类型的值，表示访问上游工作负载组中指定版本的工作负载。如果需要使用 subset 配置，就要先在 DestinationRule 中定义一个 subset 组，而这里的配置值即为 subset 组中某一个 subset 的 name 值。
- port：非必配项，是一个 PortSelector 类型的对象，指定了上游工作负载的端口号。如果上游工作负载只公开了一个端口，这个配置项就可以不用配置了。

mirrorPercentage 配置项表示将 100%的流量镜像到 v2 版本的 httpbin 服务中。

下面首先对 v1 版本的 httpbin 服务发送一些流量请求，在发送完成后，查看 v2 版本 httpbin 服务的日志信息，查看它是否接收到了镜像过来的流量。

```
#对 httpbin 服务发送请求
$ curl http://${GATEWAY_URL}/httpbin/headers
#查看 v2 版本 httpbin 服务对应 Pod 的应用日志信息
$ kubectl logs -f $V2_POD -c httpbin
127.0.0.1 - - [30/Apr/2020:03:10:56 +0000] "GET //headers HTTP/1.1" 200 668 "-"
"curl/7.29.0"
```

观察后发现，在 v2 版本的 httpbin 服务中打印了日志信息，这表示流量镜像配置已经生效。

然后发送 5 次请求给 v1 版本的 httpbin 服务，并查看 v2 版本 httpbin 服务的日志信息，观察是否每一个请求都会被镜像。

```
#查看 v2 版本 httpbin 服务对应 Pod 的最新 5 行应用日志信息
$ kubectl logs -f $V2_POD -c httpbin --tail 5
127.0.0.1 - - [30/Apr/2020:03:18:44 +0000] "GET //headers HTTP/1.1" 200 668 "-"
"curl/7.29.0"
127.0.0.1 - - [30/Apr/2020:03:18:44 +0000] "GET //headers HTTP/1.1" 200 668 "-"
"curl/7.29.0"
127.0.0.1 - - [30/Apr/2020:03:18:45 +0000] "GET //headers HTTP/1.1" 200 668 "-"
"curl/7.29.0"
127.0.0.1 - - [30/Apr/2020:03:18:47 +0000] "GET //headers HTTP/1.1" 200 668 "-"
"curl/7.29.0"
127.0.0.1 - - [30/Apr/2020:03:18:48 +0000] "GET //headers HTTP/1.1" 200 668 "-"
"curl/7.29.0"
```

由上可知，新增了 5 条日志信息，所有流量都被复制了一份，这说明 mirrorPercentage: 100 配置生效了。

最后将镜像到 v2 版本服务的流量采样率设置为 50%，即使用 kubectl apply -f <file>命令，将 mirrorPercentage 属性值修改为 50。

```
$ kubectl apply -f - <<EOF
apiVersion: networking.istio.io/v1alpha3
kind: VirtualService
metadata:
  name: httpbin
spec:
  hosts:
    - '*'
  gateways:
```

```
    - istio-system/ingressgateway
  http:
  - match:
    - uri:
        prefix: /httpbin
    rewrite:
      uri: /
    route:
    - destination:
        host: httpbin
        subset: v1
      weight: 100
    mirror:
      host: httpbin
      subset: v2
    mirrorPercentage:
      value: 50.0
EOF
```

此时再连续发送 20 次请求给 v1 版本的 httpbin 服务，同时观察 v2 版本 httpbin 服务的日志信息变化。我们发现 v1 版本的 httpbin 服务在被调用 20 次时，只有 9 次请求镜像到 v2 版本的服务中，并不是准确的 50%。实际上，Istio 允许这种误差的存在，该属性值只能表示它大概的一个百分比，读者可以再尝试发送更多的请求来观察效果。

除了上面的场景，也经常会遇到需要将某个服务的流量从一个 Service Mesh 网格中镜像到另一个 Service Mesh 网格中的场景，比如，将生产环境的流量镜像到测试环境中。它的场景模型如图 5-5 所示。

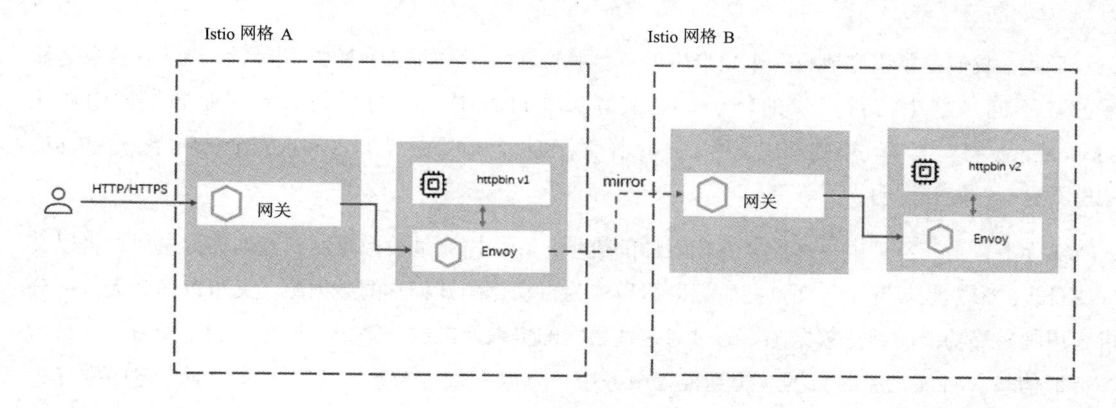

图 5-5

这种场景的实现方式和前面介绍的第一种场景实现方式一样，都是修改 v1 版本 httpbin 服务的 VirtualService 资源。它只需要按照如下代码将${OTHER_MESH_GATEWAY_URL}替换为测试环境的真实主机地址即可。

```
$ kubectl apply -f - <<EOF
apiVersion: networking.istio.io/v1alpha3
kind: VirtualService
metadata:
  name: httpbin
spec:
  hosts:
    - '*'
  gateways:
    - istio-system/ingressgateway
  http:
  - match:
    - uri:
        prefix: /httpbin
    rewrite:
      uri: /
    route:
    - destination:
        host: httpbin
        subset: v1
      weight: 100
    mirror:
      host: ${OTHER_MESH_GATEWAY_URL}
    mirrorPercentage:
      value: 100.0
EOF
```

至此，我们就可以完成将一个集群中的流量镜像转发到另外一个集群的操作。当然，这只是简单的在不同集群中流量镜像的例子，在实际操作过程中，我们可能需要在业务集群中使用 ServiceEntry 将对测试环境的调用交给 Envoy 托管，也可能需要配置 TLS 实现安全访问等，这些功能这里不再一一展开说明。

实际上，生产环境中一些比较有代表性的流量，在使用流量镜像复制到其他集群之后，将以文件或日志的形式收集起来。而这些数据既可以作为自动化测试脚本的数据源，又可以作为大数据分析客户画像等功能的部分数据源。通过对这些数据的提取及二次开采，分析客户的使用习惯，行为等特征信息，将加工后的数据应用到推荐服务中，可以有效帮助系统实现千人千面、定向推荐等功能。

5.3.4.3 环境清除

使用以下命令清除上面创建的所有资源。

```
$ kubectl delete virtualservice httpbin
$ kubectl delete destinationrule httpbin
$ kubectl delete deploy httpbin-v1 httpbin-v2
$ kubectl delete svc httpbin
```

镜像流量从设计上讲与业务服务解耦，这意味着它是一种无侵入式的设计。也就是说，不仅在业务服务上无须考虑副本流量的问题，专注于业务处理即可，而且在配置镜像流量时也不用考虑对业务服务的影响。

从原理上讲，镜像流量使用这种异步发送不关心响应的方式，丝毫不会影响到线上环境的正常运作。

从配置复杂度上讲，镜像流量简单且容易上手，通过简单的几个配置项即可完成，这不仅大大减轻了用户的学习成本，还大大提高了调试、测试的效率。

从表现上讲，镜像流量完美复制了真实的流量，除了请求标头的 Host、x-forwarded-for 等属性，几乎可以认为它就是真实的流量。

综上介绍，Istio 的镜像流量功能是一个非常优雅且实用的功能。微服务架构有了这么强大的功能来加持，对调试、测试、预上线演练等工作是一个重大的技术支撑。测试人员可以用它来收集补充测试案例，使用峰值时间段流量来测试服务的抗压能力，以及检测部分容错、容灾的能力。当绝大部分问题都在上线之前得到暴露、验证并解决时，上线这件事将不再让人惧怕，它将变成一件非常容易的事情。

最后，在此说明一下，根据镜像流量的特性，前面提到的使用分支服务调试测试环境上无法复现的线上问题是一个很巧妙的应用，虽然它能够支持这样的操作，但非常不建议这样做。一方面，调试这样的动作本身就不应该在线上环境进行，况且操作线上 VirtualService 是非常敏感的，在 VirtualService 更新时，很容易引起请求调用链的卡顿；另一方面，在调试完成后，有时可能会因粗心而忘记删除调用链中的某处镜像流量配置。可以想象一下，如果这些流量是与商品详情页面相关的，在遇到“双十一”大促节日后会发生什么样的后果。

5.4 Ingress/Egress

Istio 凭借 Sidecar 构建出来的数据平面实现了对集群内部流量的治理及观察。而微服务集群的出入口流量(Ingress Traffic 和 Egress Traffic),则需要单独管理。下面介绍 Istio 是如何管理 Ingress/Egress 流量并实现微服务的安全暴露及外部服务访问的。

5.4.1 Ingress

Ingress 流量是指集群外部对集群内微服务的访问流量。在绝大部分的生产实践中，微服务集群和服务的外部消费方都不会处于同一网络，必须通过额外的配置或代理转发才能将集群内微服务暴露出去。在使用 Kubernetes 作为集群基础设施时，情况更是如此，如 Kubernetes 本身提供的 Ingress 及 Nodeport 类型的 service 等都是为了方便集群中服务的暴露。一般来说，一个工作在 L4 的网络代理会负责将 Ingress 流量接入集群网络，一个工作在 L7 的 Ingress 网关或 API 网关会负责 Ingress 流量的筛选、鉴权、治理、监控、转发和响应。

当然，本小节无法在生产实践层面直接指导读者如何部署一套安全、高性能的 Ingress 管理组件，这是因为它受到很多现实因素的影响。本节的目的仅在于介绍 Istio 是如何通过 Ingress 网关实现 Ingress 流量治理和管控的，并介绍一些关键特性的例子。本节将忽略在现实生产中几乎必然存在的网络隔离（虽然网络隔离在生产实践中几乎是必然存在的，但是一般也同样会有专门的团队负责此事），仅把问题聚焦在应用层面。

5.4.1.1 预备工作

在开始具体的实践内容之前，必须先准备好环境，才能够开始接下来的介绍。本节将 httpbin 作为一个实例服务。下面可以使用如下命令在 Kubernetes 集群中安装一个 httpbin 服务：

```
$ kubectl create -f <https://github.com/istio/istio/raw/master/samples/httpbin
/httpbin.yaml>
```

通过如下命令查看服务是否部署成功。如果能够如实例所示获得对应的服务和 Pod 资源，则说明服务被成功部署。

```
$ kubectl get svc
NAME          TYPE        CLUSTER-IP       EXTERNAL-IP   PORT(S)          AGE
httpbin       NodePort    10.98.168.250    <none>        8000:31907/TCP   61m

$ kubectl get pod
NAME                                  READY   STATUS    RESTARTS   AGE
httpbin-74fb669cc6-b776c              1/1     Running   0          67m
```

为了方便后续的操作，用户可以将一些常用的值设置为环境变量。这样在实践时，大部分命令都可以直接从本节直接复制或誊抄，只有小部分的命令略有不同。对初学者而言，可以减少一些不必要的麻烦。当然，此处最重要的就是 Ingress 网关地址及端口了。

用户可以通过如下命令查看 Istio 默认部署的 Ingress 网关（如果没有 Istio，则可以参考第 4 章中的教程部署一套，非常简单。本节内容就是基于一个本地 Kubernetes 搭建的 Istio 进行相关介绍的）。Ingress 网关是 Istio 默认部署的，用于向外部客户端暴露内部服务并承接外部客户端流量的一个具体的七层网关组件。

```
$ kubectl get service -n istio-system | grep ingressgateway
istio-ingressgateway   LoadBalancer   10.102.50.113    <pending>      ...   5h1m
```

在本小节中作为实例的 Ingress 网关通过 Nodeport 对外暴露，所以使用如下的命令来设置相关环境变量。

```
export  INGRESS_HOST=$(kubectl  -n  istio-system  get  pod  -l  istio=ingressgateway  -o
jsonpath='{.items[0].status.hostIP}')
export  INGRESS_PORT=$(kubectl  -n  istio-system  get  service  istio-ingressgateway  -o
jsonpath='{.spec.ports[?(@.name=="http2")].nodePort}')
export SECURE_INGRESS_PORT=$(kubectl -n istio-system get service istio-ingressgateway -o
jsonpath='{.spec.ports[?(@.name=="https")].nodePort}')
export  TCP_INGRESS_PORT=$(kubectl  -n  istio-system  get  service  istio-ingressgateway  -o
jsonpath='{.spec.ports[?(@.name=="tcp")].nodePort}')
```

5.4.1.2 服务暴露

Istio 支持多种方法将集群中服务暴露给外部客户端，此处介绍 Kubernetes Ingress 和 Istio Gateway 两种方法。

1．Kubernetes Ingress

Ingress 网关本身虽然是默认部署的，但是要真正让它开始履行职责还必须提供相关的配置。第一种为 Ingress 网关添加配置的方法是 Kubernetes 本身提供的 Ingress 资源。Kubernetes 提供了名为 Ingress 的资源，用来实现集群内服务的暴露和外部流量的接入。每个 Ingress 资源都是一组允许集群外客户端访问的指向集群内微服务的 HTTP/HTTPS 路由。

使用如下命令创建一个指向 httpbin 服务的实例 Kubernetes Ingress 资源。

```
kubectl apply -f - <<EOF
apiVersion: networking.k8s.io/v1beta1
kind: Ingress
metadata:
  annotations:
    kubernetes.io/ingress.class: istio
  name: ingress
```

```
spec:
  rules:
  - host: httpbin.example.com
    http:
      paths:
      - path: /status/*
        backend:
          serviceName: httpbin
          servicePort: 8000
EOF
```

注意：该实例中的 kubernetes.io/ingress.class 注解必须被设置为 istio。之后 Istio 才会识别到该资源，并且将 Kubernetes Ingress 转换为 Ingress 网关可以识别的相关配置并下发，使得流量最终可以通过上述 Ingress 资源配置的路由进入微服务集群。

使用如下命令验证上述 Kubernetes 资源已经生效。

```
#使用正确，URL 可以成功访问 httpbin 服务
$ curl -s -I -HHost:httpbin.example.com "http://$INGRESS_HOST:$INGRESS_PORT/status/200"
HTTP/1.1 200 OK
server: istio-envoy
...

#使用错误，URL 则无法访问
$ curl -s -I -HHost:httpbin.example.com "http://$INGRESS_HOST:$INGRESS_PORT/headers"
HTTP/1.1 404 Not Found
...
```

此外，Kubernetes Ingress 也支持设置 TLS。但是，因为 Kubernetes Ingress 并不是 Istio 所推荐的使用 Ingress 网关的方法，所以在此处就不多做赘述。读者只需要了解 Kubernetes Ingress 可以用于暴露 Istio 集群内服务，以及它和 Istio Ingress 网关之间的关系即可。如果读者实在对此很有兴趣，可以参考 Istio 社区提供的文档。

2．Istio Gateway

Istio 本身提供了名为 Gateway 的资源，只有配合 VirtualService 使用，才能最大化地发挥出 Ingress 网关的功能，包括各种流量治理功能及安全策略。关于 Gateway，以及 Gateway 与 Virtual Service 的配合，可以参考 8.2 节。本质上 Istio 默认提供的 Ingress 网关就是一个以 Envoy 为数据平面，Istio 本身为控制平面的功能全面的 API 网关。在 8.2 节中，有对 Gateway 及 Virtual Service 使用的基础介绍，这里不再重复，请读者移步查阅。

5.4.1.3 TLS Ingress

网络安全在任何的生产环境中，都是重中之重，尤其是涉及集群外部流量访问集群内部服务时。而保证网络安全的一个重要手段就是 TLS。将 HTTP 请求和响应数据通过 TLS 安全传输协议而非纯粹的 TCP 进行传输，保证了数据的保密性和完整性，这就是所谓的 HTTPS。下面将逐步介绍如何通过 Gateway 及 Virtual Service 向集群外部安全的暴露 HTTPS 服务。

1. 证书创建

想要让 Ingress 网关暴露 HTTPS 服务，就要为它创建证书文件。第一步，先创建一个根证书及私钥。该根证书用于对服务所使用的证书进行签名，保证服务证书的可信度（根证书和中间证书的区别和作用请读者查阅密码学相关书籍或博客）。

```
$ openssl req -x509 -sha256 -nodes -days 365 -newkey rsa:2048 -subj '/O=example
Inc./CN=example.com' -keyout example.com.key -out example.com.crt
```

再为 Ingress 网关将要暴露的服务创建一个新的证书及私钥。

```
$ openssl req -out httpbin.example.com.csr -newkey rsa:2048 -nodes -keyout
httpbin.example.com.key -subj "/CN=httpbin.example.com/O=httpbin organization"
$ openssl x509 -req -days 365 -CA example.com.crt -CAkey example.com.key -set_serial 0
-in httpbin.example.com.csr -out httpbin.example.com.crt
```

2. TLS 认证

在证书和私钥准备完成之后，将证书和私钥传递给 Ingress 网关。目前有两种不同的方案来下发证书文件：一种是通过文件挂载来下发证书文件，另一种是使用 Envoy 提供的 SDS 协议（xDS 协议中的一种）来下发证书文件。下面先介绍第一种证书下发方案。

使用如下命令创建一个 Kubernetes Secret 来保存刚刚创建的证书文件。

```
$ kubectl create -n istio-system secret tls istio-ingressgateway-certs --key
httpbin.example.com.key --cert httpbin.example.com.crt
secret/istio-ingressgateway-certs created
```

在默认情况下，同名称空间下的所有负载都可以挂载和使用该证书。如果要限制只有 Ingress 网关才能使用，则可以将 Ingress 网关单独部署。通过下面的命令查看网关节点是否成功挂载证书。

```
$ kubectl exec -it -n istio-system $(kubectl -n istio-system get pods -l
istio=ingressgateway -o jsonpath='{.items[0].metadata.name}') -- ls -al
/etc/istio/ingressgateway-certs
```

为何创建证书之后，未做任何的其他操作，该证书就自动挂载到 Ingress 网关的实例中了呢？有兴趣的读者请查看 Ingress 网关的部署文件。由上面的命令可以发现，它已经默认将名为

istio-ingressgateway-certs 的 Kubernetes Secret 挂载到特定目录（/etc/istio/ingressgateway-certs）下了。所以 Secret 的名称千万不要弄错。

使用如下命令创建一个 Gateway 的实例。

```
$ kubectl apply -f - <<EOF
apiVersion: networking.istio.io/v1alpha3
kind: Gateway
metadata:
  name: httpbin-gateway
spec:
  selector:
    istio: ingressgateway # use istio default ingress gateway
  servers:
  - port:
      number: 443
      name: https
      protocol: HTTPS
    tls:
      mode: SIMPLE
      serverCertificate: /etc/istio/ingressgateway-certs/tls.crt
      privateKey: /etc/istio/ingressgateway-certs/tls.key
    hosts:
    - "httpbin.example.com"
EOF
```

上述 Gateway 指定的证书路径就是前面创建的 Secret 的挂载路径。创建一个 Virtual Service 并绑定到刚创建的 Gateway 上。

```
kubectl apply -f - <<EOF
apiVersion: networking.istio.io/v1alpha3
kind: VirtualService
metadata:
  name: httpbin
spec:
  hosts:
  - "httpbin.example.com"
  gateways:
  - httpbin-gateway
  http:
  - match:
    - uri:
        prefix: /status
    - uri:
        prefix: /delay
    route:
```

```
    - destination:
        port:
          number: 8000
        host: httpbin
EOF
```

使用如下命令来验证 HTTPS 生效。

```
$ curl -v -HHost:httpbin.example.com --resolve httpbin.example.com:$SECURE_INGRESS_PORT:$INGRESS_HOST --cacert example.com.crt https://httpbin.example.com:$SECURE_INGRESS_PORT/status/418
```

其中，--cacert 选项使用指定的一个证书来验证 Ingress 网关中的服务证书是否可用。如果不出意外，就可以得到一个正确的结果，一个状态码为 418 的响应。有兴趣的读者可以使用--cacert 指定另一个无关的证书来重复上述请求，看一看会发生什么。

3．双向验证

回顾上述的内容不难发现，在上述的方案中，仅完成了客户端对服务端的验证。通过 CA 根证书对服务端证书的校验，可以确定服务端的安全。但是，显然服务端无法验证客户端的身份。

为了实现服务端和客户端的双向验证，首先客户端需要自己的证书。为此，使用如下命令为客户端创建证书和私钥。

```
$ openssl req -out httpbin-client.example.com.csr -newkey rsa:2048 -nodes -keyout httpbin-client.example.com.key -subj "/CN=httpbin-client.example.com/O=httpbin's client organization"
$ openssl x509 -req -days 365 -CA example.com.crt -CAkey example.com.key -set_serial 0 -in httpbin-client.example.com.csr -out httpbin-client.example.com.crt
```

注意：此处用于对客户端证书进行签名的根证书仍是本文一早创建的 example 根证书。在完成客户端证书创建之后，就可以进行到下一步：如何让服务端对客户端证书进行校验呢？

一如客户端要验证服务端证书的有效性时，必须使用 CA 证书/根证书进行校验，服务端如果要验证客户端证书的有效性，则需要使用签发客户端证书的 CA 证书/根证书进行校验。为此，必须将 CA 证书/根证书（在本小节自然是指 example 根证书）下发到 Ingress 网关中。

首先，使用与前文类似的方法创建一个 Kubernetes Secret 来记录 example 根证书。

```
$ kubectl create -n istio-system secret generic istio-ingressgateway-ca-certs
--from-file=example.com.crt
secret/istio-ingressgateway-ca-certs created
```

再次查看 Ingress 网关对应的部署文件会发现，它早已默认将名为 istio-ingressgateway- ca-certs 的

Kubernetes Secret 挂载到/etc/istio/ingressgateway-ca-certs 下了。所以在 Secret 创建成功之后，Ingress 网关就可以直接访问到它了。

然后，对单向 TLS 验证部分创建的 Gateway 资源做一些小的调整，打开 mTLS 验证模式，并指定 CA 证书的位置。

```
$ kubectl apply -f - <<EOF
apiVersion: networking.istio.io/v1alpha3
kind: Gateway
metadata:
  name: httpbin-gateway
spec:
  selector:
    istio: ingressgateway # use istio default ingress gateway
  servers:
  - port:
      number: 443
      name: https
      protocol: HTTPS
    tls:
      mode: MUTUAL
      serverCertificate: /etc/istio/ingressgateway-certs/tls.crt
      privateKey: /etc/istio/ingressgateway-certs/tls.key
      caCertificates: /etc/istio/ingressgateway-ca-certs/example.com.crt
    hosts:
    - "httpbin.example.com"
EOF
```

再次尝试单向 TLS 验证部分的 HTTPS 请求，会发现无法得到预期结果。这是因为服务端无法校验客户端证书，必须在 curl 命令中，使用--cert 参数指定客户端证书，才可以得到正确的响应。

```
$ curl -HHost:httpbin.example.com --resolve httpbin.example.com:$SECURE_INGRESS_PORT:$INGRESS_HOST --cacert example.com.crt --cert httpbin-client.example.com.crt --key httpbin-client.example.com.key https://httpbin.example.com:$SECURE_INGRESS_PORT/status/418

    -=[ teapot ]=-

       _...._
     .'  _ _ `.
    | ."` ^ `". _,
    \_;`"---"`|//
      |       ;/
      \_     _/
        `"""`
```

目前，Ingress 网关只添加了单个服务的证书（httpbin），而且 Istio 的默认配置也掩盖了一部分的细节。如果需要添加新的证书，必须经过以下 3 个步骤。

- 为服务生成新的证书文件（使用根证书签名），并创建 Kubernetes Secret 包含证书文件内容。
- 修改 Ingress 网关部署文件，将对应的 Secret 挂载到网关实例的目录中。
- 在 Gateway 中指定证书文件路径。

在上述实例配置中，第二步因为 Istio 的一些默认配置而被省略掉了（Ingress 网关会默认将一些具有特定名称的 Secret 挂载到特定目录中）。但是只要读者按照前文中的建议，查看过 Ingress 网关的部署文件并具备 Kubernetes 的一些基础知识，就不难理解这一挂载的过程。

无论如何，证书的更新对 Ingress 网关来说是一个相对复杂的过程。如果集群中大量的服务都需要使用不同的证书来校验，则更是如此。为此，Envoy 提出了 SDS 协议来向 Envoy Sidecar 动态下发包含证书在内的一些敏感数据。

5.4.1.4 SDS 协议

使用 SDS 协议最大的一个好处就是它使得证书文件就像路由、Cluster（集群）、Listener（监听器）一样，可以动态地更新而无须重新部署整个 Ingress 网关。例如，如果使用文件挂载向 Ingress 网关下发的证书文件，则每一个新证书的添加，都需要对现有的部署做修改（或者必须将证书数据都写入特定的 Secret 中）。而使用 SDS 则完全无此顾虑。

由于 SDS 在 Ingress 网关中被默认为关闭状态，因此要使用 SDS 至少第一次使用时还是需要重新部署 Ingress 网关的。具体的命令如下。

```
$ istioctl manifest generate --set values.gateways.istio-egressgateway.enabled=false
--set          values.gateways.istio-ingressgateway.sds.enabled=true          >
$HOME/istio-ingressgateway.yaml
$ kubectl apply -f $HOME/istio-ingressgateway.yaml
```

在开启 SDS 协议之后，类似地，将通过 SDS 来实现证书分发管理及集群内服务的安全暴露，具体的实现步骤如下。

1. TLS 认证

在重新部署 Ingress 网关之后，请记得刷新前文中相关的环境变量。下面为 httpbin 服务创建证书与 Secret。因为前文中已经为服务端 httpbin 生成了相关的私钥与证书，所以此处不再重复生成而是直接复用。

```
$ kubectl create -n istio-system secret generic httpbin-credential
```

```
--from-file=key=httpbin.example.com.key --from-file=cert=httpbin.example.com.crt
```

需要注意的是，虽然证书文件被复用了，但是新的 Secret 被命名为 httpbin-credential 而不是 istio-ingressgateway-certs。显然新的 Secret 不可能被默认加载到 Ingress 网关中。

下面再对 Gateway 做一些调整，将 TLS 模式修改为 SIMPLE，同时通过 credentialName 这个新字段来指定所使用的证书名称（原本的配置指定的是证书路径）。

```
$ kubectl apply -f - <<EOF
apiVersion: networking.istio.io/v1alpha3
kind: Gateway
metadata:
  name: httpbin-gateway
spec:
  selector:
    istio: ingressgateway # use istio default ingress gateway
  servers:
  - port:
      number: 443
      name: https
      protocol: HTTPS
    tls:
      mode: SIMPLE
      credentialName: "httpbin-credential" # must be the same as secret
    hosts:
    - "httpbin.example.com"
EOF
```

Virtual Service 部分可以直接使用“TLS 认证”中的内容，无须变动。重复前文中的 HTTPS 请求来验证新证书下发的方法（SDS）已经生效。

```
$ curl -v -HHost:httpbin.example.com --resolve httpbin.example.com:$SECURE_INGRESS_
PORT:$INGRESS_HOST --cacert example.com.crt https://httpbin.example.com:$SECURE_
INGRESS_PORT/status/418
```

因为此时仅开启了单向认证，且 httpbin-credential 证书直接复用了之前使用 example 根证书签名的 httpbin 服务端证书，所以此处请求中的--cacert 同样使用 example 根证书即可。如无意外，这里将获得一个 418 的预期响应及一个茶壶。

接下来，尝试创建一条新的证书链，并尝试更新掉 httpbin-credential。

```
#创建一个新的根证书
$ openssl req -x509 -sha256 -nodes -days 365 -newkey rsa:2048 -subj '/O=example
Inc./CN=example.com' -keyout new.example.com.key -out new.example.com.crt
#使用新的根证书签署新的服务证书
$ openssl req -out new.httpbin.example.com.csr -newkey rsa:2048 -nodes -keyout
```

```
new.httpbin.example.com.key -subj "/CN=httpbin.example.com/O=httpbin organization"
$ openssl x509 -req -days 365 -CA new.example.com.crt -CAkey new.example.com.key
-set_serial 0 -in new.httpbin.example.com.csr -out new.httpbin.example.com.crt

#使用新证书创建 Secret
$ kubectl -n istio-system delete secret httpbin-credential
$ kubectl create -n istio-system secret generic httpbin-credential
--from-file=key=new.httpbin.example.com.key
--from-file=cert=new.httpbin.example.com.crt
```

此时，将在--cacert 选项中的根证书设置为新的根证书并重复请求。

```
$ curl -v -HHost:httpbin.example.com --resolve httpbin.example.com:$SECURE_INGRESS_PORT:
$INGRESS_HOST --cacert new.example.com.crt https://httpbin.example.com:$SECURE_
INGRESS_PORT/status/418
```

最终会发现，虽然在使用新的证书时，请求可以得到正确的响应，但是如果不修改--cacert 选项，仍旧使用旧的 CA 根证书，则请求会失败，这说明新的服务证书已经动态生效了。

此外，利用 SDS 协议，添加多个服务证书会非常简单，无须像文件挂载方法一般修改部署文件、设置新的挂载路径等。下面是一个相对具体的实例。

首先，创建一个新的服务作为实例，此处使用了 Istio 提供的 HelloWorld 服务。

```
$ kubectl apply -f - <<EOF
apiVersion: v1
kind: Service
metadata:
  name: helloworld-v1
  labels:
    app: helloworld-v1
spec:
  ports:
  - name: http
    port: 5000
  selector:
    app: helloworld-v1
---
apiVersion: apps/v1
kind: Deployment
metadata:
  name: helloworld-v1
spec:
  replicas: 1
  selector:
    matchLabels:
      app: helloworld-v1
      version: v1
```

```
  template:
    metadata:
      labels:
        app: helloworld-v1
        version: v1
    spec:
      containers:
      - name: helloworld
        image: istio/examples-helloworld-v1
        resources:
          requests:
            cpu: "100m"
        imagePullPolicy: IfNotPresent #Always
        ports:
        - containerPort: 5000
EOF
```

然后，使用新的 CA 根证书文件为 HelloWorld 服务创建证书及私钥。

```
$ openssl req -out new.hello.example.com.csr -newkey rsa:2048 -nodes -keyout
new.hello.example.com.key -subj "/CN=hello.example.com/O=hello organization"
$ openssl x509 -req -days 365 -CA new.example.com.crt -CAkey new.example.com.key
-set_serial 0 -in new.hello.example.com.csr -out new.hello.example.com.crt

#将生成的证书与私钥包装为 Secret
$ kubectl create -n istio-system secret generic hello-credential
--from-file=key=new.hello.example.com.key --from-file=cert=new.hello.example.com.crt
```

接着，对 Gateway 资源做修改，创建一个新的包含两个 Server 的 Gateway，分别针对 httpbin 服务和 HelloWorld 服务，使用的证书也不同。

```
$ kubectl apply -f - <<EOF
apiVersion: networking.istio.io/v1alpha3
kind: Gateway
metadata:
  name: common-gateway
spec:
  selector:
    istio: ingressgateway # use istio default ingress gateway
  servers:
  - port:
      number: 443
      name: https-httpbin
      protocol: HTTPS
    tls:
      mode: SIMPLE
      credentialName: "httpbin-credential" # must be the same as secret
    hosts:
```

```
    - "httpbin.example.com"
  - port:
      number: 443
      name: https-helloworld
      protocol: HTTPS
    tls:
      mode: SIMPLE
      credentialName: "hello-credential"
    hosts:
    - "hello.example.com"
EOF
```

为 HelloWorld 服务创建一条对应的路由。

```
$ kubectl apply -f - <<EOF
apiVersion: networking.istio.io/v1alpha3
kind: VirtualService
metadata:
  name: helloworld-v1
spec:
  hosts:
  - "hello.example.com"
  gateways:
  - common-gateway
  http:
  - match:
    - uri:
        exact: /hello
    route:
    - destination:
        host: helloworld-v1
        port:
          number: 5000
EOF
```

最后，使用如下命令访问 HelloWorld 服务，不出意外的话，就可以得到来自 HelloWorld 的响应。

```
curl                -v                -HHost:hello.example.com                --resolve
hello.example.com:$SECURE_INGRESS_PORT:$INGRESS_HOST   --cacert   new.example.com.crt
https://hello.example.com:$SECURE_INGRESS_PORT/hello
...
< HTTP/2 200
...
Hello version: v1, instance: helloworld-v1-74459c7499-79d2r
```

2. 双向验证

而在 SDS 协议框架之下，想要实现双向验证，只需要在创建某个 Secret 时，额外提供 cacert 字段，将相关的 CA 证书也包含进去，即可将 Gateway 中的 TLS 模式修改为 MUTUAL 模式。

```
#增加 cacert 字段
$ kubectl create -n istio-system secret generic hello-credential-with-ca
--from-file=key=new.hello.example.com.key
--from-file=cert=new.hello.example.com.crt --from-file=cacert=new.example.com.crt

#修改为双向认证模式
$ kubectl apply -f - <<EOF
apiVersion: networking.istio.io/v1alpha3
kind: Gateway
metadata:
  name: common-gateway
spec:
  selector:
    istio: ingressgateway # use istio default ingress gateway
  servers:
  - port:
      number: 443
      name: https-httpbin
      protocol: HTTPS
    tls:
      mode: SIMPLE
      credentialName: "httpbin-credential" # must be the same as secret
    hosts:
    - "httpbin.example.com"
  - port:
      number: 443
      name: https-helloworld
      protocol: HTTPS
    tls:
      mode: MUTUAL
      credentialName: "hello-credential-with-ca"
    hosts:
    - "hello.example.com"
EOF
```

再次尝试原本针对 HelloWorld 服务的 HTTPS 请求。

```
curl -v -HHost:hello.example.com --resolve
hello.example.com:$SECURE_INGRESS_PORT:$INGRESS_HOST --cacert new.example.com.crt
https://hello.example.com:$SECURE_INGRESS_PORT/hello
```

此时已经无法得到正确的结果。为此，需要为 HelloWorld 服务的客户端也创建一个证书，并且使用 hello-credential-with-ca 中的 cacert 进行签署。

```
$ openssl req -out new.hello-client.example.com.csr -newkey rsa:2048 -nodes -keyout
new.hello-client.example.com.key -subj "/CN=hello-client.example.com/O=hello's client
```

```
organization"
$ openssl x509 -req -days 365 -CA new.example.com.crt -CAkey new.example.com.key
-set_serial 0 -in new.hello-client.example.com.csr -out new.hello-client.example.com.crt
```

最后在请求中带上相关的证书。

```
curl -v -HHost:hello.example.com --resolve
hello.example.com:$SECURE_INGRESS_PORT:$INGRESS_HOST --cacert new.example.com.crt
--cert new.hello-client.example.com.crt --key new.hello-client.example.com.key
https://hello.example.com:$SECURE_INGRESS_PORT/hello
...
< HTTP/2 200
...
Hello version: v1, instance: helloworld-v1-74459c7499-79d2r
```

5.4.1.5 TLS 中止

一般来说，集群内部服务相互调用都是使用 HTTP 或其他 RPC 协议，而无须使用 TLS 来保证安全。所以在一个 HTTPS 请求到达 Ingress 网关之后，Ingress 向集群内服务转发流量时，使用的协议是 HTTP。也就是说，TLS 到 Ingress 网关之后即被中止。在 TLS 中止的情况下，Ingress 网关能够对外安全的暴露 HTTP 服务。在 Ingress 网关下游，流量都通过 TLS 保证数据安全。而在 Ingress 网关上游，即集群内部，流量又全部是普通的 HTTP 服务。

虽然该情况可以覆盖绝大部分场景，但是 Istio 仍旧提供了不中止 TLS 的功能，使得 Ingress 网关对外暴露一个本身就是 HTTPS 的服务。在该情况下，需要配置 Gateway 以执行 SNI 透传，而不是对传入请求进行 TLS 终止。

本节使用 Nginx 作为一个 HTTPS 服务的实例。首先，需要为 Nginx 创建对应的证书和私钥。该步骤和前文中几次创建私钥和证书相同。此处使用本文最初创建的 example 根证书签署新的服务证书。

```
$ openssl req -out nginx.example.com.csr -newkey rsa:2048 -nodes -keyout
nginx.example.com.key -subj "/CN=nginx.example.com/O=some organization"
$ openssl x509 -req -days 365 -CA example.com.crt -CAkey example.com.key -set_serial 0
-in nginx.example.com.csr -out nginx.example.com.crt
```

在证书创建完成之后，按照如下步骤一步步创建一个支持 HTTPS 的 Nginx 实例服务。

（1）将刚刚创建的证书包装为一个 Kubernetes Secret（Nginx 显然不支持 SDS 协议，而且 Nginx 服务仍旧需要使用挂载的方法使得 Nginx Pod 能够正确读取证书文件）。

```
$ kubectl create secret tls nginx-server-certs --key nginx.example.com.key --cert
nginx.example.com.crt
```

（2）创建一个 Nginx 配置文件，并指定好证书路径和位置。

```
cat <<EOF > ./nginx.conf
events {
}

http {
  log_format main '$remote_addr - $remote_user [$time_local]  $status '
  '"$request" $body_bytes_sent "$http_referer" '
  '"$http_user_agent" "$http_x_forwarded_for"';
  access_log /var/log/nginx/access.log main;
  error_log  /var/log/nginx/error.log;

  server {
    listen 443 ssl;

    root /usr/share/nginx/html;
    index index.html;

    server_name nginx.example.com;
    ssl_certificate /etc/nginx-server-certs/tls.crt;
    ssl_certificate_key /etc/nginx-server-certs/tls.key;
  }
}
EOF
```

（3）在上一步的基础之上，创建一个 Kubernetes Configmap。

```
$ kubectl create configmap nginx-configmap --from-file=nginx.conf=./nginx.conf
```

（4）创建 Nginx 服务，注意在部署文件中，Nginx Secret 的挂载位置和 Nginx 配置文件中的证书路径是相对应的。

```
$ kubectl apply -f - <<EOF
apiVersion: v1
kind: Service
metadata:
  name: my-nginx
  labels:
    run: my-nginx
spec:
  ports:
  - port: 443
    protocol: TCP
  selector:
    run: my-nginx
---
apiVersion: apps/v1
kind: Deployment
metadata:
```

```
  name: my-nginx
spec:
  selector:
    matchLabels:
      run: my-nginx
  replicas: 1
  template:
    metadata:
      labels:
        run: my-nginx
    spec:
      containers:
      - name: my-nginx
        image: nginx
        ports:
        - containerPort: 443
        volumeMounts:
        - name: nginx-config
          mountPath: /etc/nginx
          readOnly: true
        - name: nginx-server-certs
          mountPath: /etc/nginx-server-certs
          readOnly: true
      volumes:
      - name: nginx-config
        configMap:
          name: nginx-configmap
      - name: nginx-server-certs
        secret:
          secretName: nginx-server-certs
EOF
```

（5）创建一个新的 Gateway，以及绑定该 Gateway 之上的 VirtualService，其中，TLS 模式设置为 PASSTHROUGH。需要注意的是，此时 tls 中没有指定 credentialName 字段。

```
$ kubectl apply -f - <<EOF
apiVersion: networking.istio.io/v1alpha3
kind: Gateway
metadata:
  name: mygateway
spec:
  selector:
    istio: ingressgateway # use istio default ingress gateway
  servers:
  - port:
      number: 443
      name: https
      protocol: HTTPS
```

```
    tls:
      mode: PASSTHROUGH
    hosts:
    - nginx.example.com
EOF

$ kubectl apply -f - <<EOF
apiVersion: networking.istio.io/v1alpha3
kind: VirtualService
metadata:
  name: nginx
spec:
  hosts:
  - nginx.example.com
  gateways:
  - mygateway
  tls:
  - match:
    - port: 443
      sniHosts:
      - nginx.example.com
    route:
    - destination:
        host: my-nginx
        port:
          number: 443
EOF
```

（6）使用下面的命令来验证上述的配置已经生效。

```
$ curl -v --resolve "nginx.example.com:$SECURE_INGRESS_PORT:$INGRESS_HOST" --cacert
example.com.crt "https://nginx.example.com:$SECURE_INGRESS_PORT"
...
< HTTP/1.1 200 OK
...
<title>Welcome to nginx!</title>
...
```

相信大家应该都会得到正确的结果。至此，本节关于 Ingress 的介绍告一段落。如果能够帮助大家对 Istio Ingress 甚至 HTTPS 都增加了一些了解，那么这一部分内容就有了它的价值。

5.4.2 Egress

和 Ingress 流量不同，Egress 流量是指集群内部访问外部服务的流量。此处的外部服务可能是外部第三方服务，也可能是访问属于同一组织的另一个集群。一般来说，Ingress 流量只有一个入口，就是 Ingress 网关。但是 Egress 流量却不一定。虽然 Istio 仍旧提供了一个 Egress 网关，但是它不一定是集群的统一流量出口。

5.4.2.1 预备工作

首先,需要创建一个服务作为接下来讲解的实例。此处使用 Istio 提供的 sleep 服务作为实例服务。并且和前面的作为 Ingress 实例的服务不同。sleep 服务需要注入 Sidecar。

```
$ kubectl apply -f <(istioctl kube-inject -f samples/sleep/sleep.yaml)
```

然后，设置一个环境变量 SOURCE_POD。

```
export SOURCE_POD=$(kubectl get pod -l app=sleep -o jsonpath={.items..metadata.name})
```

在完成上述工作之后，就可以正式尝试从 Istio 集群内部访问外部服务了。

5.4.2.2 外部访问

在 Istio 微服务集群内部，目前支持 3 种不同的方法来访问外部服务：第一种，源服务（在本节当中，自然就是 sleep 服务）通过 Sidecar 访问外部服务；第二种，源服务绕过 Sidecar 流量劫持直接访问外部服务；第三种，源服务通过 Sidecar 后再通过 Egress 网关访问外部服务。本节主要对第一种和第三种访问外部服务方法做相对详细的介绍。

1. 源服务通过 Sidecar 访问外部服务

在开启 Sidecar 代理之后，服务所有的出口流量都会被 Sidecar 劫持并代理。在默认情况下，对于未在 Istio 中注册的未知服务，Istio 可以通过 Sidecar 对其进行访问。但是 Istio 也提供了一个配置项来控制这种行为。

```
$ kubectl get istiooperator installed-state -n istio-system -o
jsonpath='{.spec.meshConfig.outboundTrafficPolicy.mode}'
```

如果上述的命令返回为空或为 ALLOW_ANY，则说明当前 Istio 集群中服务都可以自由地通过 Sidecar 访问外部服务。使用下面的命令进行验证。

```
$ kubectl exec -it $SOURCE_POD -c sleep -- curl -I https://www.google.com | grep  "HTTP/";
kubectl exec -it $SOURCE_POD -c sleep -- curl -I https://edition.cnn.com | grep "HTTP/"
HTTP/2 200
HTTP/2 200
```

从上述结果可以看出，现在 Egress 流量已经从 Istio 集群内通过 Sidecar 代理成功传达到集群外，并获得了集群外的响应。显然，Sidecar 默认的 Egress 流量在管控测试上略微有一些开放，而且最重要的是缺失了很多 Istio 的流量监控和流量治理功能。

为此，Istio 提供了 Service Entry 机制，在保持 Istio 本身强大流量观察和治理功能的同时，让集群内的实例可以访问到目标外部服务。首先，可以通过下面的方法改变默认的 Outbound 流量控制策略（Egress 流量一定是 Outbound 流量，但是 Outbound 流量不一定是 Egress 流量）。

```
$ kubectl edit istiooperator installed-state -n istio-system

#在 meshConfig 字段中添加以下配置
# spec:
#   meshConfig:
#     outboundTrafficPolicy:
#       mode: REGISTRY_ONLY
```

或者也可以直接重新安装 Istio（生产环境推荐上述方法。测试 Demo 则推荐直接重装）。

```
$ istioctl install <flags-you-used-to-install-Istio> \
                  --set meshConfig.outboundTrafficPolicy.mode=REGISTRY_ONLY
```

刷新环境变量，再次重复前面的请求，就会发现此时访问已经无法得到正确的结果了，原因是现在只有注册后的外部服务可以被集群内的 Sidecar 所访问。

```
kubectl exec "$SOURCE_POD" -c sleep -- curl -sI https://www.google.com | grep  "HTTP/";
kubectl exec "$SOURCE_POD" -c sleep -- curl -sI https://edition.cnn.com | grep "HTTP/"
command terminated with exit code 35
command terminated with exit code 35
```

注意：读者需要在具备一定的 Envoy 基础知识之后，通过 Envoy Admin 端口查看不同模式下 Envoy Sidecar 的配置。这样才能真正理解 Istio 究竟是如何实现流量管控的。

然后，开始创建第一个 Service Entry。Service Entry 是一个用来描述外部服务端点的特殊资源，用于将对外部服务的访问流量纳入 Istio 的管控体系中。一般来说，Service Entry 中配置的是 Istio 当前所在集群之外的 IP 地址或域名。

```
$ kubectl apply -f - <<EOF
apiVersion: networking.istio.io/v1alpha3
kind: ServiceEntry
metadata:
  name: httpbin-ext
spec:
  hosts:
  - httpbin.org
  ports:
  - number: 80
    name: http
    protocol: HTTP
  resolution: DNS
  location: MESH_EXTERNAL
```

```
EOF
```

该 Service Entry 指向的是公开的 httpbin 服务。在本书当中，httpbin 服务经常出现，不过此处的 httpbin 服务并不是指向集群内部署的实例，而是 httpbin 社区提供的一个公开的网站服务。

在 sleep 服务中访问结果如下。

```
kubectl exec "$SOURCE_POD" -c sleep -- curl -s http://httpbin.org/headers
{
...
}
```

最后，用户可以尝试在针对 Service Entry 所抽象的外部 httpbin 服务中加上一些流量治理规则，并查看其效果。比如，一个路由超时时间。

```
$ kubectl apply -f - <<EOF
apiVersion: networking.istio.io/v1alpha3
kind: VirtualService
metadata:
  name: httpbin-ext
spec:
  hosts:
    - httpbin.org
  http:
  - timeout: 3s
    route:
      - destination:
          host: httpbin.org
        weight: 100
EOF
```

如果请求如预期一般超时（响应时间长于超时时间），则无法得到外部服务的响应。

```
$ kubectl exec "$SOURCE_POD" -c sleep -- time curl -o /dev/null -s -w "%{http_code}\n"
http://httpbin.org/delay/5
504
real    0m 3.05s
user    0m 0.00s
sys     0m 0.00s
```

通过服务实例中的 Sidecar，同样也可以访问外部的 HTTPS 服务。整个流程和访问 HTTP 服务并无不同，可以先创建一个指向外部 HTTPS 服务的 Service Entry。

```
$ kubectl apply -f - <<EOF
apiVersion: networking.istio.io/v1alpha3
kind: ServiceEntry
metadata:
```

```
  name: httpbin-ext-with-https
spec:
  hosts:
  - httpbin.org
  ports:
  - number: 443
    name: https
    protocol: HTTPS
  resolution: DNS
  location: MESH_EXTERNAL
EOF
```

再通过以下命令验证结果。

```
kubectl exec "$SOURCE_POD" -c sleep -- curl -sI https://httpbin.org/headers
```

2．源服务绕过 Sidecar 流量劫持直接访问外部服务

让 Istio 集群内服务访问外部服务的方法是让 Egress 流量绕过服务网格 Sidecar 的流量劫持，直接访问外部服务。作为代价，Istio 无法针对此类流量提供任何监控及治理。Istio 提供了 global.proxy.includeIPRanges 和 global.proxy.excludeIPRanges 两个配置项来控制那一部分需要被劫持流量的 IP 地址。在设置该配置项之后，对于特定的 IP 地址，Istio 提供的任何功能都不会生效。在多数情况下，该方法都不是一个推荐使用的方法。本小节不会深入介绍此方法的更详细内容，此处列出只是为了让读者对该方法有所了解。如果有需求，则可以参考 Istio 社区官方文档。

3．源服务通过 Sidecar 后再通过 Egress 网关访问外部服务

前文提到过 Istio 默认提供了一个 Egress 网关用于管理集群的 Egress 流量。考虑到服务本身的 Sidecar 同样可以承担当前服务的 Egress 流量治理工作，所以很多时候 Egress 网关的存在确实并非必要。

但是，如果需要对所有的 Egress 流量做更严格的控制和过滤，或者需要对集群 Egress 流量做集中监听和管理，又或者集群内只有特定节点具备外部网络访问的功能和权限，那么一个用于承接整个集群 Egress 流量的网关组件就是非常必要的。

如果默认 Istio 已经为用户安装了一套 Egress 网关组件，则可以通过如下命令进行查看。

```
$ kubectl get pod -l istio=egressgateway -n istio-system
```

如果上述命令没有任何返回，则可以通过修改 IstioOperator 来部署。

```
$ kubectl edit istiooperator installed-state -n istio-system

#在 meshConfig 字段中添加以下配置
```

```
# spec:
#   components:
#     egressGateways:
#     - name: istio-egressgateway
#       enabled: true
```

通过以下的配置来创建一个全新的ServiceEntry以抽象外部服务。前文已经创建了一个httpbin服务，与此处的实例外部服务类似，甚至读者可以跳过这一步，直接复用前文中创建的httpbin作为例子。

```
$ kubectl apply -f - <<EOF
apiVersion: networking.istio.io/v1alpha3
kind: ServiceEntry
metadata:
  name: cnn
spec:
  hosts:
  - edition.cnn.com
  ports:
  - number: 80
    name: http-port
    protocol: HTTP
  - number: 443
    name: https
    protocol: HTTPS
  resolution: DNS
EOF
```

通过Egress预备工作中创建的sleep服务访问该ServiceEntry以验证其是否正确生效。具体命令如下。需要注意的是，此时的流量是通过Sidecar访问的。在创建ServiceEntry之后，Istio也会同时创建一个默认的指向该ServiceEntry的路由。

```
$ kubectl exec "$SOURCE_POD" -c sleep -- curl -sL -o /dev/null -D -
http://edition.cnn.com/politics
HTTP/1.1 301 Moved Permanently
server: envoy
......
location: https://edition.cnn.com/politics
......

HTTP/2 200
content-type: text/html; charset=utf-8
......
```

创建一个Gateway资源，在Egress网关中打开80端口监听并代理edition.cnn.com的流量。此外，再创建一个Destination用于抽象Egress网关组件本身，让其他Sidecar可以将流量转发到目标Egress

网关的对应监听端口（即刚创建的Gateway资源对应的80端口）。

```
kubectl apply -f - <<EOF
apiVersion: networking.istio.io/v1alpha3
kind: Gateway
metadata:
  name: istio-egressgateway
spec:
  selector:
    istio: egressgateway
  servers:
  - port:
      number: 80
      name: http
      protocol: HTTP
    hosts:
    - edition.cnn.com
---
apiVersion: networking.istio.io/v1alpha3
kind: DestinationRule
metadata:
  name: egressgateway-for-cnn
spec:
  host: istio-egressgateway.istio-system.svc.cluster.local
  subsets:
  - name: cnn
EOF
```

在开启创建Gateway资源对应端口的监听之后，先创建一个VirtualService将Sidecar中目标为editions.cnn.com的流量转发给Egress网关，再将Egress网关中目标为edition.cnn.com的流量转发给外部服务。

```
$ kubectl apply -f - <<EOF
apiVersion: networking.istio.io/v1alpha3
kind: VirtualService
metadata:
  name: direct-cnn-through-egress-gateway
spec:
  hosts:
  - edition.cnn.com
  gateways:
  - istio-egressgateway
  - mesh
  http:
  - match:
    - gateways:
      - mesh
```

```
      port: 80
    route:
    - destination:
        host: istio-egressgateway.istio-system.svc.cluster.local
        subset: cnn
        port:
          number: 80
      weight: 100
  - match:
    - gateways:
      - istio-egressgateway
      port: 80
    route:
    - destination:
        host: edition.cnn.com
        port:
          number: 80
      weight: 100
EOF
```

此时再次发送前面的请求，虽然响应没有发生变化，但是链路已经发生了变化。可以通过 Sidecar，或者 Egress 实例中的 Access Log 确认这一点。略有经验的读者可以对比创建 VirtualService 前后 Sidecar 中配置的变化，就会发现 Sidecar 指向 edition.cnn.com，ServiceEntry 的默认路由已经被指向 Egress 网关的路由替换。

```
$ kubectl exec "$SOURCE_POD" -c sleep -- curl -sL -o /dev/null -D - http://edition.cnn.com/politics
```

通过以上的方法，就可以实现集群内服务通过 Egress 网关访问外部 HTTP 服务。如何通过 Egress 网关访问外部的 HTTPS 服务呢？

首先，需要创建用于抽象外部 HTTPS 服务的 ServiceEntry。

```
$ kubectl apply -f - <<EOF
apiVersion: networking.istio.io/v1alpha3
kind: ServiceEntry
metadata:
  name: cnn
spec:
  hosts:
  - edition.cnn.com
  ports:
  - number: 443
    name: tls
    protocol: TLS
  resolution: DNS
```

```
EOF
```

然后，需要为 Egress 网关组件创建 Gateway 资源以开启 443 端口监听，并且创建相应的 Virtual Service 将 HTTPS 流量从 Sidecar 转发到 Egress 网关，再从 Egress 网关转发给外部服务。

```
$ kubectl apply -f - <<EOF
apiVersion: networking.istio.io/v1alpha3
kind: Gateway
metadata:
  name: istio-egressgateway
spec:
  selector:
    istio: egressgateway
  servers:
  - port:
      number: 443
      name: tls
      protocol: TLS
    hosts:
    - edition.cnn.com
    tls:
      mode: PASSTHROUGH
---
apiVersion: networking.istio.io/v1alpha3
kind: VirtualService
metadata:
  name: direct-cnn-through-egress-gateway
spec:
  hosts:
  - edition.cnn.com
  gateways:
  - mesh
  - istio-egressgateway
  tls:
  - match:
    - gateways:
      - mesh
      port: 443
      sniHosts:
      - edition.cnn.com
    route:
    - destination:
        host: istio-egressgateway.istio-system.svc.cluster.local
        subset: cnn
        port:
          number: 443
  - match:
    - gateways:
```

```
      - istio-egressgateway
      port: 443
      sniHosts:
      - edition.cnn.com
    route:
    - destination:
        host: edition.cnn.com
        port:
          number: 443
      weight: 100
EOF
```

最后，通过如下命令验证上述配置是否生效。

```
kubectl exec "$SOURCE_POD" -c sleep -- curl -sL -o /dev/null -D -
https://edition.cnn.com/politics
```

5.4.2.3 TLS Egress

集群中访问外部的流量，同样可以使用 TLS 来保证数据安全。下面介绍 Istio 中对出口流量进行加密和保护的两种方法。

1．TLS 认证

前文已经介绍了从集群内服务访问外部 HTTPS 服务的方法，但是一切的前提都是集群内向集群外发送的流量本身就是使用 HTTPS 协议的，而 Sidecar 和 Egress 网关都只是对流量进行转发而已。如果集群内服务本身的外部请求使用的协议为 HTTP，并且希望通过服务网格将 HTTP 流量升级为 HTTPS 流量，那么应该如何做呢？

在平时的实践中，集群内流量都使用 HTTP 传输，而 Ingress 网关和 Egress 网关则用于承接内外交互流量并保证其安全性。下面以 Egress 网关为例介绍如何通过 Egress 网关实现集群内流量的升级。虽然 Sidecar 同样可以做到流量的升级，但是因篇幅所限，此处就不再详述。

前面已经详细介绍了 SDS 协议。该协议是后续 Istio 管理和分发证书的默认方法，所以本小节使用 SDS 协议来管理和分发证书。至于如何在 TLS Egress 中使用挂载文件证书，读者可以参考 5.4.1 节中的相关内容进行配置。

在 Ingress 部分已经给出了创建根证书的方法，可以直接复用当时的根证书。如果没有，也可以先通过以下命令创建一个新的根证书。

```
$ openssl req -x509 -sha256 -nodes -days 365 -newkey rsa:2048 -subj '/O=example
Inc./CN=example.com' -keyout example.com.key -out example.com.crt
```

再创建一个证书，用于外部 HTTPS 服务访问命令。

```
$ openssl req -out my-nginx.mesh-external.svc.cluster.local.csr -newkey rsa:2048 -nodes
-keyout my-nginx.mesh-external.svc.cluster.local.key -subj
"/CN=my-nginx.mesh-external.svc.cluster.local/O=some organization"
$ openssl x509 -req -days 365 -CA example.com.crt -CAkey example.com.key -set_serial 0
-in my-nginx.mesh-external.svc.cluster.local.csr -out
my-nginx.mesh-external.svc.cluster.local.crt
```

为了模拟一个支持 TLS 的外部服务，此处重新部署了一个网格外的 Nginx HTTPS 服务作为实例。首先，创建一个名称空间。

```
$ kubectl create namespace mesh-external
```

然后，创建 Secret 资源来包含刚生成的相关证书文件作为服务端证书。

```
$ kubectl create -n mesh-external secret tls nginx-server-certs --key
my-nginx.mesh-external.svc.cluster.local.key --cert
my-nginx.mesh-external.svc.cluster.local.crt
$ kubectl create -n mesh-external secret generic nginx-ca-certs
--from-file=example.com.crt
```

接着，创建 Nginx 配置文件并基于该配置文件创建对应的 ConfigMap。需要注意的是，其中指定的证书路径配置。

```
$ cat <<\EOF > ./nginx.conf
events {
}

http {
  log_format main '$remote_addr - $remote_user [$time_local]  $status '
  '"$request" $body_bytes_sent "$http_referer" '
  '"$http_user_agent" "$http_x_forwarded_for"';
  access_log /var/log/nginx/access.log main;
  error_log  /var/log/nginx/error.log;

  server {
    listen 443 ssl;

    root /usr/share/nginx/html;
    index index.html;

    server_name my-nginx.mesh-external.svc.cluster.local;
    ssl_certificate /etc/nginx-server-certs/tls.crt;
    ssl_certificate_key /etc/nginx-server-certs/tls.key;
    ssl_client_certificate /etc/nginx-ca-certs/example.com.crt;
    ssl_verify_client off; #此时 Nginx 服务不会检验客户端证书
  }
}
EOF
```

```
$    kubectl    create    configmap    nginx-configmap    -n    mesh-external
--from-file=nginx.conf=./nginx.conf
```

最后，部署 Nginx Server。

```
$ kubectl apply -f - <<EOF
apiVersion: v1
kind: Service
metadata:
  name: my-nginx
  namespace: mesh-external
  labels:
    run: my-nginx
spec:
  ports:
  - port: 443
    protocol: TCP
  selector:
    run: my-nginx
---
apiVersion: apps/v1
kind: Deployment
metadata:
  name: my-nginx
  namespace: mesh-external
spec:
  selector:
    matchLabels:
      run: my-nginx
  replicas: 1
  template:
    metadata:
      labels:
        run: my-nginx
    spec:
      containers:
      - name: my-nginx
        image: nginx
        ports:
        - containerPort: 443
        volumeMounts:
        - name: nginx-config
          mountPath: /etc/nginx
          readOnly: true
        - name: nginx-server-certs
          mountPath: /etc/nginx-server-certs
          readOnly: true
```

```
        - name: nginx-ca-certs
          mountPath: /etc/nginx-ca-certs
          readOnly: true
      volumes:
      - name: nginx-config
        configMap:
          name: nginx-configmap
      - name: nginx-server-certs
        secret:
          secretName: nginx-server-certs
      - name: nginx-ca-certs
        secret:
          secretName: nginx-ca-certs
EOF
```

在完成 Nginx 服务部署之后，为 Egress 网关创建必要的客户端证书（此时为单向验证，所以客户端 Secret 中提供的 CA 证书可以用于验证服务端身份）、Gateway 资源及 DestinationRule。需要注意的是，配置的域名为网格外部 Nginx 服务名称。如果需要访问集群外的 HTTPS 服务，首先使用 ServiceEntry 资源抽象对应服务，将下面配置中的域名替换为对应的 Host。

```
$ kubectl create secret generic client-credential-cacert
--from-file=ca.crt=example.com.crt -n istio-system

$ kubectl apply -f - <<EOF
apiVersion: networking.istio.io/v1alpha3
kind: Gateway
metadata:
  name: istio-egressgateway
spec:
  selector:
    istio: egressgateway
  servers:
  - port:
      number: 443
      name: https
      protocol: HTTPS
    hosts:
    - my-nginx.mesh-external.svc.cluster.local
    tls:
      mode: ISTIO_MUTUAL
---
apiVersion: networking.istio.io/v1alpha3
kind: DestinationRule
metadata:
  name: egressgateway-for-nginx
spec:
  host: istio-egressgateway.istio-system.svc.cluster.local
```

```
  subsets:
  - name: nginx
    trafficPolicy:
      loadBalancer:
        simple: ROUND_ROBIN
      portLevelSettings:
      - port:
          number: 443
        tls:
          mode: ISTIO_MUTUAL
          sni: my-nginx.mesh-external.svc.cluster.local
EOF
```

然后创建一个 VirtualService 将服务网格内部指向外部 Nginx 服务的流量定向到 Egress 网关组件中。

```
$ kubectl apply -f - <<EOF
apiVersion: networking.istio.io/v1alpha3
kind: VirtualService
metadata:
  name: direct-nginx-through-egress-gateway
spec:
  hosts:
  - my-nginx.mesh-external.svc.cluster.local
  gateways:
  - istio-egressgateway
  - mesh
  http:
  - match:
    - gateways:
      - mesh
      port: 80  #注意该端口
    route:
    - destination:
        host: istio-egressgateway.istio-system.svc.cluster.local
        subset: nginx
        port:
          number: 443
      weight: 100
  - match:
    - gateways:
      - istio-egressgateway
      port: 443
    route:
    - destination:
        host: my-nginx.mesh-external.svc.cluster.local
        port:
          number: 443
```

```
      weight: 100
EOF
```

在完成上述 VirtualService 的创建之后，Sidecar 希望在访问外部 Nginx 服务时，HTTP 流量（目标端口为 80）会被定向到 Egress 组件（再次建议读者查看 Sidecar 配置，如果读者是严格按照本文中指导创建相关配置的话，则会发现在 Sidecar 中访问外部 Nginx 服务的 HTTPS 协议流量不会被定向到 Egress 网关）。之后，Egress 网关在转发流量时，如何实现流量升级呢？此时需要创建一条新的 DestinationRule。该 DestinationRule 用于抽象外部 Nginx 服务（在实例中，Nginx 服务虽然在网格之外，但是仍旧在同一个 Kubernetes 集群内），并且可以针对指向外部 Nginx 服务的流量进行额外的配置及治理（有经验的读者可以获取此时 Egress 网关组件中的具体配置，查看和默认配置有何不同）。

```
$ kubectl apply -n istio-system -f - <<EOF
apiVersion: networking.istio.io/v1alpha3
kind: DestinationRule
metadata:
  name: originate-tls-for-nginx
spec:
  host: my-nginx.mesh-external.svc.cluster.local
  trafficPolicy:
    loadBalancer:
      simple: ROUND_ROBIN
    portLevelSettings:
    - port:
        number: 443
      tls:
        mode: SIMPLE
        credentialName: client-credential
        sni: my-nginx.mesh-external.svc.cluster.local
EOF
```

最后在网格内部向外部 Nginx 服务发送一个 HTTP 请求，并通过 Egress 网关中 Access Log 等手段来验证最终的结果（回顾刚刚创建的 Nginx 服务，可以发现其实外部 Nginx 服务仅打开了 HTTPS 协议的流量支持，所以如果请求能够得到正确的结果，就说明 Egress 网关的流量升级生效了）。HTTP 请求代码如下。

```
$ kubectl exec "$SOURCE_POD" -c sleep -- curl -s
http://my-nginx.mesh-external.svc.cluster.local
```

2．双向验证

如果只是希望从服务网格内访问第三方 HTTPS 服务，上面提到的 TLS 认证方法就已经足够了。这是因为服务网格只关心数据安全以及目标服务身份。但是，假如是同一个组织内多个服务跨网络、跨集群相互访问，单向 TLS 认证显然就不够了。因为此时目标服务极可能需要对客户端进行身份认证。接下来，继续以外部 Nginx 服务为实例，介绍如何使用服务网格实现自动的 TLS 双向验证。

针对外部 Nginx 服务，前面已经创建了一个实例根证书及 Nginx 服务端证书。现在要做双向验证，所以也必须为客户端创建对应的证书，客户端证书同样使用实例根证书签名。

```
$ openssl req -out client.example.com.csr -newkey rsa:2048 -nodes -keyout
client.example.com.key -subj "/CN=client.example.com/O=client organization"
$ openssl x509 -req -days 365 -CA example.com.crt -CAkey example.com.key -set_serial 1
-in client.example.com.csr -out client.example.com.crt
```

更新外部 Nginx 服务的 ConfigMap，将 ssl_verify_client 字段修改为 on，并重新载入对应 Nginx 实例（如果不懂如何重新载入 Nginx 实例，将旧 Pod 实例直接删除即可）。

```
$ kubectl edit configmap nginx-configmap -n mesh-external
# ssl_verify_client on
```

再次发送上一小节中的 HTTP 请求，可以发现已经无法获得正确响应了，因为客户端缺少部分必要的证书让服务端验证其身份。

```
$ kubectl exec "$SOURCE_POD" -c sleep -- curl -s
http://my-nginx.mesh-external.svc.cluster.local
......
<center><h1>400 Bad Request</h1></center>
<center>No required SSL certificate was sent</center>
......
```

需要注意的是，前一小节中创建了 client-credential-cacert 并且在名为 originate-tls-for-nginx 的 DestinationRule 中引用了它。由于 client-credential-cacert 中只包含用于验证服务端身份的 CA 证书，因此现在需要更新 client-credential 将刚刚创建的客户端证书包含进去。

```
$ kubectl delete secret -n istio-system client-credential-cacert
$ kubectl create secret -n istio-system generic client-credential
--from-file=tls.key=client.example.com.key \
  --from-file=tls.crt=client.example.com.crt --from-file=ca.crt=example.com.crt
```

之后，删除前一小节中创建的 originate-tls-for-nginx 并创建一个使用 MUTUAL 模式的新 DestinationRule。

```
$ kubectl delete -n istio-system destinationrule originate-tls-for-nginx
$ kubectl apply -n istio-system -f - <<EOF
apiVersion: networking.istio.io/v1alpha3
kind: DestinationRule
metadata:
  name: originate-mtls-for-nginx
spec:
  host: my-nginx.mesh-external.svc.cluster.local
```

```
  trafficPolicy:
    loadBalancer:
      simple: ROUND_ROBIN
    portLevelSettings:
    - port:
        number: 443
      tls:
        mode: MUTUAL
        credentialName: client-credential
        sni: my-nginx.mesh-external.svc.cluster.local
EOF
```

再次重复刚刚的 HTTP 请求，此时就可以得到正确的结果了。

```
$ kubectl exec "$SOURCE_POD" -c sleep -- curl -s
http://my-nginx.mesh-external.svc.cluster.local
```

本节介绍了在 Istio 服务网格中是如何管理 Ingress 和 Egress 流量并通过 TLS 来保证数据安全的。Istio 本身提供了多样的策略，可以适用于不同的应用场景和安全等级需求。并且此类的策略完全无须服务本身的介入，都由 Envoy Sidecar 代理实现。由于 Istio 本身的灵活性，本文也无法面面俱到，但是已经覆盖了一些常用的场景，希望能够给读者带来一些帮助。

5.5 超时

如果程序请求长时间无法返回结果，就需要设置超时机制，超过设置的时间则返回错误信息。这样既可以节约等待时消耗的资源，也可以避免由于级联错误引起的一系列问题。设置超时的方式有很多种，比如，通过修改代码在应用程序侧设置请求超时时间，但是这样很不灵活，也容易出现遗漏的现象，然而 Istio 却可以在基础设施层解决这一问题。

使用 Istio 对 ratings 服务的调用注入延迟故障，用来模拟 ratings 服务异常和服务调用延迟过高的情况。在这种情况下，通过设置不同的超时时间，观察延迟对 productpage 服务的影响。下面学习 Istio 的超时设置和注入延迟的方法，理解超时的原理，了解如果单个服务发生异常，则可能对系统整体造成的影响。

在本节实例中 Bookinfo 服务间的调用关系如下。

```
productpage v1 -（设置超时）-> reviews v2 -（注入延迟）-> ratings v1
                \
                 -> details v1
```

本节默认读者已按照第 4 章中的说明安装 Istio 的 demo 配置和 Bookinfo 应用，并且除了

bookinfo-gateway 没有其他配置。本节将指导读者如何在 Demo 服务之中配置超时规则，并查看超时规则对服务调用带来的影响，具体步骤如下。

1. 设置默认目标规则

首先需要配置默认目标规则（DestinationRule）。

```
$ kubectl apply -f samples/bookinfo/networking/destination-rule-all.yaml
```

2. 初始化版本路由

设置默认目标规则后要初始化版本路由，命令如下。

```
$ kubectl apply -f samples/bookinfo/networking/virtual-service-all-v1.yaml
```

上面两个步骤中用到的 YAML 配置文件都可以在第 4 章的安装目录之中找到。

3. 设置虚拟服务

通过配置路由规则（HTTP Route）的 timeout 字段来指定 HTTP 请求的超时时间（在默认情况下，超时是被禁用的）。

使用如下命令配置 reviews 服务，将请求路由到 v2 版本，使其可以发起对 ratings 服务的调用。

```
$ kubectl apply -f - <<EOF
apiVersion: networking.istio.io/v1alpha3
kind: VirtualService
metadata:
  name: reviews
spec:
  hosts:
    - reviews
  http:
  - route:
    - destination:
        host: reviews
        subset: v2
EOF
```

目前服务的调用关系如下。

```
productpage v1 --> reviews v2 --> ratings v1
               \
                -> details v1
```

4. 注入延迟模拟慢响应

通过如下命令为 ratings 服务的调用注入 2s 的延迟故障，关于注入延迟的更多内容会在 5.8 节中有更详细的介绍。

```
$ kubectl apply -f - <<EOF
apiVersion: networking.istio.io/v1alpha3
kind: VirtualService
metadata:
  name: ratings
spec:
  hosts:
  - ratings
  http:
  - fault:
      delay:
        percent: 100
        fixedDelay: 2s
    route:
    - destination:
        host: ratings
        subset: v1
EOF
```

目前服务的调用关系如下。

```
productpage v1 --> reviews v2 -（延迟 2s）-> ratings v1
              \
               -> details v1
```

在浏览器中打开 Bookinfo 的网址 http://$GATEWAY_URL/productpage，如图 5-6 所示，可以明显感到延迟，但是应用是运行正常的。

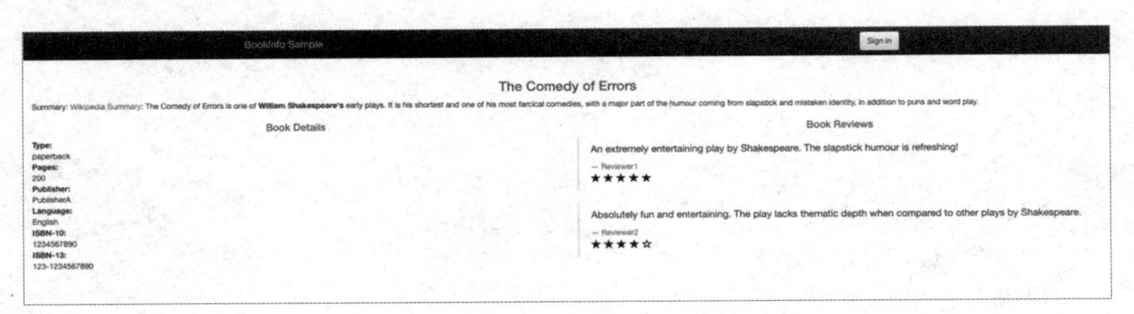

图 5-6

使用 curl 命令检测延迟，可以看到由于 reviews 服务在调用 ratings 服务时存在 2s 的延迟，因此导致整个页面的延迟增加了 2s。

```
$ curl -o /dev/null -s -w
"time_starttransfer:%{time_starttransfer}\ntime_total:%{time_total}\n"
```

```
http://$GATEWAY_URL/productpage
time_starttransfer:2.048042
time_total:2.048224
```

5．设置超时并验证效果

现在为 reviews 服务的调用增加一个 0.5s 的请求超时。

```
$ kubectl apply -f - <<EOF
apiVersion: networking.istio.io/v1alpha3
kind: VirtualService
metadata:
  name: reviews
spec:
  hosts:
  - reviews
  http:
  - route:
    - destination:
        host: reviews
        subset: v2
    timeout: 0.5s
EOF
```

刷新 Bookinfo 页面，可以看到 reviews 已显示不可用，如图 5-7 所示。

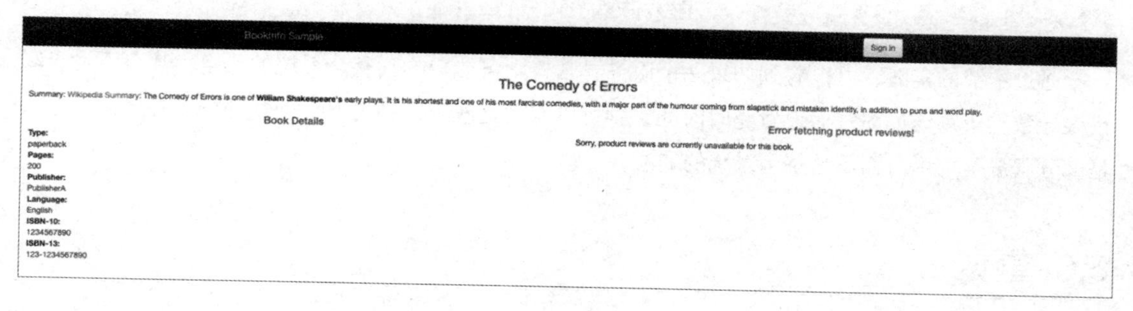

图 5-7

目前服务的调用关系如下。

```
productpage v1 -(0.5s 超时)-> reviews v2 -(延迟 2s)-> ratings v1
               \
                -> details v1
```

使用 curl 命令检测延迟，可以看到访问 productpage 服务的延迟已经降低到 1s 左右。

```
$ curl -o /dev/null -s -w
"time_starttransfer:%{time_starttransfer}\ntime_total:%{time_total}\n"
http://$GATEWAY_URL/productpage
```

```
time_starttransfer:1.064081
time_total:1.064210
```

使用 kubectl 进入 productpage 容器访问 reviews 服务，返回 504 超时错误。

```
$ kubectl exec -it productpage-v1-55cd77bf9-j8gjz bash
$ apt-get update
...
$ apt install curl  #该镜像本身并不自带 curl，需要手动安装
...
$ curl --silent -w"\nStatus: %{http_code}\n" http://reviews:9080/reviews/0
upstream request timeout
Status: 504
```

即使超时配置为 0.5s，响应仍需要 1s，这是因为 productpage 服务中存在硬编码重试，因此它在返回之前调用 reviews 服务超时两次。

6．清理相关配置

验证完成后可以使用如下命令删除延迟的注入和超时策略。删除目标规则。

```
$ kubectl delete -f samples/bookinfo/networking/destination-rule-all.yaml
```

删除应用程序的路由规则。

```
$ kubectl delete -f samples/bookinfo/networking/virtual-service-all-v1.yaml
```

通过本节的实践，可以看到如果一个服务异常，则可能影响到整个系统的稳定，甚至引发级联错误导致整个系统崩溃。而设置超时时间，则可以有效地改善这种情况，即使部分服务异常，也只是部分服务不可用，而不是整个系统的崩溃。

5.6 重试

在网络环境不稳定的情况下，会出现暂时的网络不可达现象，这时需要重试机制，通过多次尝试来获取正确的返回信息。重试机制可以写入业务代码中，比如，Bookinfo 应用中的 productpage 服务就存在硬编码重试，而 Istio 可以通过简单的配置来实现重试功能，让开发人员无须关注重试部分的代码实现，专心实现业务代码。

本实践使用 httpbin 实例，通过在集群内访问 httpbin:8000/status/500 地址模拟返回状态码为 500 的现象，在 Istio 中设置自动重试 3 次，学习重试的设置方式。本节默认读者已经按照第 4 章中的说明安装 Istio 的 demo 配置，指导读者如何在 Demo 服务之中配置路由重试规则，并验证请求重试对

服务调用带来的影响，具体步骤如下。

1. 部署 httpbin 应用

首先部署一个 httpbin 应用作为实例服务。如果读者使用的环境已经启用了 Sidecar 自动注入，则可以通过以下命令部署 httpbin 应用。

```
$ kubectl apply -f samples/httpbin/httpbin.yaml
```

如果没有设置自动注入，则必须在部署 httpbin 应用前进行手动注入。

```
$ kubectl apply -f <(istioctl kube-inject -f samples/httpbin/httpbin.yaml)
```

2. 访问 httpbin 服务

访问 httpbin 服务确认其工作正常。由于 httpbin 服务没有暴露在集群外部，因此需要借助 dockerqa/curl:ubuntu-trusty 镜像。下面使用 curl 命令在 Kubernetes 集群内访问 httpbin 服务。

```
$ kubectl run -i --rm --restart=Never dummy --image=dockerqa/curl:ubuntu-trusty --command
-- curl --silent --head httpbin:8000/status/500
```

查看 httpbin 服务的 Proxy 日志，这里同一时刻只能看到 1 条请求访问日志。

```
$ kubectl logs $(kubectl get pod -l app=httpbin,version=v1 -o
jsonpath={.items..metadata.name}) -c istio-proxy | grep "HEAD /status/500"
...
[2020-04-28T02:26:32.129Z] "HEAD /status/500 HTTP/1.1" 500 - "-" "-" 0 0 4 3 "-"
"curl/7.35.0" "be17043d-04b5-93cd-bf66-a03bdeee37f4" "httpbin:8000" "127.0.0.1:80"
inbound|8000|http|httpbin.default.svc.cluster.local 127.0.0.1:46922 10.42.0.39:80
10.42.0.40:36416 outbound_.8000_._.httpbin.default.svc.cluster.local default
```

3. 设置重试

为 httpbin 服务设置重试规则。此处设置为如果服务在 1s 内没有返回正确的返回值，就进行重试，且重试的条件为返回码为 5xx，重试 3 次。

```
$ kubectl apply -f - <<EOF
apiVersion: networking.istio.io/v1alpha3
kind: VirtualService
metadata:
  name: httpbin-retries
spec:
  hosts:
  - httpbin
  http:
  - route:
    - destination:
        host: httpbin
```

```
    retries:
      attempts: 3
      perTryTimeout: 1s
      retryOn: 5xx
EOF
```

再次访问 httpbin 服务。

```
$ kubectl run -i --rm --restart=Never dummy --image=dockerqa/curl:ubuntu-trusty --command
-- curl --silent --head httpbin:8000/status/500
```

查看 httpbin 服务的 Proxy 日志，可以看到同一时刻有 4 条请求访问日志，其中，第一条是正常请求的访问日志，后三条为重试请求的访问日志。

```
$ kubectl logs $(kubectl get pod -l app=httpbin,version=v1 -o
jsonpath={.items..metadata.name}) -c istio-proxy | grep "HEAD /status/500"
....
[2020-04-28T02:29:53.659Z] "HEAD /status/500 HTTP/1.1" 500 - "-" "-" 0 0 4 3 "-"
"curl/7.35.0" "be17043d-04b5-93cd-bf66-a03bdeee37f4" "httpbin:8000" "127.0.0.1:80"
inbound|8000|http|httpbin.default.svc.cluster.local 127.0.0.1:46922 10.42.0.39:80
10.42.0.40:36416 outbound_.8000_._.httpbin.default.svc.cluster.local default
[2020-04-28T02:29:53.704Z] "HEAD /status/500 HTTP/1.1" 500 - "-" "-" 0 0 1 0 "-"
"curl/7.35.0" "be17043d-04b5-93cd-bf66-a03bdeee37f4" "httpbin:8000" "127.0.0.1:80"
inbound|8000|http|httpbin.default.svc.cluster.local 127.0.0.1:46922 10.42.0.39:80
10.42.0.40:36416 outbound_.8000_._.httpbin.default.svc.cluster.local default
[2020-04-28T02:29:53.780Z] "HEAD /status/500 HTTP/1.1" 500 - "-" "-" 0 0 2 2 "-"
"curl/7.35.0" "be17043d-04b5-93cd-bf66-a03bdeee37f4" "httpbin:8000" "127.0.0.1:80"
inbound|8000|http|httpbin.default.svc.cluster.local 127.0.0.1:46922 10.42.0.39:80
10.42.0.40:36416 outbound_.8000_._.httpbin.default.svc.cluster.local default
[2020-04-28T02:29:53.864Z] "HEAD /status/500 HTTP/1.1" 500 - "-" "-" 0 0 2 2 "-"
"curl/7.35.0" "be17043d-04b5-93cd-bf66-a03bdeee37f4" "httpbin:8000" "127.0.0.1:80"
inbound|8000|http|httpbin.default.svc.cluster.local 127.0.0.1:46922 10.42.0.39:80
10.42.0.40:36416 outbound_.8000_._.httpbin.default.svc.cluster.local default
```

访问 httpbin 服务的其他地址，如 http://httpbin:8000/status/400。

```
$ kubectl run -i --rm --restart=Never dummy --image=dockerqa/curl:ubuntu-trusty --command
-- curl --silent --head httpbin:8000/status/400
```

并没有出现重试的情况，证明重试设置是生效的，重试仅对返回码为 5xx 的请求生效。

4. 清理相关配置

验证完成后可以使用如下命令清理 httpbin 服务及配置。

```
#清理 httpbin 服务
$ kubectl delete -f samples/httpbin/httpbin.yaml
#清理 Ingress
$ kubectl delete virtualservice httpbin-retries
```

5.7 熔断

熔断（Circuit Breaker），原是指当电流超过规定值时，断开电路，进行短路保护或严重过载保护的机制。后来熔断也广泛应用于金融领域，指当股指波幅达到规定的熔断点时，交易所为控制风险采取的暂停交易措施。而在软件系统领域，熔断则是指当服务到达系统负载阈值时，为避免整个软件系统不可用，而采取的一种主动保护措施。

对微服务系统而言，熔断尤为重要，它可以使系统在遭遇某些模块故障时，通过服务降级等方式提高系统核心功能的可用性，得以应对来自故障、潜在峰值或其他未知网络因素的影响。

Istio 当然也具备了基本的熔断功能。开始之前请确认已经按照本书正确安装了 Istio。本节将一步步介绍如何在 Istio 服务网格中使用熔断功能（从服务的部署直到熔断规则的生效）。

1．部署后端服务

使用 httpbin 实例程序，作为本次实践的后端服务。

如果启用了 Sidecar 自动注入，则通过以下命令部署 httpbin 服务。

```
$ kubectl apply -f samples/httpbin/httpbin.yaml
```

否则，必须在部署 httpbin 应用程序前进行手动注入。部署命令如下。

```
$ kubectl apply -f <(istioctl kube-inject -f samples/httpbin/httpbin.yaml)
```

2．配置熔断器

创建一个目标规则，定义 maxConnections: 1 和 http1MaxPendingRequests: 1，当并发的连接和请求数超过 1 时，熔断功能就会生效。

```
$ kubectl apply -f - <<EOF
apiVersion: networking.istio.io/v1alpha3
kind: DestinationRule
metadata:
  name: httpbin
spec:
  host: httpbin
  trafficPolicy:
    connectionPool:
      tcp:
        maxConnections: 1
      http:
        http1MaxPendingRequests: 1
        maxRequestsPerConnection: 1
```

```
EOF
```

3．部署客户端程序

Fortio 是一款优秀的负载测试工具，起初是 Istio 项目的一部分，现在已经独立运营了。下面使用 Fortio 作为客户端进行测试。

首先，创建 fortio 实例。

```
$ kubectl apply -f samples/httpbin/sample-client/fortio-deploy.yaml
```

然后，获取 fortio Pod 名。

```
$ FORTIO_POD=$(kubectl get pod | grep fortio | awk '{ print $1 }')
$ echo $FORTIO_POD
```

最后，通过 fortio 请求一次 httpbin 服务。

```
$ kubectl exec -it $FORTIO_POD  -c fortio -- /usr/bin/fortio load -curl
http://httpbin:8000/get
```

结果类似下面这样，则说明 fortio 成功请求后端 httpbin 服务。

```
14:37:50 I fortio_main.go:168> Not using dynamic flag watching (use -config to set watch
directory)
HTTP/1.1 200 OK
server: envoy
date: Mon, 17 Aug 2020 14:37:50 GMT
content-type: application/json
content-length: 621
access-control-allow-origin: *
access-control-allow-credentials: true
x-envoy-upstream-service-time: 28

{
  "args": {},
  "headers": {
    "Content-Length": "0",
    "Host": "httpbin:8000",
    "User-Agent": "fortio.org/fortio-1.6.7",
    "X-B3-Parentspanid": "7ef821ce5d7a5e0f",
    "X-B3-Sampled": "1",
    "X-B3-Spanid": "93ae07afe59db6ef",
    "X-B3-Traceid": "1c795f935f47f9b07ef821ce5d7a5e0f",
    "X-Envoy-Attempt-Count": "1",
    "X-Forwarded-Client-Cert":
"By=spiffe://cluster.local/ns/default/sa/httpbin;Hash=65d5e53abc993564ebeab39a8c7347f
752de219dc10dc5fd011e735d9b797b22;Subject=\"\";URI=spiffe://cluster.local/ns/default/
sa/default"
```

```
  },
  "origin": "127.0.0.1",
  "url": "http://httpbin:8000/get"
}
```

4．验证熔断功能

发送并发数为30的连接（-c 30），请求300次（-n 300）。

```
$ kubectl exec -it $FORTIO_POD  -c fortio -- /usr/bin/fortio load -c 30 -qps 0 -n 300
-loglevel Warning http://httpbin:8000/get
```

结果类似下面这样，大概为3.3%的成功率。

```
$ kubectl exec -it $FORTIO_POD  -c fortio -- /usr/bin/fortio load -c 30 -qps 0 -n 300
-loglevel Warning http://httpbin:8000/get
14:50:39 I logger.go:114> Log level is now 3 Warning (was 2 Info)
Fortio 1.6.7 running at 0 queries per second, 56->56 procs, for 300 calls:
http://httpbin:8000/get
Starting at max qps with 30 thread(s) [gomax 56] for exactly 300 calls (10 per thread +
0)
14:50:39 W http_client.go:697> Parsed non ok code 503 (HTTP/1.1 503)
#（省略大量相同内容）
14:50:39 W http_client.go:697> Parsed non ok code 503 (HTTP/1.1 503)
Ended after 85.303225ms : 300 calls. qps=3516.9
Aggregated Function Time : count 300 avg 0.0071474321 +/- 0.003854 min 0.00035499 max
0.031570732 sum 2.14422963
# range, mid point, percentile, count
>= 0.00035499 <= 0.001 , 0.000677495 , 3.67, 11
> 0.001 <= 0.002 , 0.0015 , 7.67, 12
> 0.002 <= 0.003 , 0.0025 , 11.67, 12
> 0.003 <= 0.004 , 0.0035 , 17.00, 16
> 0.004 <= 0.005 , 0.0045 , 27.33, 31
> 0.005 <= 0.006 , 0.0055 , 43.00, 47
> 0.006 <= 0.007 , 0.0065 , 50.67, 23
> 0.007 <= 0.008 , 0.0075 , 61.33, 32
> 0.008 <= 0.009 , 0.0085 , 72.67, 34
> 0.009 <= 0.01 , 0.0095 , 79.00, 19
> 0.01 <= 0.011 , 0.0105 , 89.33, 31
> 0.011 <= 0.012 , 0.0115 , 92.00, 8
> 0.012 <= 0.014 , 0.013 , 96.67, 14
> 0.014 <= 0.016 , 0.015 , 98.00, 4
> 0.016 <= 0.018 , 0.017 , 98.67, 2
> 0.018 <= 0.02 , 0.019 , 99.00, 1
> 0.02 <= 0.025 , 0.0225 , 99.67, 2
> 0.03 <= 0.0315707 , 0.0307854 , 100.00, 1
# target 50% 0.00691304
# target 75% 0.00936842
# target 90% 0.01125
```

```
# target 99% 0.02
# target 99.9% 0.0310995
Sockets used: 292 (for perfect keepalive, would be 30)
Jitter: false
Code 200 : 10 (3.3 %)
Code 503 : 290 (96.7 %)
Response Header Sizes : count 300 avg 7.6866667 +/- 41.39 min 0 max 231 sum 2306
Response Body/Total Sizes : count 300 avg 261.35333 +/- 109.6 min 241 max 852 sum 78406
All done 300 calls (plus 0 warmup) 7.147 ms avg, 3516.9 qps
```

5．解释熔断行为

在 DestinationRule 配置中，定义了 maxConnections: 1 和 http1MaxPendingRequests: 1。

这些规则意味着，如果并发的连接和请求数超过 1 时，在 istio-proxy 进行进一步的请求和连接时将被阻止。

于是，当并发数为 30 时，成功率只有 1/30，也就是 3.3% 左右。

注意：如果看到的成功率并非 3.3%，比如，成功率是 4.3%，也是正常的。istio-proxy 确实允许存在一定的误差。

6．清理实践环境

清理规则如下。

```
$ kubectl delete destinationrule httpbin
```

下线 httpbin 服务和客户端。

```
$ kubectl delete deploy httpbin fortio-deploy
$ kubectl delete svc httpbin
```

5.8 故障注入

在一个微服务架构的系统中，为了让系统达到较高的健壮性要求，通常需要对系统做定向错误测试。比如，电商中的订单系统、支付系统等，若出现故障则是非常严重的生产事故，因此必须在系统设计前期就要考虑多样性的异常故障，并对每一种异常设计完善的恢复策略或优雅的回退策略，尽全力规避类似事故的发生，使得系统在发生故障时依然可以正常运作。而在这个过程中，服务故障模拟一直以来是一个非常繁杂的工作，于是在这样的背景下就衍生出了故障注入技术。故障注入是用来模拟上游服务请求响应异常行为的一种手段，通过人为模拟上游服务请求的一些故障信息来检测下游服务的故障策略能否承受这些故障并进行自我恢复。

Istio 提供了一种无侵入式的故障注入机制，让开发测试人员在不用调整服务程序的前提下，通过配置即可完成对服务的异常模拟。Istio 1.5 仅支持网络层的故障模拟，即支持模拟上游服务的处理时长、服务异常状态、自定义响应状态码等故障信息，暂不支持对服务主机内存、CPU 等信息故障的模拟。这些故障模拟都是通过配置上游主机的 VirtualService 实现的。如果在 VirtualService 中配置了故障注入，上游服务的 Envoy 代理在拦截到请求之后就会做出相应的响应。目前，Istio 提供了 Abort 和 Delay 两种类型的故障注入。

（1）abort：非必配项，配置了一个 Abort 类型的对象，用来注入请求异常类故障。简单地说，Abort 类型的故障注入就是用来模拟在上游服务对请求返回指定异常码时，当前的服务是否具备处理能力。它对应于 Envoy 过滤器中的 config.filter.http.fault.v2.FaultAbort 配置项，在应用 VirtualService 资源时，Envoy 会将该配置加载到过滤器中并处理接收到的流量。

（2）delay：非必配项，配置了一个 Delay 类型的对象，用来注入延时类故障。通俗一点讲，Delay 类型的故障注入就是人为模拟上游服务的响应时间，测试在高延迟的情况下，当前的服务是否具备容错、容灾的能力。它对应于 Envoy 过滤器中的 config.filter.fault.v2.FaultDelay 配置项，同样是在应用 Istio 的 VirtualService 资源时，Envoy 将该配置加入过滤器中。

实际上，Istio 的故障注入正是基于 Envoy 的 config.filter.http.fault.v2.HTTPFault 过滤器实现的，它的局限性也来自 Envoy 故障注入机制的局限性。关于 Envoy 中 HttpFault 的详细介绍，请参考 Envoy 官方文档。对比 Istio 故障注入的配置项与 Envoy 故障注入的配置项，不难发现，Istio 简化了故障控制的手段，删除了 Envoy 中通过 HTTP Header 控制故障注入的配置。

5.8.1 HTTPFaultInjection.Abort

下面是配置 Abort 类型故障的一些关键配置项。

- httpStatus：必配项，是一个整型的值，表示注入 HTTP 请求的故障状态码。
- percentage：非必配项，是一个 Percent 类型的值，表示对多少个请求进行故障注入。如果不指定该配置，则所有请求都会被注入故障。
- percent：已经废弃的一个配置项，和 percentage 配置项的功能一样，已经被 percentage 代替。

下面的配置表示在访问 v1 版本的 ratings.prod.svc.cluster.local 服务时进行故障注入，其中，0.1 表示有千分之一的请求被注入故障；400 表示故障为该请求的 HTTP 响应码为 400。

```yaml
apiVersion: networking.istio.io/v1alpha3
kind: VirtualService
metadata:
  name: ratings-route
spec:
  hosts:
  - ratings.prod.svc.cluster.local
  http:
  - route:
    - destination:
        host: ratings.prod.svc.cluster.local
        subset: v1
    fault:
      abort:
        percentage:
          value: 0.1
        httpStatus: 400
```

5.8.2 HTTPFaultInjection.Delay

下面是配置 Delay 类型故障的一些关键配置项。

- fixedDelay：必配项，表示请求响应的模拟处理时间。格式为：1h/1m/1s/1ms，且不能小于 1ms。
- percentage：非必配项，是一个 Percent 类型的值，表示对多少个请求进行故障注入。如果不指定该配置，则所有请求都会被注入故障。
- percent：已经废弃的一个配置项，和 percentage 配置项的功能一样，已经被 percentage 代替。

下面的配置表示在访问 v1 版本的 reviews.prod.svc.cluster.local 服务时进行延时故障注入，其中，0.1 表示有千分之一的请求被注入故障；5s 表示 reviews.prod.svc.cluster.local 延时 5s 返回。

```yaml
apiVersion: networking.istio.io/v1alpha3
kind: VirtualService
metadata:
  name: reviews-route
spec:
  hosts:
  - reviews.prod.svc.cluster.local
  http:
  - match:
    - sourceLabels:
        env: prod
    route:
    - destination:
        host: reviews.prod.svc.cluster.local
        subset: v1
```

```
    fault:
      delay:
        percentage:
          value: 0.1
        fixedDelay: 5s
```

下面使用一个实例对比下没有配置故障注入、配置 Abort 类型故障、配置 Delay 类型故障这 3 种情况下请求的响应情况。上面的实例是使用 Service A 服务向 Service B 服务发送的一个请求。

首先收集在未配置故障注入情况下请求的响应信息。如图 5-8 所示，Service B 服务正常响应，响应码为 200。在响应标头中，content-length 标头表示本次响应体的大小；content-type 标头表示本次响应内容的数据格式与字符集；server 标头表示本次响应来源，这里可以看到响应来自 Service B 服务的 istio-envoy 代理；x-envoy-upstream-service-time 表示上游服务的处理时间。

未配置故障注入响应信息：

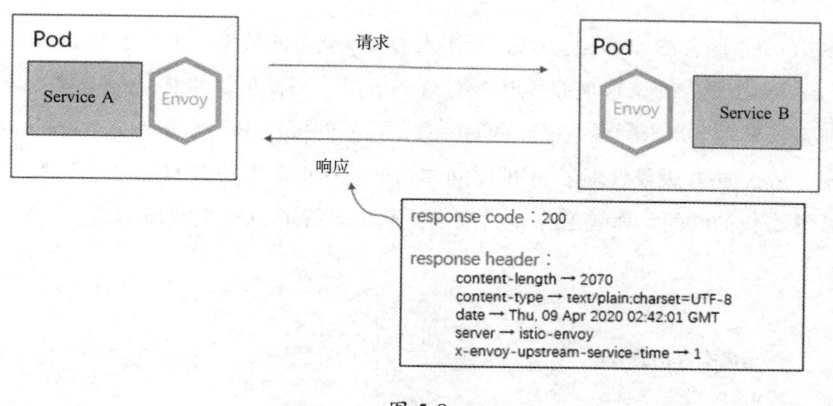

图 5-8

之后在 Service B 的 VirtualService 上注入 Abort 类型的故障。如图 5-9 所示，相较正常的 Response 响应体，本次请求返回的响应体为 fault filter abort，这说明配置生效了。返回的响应码为 400，与 Service B 的配置一致。然而请求响应体中没有返回 x-envoy-upstream-service-time 参数，这说明当请求到达 Service B 的 Envoy 代理后直接被拦截并返回 400，并没有被转发处理。

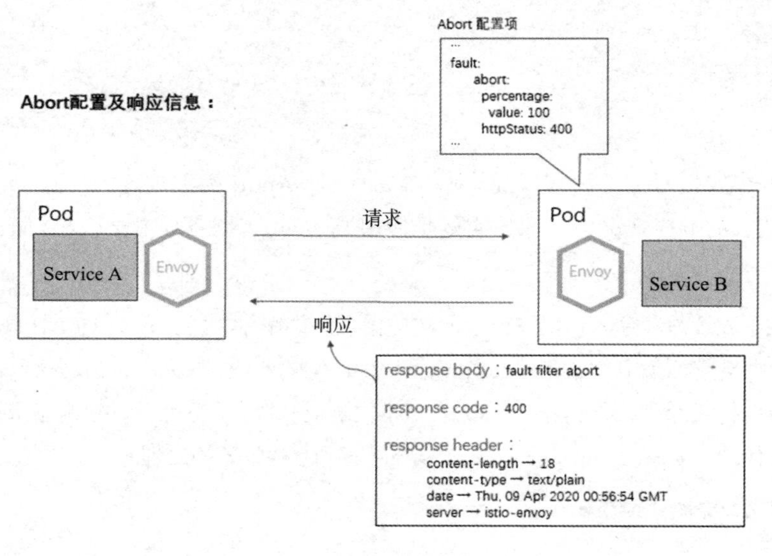

图 5-9

最后在 Service B 服务的 VirtualService 上注入 Delay 类型的故障。如图 5-10 所示，本实例配置了将所有对 Service B 服务的请求全部延迟 5s 处理的故障。相较正常的 Response 响应体，本次请求响应正常，响应数据大小与未配置故障注入时一致。唯一的区别在于 x-envoy-upstream-service-time 的值为 5，表示 Service B 服务处理了 5s 的时间才返回。这里需要注意的是，并不是 Service B 服务本身处理需要这么长的时间，而是 Envoy 将请求拦截后等待了 5s 才将请求转发。

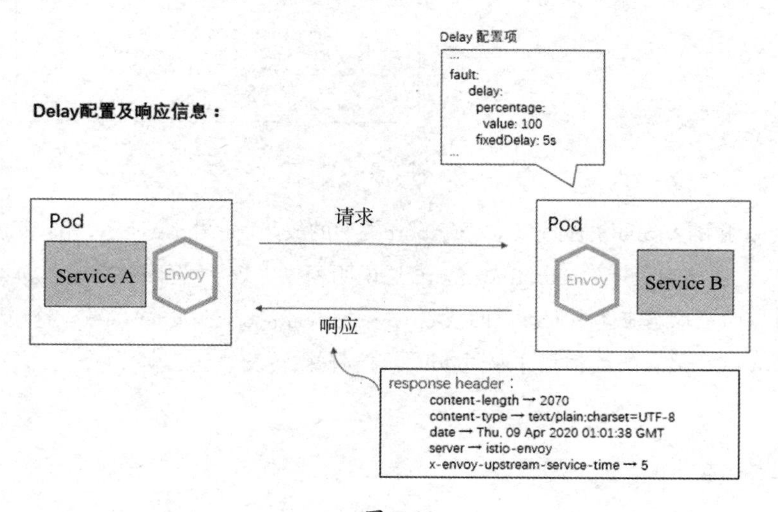

图 5-10

当在系统的多个地方配置了故障注入策略时，它们都是独立工作的，比如，在下游服务中配置了请求上游服务超时时间为 2s 的故障，而在上游服务的 VirtualService 故障注入中配置了 3s 的延迟，这时，下游服务中的配置将优先生效。

通过以上对 Istio 故障注入、配置及实现原理的介绍，不难看出故障注入一般适用于开发测试阶段，非常方便地在该阶段对功能及接口进行测试。它依赖于 Envoy 的特性将故障注入与业务代码分离，使得业务代码更加纯粹，在故障注入测试时更加简洁方便，大大降低了模拟测试的复杂度。但需要注意的是，在上线前一定要对配置文件做检查校正，防止此类配置推送到生产环境中。

5.9 本章小结

实践是学习的最好方法，本章涉及大量需要读者亲自动手实践的内容。本章从具体实践的角度详细介绍了 Istio 的各项流量控制功能，包括：相对简单的请求路由匹配，广泛用于系统稳定性验证的流量镜像，保障服务体验的超时限制、请求重试、服务熔断，以及 Istio 服务网格和外部客户端或外部服务交互的方法等。由于篇幅的限制，本章无法将 Istio 强大功能的所有细节都呈现出来，只能抽取其中最重要和在生产实践中最常用的部分，希望能够给各位读者带来帮助。

第 6 章 可观察性

可观察性（Observability）是云原生场景下的一大主题，在时代的浪潮之下涌现出了许多优秀的中间件，合理利用它们可以帮助企业用户迅速构建起基于可观察性三大支柱（Metrics、Logging、Tracing）的监控体系。区别于零散的构建方式，Istio 为应用容器与可观察性中间件之间架起了一座桥梁，承接应用容器网格内的多维度遥测数据，并通过丰富的插件与可扩展性的方式，使得应用容器网格管理人员能更方便地排查各种逻辑和性能问题。本章讲解指标监控与可视化、日志和分布式追踪 3 个方面的内容，从实践的角度让读者学习 Istio 的可观察性。

6.1 指标监控

指标监控与可视化是一个完整应用程序生命周期内的基本诉求，因为任何时候，我们都希望了解应用程序的事件行为，一个应用程序只要运行起来，就一定会产生各种指标数据，所以将一段时间内的指标数据聚合到一起就可以观测到 QPS、RT、99Line 等信息，对监控 Istio 或应用程序网格都具有重要意义。

Istio 为应用服务网格中的服务流量生成的指标数据，这一部分主要是收集作为 Sidecar 的 Envoy 统计数据，这些统计数据大致分为 3 类。

- Downstream：Envoy 作为下游的请求流量指标，它们由监听器、HTTP 连接资源管理器、TCP 代理过滤器等组件发出。
- Upstream：Envoy 作为上游的请求流量指标，它们由请求连接池、路由过滤器、TCP 代理过滤器等组件发出。

- Server：Envoy 本身的运行指标，比如，CPU 使用情况，内存使用情况。

此外，Istio 本身的运行指标监控也比较重要。用户可以使用 Metric 模板来定义指标，并且可以随时更改，从而获得必要的指标。虽然它们在 Mixer 组件中被暴露出来，以后会被逐步废弃，但是若基于 Istio 1.5，则有它们的用武之地。Istio 为 HTTP、HTTP 2.0 和 gRPC 生成了如下默认指标。

- Request Count（istio_requests_total）：COUNTER 类型的指标，随着 Istio 代理处理的每个请求递增。
- Request Duration（istio_request_duration_seconds）：DISTRIBUTION 类型的指标，表示请求时延。
- Request Size（istio_request_bytes）：DISTRIBUTION 类型的指标，表示 HTTP 请求体大小。
- Response Size（istio_response_bytes）：DISTRIBUTION 类型的指标，表示 HTTP 响应体大小。

对于更加底层的协议——TCP，Istio 生成了如下默认指标。

- Tcp Byte Sent（istio_tcp_sent_bytes_total）：COUNTER 类型的指标，表示一次 TCP 连接在响应阶段发送的总字节数。
- Tcp Byte Received（istio_tcp_received_bytes_total）：COUNTER 类型的指标，表示一次 TCP 连接在请求阶段接收的总字节数。
- Tcp Connections Opened（istio_tcp_connections_opened_total）：COUNTER 类型的指标，表示活跃的 TCP 历史连接总数。
- Tcp Connections Closed（istio_tcp_connections_closed_total）：COUNTER 类型的指标，表示关闭的 TCP 历史连接总数。

更多控制平面的指标，比如，Pilot、Galley 和 Citadel 的指标，这里就不一一列举了，有需要的读者可以查看官方文档。

在 Istio 的实际应用中，还有一类强烈的需求，就是对 Virtual Service、DestinationRule、ServiceEntry 等资源的精细化管控，包括存储、推送、版本管理等需求，都需要依赖一些可视化工具来管理。

6.1.1 Prometheus

Prometheus 是一款开源的、自带时序数据库的监控告警系统。目前，Prometheus 已成为 Kubernetes

集群中监控告警系统的标配。Prometheus 的架构如图 6-1 所示。

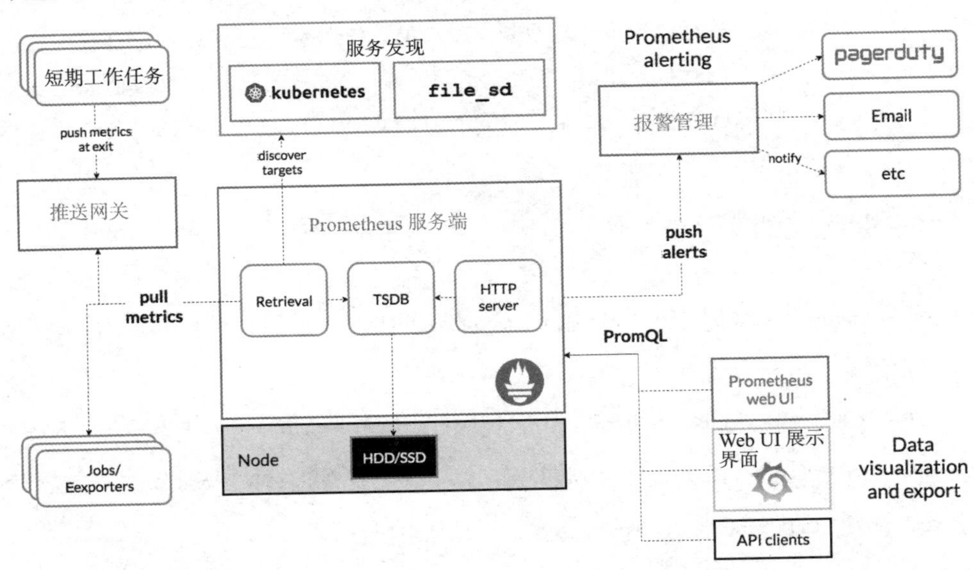

图 6-1

Prometheus 先通过规则对 Kubernetes 集群中的数据源做服务发现（Service Discovery）；再从数据源中抓取数据，并保存在它的时序数据库 TSDB 中；最后根据配置的告警规则，将数据推给 alertmanager 服务做告警信息的推送。同时，Prometheus 中也暴露了 HTTP 指标查询接口，通过 PromQL（一种特定的查询语法）可以将收集的数据查询并展示出来。

Prometheus 主要从两种数据源抓取指标：PushGateway 和 Exporters。其中，PushGateway 指的是服务先将指标数据主动推给 PushGateway 服务，再由 Prometheus 异步从 PushGateway 服务中抓取；而 Exporters 则主动暴露了 HTTP 服务接口，Prometheus 定时从接口中抓取指标。

在 Istio 中，各个组件是通过暴露 HTTP 接口的方式让 Prometheus 定时抓取的（采用了 Exporters 的方式）。在 Kubernetes 集群中，Istio 安装完成后，会在 istio-system 的命名空间中部署 Prometheus，并将 Istio 组件各相关指标的数据源默认配置在 Prometheus 中。

打开 Prometheus 页面，在导航栏中输入/targets，上下文查看 Prometheus，通过服务发现得到的指标数据源，如图 6-2 所示。

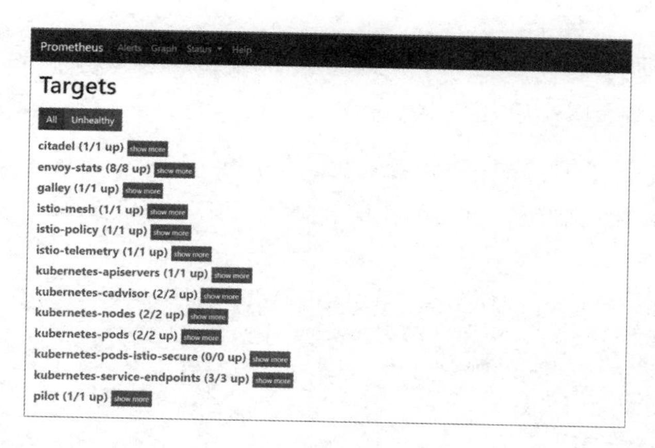

图 6-2

打开其中的 envoy-stats 指标数据源，可以看到该数据源中有 Endpoint、State、Labels、Last Scrape、Scrape Duration、Error 六列，如图 6-3 所示。

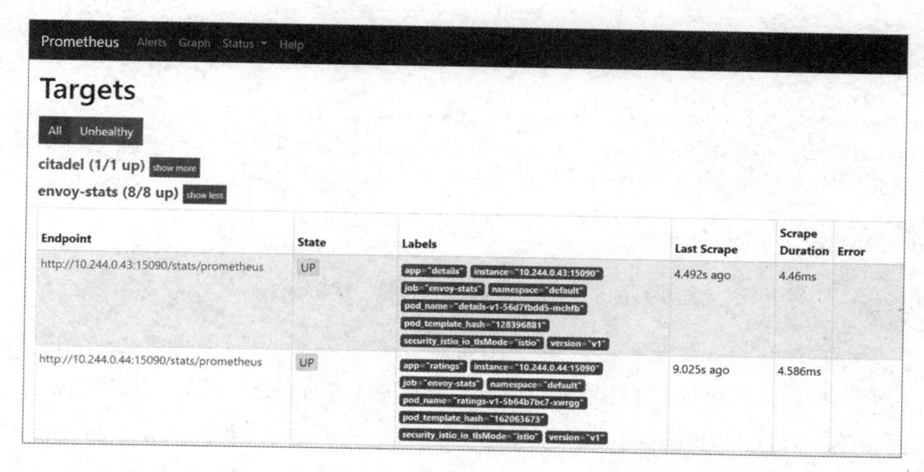

图 6-3

- Endpoint：抓取指标的地址。
- State：该指标接口能否正常提供数据（UP 代表正常，DOWN 代表指标服务异常）。
- Labels：该指标所带的标签，用于标识指标。图 6-3 中的第一行指标表示的是该集群中 default 这个命名空间下 Pod 名称为 details-v1-56d7fbdd5-mchfb 的 envoy-stats 指标。根据 Target 名字我们可以猜测，这是用于查询 Pod 的 Envoy 容器状态的指标。
- Last Scrape：Prometheus 最后一次从数据源中抓取指标的时间到当前的时间间隔。

- Scrape Duration：Prometheus 调用该接口抓取指标的耗时。
- Error：获取数据源信息失败的原因。

在集群中可以直接访问 envoy-stats 指标数据源中第一行的 Endpoint URL（URL 中的 IP 地址为 Pod 在集群中的 IP 地址，因此在集群外部无法访问），得到如下 Prometheus 格式的指标数据。

```
$ curl http://10.244.0.43:15090/stats/prometheus
#TYPE envoy_tcp_mixer_filter_total_remote_call_successes counter
envoy_tcp_mixer_filter_total_remote_call_successes{} 0
#TYPE envoy_tcp_mixer_filter_total_remote_check_calls counter
envoy_tcp_mixer_filter_total_remote_check_calls{} 0
#TYPE envoy_tcp_mixer_filter_total_remote_call_send_errors counter
envoy_tcp_mixer_filter_total_remote_call_send_errors{} 0
#TYPE envoy_tcp_mixer_filter_total_quota_calls counter
envoy_tcp_mixer_filter_total_quota_calls{} 0
#TYPE envoy_tcp_mixer_filter_total_remote_report_successes counter
envoy_tcp_mixer_filter_total_remote_report_successes{} 0
#TYPE envoy_cluster_client_ssl_socket_factory_ssl_context_update_by_sds counter
envoy_cluster_client_ssl_socket_factory_ssl_context_update_by_sds{cluster_name="outbo
und|15004||istio-policy.istio-system.svc.cluster.local"} 0
#TYPE envoy_listener_server_ssl_socket_factory_ssl_context_update_by_sds counter
envoy_listener_server_ssl_socket_factory_ssl_context_update_by_sds{listener_address="
[fe80__48ad_9ff_feee_915f]_9080"} 0
```

Prometheus 格式的指标数据由两行组成。

- 第一行以#号开头，是对指标的说明，包括指标名、指标类型。
- 第二行为指标具体的数据，一行代表一个监控项，以 Key-Value 形式返回。Key 为指标名，Value 为指标值，指标名后面的花括号则标识指标带有的标签（Label）。例如，要查询 envoy_listener_server_ssl_socket_factory_ssl_context_update_by_sds 这个指标中标签为 listener_address 的指标名，且标签值为 10.244.0.43_9080 的数据，打开 Prometheus 的 Graph 界面，输入以下 PromQL 语句：

```
envoy_listener_server_ssl_socket_factory_ssl_context_update_by_sds{listener_address="
10.244.0.43_9080"}
```

单击 Execute 按钮，即可筛选出匹配的数据（PromQL 是一种查询 Prometheus 指标数据的语法）。返回结果如图 6-4 所示。

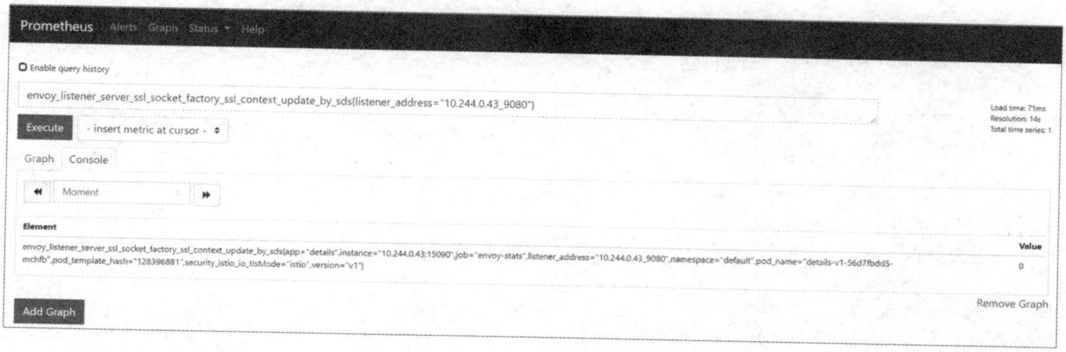

图 6-4

6.1.2 Prometheus 配置解析

在 Istio 安装完成后，其自带的 Prometheus 已经能够从各 Istio 组件中正常抓取指标数据了，为什么 Prometheus 能够采集到 Istio 各组件的指标数据呢？答案就在 Prometheus 的配置文件中。

Kubernetes 集群中的 Prometheus 配置信息以 ConfigMap 的形式挂载在 Prometheus 所在 Pod 的 /etc/prometheus 目录下。

```
$ kubectl exec -it prometheus-7cb88b5945-8jbkf -n istio-system sh
/prometheus $ ls /etc/prometheus/
prometheus.yml
```

打开 prometheus.yml 查看 Prometheus 的配置（也可以直接打开 istio-system 命名空间下的名为 Prometheus 的 ConfigMap 进行查看）。

```
/prometheus $ vi /etc/prometheus/prometheus.yml
global:
  scrape_interval: 15s
scrape_configs:

#Mixer scrapping. Defaults to Prometheus and Mixer on same namespace
- job_name: 'istio-mesh'
  kubernetes_sd_configs:
  - role: endpoints
    namespaces:
      names:
      - istio-system
  relabel_configs:
  - source_labels: [__meta_kubernetes_service_name,
__meta_kubernetes_endpoint_port_name]
    action: keep
    regex: istio-telemetry;prometheus
```

```
#Scrape config for Envoy stats
- job_name: 'envoy-stats'
  metrics_path: /stats/prometheus
  kubernetes_sd_configs:
  - role: pod

  relabel_configs:
  - source_labels: [__meta_kubernetes_pod_container_port_name]
    action: keep
    regex: '.*-envoy-prom'
  - source_labels: [__address__, __meta_kubernetes_pod_annotation_prometheus_io_port]
    action: replace
    regex: ([^:]+)(?::\d+)?;(\d+)
    replacement: $1:15090
    target_label: __address__
    ...
```

由于配置文件太长，这里截取了开头的一部分。从中可以发现，Prometheus 中已经配置好了从 Istio 组件中抓取指标数据的各项配置规则，那么这些配置具体是什么意思呢？

Prometheus 的配置文件主要由以下 6 部分组成。

- global：全局配置，比如，指标的采样间隔、指标的抓取超时时间等。
- scrape_configs：抓取指标的数据源配置，被称为 Target。每个 Target 都用 job_name 命名，有静态配置和服务发现两种配置方式。
- rule_files：指定告警规则文件。Prometheus 根据这些规则，将匹配的告警信息推送到 alertmanager 中。
- alerting：告警配置，这里主要是指定 Prometheus 将告警信息推送到具体哪一个 alertmanager 实例地址中。
- remote_write：指定后端的存储的写入 API 地址。
- remote_read：指定后端的存储的读取 API 地址。

这里主要关注前两个配置：global 和 scrape_configs。下面以上文提到的 Istio 的 Prometheus 配置为例。

```
#这里指定了 Prometheus 全局的采样间隔为 15s
global:
  scrape_interval: 15s
scrape_configs:
#这是一个名为 istio-mesh 的 Target
```

```
- job_name: 'istio-mesh'
  #这里配置 Prometheus 的服务发现规则:
  #发现 Kubernetes 集群中 istio-system 命名空间下的所有 endpoints
  kubernetes_sd_configs:
  - role: endpoints
    namespaces:
      names:
      - istio-system
  #在 Prometheus 抓取指标之前做一些内置标签的聚合或去除操作:
  #这里把标签值分为 istio-telemetry 和 prometheus 的内置标签,
  #并将 __meta_kubernetes_service_name 和__meta_kubernetes_endpoint_ port_ name 保留下来,
  #其他的内置标签则丢弃
  relabel_configs:
  -                    source_labels:                    [__meta_kubernetes_service_name,
__meta_kubernetes_endpoint_port_name]
    action: keep
    regex: istio-telemetry;prometheus
#这是一个名为 envoy-stats 的 Target
- job_name: 'envoy-stats'
  metrics_path: /stats/prometheus
  #这里配置 Prometheus 的服务发现规则: 发现 Kubernetes 集群中所有命名空间下的所有 Pod
  kubernetes_sd_configs:
  - role: pod
  #在 Prometheus 抓取指标前做一些内置标签的聚合或去除操作
  relabel_configs:
  #这里保留了标签值为-envoy-prom 结尾的 __meta_kubernetes_pod_container_port_name 内置标签
  - source_labels: [__meta_kubernetes_pod_container_port_name]
    action: keep
    regex: '.*-envoy-prom'
  #这里把标签值分别匹配([^:]+)(?::\d+)?和(\d+)正则表达式的内置标签,
  #并将__address__和__meta_kubernetes_pod_annotation_prometheus_io_port
  #合并成__address__:15090 的格式, 替换掉原来的__address__ 标签值
  - source_labels: [__address__, __meta_kubernetes_pod_annotation_prometheus_io_port]
    action: replace
    regex: ([^:]+)(?::\d+)?;(\d+)
    replacement: $1:15090
    target_label: __address__
```

配置文件中提到的内置标签替换是怎么回事呢？我们先回到 Prometheus 的 Targets 页面，把鼠标指针放在 Labels 列中的蓝色标签上，发现弹出了一些以双下画线开头的标签，这就是上面所提到的内置标签，如图 6-5 所示。因为 Prometheus 天然兼容 Kubernetes，所以当它部署在 Kubernetes 集群中，且通过 Kubernetes_sd_configs 这种方式配置服务发现时，会默认给各指标加上 Kubernetes 相关的内置标签，例如：该指标服务所在的计算节点名称、Pod IP 地址、命名空间、暴露的端口等。

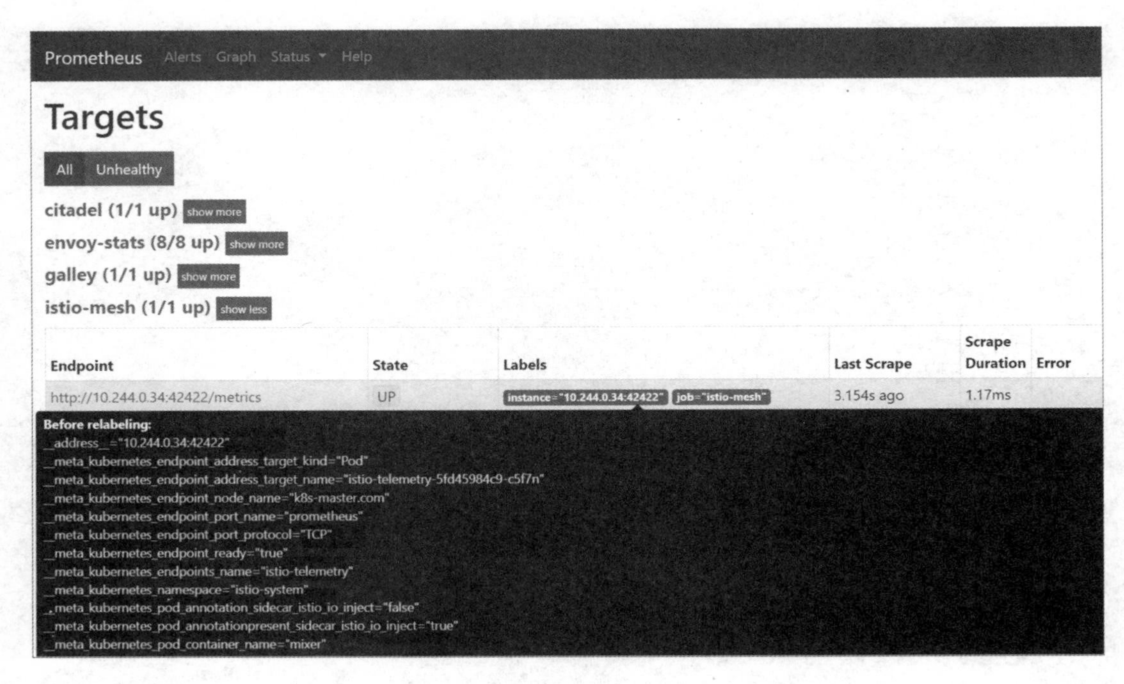

图 6-5

总而言之，在 Istio 中，Prometheus 通过配置中的每个 Target（job_name）的服务发现规则，找到 Kubernetes 集群中的指标数据源，再根据 relabel_configs 配置做内置标签的去除、聚合等操作，得到最终的指标数据。

此外，我们可以通过修改 Prometheus 的 ConfigMap 对其配置进行如下修改。

```
$ kubectl edit configmap prometheus -n istio-system
apiVersion: v1
data:
  prometheus.yml: |-
    global:
      #这里将采样间隔改为 30s
      scrape_interval: 30s
    scrape_configs:
    #这里将 job_name 改为 istio-mesh-metrics
    - job_name: 'istio-mesh-metrics'
      kubernetes_sd_configs:
      - role: endpoints
        namespaces:
          names:
          - istio-system
      relabel_configs:
```

```
      -                 source_labels:                 [__meta_kubernetes_service_name,
__meta_kubernetes_endpoint_port_name]
        action: keep
        regex: istio-telemetry;prometheus
     ...
```

修改完成后，对其进行保存。Prometheus 的配置支持热更新，只需要给 Prometheus 加上 --web.enable-lifecycle 启动参数即可。

```
$ kubectl edit deployment prometheus -n istio-system
 ...
 containers:
      - args:
        - --storage.tsdb.retention=6h

        - --config.file=/etc/prometheus/prometheus.yml

        - --web.enable-lifecycle
          image: docker.io/prom/prometheus:v2.15.1
          imagePullPolicy: IfNotPresent
 ...
```

调用 Prometheus 的 HTTP API 即可更新配置。

```
$ curl -X POST http://<Prometheus URL>:9090/-/reload
```

打开 Prometheus 的 Configuration 页面。

```
http://<Prometheus URL>/config
```

检查配置是否生效，如图 6-6 所示。

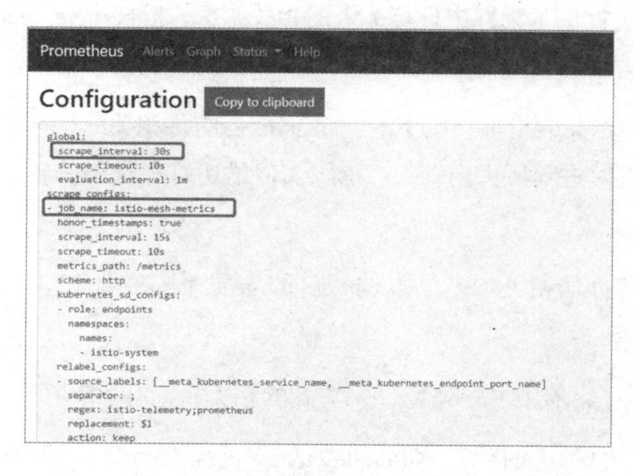

图 6-6

本小节先介绍了 Kubernetes 集群中 Prometheus 的基本配置，再解释了在 Istio 安装完成后，其自带的 Prometheus 默认对 Istio 各组件做了服务发现、指标标签修改等配置，最后演示了如何对 Prometheus 的配置做修改和热更新。

6.1.3 Prometheus-Istio 指标

回到最开始提到的 Prometheus 的 Targets 页面，如图 6-7 所示。

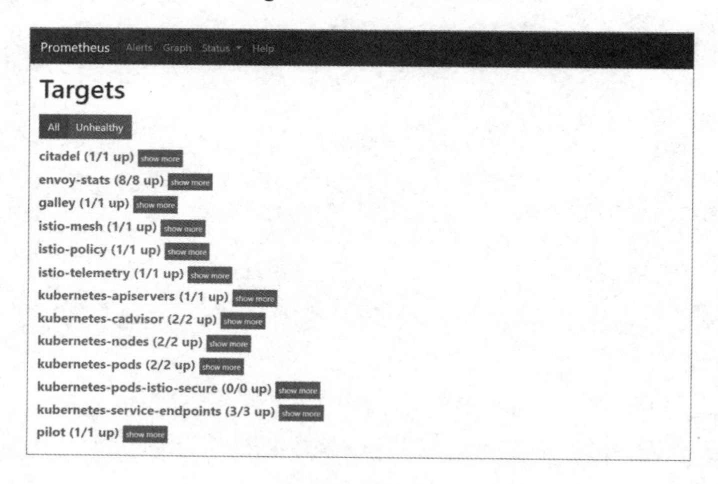

图 6-7

从上图中可以看到，Prometheus 通过服务发现，得到了不少监控指标的数据源（Targets）。其中，kubernetes 开头的为 Kubernetes 集群相关的指标，如 kubernetes-apiservers 提供了 API Server 的相关指标，kubernetes-nodes 提供了集群中计算节点的相关指标，kubernetes-pods 提供了集群中 Pod 的相关指标，kubernetes-cadvisor 提供了集群节点中容器相关的性能指标数据。

除去 Kubernetes 集群相关的指标，剩下的就是 Istio 各组件相关的指标了。以下每个组件暴露的指标都包含了该组件运行时进程所占内存、CPU、文件描述符等状态信息，除此之外，还提供了各组件采集到的特定指标。

- citadel：Citadel 组件的相关指标，如 Citadel 的 go 进程 gc 时间、证书签名请求（CSR）、证书颁发等相关指标。
- envoy-stats：Sidecar 容器中 Envoy 组件采集到的相关指标（网格中服务间的调用拓扑关系等）。
- galley：Galley 组件的相关指标，如 Galley 的 go 进程 gc 时间、网络通信等相关指标。

- istio-mesh-metrics：telemetry 组件采集到的网格中服务间通信的网络相关指标。
- istio-policy 和 istio-telemetry：这两个指标都来自 Mixer 服务的 Policy 和 Telemetry 两个组件，都提供了组件的 go 进程 gc 时间、Mixer 服务、网络通信等相关指标。
- pilot：Pilot 组件的相关指标，如 Pilot 的 go 进程 gc 时间、网络通信等相关指标。

我们可以通过直接访问各组件暴露的 metrics 接口来获取指标信息。例如，想要获取 Citadel 组件的指标，首先需要找到 Citadel 组件的 metrics 地址，然后在集群中使用 curl 命令进行访问。

```
$ curl http://10.244.0.48:15014/metrics
#HELP citadel_secret_controller_svc_acc_created_cert_count.
#The number of certificates created due to service account creation.
#TYPE citadel_secret_controller_svc_acc_created_cert_count counter
citadel_secret_controller_svc_acc_created_cert_count 50
#HELP citadel_server_root_cert_expiry_timestamp.
#The unix timestamp, in seconds, when Citadel root cert will expire.
#We set it to negative in case of internal error.
#TYPE citadel_server_root_cert_expiry_timestamp gauge
citadel_server_root_cert_expiry_timestamp 1.909062314e+09
#HELP go_gc_duration_seconds A summary of the GC invocation durations.
#TYPE go_gc_duration_seconds summary
go_gc_duration_seconds{quantile="0"} 1.0386e-05
go_gc_duration_seconds{quantile="0.25"} 1.427e-05
go_gc_duration_seconds{quantile="0.5"} 1.6094e-05
go_gc_duration_seconds{quantile="0.75"} 1.8008e-05
go_gc_duration_seconds{quantile="1"} 7.5778e-05
go_gc_duration_seconds_sum 0.160016613
go_gc_duration_seconds_count 7935
#HELP go_goroutines Number of goroutines that currently exist.
#TYPE go_goroutines gauge
go_goroutines 41
...
```

从上述代码中可以看到，在 Citadel 组件提供的指标中创建了证书和 go 进程相关的指标数据。指标的格式上文中已有说明，这里不再赘述。

只要访问各组件暴露的 metrics 接口，就能得到指标的名字、标签和值。在 Prometheus 页面中根据条件可以查询指标当前时刻及历史时刻的值，以 citadel_secret_controller_svc_acc_created_ cert_count（因创建服务账户而创建的证书数量）这个指标为例，在页面中输入带有指标名称的 PromQL 查询语句，选择 Graph 选项卡并设置距离当前时间的时间间隔（这里为“5m”），单击 Execute 按钮查询最近 5 分钟内因创建服务账户而创建的证书数量的变化，如图 6-8 所示。

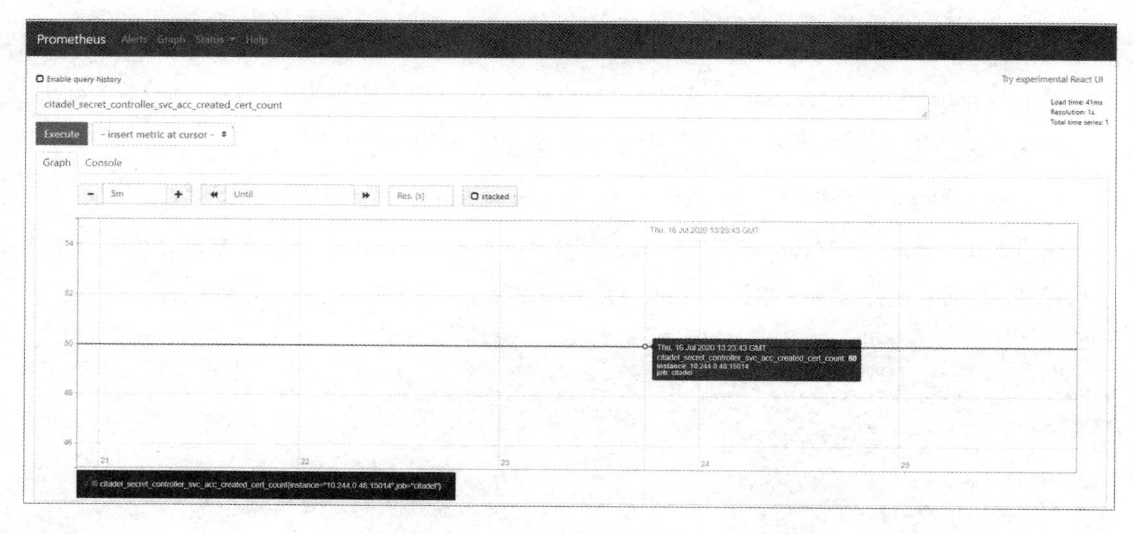

图 6-8

虽然手动在 Prometheus 中输入指标名称查询指标的值看起来很方便，但是在 Istio 中有上百个指标，一个一个的查询显得非常烦琐，有没有更加便捷的方式可以从 Prometheus 中获取用户想要的数据呢？答案是肯定的，Istio 安装时帮用户安装了一款大规模指标数据的可视化展现工具——Grafana。该工具通过采集 Prometheus 提供的指标数据，绘制成可视化的面板，大大提高了指标数据的可读性。下面对其进行详细介绍。

6.2 可视化

在 Istio 中，指标和网络可视化展示是非常重要的。下面将介绍两个可视化工具，分别是 Grafana 和 Kiali。

Grafana 是一款开源的指标数据可视化工具，有着功能齐全的度量仪表盘、图表等时序数据展示面板，支持 Zabbix、InfluxDB、Prometheus、Elasticsearch、MySQL 等数据源的指标展示。

Istio 就引入了 Grafana 这样一款提供了将时间序列数据库（TSDB）中的数据转换为精美的图形和可视化面板的工具。Grafana 能够让用户更直观地观测到集群中各项数据指标的变化趋势（网格流量变化、组件资源使用情况等），是 Istio 实现可观测性的重要组件之一。在安装 Istio 时，用户可以通过配置将 Grafana 服务默认安装在 Istio-system 命名空间下。安装完成后，Istio 被默认配置了 Istio 中的 Prometheus 作为数据源，定时地从 Prometheus 中采集 Istio 各组件的指标数据，进行可视化展示。

Kiali是Istio集成的组件之一，是Istio的可观察性控制台，具有服务网格的配置和验证功能。它通过监控网络流量，展示网络拓扑结构和错误报告，为用户提供服务网格的运行状态。

6.2.1 Grafana

在安装Istio时，可以使用istioctl的方式进行安装，如果在istioctl中使用了demo选项进行安装，Grafana组件将会默认被安装。

```
$ istioctl manifest apply --set profile=demo
```

如果使用了默认选项进行安装，则需要指定--set addonComponents.grafana.enabled=true参数。

```
$ istioctl manifest apply --set addonComponents.grafana.enabled=true
```

Istio安装完成后，想要在浏览器中访问Grafana主页，有多种方式。

第一种方式，可以将Grafana的service设置为NodePort类型，运行以下命令进行配置。

```
#设置Grafana的service为NodePort类型
$ kubectl edit service grafana -n istio-system
kind: Service
metadata:
  ...
  labels:
    app: grafana
    release: istio
  name: grafana
  namespace: istio-system
  ...
spec:
  clusterIP: 10.96.188.25
  externalTrafficPolicy: Cluster
  ports:
  - name: http
    port: 3000
    protocol: TCP
    targetPort: 3000
  selector:
    app: grafana
  sessionAffinity: None
  type: NodePort
status:
  loadBalancer: {}
#Grafana的service已经设置为NodePort类型
$ kubectl get service grafana -n istio-system
NAME      TYPE       CLUSTER-IP     EXTERNAL-IP   PORT(S)          AGE
grafana   NodePort   10.96.188.25   <none>        3000:31652/TCP   25d
```

设置为 NodePort 类型后，集群为 Grafana 服务随机分配了一个端口，同时集群中所有节点的 kube-proxy 进程都监听了这个端口（这里的集群为用户分配了 31652 端口，下文以该端口为例），此时打开浏览器，访问集群中的任意一台机器的 31652 端口，都能访问到 Grafana 服务的主页。

第二种方式，可以执行以下命令进行端口转发。

```
$ kubectl -n istio-system port-forward $(kubectl -n istio-system get pod -l app=grafana
-o jsonpath='{.items[0].metadata.name}') 3000:3000 &
```

在浏览器中访问 http://localhost:3000/即可访问 Grafana 主页，如图 6-9 所示。

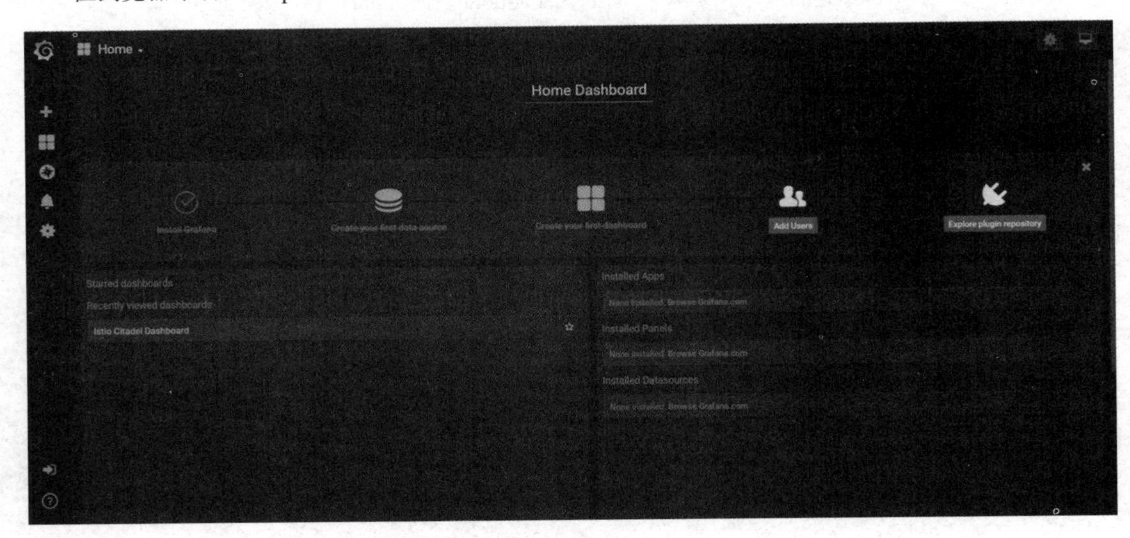

图 6-9

Grafana 主页被打开，没有跳转到登录页面，而是可以直接访问的。原因是 Istio 在安装 Grafana 时对 Grafana 做了免登录配置，因此可以查看 Grafana 的 Deployment 文件中 GF_AUTH_ANONYMOUS_ENABLED 和 GF_AUTH_ANONYMOUS_ORG_ROLE 两个环境变量。

```
$ kubectl get deployment grafana -n istio-system -o yaml
apiVersion: extensions/v1beta1
kind: Deployment
metadata:
...
spec:
  progressDeadlineSeconds: 600
  replicas: 1
  ...
```

```
template:
  metadata:
    annotations:
  ...
  spec:
    ...
    containers:
    - env:
      - name: GRAFANA_PORT
        value: "3000"
      - name: GF_AUTH_BASIC_ENABLED
        value: "false"
      - name: GF_AUTH_ANONYMOUS_ENABLED
        value: "true"
      - name: GF_AUTH_ANONYMOUS_ORG_ROLE
        value: Admin
      - name: GF_PATHS_DATA
        value: /data/grafana
    ...
```

当 GF_AUTH_ANONYMOUS_ENABLED 环境变量被设置为 true 时，则表示开启匿名免登录访问；而当 GF_AUTH_ANONYMOUS_ORG_ROLE 环境变量被设置为 Admin 时，则表示在匿名免登录时具有 Admin 权限。

Grafana 里面的用户有 3 种权限：Admin、Editor 和 Viewer。Admin 权限为管理员权限，具有最高的执行权限，包括对用户、Data Sources（数据源）和 DashBoard（可视化仪表盘）进行增加、删除、修改、查询等操作；拥有 Editor 权限的用户只能对 DashBoard 进行增加、删除、修改、查询等操作；而拥有 Viewer 权限的用户仅可以查看 DashBoard。

在浏览器中访问 http://localhost:3000/dashboard/db/istio-mesh-dashboard，打开 Istio 流量仪表盘，如图 6-10 所示。

在集群中部署 Bookinfo 应用后，在浏览器中访问 http://$GATEWAY_URL/productpage，或者在命令行中使用以下命令进行访问（$GATEWAY_URL 是在 Bookinfo 实例中设置的值），可以打开 Bookinfo 应用的产品主页。

```
$ curl http://$GATEWAY_URL/productpage
```

不断刷新 Bookinfo 页面（或在命令行中不断发送请求命令）以产生少量流量。再次查看 Istio 流量仪表盘，发现仪表盘中出现可视化图表数据，反映出集群中所产生的流量，如图 6-11 所示。

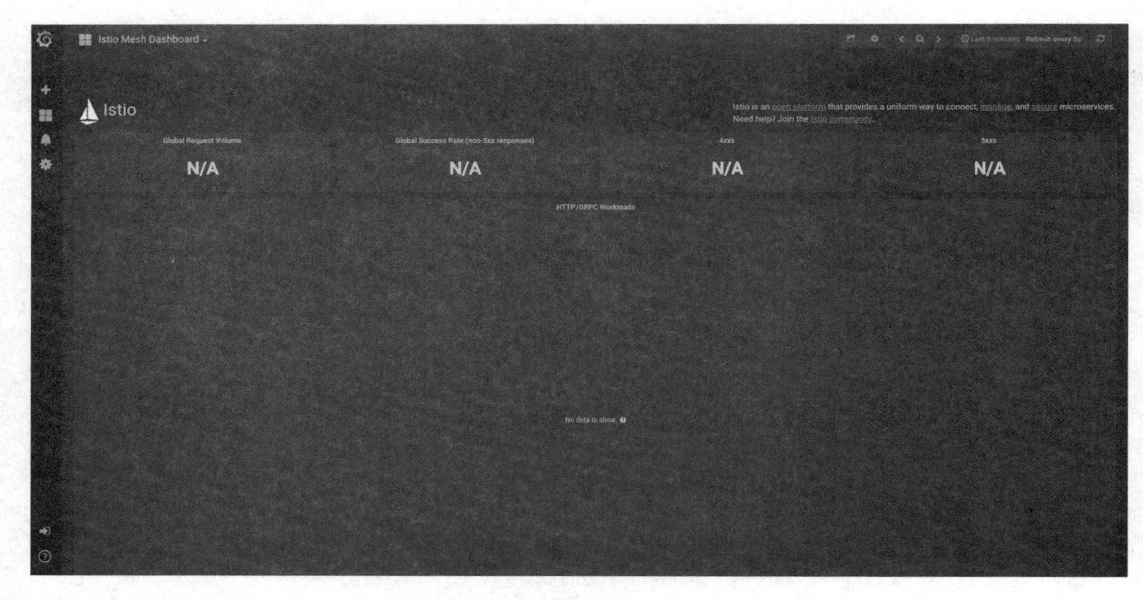

图 6-10

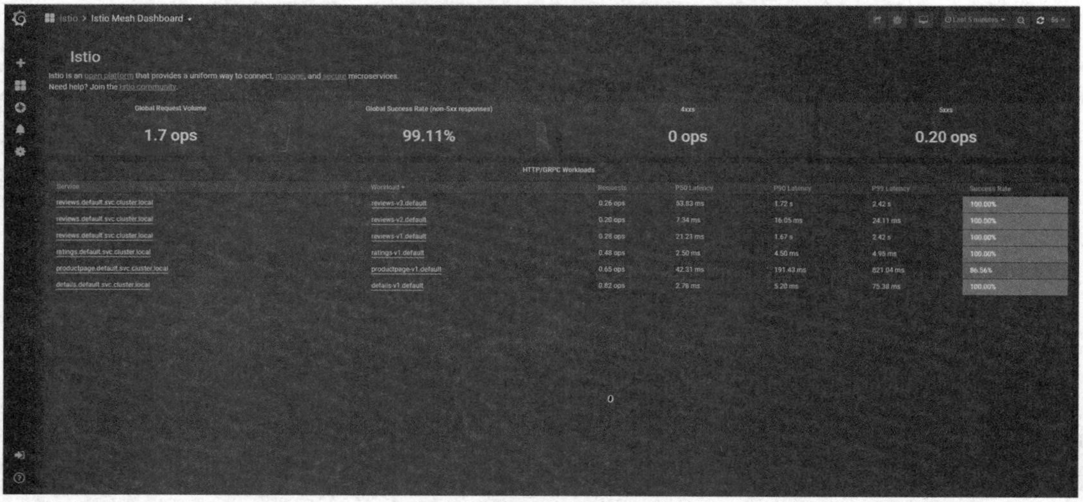

图 6-11

在浏览器中访问 http://localhost:3000/dashboard/db/istio-service-dashboard，打开 Istio 可视化服务仪表盘，可以查看服务自身的网络指标，以及服务的客户端工作负载（调用该服务的工作负载）和服务端工作负载（提供该服务的工作负载）的详细指标，如图 6-12 所示。

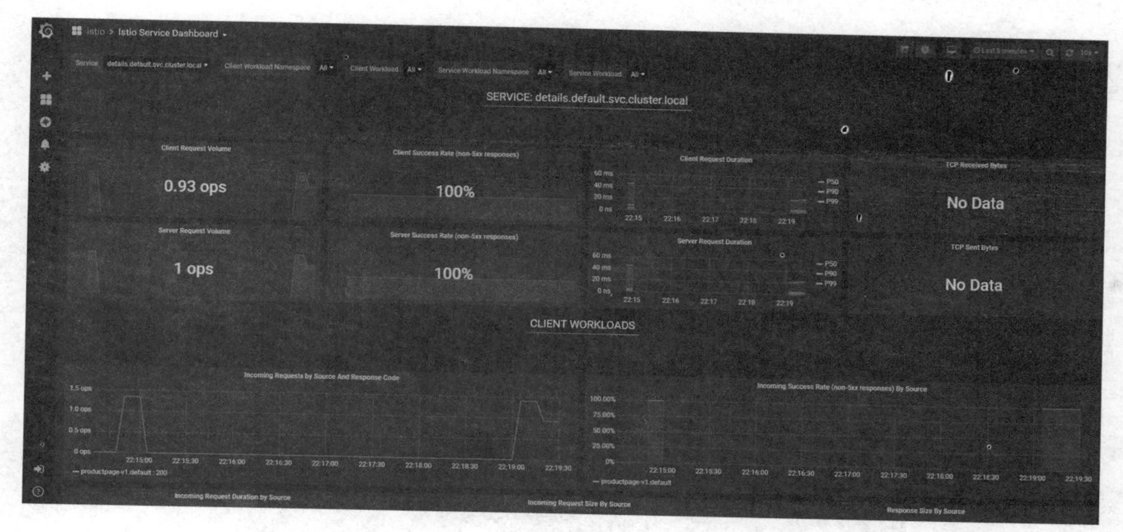

图 6-12

在浏览器中访问 http://localhost:3000/dashboard/db/istio-workload-dashboard，打开 Istio 可视化工作负载仪表盘。这里给出了每一个服务的工作负载，以及该服务的入站工作负载（将请求发送到该服务的工作负载）和出站工作负载（该服务向其他服务发送请求的工作负载）的详细指标，如图 6-13 所示。

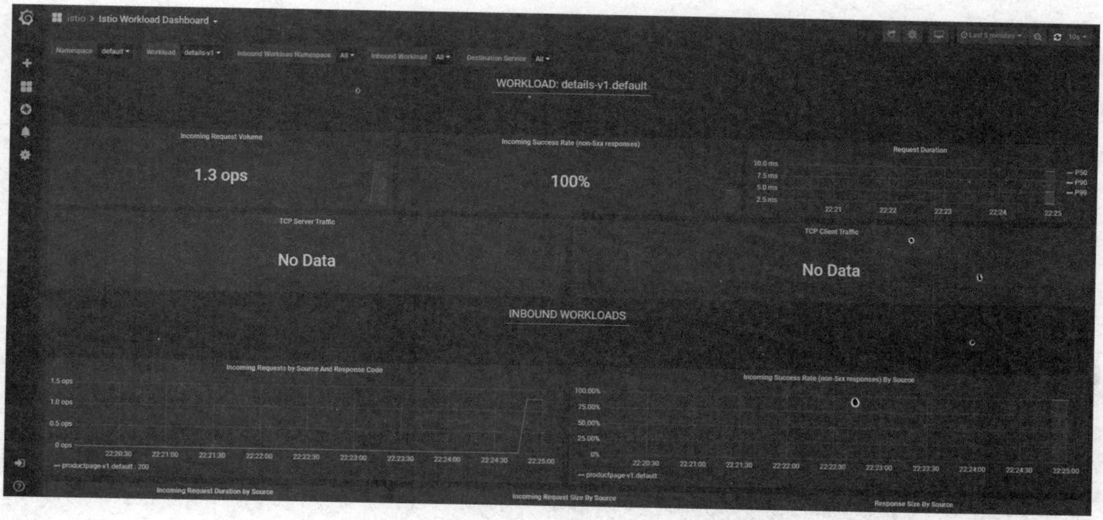

图 6-13

上文中提到，Grafana 支持多种数据源指标的可视化展示，那么数据源是在哪里配置的呢？回到 Grafana 首页，单击左侧菜单栏中的“设置”按钮，在弹出的 Configuration 菜单列表中选择 Data Sources

选项进入“数据源配置”页面，如图 6-14 所示。

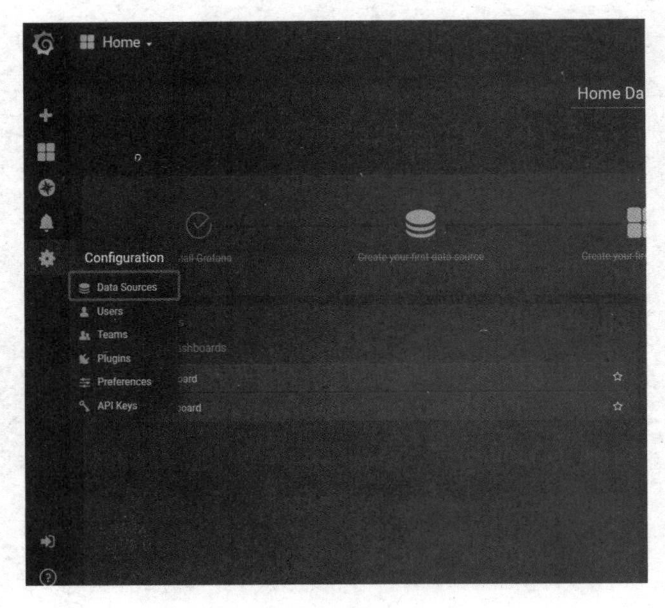

图 6-14

此时默认 Grafana 已经配置好了 Istio 中的 Prometheus 数据源，如果需要添加新的数据源，则可以单击绿色的 Add data source 按钮进行添加，如图 6-15 所示。

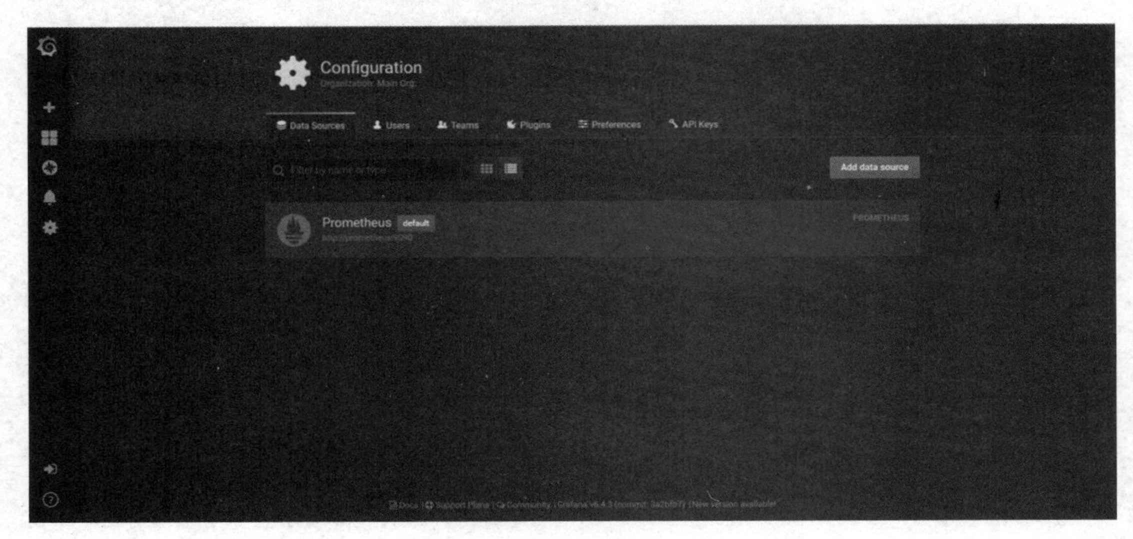

图 6-15

单击默认配置好的 Prometheus 数据源查看具体配置，如图 6-16 所示。

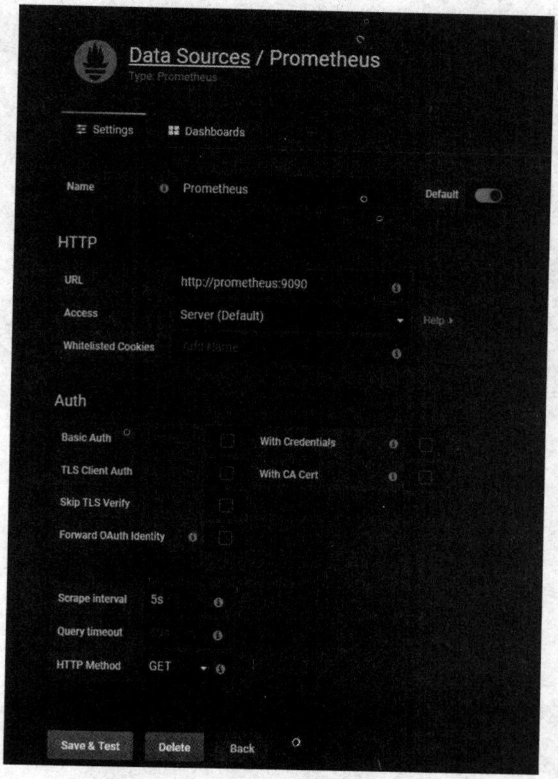

图 6-16

Grafana 的 Prometheus 数据源配置主要由 4 部分组成。

- 数据源的名称。
- Prometheus 数据源的 HTTP 地址和访问方式（分为 Grafana 服务器访问和浏览器直接访问两种方式）。
- 抓取数据源时所使用的认证授权信息（包含各种认证授权协议和证书信息），因为 Istio 的 Prometheus 默认没有对访问设置权限且采用的协议是 HTTP，所以这里默认不填。
- 抓取时间间隔、超时时间和请求数据源的 HTTP 请求方法设置。

回到首页，单击左上角的 Home 按钮进入“Dashboard 总览”页面，可以看到该页面中有一组名为 Istio 的仪表盘列表，如图 6-17 所示。

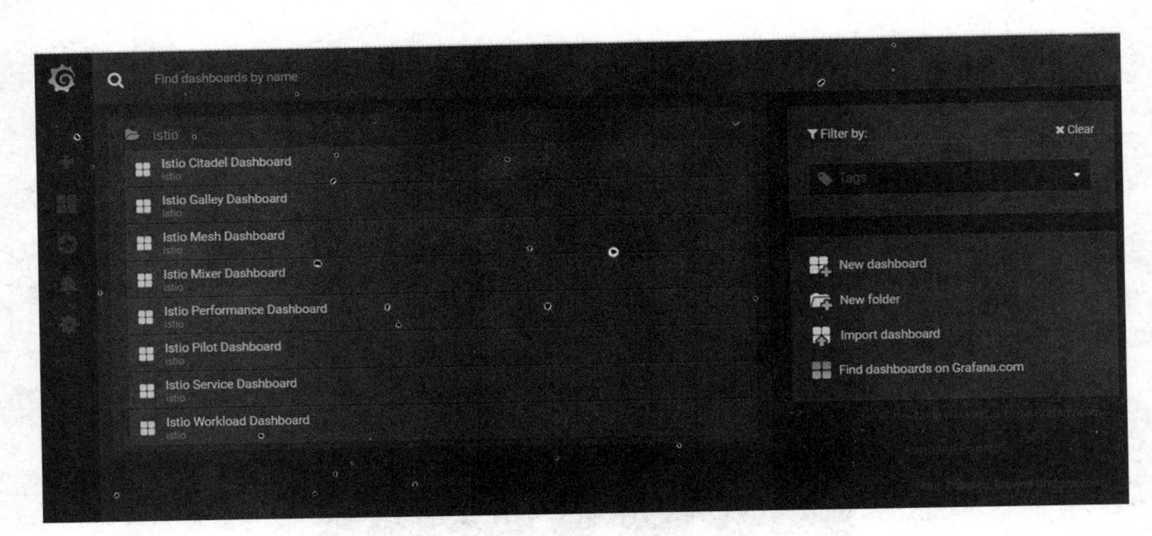

图 6-17

选择其中的 Istio Galley Dashboard 查看具体的仪表盘信息，发现 Galley 相关指标信息都是以图表的形式展示的，如图 6-18 所示。

回到“仪表盘总览”页面，右侧有“新建（New dashboard）”和“导入（Import dashboard）”两个按钮。

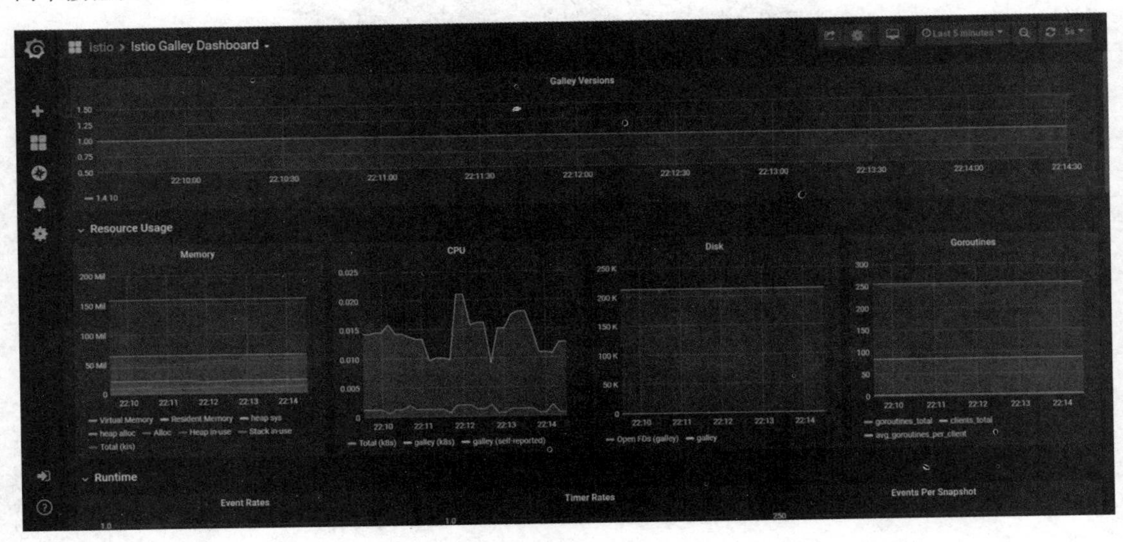

图 6-18

Grafana 的仪表盘可以通过 3 种方式创建。

- 在“仪表盘总览”页面中单击 New dashboard 按钮，通过可视化界面进行具体的参数配置。
- 在“仪表盘总览”页面中单击 Import dashboard 按钮，导入 JSON 配置文件（Grafana 仪表盘可以通过 JSON 数据格式的文件进行配置）。
- 在 Grafana 的配置文件中指定仪表盘的 JSON 配置文件路径，启动后默认加载所配置的仪表盘。

Istio 的仪表盘就是通过第三种方式创建的。Istio 在安装 Grafana 组件时，在 Grafana 的 Pod 中以 ConfigMap 的形式挂载了 Istio 各个组件的仪表盘 JSON 配置文件，运行以下命令获取。

```
$ kubectl get cm -n istio-system |grep istio-grafana
istio-grafana                                                     2    20d
istio-grafana-configuration-dashboards-citadel-dashboard          1    20d
istio-grafana-configuration-dashboards-galley-dashboard           1    20d
istio-grafana-configuration-dashboards-istio-mesh-dashboard       1    20d
istio-grafana-configuration-dashboards-istio-performance-dashboard 1   20d
istio-grafana-configuration-dashboards-istio-service-dashboard    1    20d
istio-grafana-configuration-dashboards-istio-workload-dashboard   1    20d
istio-grafana-configuration-dashboards-mixer-dashboard            1    20d
istio-grafana-configuration-dashboards-pilot-dashboard            1    20d
```

进一步查看 Grafana 的 Pod YAML 文件，就会发现 Grafana 以 ConfigMap 的形式将 Istio 各个组件的仪表盘配置文件挂载到了/var/lib/grafana/dashboards/istio/ 目录下，运行以下命令进行查看。

```
$ kubectl get pod grafana-6565cc4b48-w9dsj -n istio-system -o yaml
apiVersion: v1
kind: Pod
metadata:
...
spec:
  ...
  containers:
  - ...
    volumeMounts:
    - mountPath: /data/grafana
      name: data
    - mountPath: /var/lib/grafana/dashboards/istio/citadel-dashboard.json
      name: dashboards-istio-citadel-dashboard
      readOnly: true
      subPath: citadel-dashboard.json
    - mountPath: /var/lib/grafana/dashboards/istio/galley-dashboard.json
      name: dashboards-istio-galley-dashboard
      readOnly: true
      subPath: galley-dashboard.json
    - mountPath: /var/lib/grafana/dashboards/istio/istio-mesh-dashboard.json
      name: dashboards-istio-istio-mesh-dashboard
```

```
      readOnly: true
      subPath: istio-mesh-dashboard.json
    - mountPath: /var/lib/grafana/dashboards/istio/istio-performance-dashboard.json
      name: dashboards-istio-istio-performance-dashboard
      readOnly: true
      subPath: istio-performance-dashboard.json
    - mountPath: /var/lib/grafana/dashboards/istio/istio-service-dashboard.json
      name: dashboards-istio-istio-service-dashboard
      readOnly: true
      subPath: istio-service-dashboard.json
    - mountPath: /var/lib/grafana/dashboards/istio/istio-workload-dashboard.json
      name: dashboards-istio-istio-workload-dashboard
      readOnly: true
      subPath: istio-workload-dashboard.json
    - mountPath: /var/lib/grafana/dashboards/istio/mixer-dashboard.json
      name: dashboards-istio-mixer-dashboard
      readOnly: true
      subPath: mixer-dashboard.json
    - mountPath: /var/lib/grafana/dashboards/istio/pilot-dashboard.json
      name: dashboards-istio-pilot-dashboard
      readOnly: true
      subPath: pilot-dashboard.json
    - mountPath: /etc/grafana/provisioning/datasources/datasources.yaml
      name: config
      subPath: datasources.yaml
    - mountPath: /etc/grafana/provisioning/dashboards/dashboardproviders.yaml
      name: config
      subPath: dashboardproviders.yaml
      ...
    volumes:
  - configMap:
      defaultMode: 420
      name: istio-grafana
    name: config
  - emptyDir: {}
    name: data
  - configMap:
      defaultMode: 420
      name: istio-grafana-configuration-dashboards-citadel-dashboard
    name: dashboards-istio-citadel-dashboard
  - configMap:
      defaultMode: 420
      name: istio-grafana-configuration-dashboards-galley-dashboard
    name: dashboards-istio-galley-dashboard
  - configMap:
      defaultMode: 420
      name: istio-grafana-configuration-dashboards-istio-mesh-dashboard
    name: dashboards-istio-istio-mesh-dashboard
```

```
- configMap:
    defaultMode: 420
    name: istio-grafana-configuration-dashboards-istio-performance-dashboard
  name: dashboards-istio-istio-performance-dashboard
- configMap:
    defaultMode: 420
    name: istio-grafana-configuration-dashboards-istio-service-dashboard
  name: dashboards-istio-istio-service-dashboard
- configMap:
    defaultMode: 420
    name: istio-grafana-configuration-dashboards-istio-workload-dashboard
  name: dashboards-istio-istio-workload-dashboard
- configMap:
    defaultMode: 420
    name: istio-grafana-configuration-dashboards-mixer-dashboard
  name: dashboards-istio-mixer-dashboard
- configMap:
    defaultMode: 420
    name: istio-grafana-configuration-dashboards-pilot-dashboard
  name: dashboards-istio-pilot-dashboard
...
```

此外，还可以进入 Grafana 的 Pod 中查看 Istio 各组件的仪表盘 JSON 配置文件，运行以下命令进行查看。

```
$ kubectl exec -it grafana-6565cc4b48-w9dsj sh -n istio-system
/usr/share/grafana $ ls /var/lib/grafana/dashboards/istio/
citadel-dashboard.json         istio-performance-dashboard.json  mixer-dashboard.json
galley-dashboard.json          istio-service-dashboard.json      pilot-dashboard.json
istio-mesh-dashboard.json      istio-workload-dashboard.json
```

由于仪表盘的 JSON 配置文件组成较为复杂，在一般情况下，仅对其做导入和导出操作，不涉及对 JSON 文件的修改，因此这里不对 JSON 配置文件的具体组成做详细讲解。在日常使用中，创建自定义的仪表盘一般使用上面提到的第一种方式：先单击 New dashboard 按钮在可视化界面中创建，再单击 Add Query 按钮创建可视化面板，如图 6-19 所示。

进入面板的 Query 页面，在 Query 选项卡右侧的数据源下拉列表中选择 Istio 的 Prometheus 数据源，在 Metrics 文本框中输入 PromQL（一种用于查询 Prometheus 指标数据的特殊查询语句）：sum(rate(container_cpu_usage_seconds_total{job="kubernetes-cadvisor",container_name=~"galley", pod_name=~"istio-galley-.*"}[1m]))，右上角选择 Last 5 minutes 选项即可查询到 Galley 组件近 5 分钟的 CPU 使用情况，如图 6-20 所示。

单击左侧第二个圆形按钮，进入“Visualization 配置”页面。该页面可以调整图表的样式，选择可视化面板的类型等，还可以为图表中的数据设置跳转链接，如图 6-21 所示。

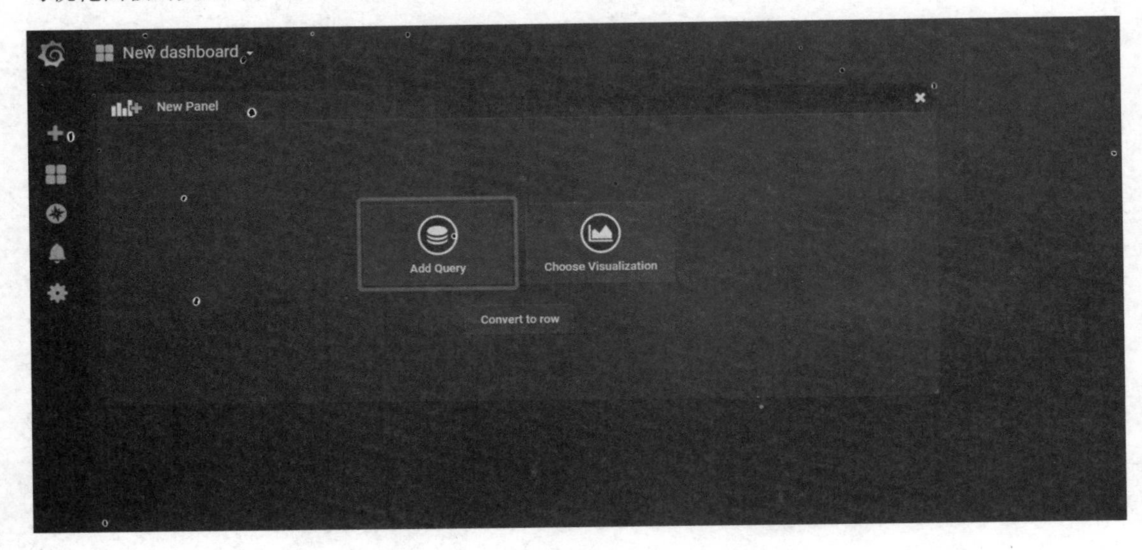

图 6-19

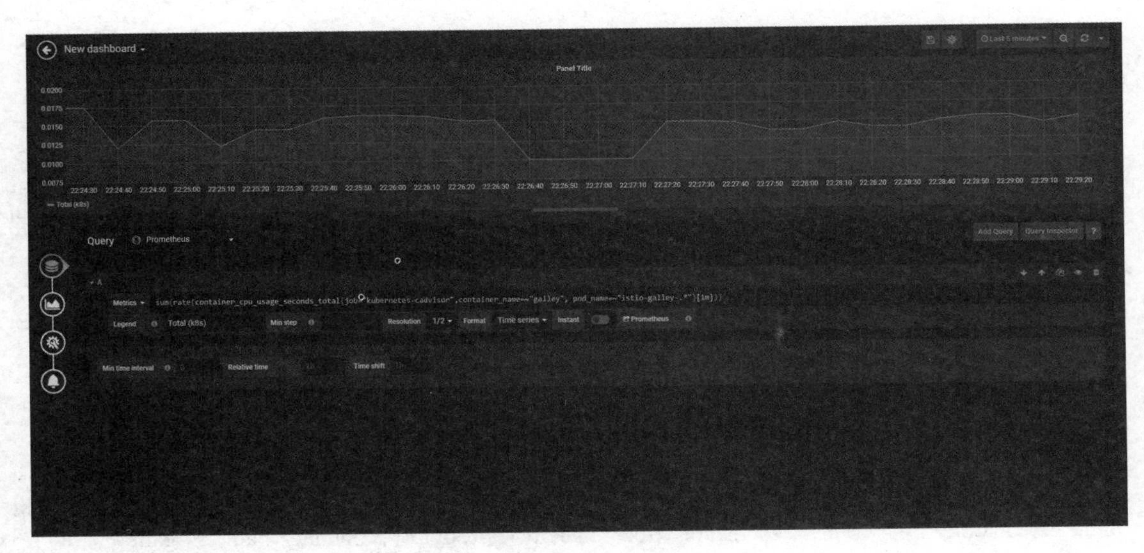

图 6-20

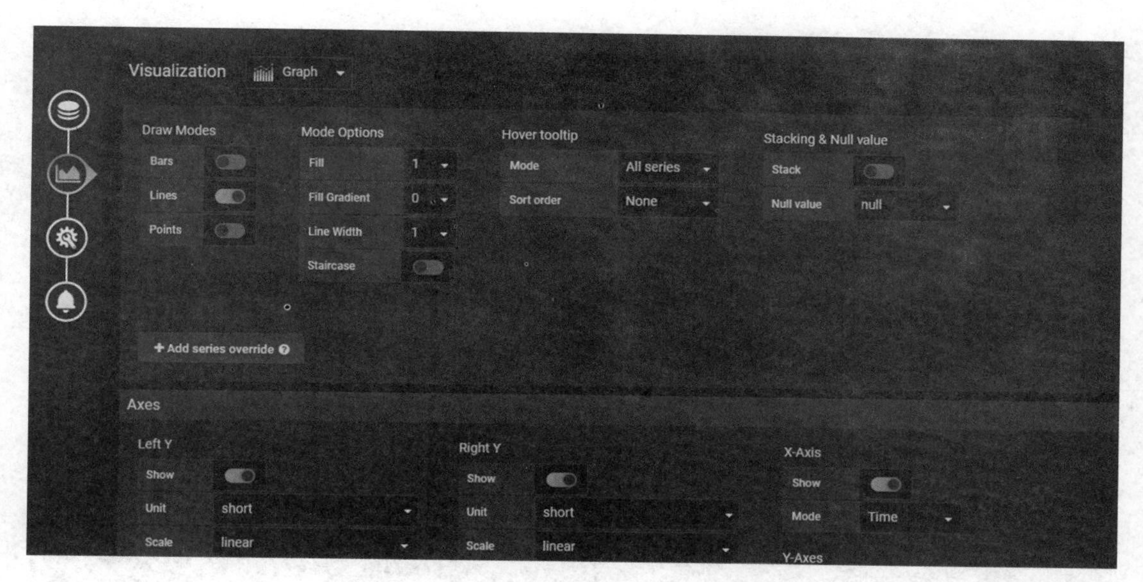

图 6-21

单击左侧菜单栏中第三个圆形按钮进入“General”配置页面，该页面主要对该面板做常规配置，如：面板标题、描述、链接等，如图 6-22 所示。

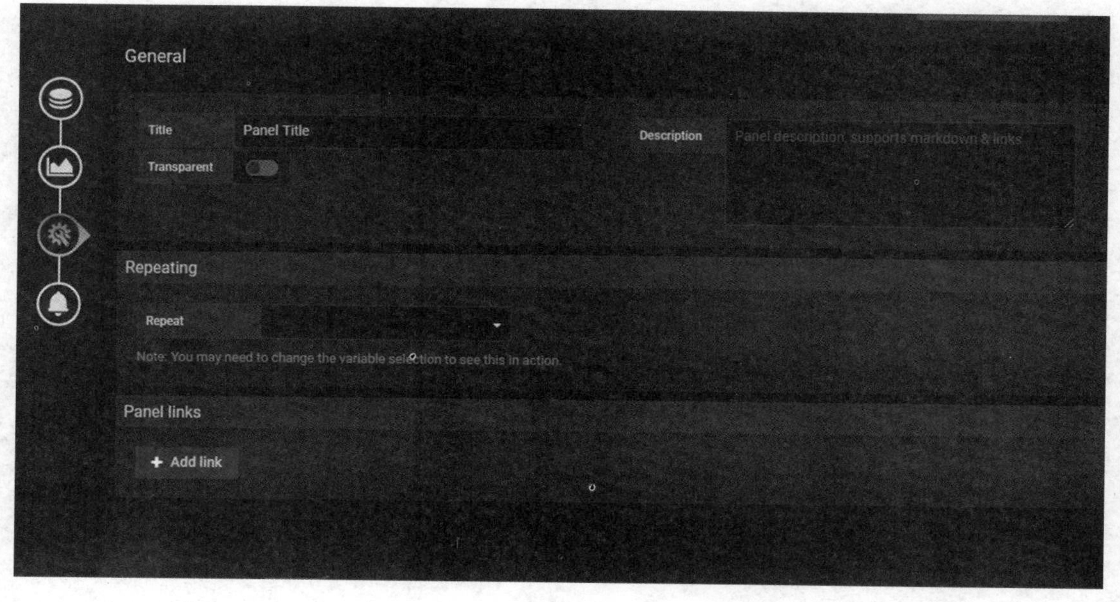

图 6-22

单击左侧菜单栏中第四个圆形按钮进入“Alert”配置页面，该页面用于配置告警规则，如图 6-23 所示。

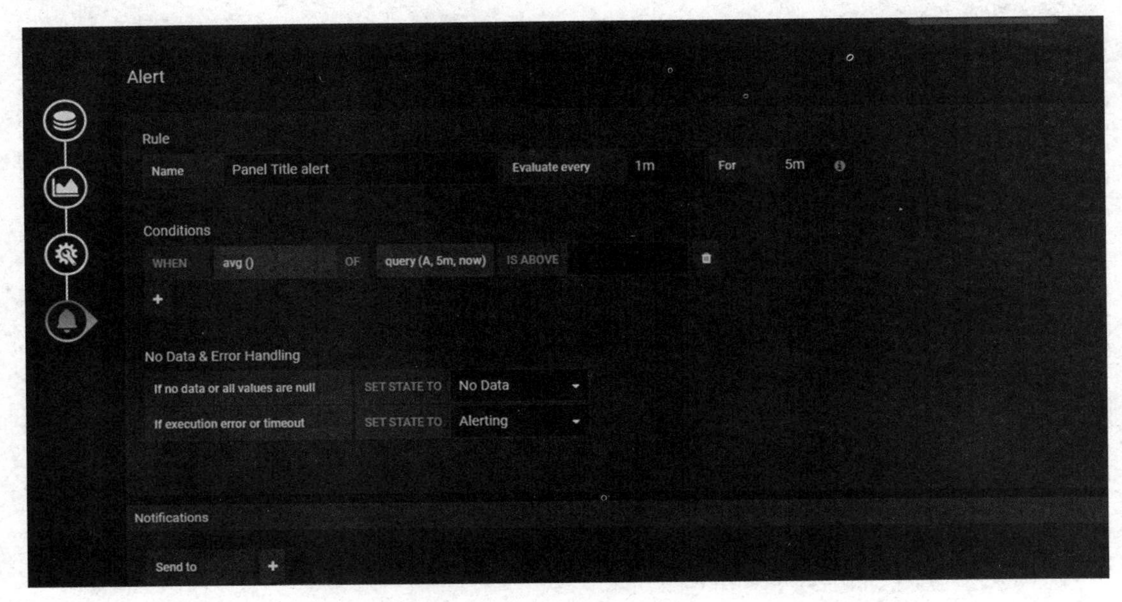

图 6-23

在 Grafana 中，Variables（变量）充当占位符的作用。用户可以在指标查询和面板标题中使用变量，也可以在仪表板顶部的下拉列表中选择不同变量的值，从而动态地改变面板的指标查询语句。这里通过配置变量下拉列表，创建一个可以选择不同 Pod 的 CPU 使用量的可视化面板。

在上一步中，我们已经完成了可视化面板的创建，在面板的“Query”配置页面中，可以发现 Prometheus 查询语句的 job、container_name、pod_name 三个标签是通过赋值进行硬编码的，如图 6-24 所示。

这里将它的值替换成变量占位符（以$开头），如图 6-25 所示。

现在开始初始化这 3 个变量，单击右上角的“设置”按钮，进入“设置”页面，如图 6-26 所示。

选择左侧的 Variables 菜单，单击 Add variable 按钮添加变量，如图 6-27 所示。

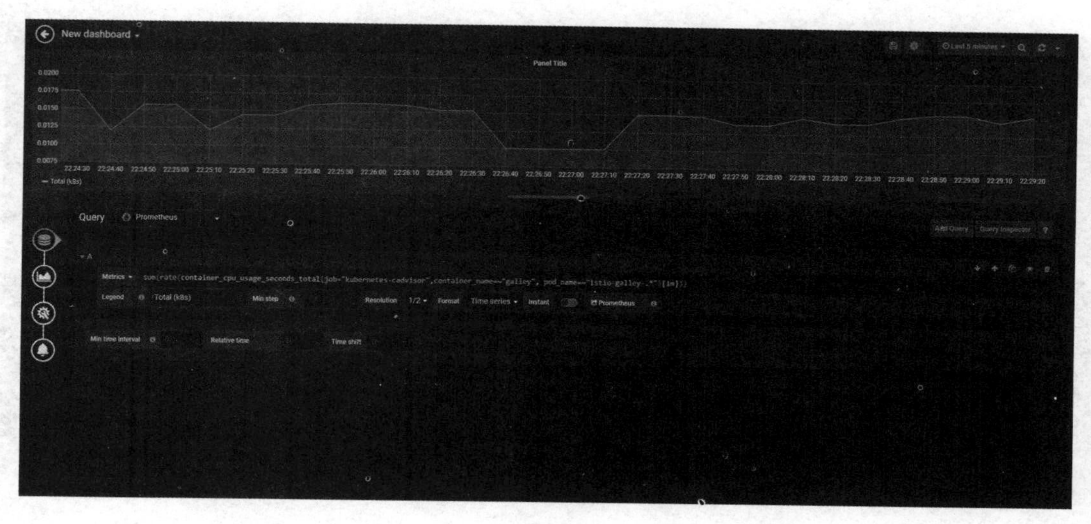

图 6-24

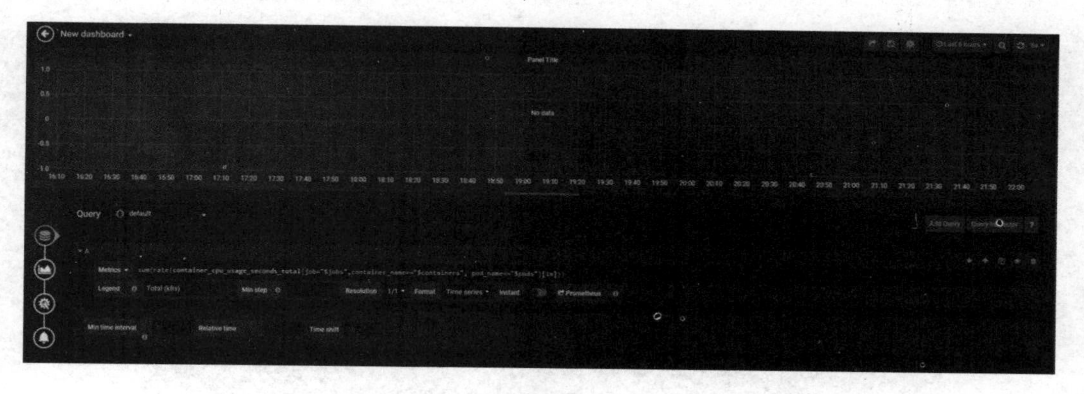

图 6-25

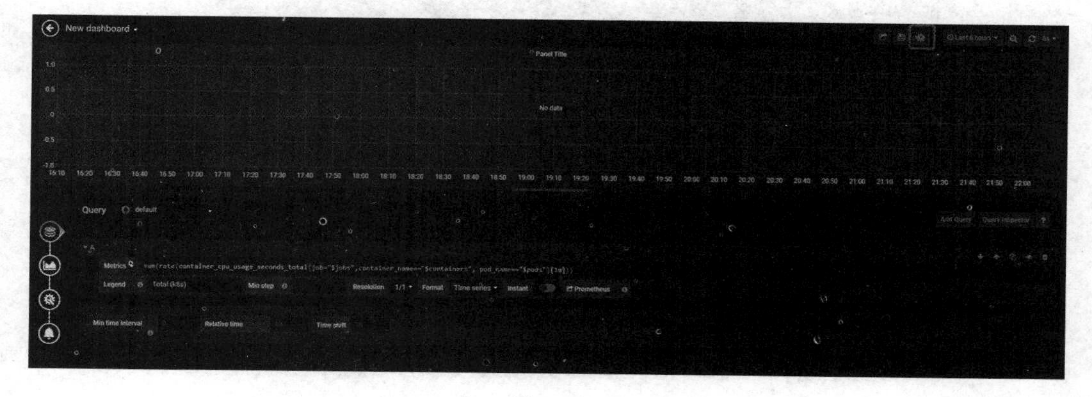

图 6-26

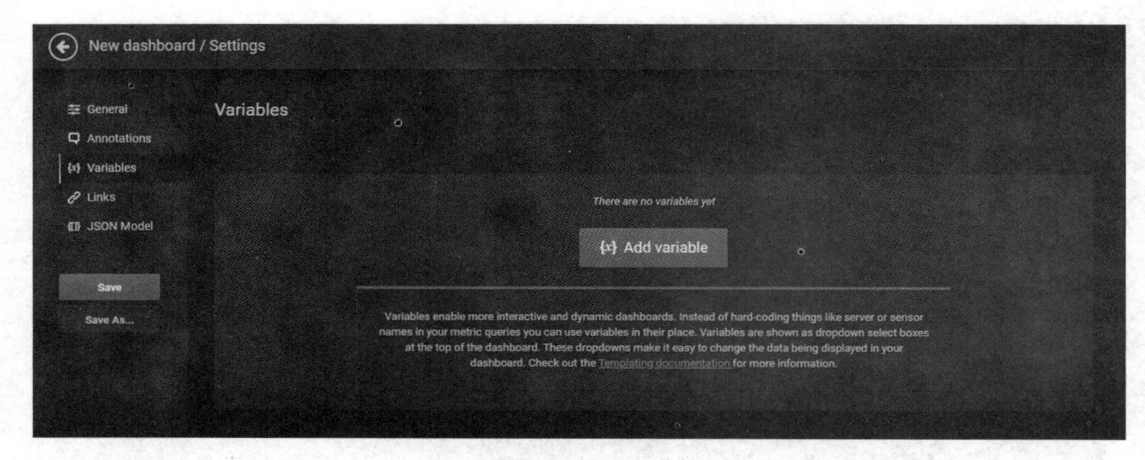

图 6-27

首先需要添加名为 jobs 的变量，因为该变量的值是通过下拉列表进行选择查询的，所以为 Query 类型。为该变量设置一个标题：数据源。该变量的值来自 Prometheus 数据源中 container_cpu_usage_seconds_total 指标中的 job 标签，因此用户可以在 Query 文本框中配置 label_values（Prometheus 指标名，Prometheus 指标标签）语句为 job 变量获取值，也可以在 Regex 中对查询结果进行正则匹配，筛选自己想要的值。设置完成后，在页面下方的 Preview of values 文本框中可以预览该变量匹配到的值，如图 6-28 所示。

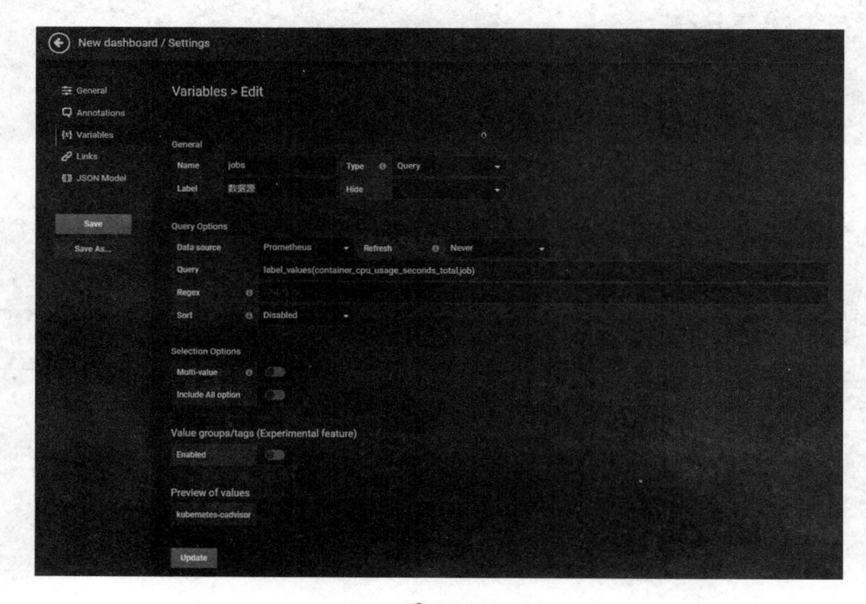

图 6-28

和添加 jobs 变量方式相同，下面继续添加 containers 和 pods 变量，由于这 3 个变量之间存在依赖关系（containers 变量的值依赖于 jobs 变量的值，pods 变量的值又依赖于 containers 变量的值），因此在 containers 变量配置的 Query 文本框中为 container_cpu_usage_seconds_total 指标引入 jobs 变量作为标签的筛选条件，如图 6-29 所示。

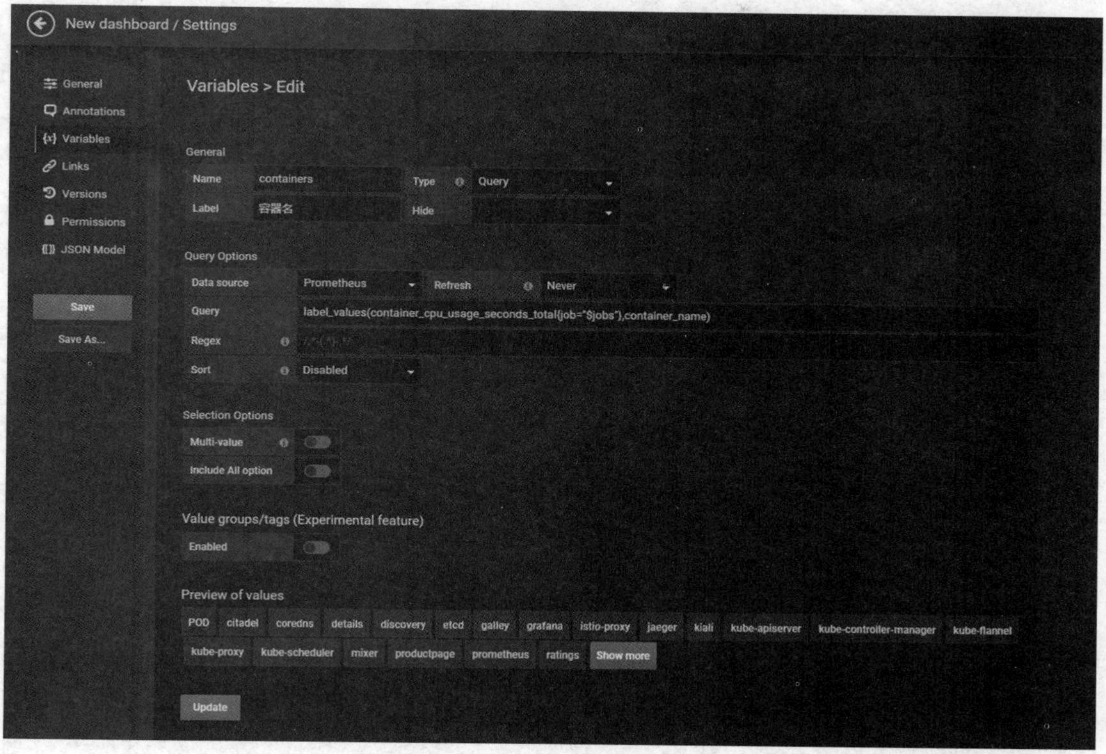

图 6-29

在 pods 变量配置的 Query 文本框中为 container_cpu_usage_seconds_total 指标同时引入 jobs 和 containers 变量作为标签的筛选条件，如图 6-30 所示。

配置完变量后，保存仪表盘设置，回到“仪表盘”首页，发现页面顶部多了 3 个下拉列表，这 3 个下拉列表的值分别对应了 jobs、containers、pods 三个变量的值。通过动态调整这 3 个变量的值，可以查看不同数据源、不同容器、不同 Pod 的 CPU 使用量的可视化图表面板，如图 6-31 所示。

New dashboard / Settings
General
Annotations
Variables
Links
Versions
Permissions
JSON Model
Save
Save As...
Variables > Edit
General
Name
pods
Type
Query
Label
pod名
Hide
Query Options
Data source
Prometheus
Refresh
Never
Query
label_values(container_cpu_usage_seconds_total{job="$jobs",container_name="$containers"},pod_name)
Regex
Sort
Disabled
Selection Options
Multi-value
Include All option
Value groups/tags (Experimental feature)
Enabled
Preview of values
Show more

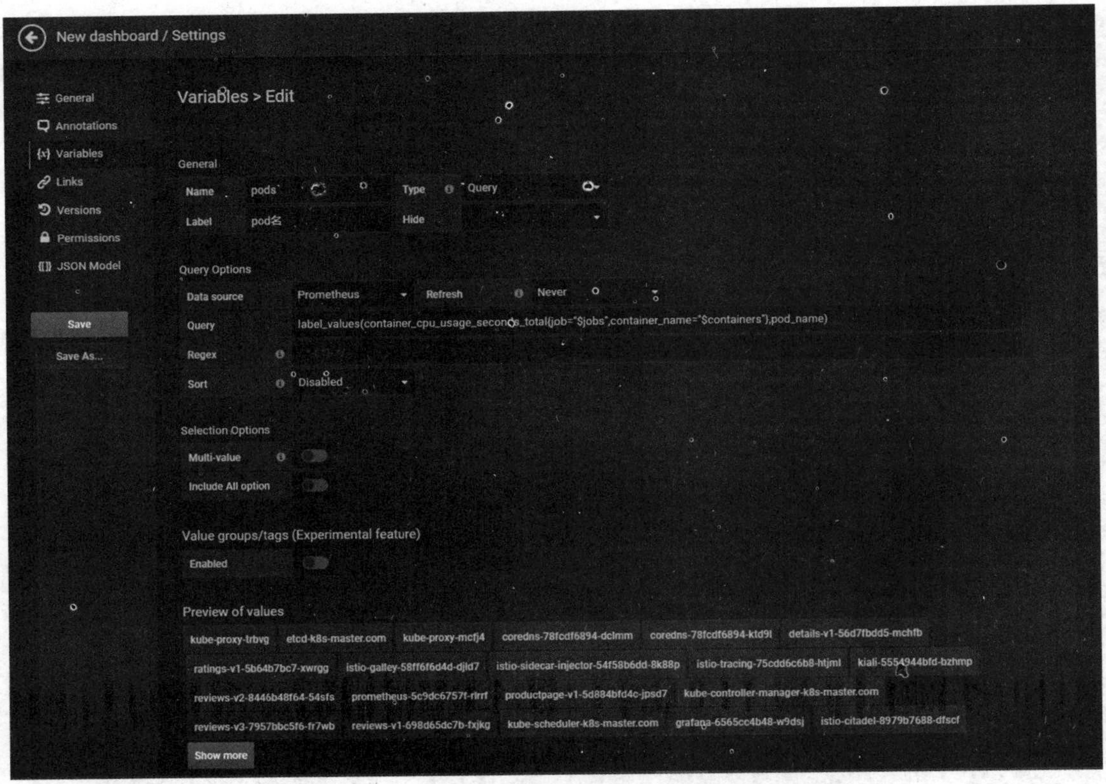

图 6-30

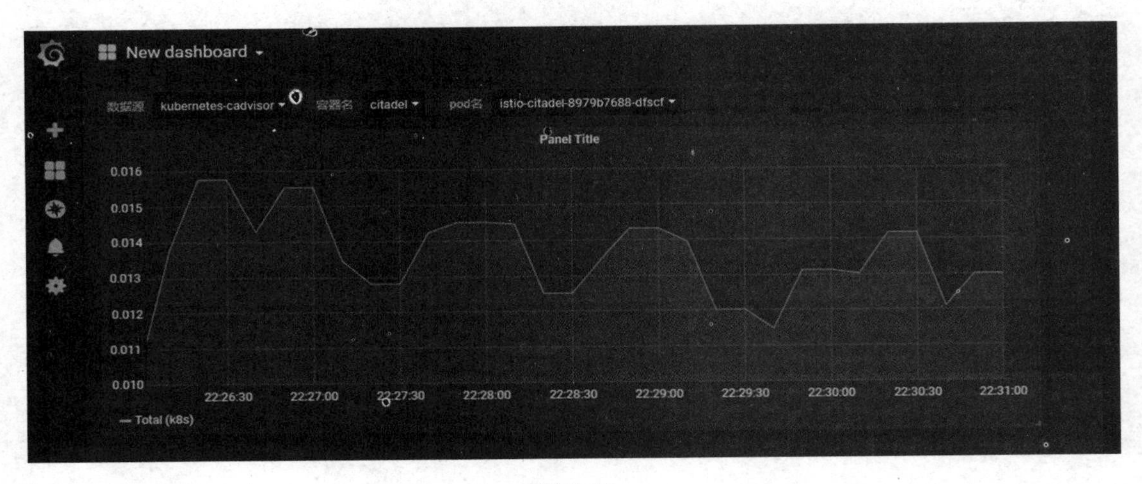

New dashboard
数据源
kubernetes-cadvisor
容器名
citadel
pod名
istio-citadel-8979b7688-dfscf
Panel Title
0.016
0.015
0.014
0.013
0.012
0.011
0.010
22:26:30
22:27:00
22:27:30
22:28:00
22:28:30
22:29:00
22:29:30
22:30:00
22:30:30
22:31:00
Total (k8s)

图 6-31

Variable 不仅可以通过下拉列表的方式赋值，还可以有 custom、text box、constant、data source、interval 等类型，这里不详细介绍，更多关于 Variables 设置的详细信息可以参考 Grafana 的 Variables 设置文档。

6.2.2 Kiali

Kiali 是一个用于 Istio 的可观测性控制台，可以配置和验证服务网格中的资源。它通过监控网格中的数据流动来推断网格的拓扑结构和报告网格中的错误，让用户更直观地了解了服务网格的结构和运行状况。Kiali 由两个组件组成：运行在容器应用平台上的后端组件和面向用户的前端组件。同时，Kiali 依赖于外部服务和 Istio 提供的组件，如图 6-32 所示。

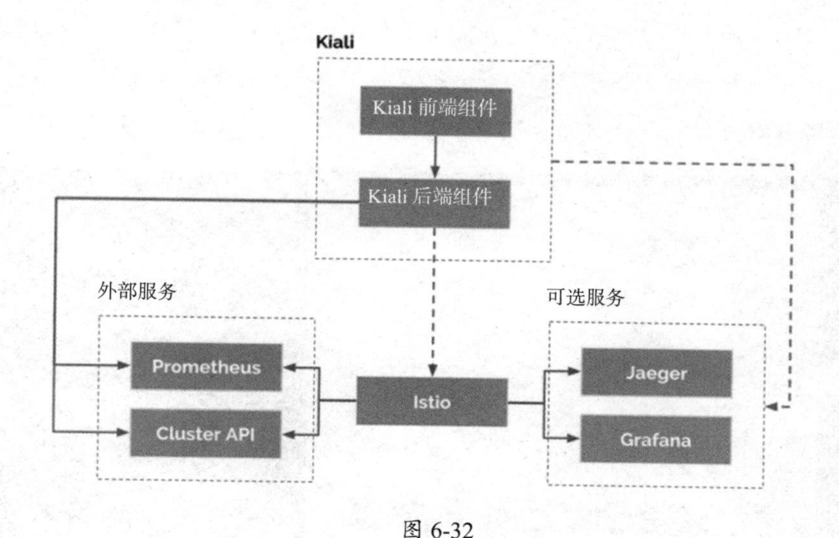

图 6-32

从图 6-32 中可知，Kiali 需要获取 Prometheus，以及 Cluster API 暴露的 Istio 数据和配置。同时，Kiali 可作为数据源与 Jaeger 和 Grafana 整合。

Kiali 可以通过以下步骤进行安装及访问。

1. 安装 Kiali

Istio 提供了基本的示例安装，执行以下命令可以快速启动和运行 Kiali。

```
$ kubectl apply -f https://raw.githubusercontent.com/istio/istio/release-1.7/samples/
addons/kiali.yaml
```

该安装方法仅用于演示，并不适用于生产环境，如果需要在生产环境中部署 Kiali，就需要参考

Kiali 官方提供的自定义安装文档。

2. 访问页面

先验证 Kiali 是否已经启动，可以执行以下命令。

```
$ kubectl -n istio-system get svc kiali
NAME    TYPE        CLUSTER-IP      EXTERNAL-IP   PORT(S)          AGE
kiali   ClusterIP   10.97.144.56    <none>        20001/TCP        74m
$ kubectl -n istio-system get pods
NAME                                     READY   STATUS    RESTARTS   AGE
kiali-59fb8fcd77-75cgm                   1/1     Running   0          74m
```

当 STATUS 为 Running 时，说明 Kiali 已经启动。

通过 istioctl dashboard 命令可以打开 Kiali 的 UI 界面。

```
$ istioctl dashboard kiali
```

浏览器会自动打开 Log in Kiali 页面，如图 6-33 所示。

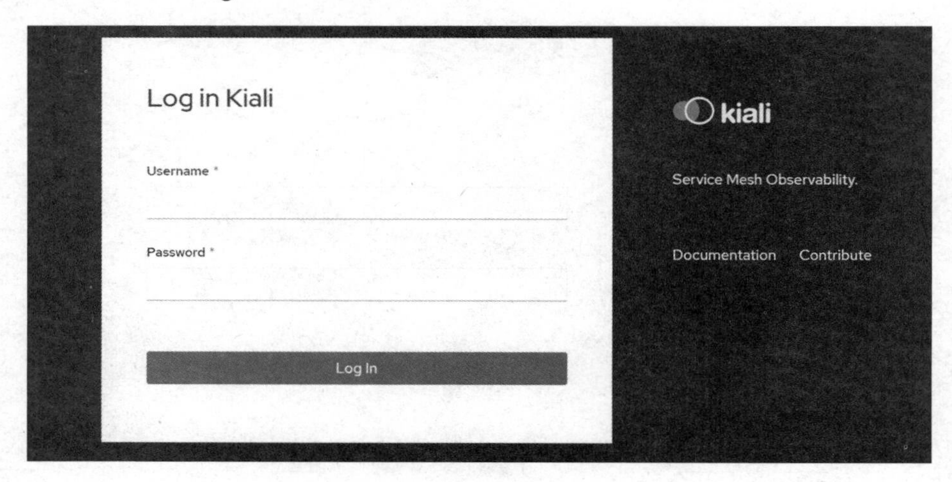

图 6-33

使用 istioctl 的方式安装完成的 Grafana 会创建一个默认 secret，其中，用户名为 admin，密码为 admin。

```
$ kubectl -n istio-system get secret kiali -oyaml
apiVersion: v1
data:
  #base64 解码后为 admin
  passphrase: YWRtaW4=
  username: YWRtaW4=
```

```
kind: Secret
metadata:
  ...
  name: kiali
  namespace: istio-system
type: Opaque
```

使用该用户名密码登录 Kiali 后，进入 Kiali 的 Overview 页面中查看网格的概述。Overview 页面显示了网格中所有的命名空间和该命名空间下的网络流量概况图，如图 6-34 所示。

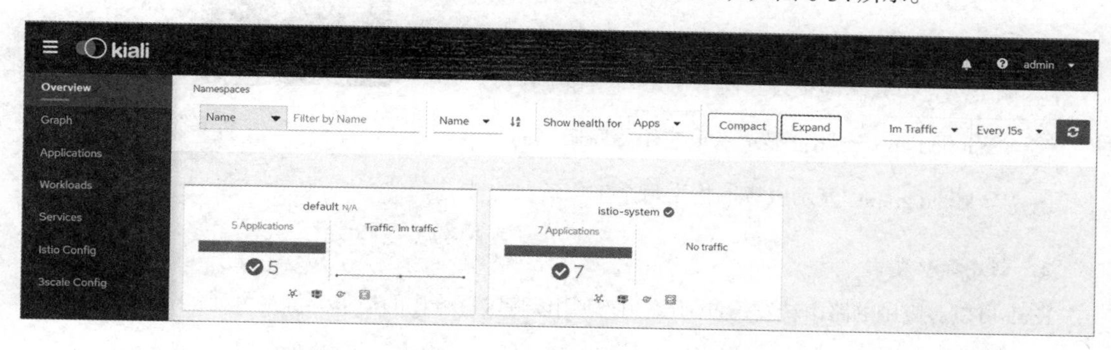

图 6-34

如果已经安装了 Bookinfo 应用，则可以不断刷新 Bookinfo 页面（或在命令行中不断发送请求命令），以产生一些流量。

因为 Bookinfo 应用部署在 default 命名空间下，单击 default 网络流量概况图中的 show graph 按钮，进入 Bookinfo 应用的 Graph 页面，如图 6-35 所示。

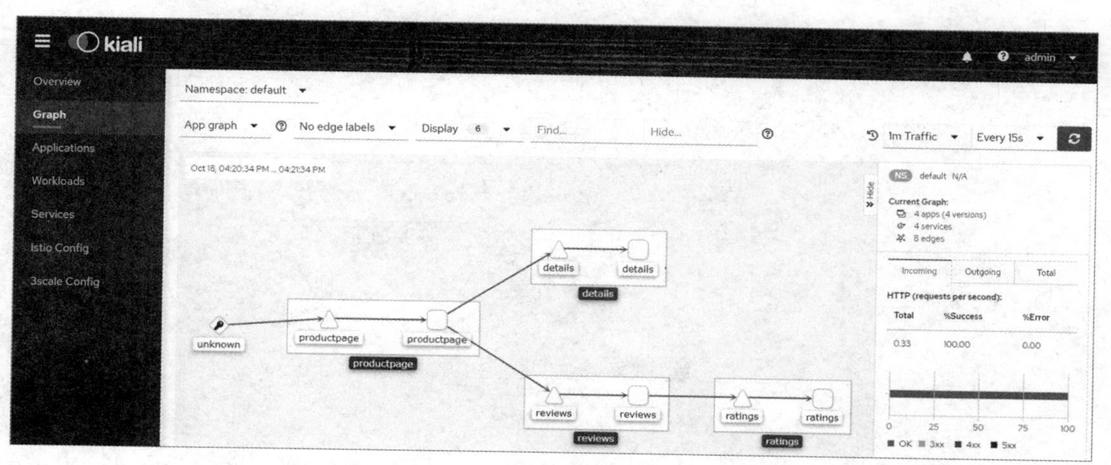

图 6-35

如果需要使用不同的图形类型查看服务网格，则可以从 Graph Type 下拉列表中选择一种图形类型。该下拉列表有 4 种图形类型可供选择：App graph、Service graph、Versioned app graph、Workload graph，如图 6-36 所示。

- App graph：以应用维度划分，一个应用多个版本聚合到一个图形节点中。
- Service graph：以服务维度划分，显示网格中每个服务的节点，但会从图中排除所有应用程序和工作负载。
- Versioned app graph：显示每个应用程序版本的节点。
- Workload graph：显示服务网格中每个工作负载的节点。

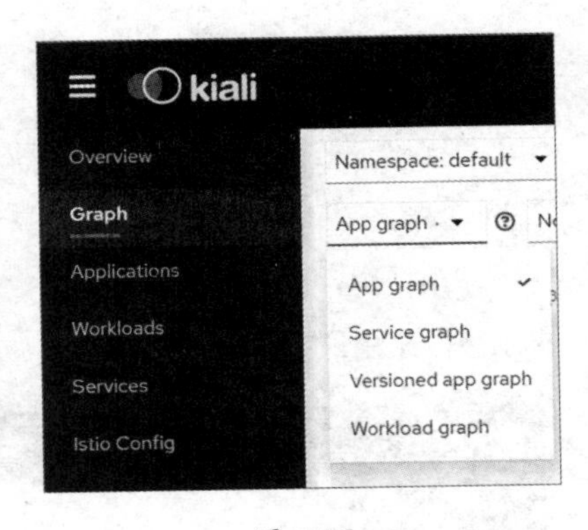

图 6-36

3. 创建加权路由

Kiali 可以对应用的路由转发设置加权，使应用以特定百分比的请求流量路由到多个工作负载中。

查看 Bookinfo 应用的 Versioned app graph，在 Edge Labels 下拉列表中选择 Requests percentage 选项查看请求流量百分比，在 Display 下拉列表中勾选 Node Name、Service Nodes、Circuit Breakers、Virtual Service 复选框，以便在图中查看服务节点，如图 6-37 所示。

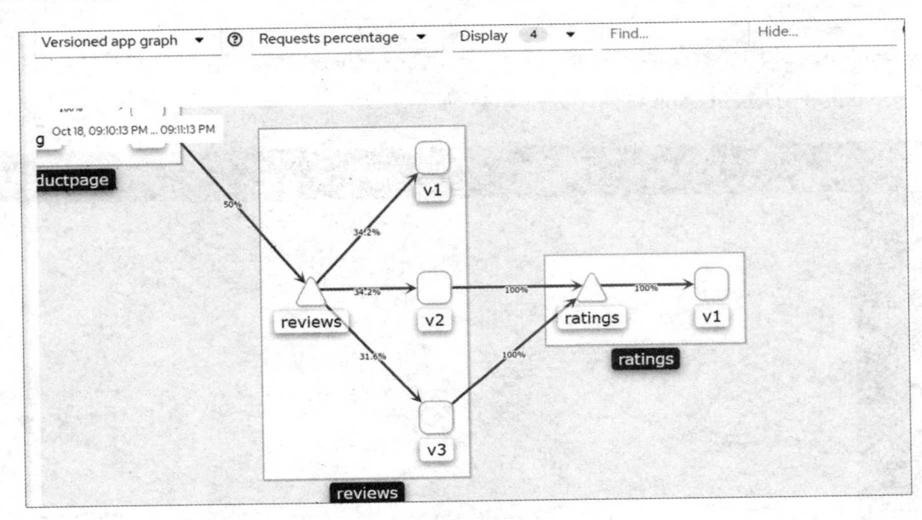

图 6-37

通过单击 reviews 服务的图形节点，选中 reviews 服务图形框。此时 productpage 服务流量平均分配给 3 个 reviews 服务 v1、v2 和 v3（每台服务将路由约 34%的请求流量）。单击右侧面板上的 reviews 链接，进入 reviews 服务的服务视图，如图 6-38 所示。

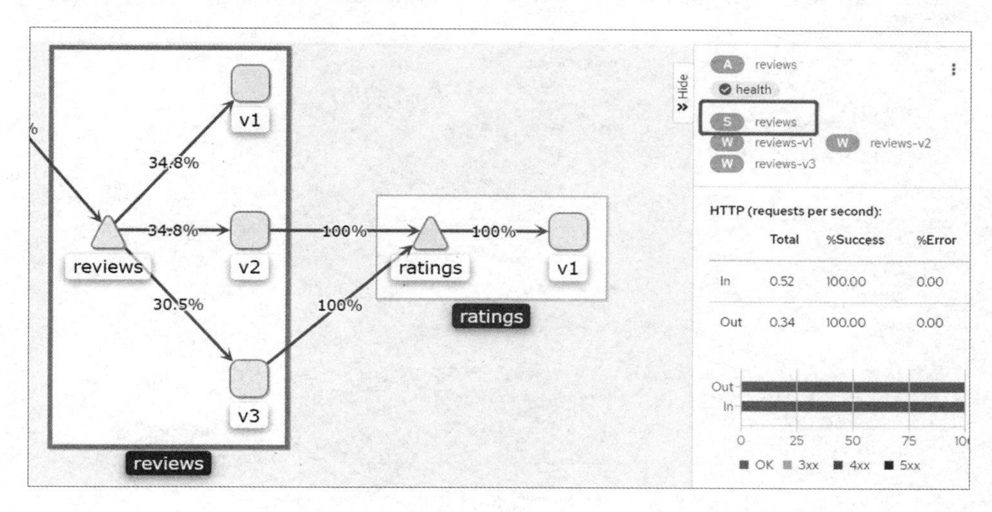

图 6-38

在 Actions 下拉列表中，选择 Create Weighted Routing 选项配置加权路由，如图 6-39 所示。

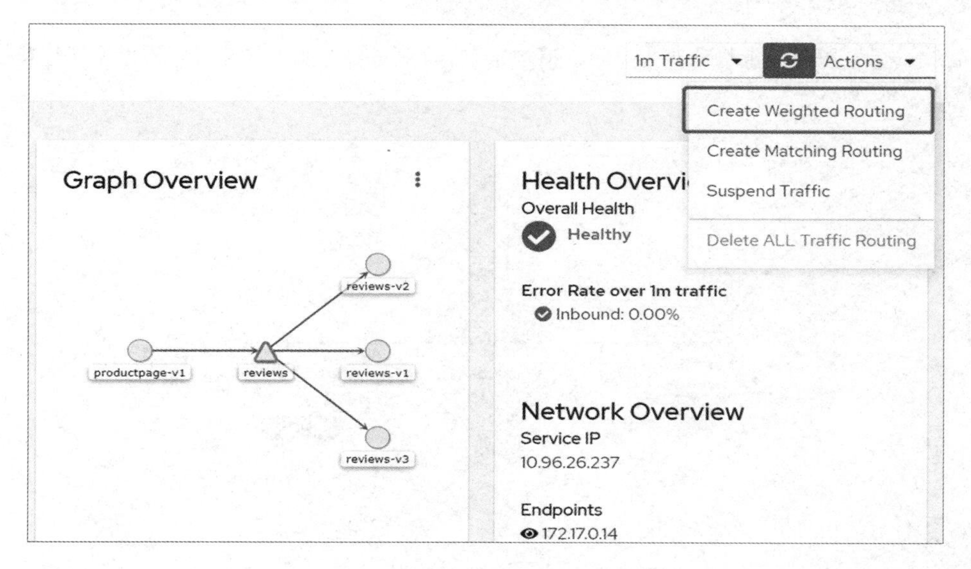

图 6-39

从 Create Weighted Routing 页面中可以看到，当前 reviews 服务的 3 个版本路由权重分别为 33%、

33%和 34%，并单击 Create 按钮保存，如图 6-40 所示。

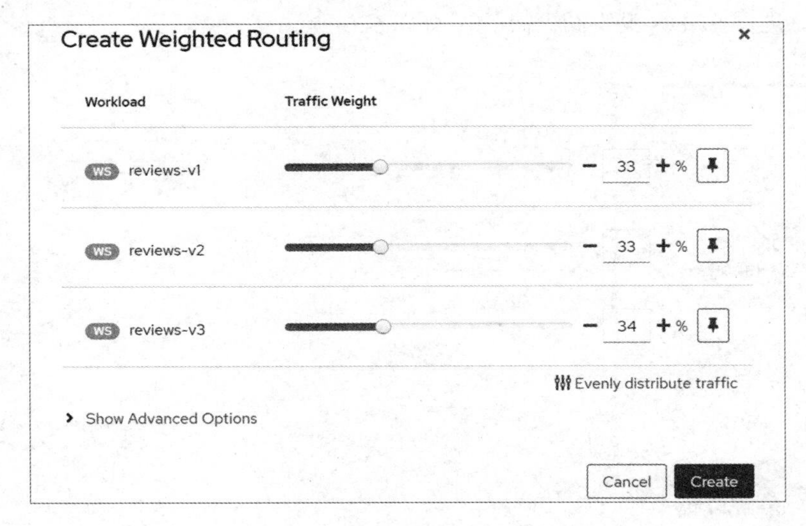

图 6-40

在 Create Weighted Routing 页面中，用户可以拖动滑块对 reviews 服务的 3 个版本的路由权重进行调整，单击 Create 按钮保存修改。

回到 reviews 服务流量百分比的页面，请求 reviews 服务各个版本的流量权重发生了变化，如图 6-41 所示。

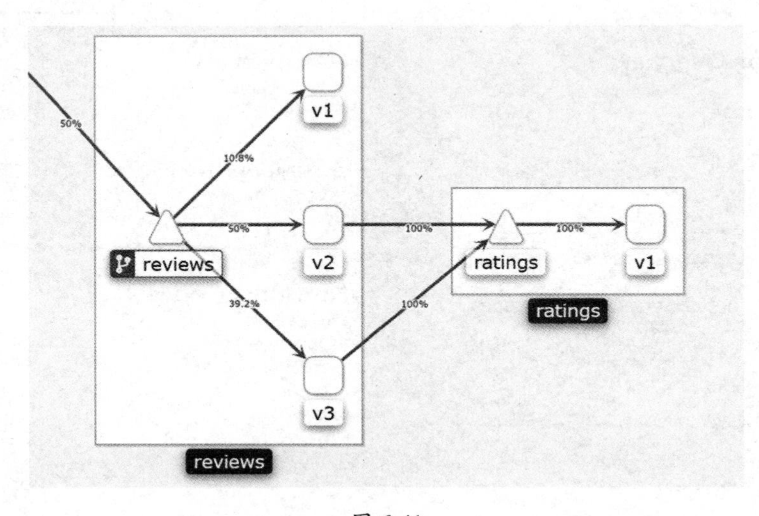

图 6-41

在 Kiali 页面中调整服务的路由权重实际上调整的是集群中应用的虚拟服务（VirtualService）这个资源对象中 spec.http.route.weight 的值，运行以下命令进行查看。

```
$ kubectl  -n default get virtualservices -oyaml
apiVersion: v1
items:
- apiVersion: networking.istio.io/v1beta1
  kind: VirtualService
  metadata:
    ...
    name: reviews
    namespace: default
    ...
  spec:
    ...
    http:
    - route:
      #使用 Kiali 修改 weight 权重值
      - destination:
          host: reviews.default.svc.cluster.local
          subset: v1
        weight: 14
      - destination:
          host: reviews.default.svc.cluster.local
          subset: v2
        weight: 33
      - destination:
          host: reviews.default.svc.cluster.local
          subset: v3
        weight: 53
kind: List
...
```

4．查看、编辑 YAML 文件配置

Kiali 为 Istio 的自定义资源（CR）提供了一个 YAML 编辑器，用于查看和编辑 Istio 的自定义资源对象。当检测到错误的配置时，YAML 编辑器还会提供验证消息。

使用如下命令，创建 Bookinfo 目标规则。

```
$ kubectl apply -f samples/bookinfo/networking/destination-rule-all.yaml
```

单击左侧导航栏中的 Istio Config 选项，可以导航到“Istio Type”页面，从 Namespace 下拉列表中选择 Namespace: default 选项，如图 6-42 所示。

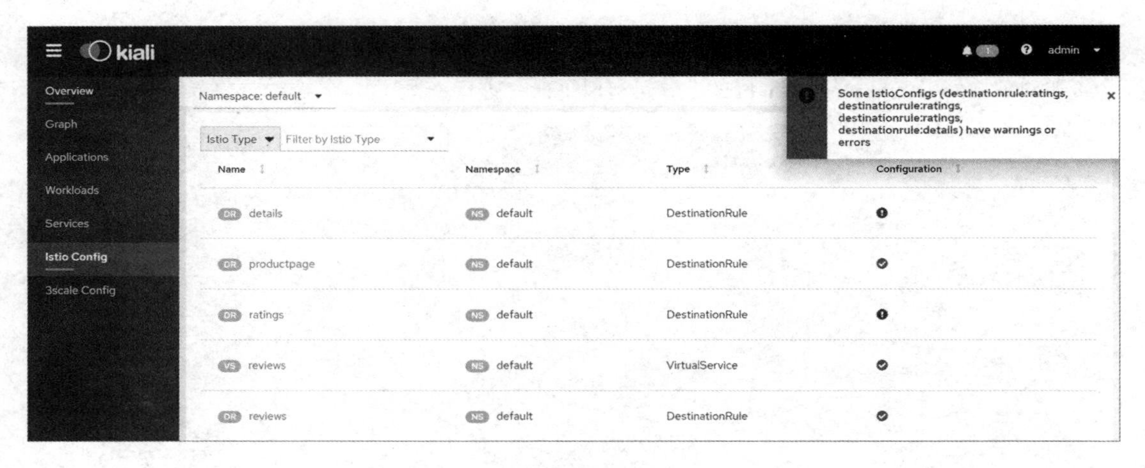

图 6-42

单击 Name 列中的 details 链接，进入 details 服务的 Destination Rule Overview 页面，如图 6-43 所示。

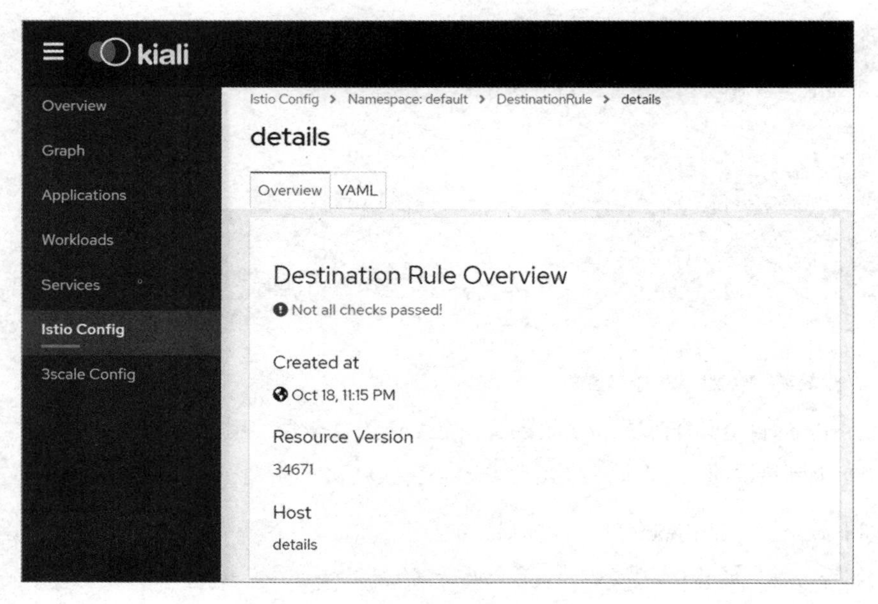

图 6-43

选择 YAML 选项卡，可以查看此 Istio 目标规则资源的 YAML 文件，如图 6-44 所示。

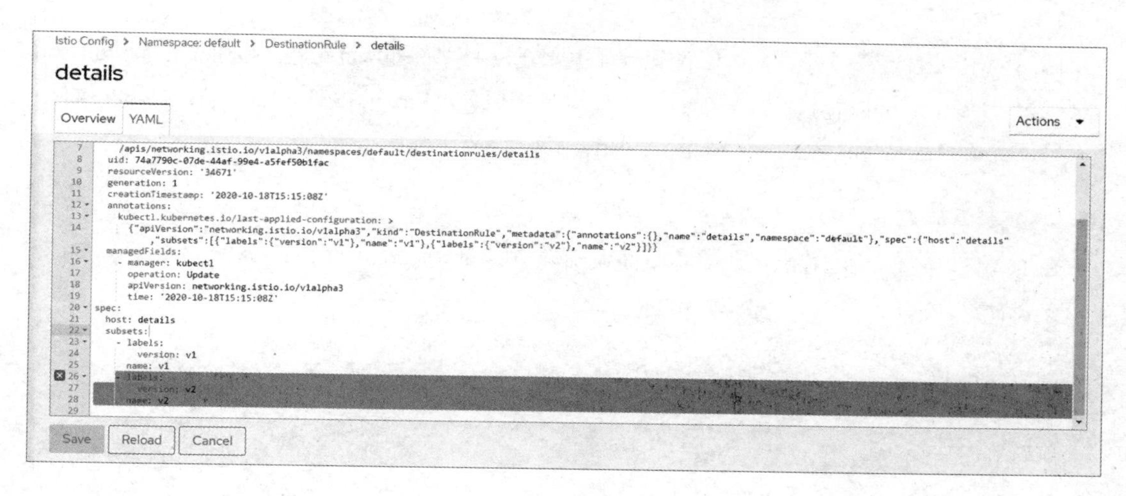

图 6-44

5．验证 Istio 配置

Kiali 提供了对 Istio 自定义资源的验证功能，以确保它们遵循正确的约定和语义。根据错误配置的严重程度，在 Istio 资源的配置中检测到的任何问题都可以标记为错误或警告。如上文中提到的 details 服务目标规则资源的 YAML 编辑器中，就存在未通过验证检查的 YAML 文件内容。编辑器的行颜色会突出显示标有异常的图标，如图 6-45 所示。

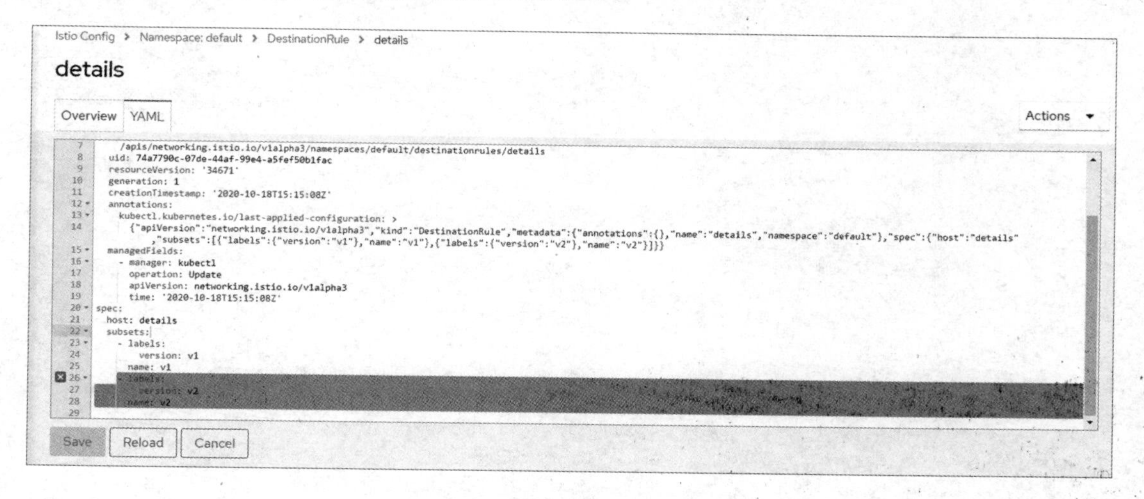

图 6-45

Kiali 对 Istio 自定义资源的 YAML 配置验证主要分为 11 类，如认证策略（AuthorizationPolicy）、目标规则（DestinationRule）、网关（Gateway）、虚拟服务（VirtualService）等。有关 Kiali 执行的所有验证检查的列表，请参考官方 Kiali Validations 文档。

6．数据源配置

在 Istio 中，Kiali 的配置默认从 istio-system 命名空间下名为 kiali 的 ConfigMap 中读取，运行以下命令查看。

```
$ kubectl -n istio-system get pods kiali-59fb8fcd77-75cgm -oyaml
apiVersion: v1
kind: Pod
metadata:
  ...
  name: kiali-59fb8fcd77-75cgm
  namespace: istio-system
  ...
spec:
  ...
  containers:
  #配置文件从/kiali-configuration/config.yaml 中读取
  - command:
    - /opt/kiali/kiali
    - -config
    - /kiali-configuration/config.yaml
    - -v
    - "3"
    ...
    volumeMounts:
    - mountPath: /kiali-configuration
      name: kiali-configuration
    ...
  ...
  #从挂载的 ConfigMap 中读取/kiali-configuration/config.yaml 配置文件
  volumes:
  - configMap:
      defaultMode: 420
      name: kiali
    name: kiali-configuration
  ...

$ kubectl -n istio-system exec -it kiali-59fb8fcd77-75cgm sh
sh-4.2# cat /kiali-configuration/config.yaml
istio_component_namespaces:
  grafana: istio-system
  tracing: istio-system
```

```
  pilot: istio-system
  prometheus: istio-system
istio_namespace: istio-system
auth:
  strategy: login
...
server:
  port: 20001
  web_root: /kiali
external_services:
  istio:
    url_service_version: http://istio-pilot.istio-system:8080/version
  tracing:
    url:
    in_cluster_url: http://tracing/jaeger
  grafana:
    url:
    in_cluster_url: http://grafana:3000
  prometheus:
    url: http://prometheus.istio-system:9090
...
```

从 Kiali 配置文件的 external_services 字段中可以看到，Prometheus 数据源的 URL 配置。Istio 在安装 Kiali 时，默认为其集成了 Istio 自带的 Prometheus 外部服务的配置，让 Kiali 能够从 Prometheus 中获取服务网格中的数据流动和网络状态信息，从而推断出网格的拓扑结构和服务的网络状态。用户也可以修改该配置，替换成自定义的 Prometheus 服务，让 Kiali 从指定的 Prometheus 服务中获取数据。

7. 构建流量拓扑图

Prometheus 从 Envoy 组件中采集到了服务间通信的流量数据，聚合成指标（Metrics）以 HTTP API 的方式将数据提供给 Kiali，Kiali 再通过对 Prometheus 指标的计算，推断出集群的拓扑结构和网络状态。

回到 Bookinfo 应用的 Graph 页面，在 Display 下拉列表中勾选 Node Name、Service Nodes、Circuit Breakers、Virtual Service 和 Traffic Animation 复选框，以便查看服务节点拓扑关系图和服务的数据流向动画。

勾选完成后，可以看到服务节点拓扑关系图和服务的数据流向动画，如图 6-46 所示。

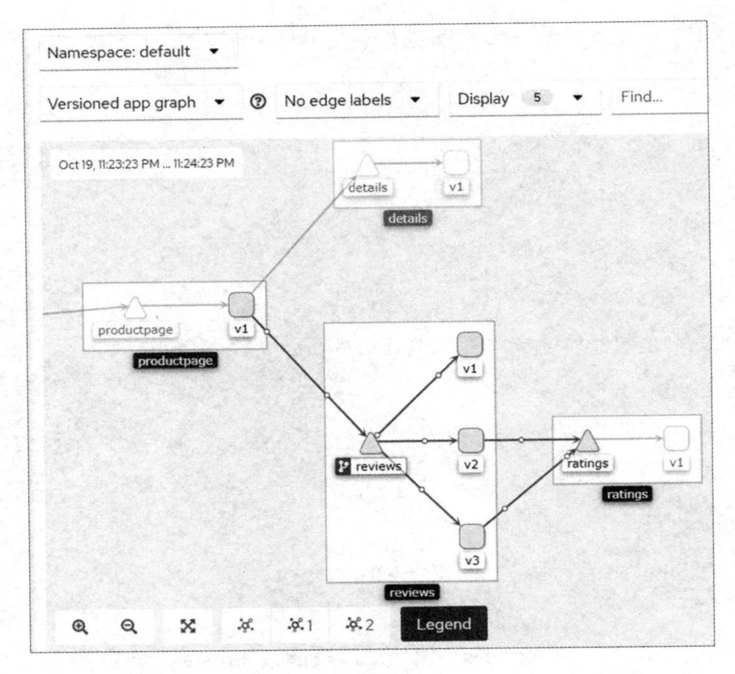

图 6-46

单击 reviews 服务的图形节点，选中 reviews 服务图形框。在右侧窗格中可以看到该服务的入口（In）流量和出口（Out）流量的情况，如当前每秒请求数、请求成功百分比、错误百分比，以及请求的状态码百分比，如图 6-47 所示。

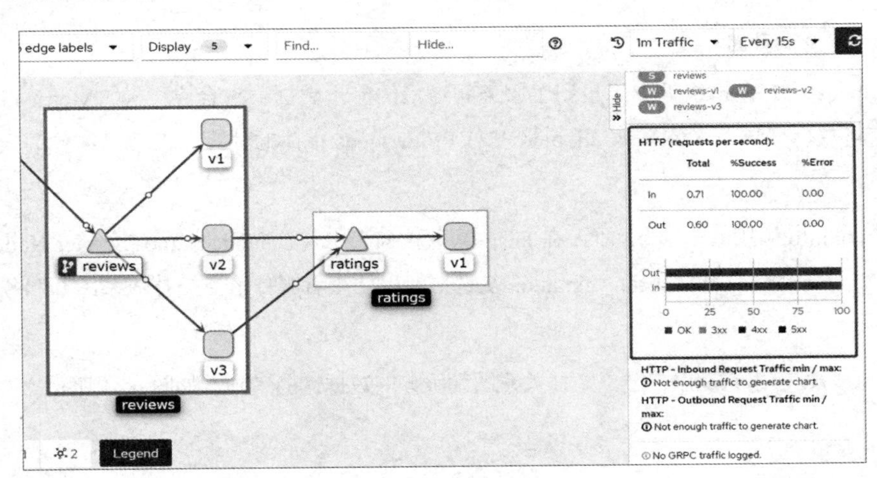

图 6-47

Kiali 主要从 Prometheus 中采集 4 种指标。

- istio_requests_total：服务间请求总量，指标为递增的计数器类型（COUNTER 类型），通过 Prometheus 的 rate()内置函数求出请求新增速率，从而算出每秒 HTTP 请求量。
- istio_tcp_sent_bytes_total：服务间 TCP 通信发送的总字节数，和 istio_requests_total 类似，指标为递增的计数器类型（COUNTER 类型），通过 Prometheus 的 rate()内置函数求出平均每秒 TCP 新增发送字节数，从而算出 TCP 网络吞吐量。
- istio_request_duration_milliseconds_bucket：服务间请求时延的分桶计数指标（单位为毫秒），查询得到的是落在某个响应时间区间内的请求时延有几个样本数据，通过 Prometheus 的 histogram_quantile()内置函数求出指定响应时间区间内的请求时延有几个样本数据，如想要求出最近 10 分钟 90%的请求时延落在哪个时延区间内，则可以通过 PromQL 语句 histogram_quantile(0.9, rate(istio_request_duration_milliseconds_bucket[10m])) 求出。
- istio_request_duration_seconds_bucket：服务间请求时延的分桶计数指标（单位为秒），作用和 istio_request_duration_milliseconds_bucket 指标相同。

从 Prometheus 中获取到指标数据后，如何通过这些数据生成拓扑图呢？下面以 Kiali 1.15 版本的代码为例进行讲解。

```
// graph/telemetry/istio/istio.go
func  BuildNamespacesTrafficMap(o  graph.TelemetryOptions,  client  *prometheus.Client,
globalInfo *graph.AppenderGlobalInfo) graph.TrafficMap {
    ...
    //新建 TrafficMap 流量图集合
    trafficMap := graph.NewTrafficMap()
    //遍历 namespace
    for _, namespace := range o.Namespaces {
        //调用 Prometheus 获取数据并组装成 TrafficMap
        namespaceTrafficMap := buildNamespaceTrafficMap(namespace.Name, o, client)
        namespaceInfo := graph.NewAppenderNamespaceInfo(namespace.Name)
        for _, a := range appenders {
            appenderTimer                                                          :=
internalmetrics.GetGraphAppenderTimePrometheusTimer(a.Name())
           //执行拓扑图的附加处理器
            a.AppendGraph(namespaceTrafficMap, globalInfo, namespaceInfo)
            appenderTimer.ObserveDuration()
        }
       //将不同 namespace 下的 TrafficMap 进行组合
       telemetry.MergeTrafficMaps(trafficMap, namespace.Name, namespaceTrafficMap)
    }
    ...
```

```
    return trafficMap
}
```

TrafficMap 本质上是一组服务节点（Node）通过边（Edge）组成的有向图，服务节点包含了全局唯一的 ID，以及节点类型、所属命名空间、工作负载名、应用标签、版本标签、服务名、边（Edge）信息和元数据等信息，下面是在 Kiali 源码中对服务节点（Node）和边（Edge）的类型定义。

```
// graph/types.go
type TrafficMap map[string]*Node

type Node struct {
   ID        string                 // Unique identifier for the node
   NodeType  string                 // Node type
   Namespace string                 // Namespace
   Workload  string                 // Workload (Deployment) name
   App       string                 // Workload App label value
   Version   string                 // Workload version label value
   Service   string                 // Service name
   Edges     []*Edge                // child nodes
   Metadata  map[string]interface{} // app-specific data
}

type Edge struct {
    Source   *Node
    Dest     *Node
    Metadata map[string]interface{} // app-specific data
}
```

有了以上提供的服务节点（Node）和边（Edge）的相关信息，Kiali 就能够推断出网格中服务之间的拓扑关系和网络状态。那么 Kiali 是怎么计算出不同服务节点的类型、服务间通信时延、服务请求量等信息的呢？

从上文中的 Kiali 生成拓扑图源码中，Kiali 在组装 TrafficMap 时执行了拓扑图的附加处理器逻辑（Appender）。拓扑图的附加处理器主要为流量拓扑图执行如下逻辑（Kiali 官方开源项目中 graph/telemetry/istio/appender/ 目录下的代码为具体实现）。

- dead_node：将拓扑图中不需要的服务标记为死亡（dead）状态（如工作负载中找不到且没有流量上报的服务），从流量拓扑图中移除。
- istio_details：识别出拓扑图中 VirtualService 和 DestinationRule 类型的服务，并做标记。
- responsetime：为拓扑图的服务增加响应时间信息，数据源来自 Prometheus，查询语句使用的指标为上文提到的 istio_request_duration_milliseconds_bucket 指标和 istio_request_duration_

seconds_bucket 指标。

- securitypolicy：为拓扑图的服务增加安全策略信息，数据源来自 Prometheus，查询语句使用的指标为上文提到的 istio_requests_total 指标。其中，connection_security_policy 标签的值为安全策略的值。

```
istio_requests_total{connection_security_policy="mutual_tls",destination_app="details
"...}
```

- service_entry：识别出拓扑图中的 ServiceEntry 类型的服务，并做标记。
- sidecars_check：识别出拓扑图中没有注入 Envoy Sidecar 的服务，并做标记。
- unused_node：识别出拓扑图中没有数据流量的服务，并将做标记。

有了以上的处理逻辑，Kiali 构建服务网格流量拓扑图的核心功能就得以实现。本节主要介绍了 Kiali 的创建加权路由、查看并编辑 YAML 文件配置、验证 Istio 配置等功能的基本使用，同时讲解了 Kiali 数据源配置和构建流量拓扑图底层实现的相关知识。除此之外，Kiali 还具有自定义面板、接入 Jaeger 分布式链路追踪组件、扩展外部组件和提供 Public API 等功能。这里不一一介绍，更多功能的详细介绍请参考 Kiali 官方文档。

6.3 日志

日志是查看组件运行状态、查找错误和查看运行信息的重要途径。下面对传统和云原生的日志采集方法进行对比介绍，了解在不同环境下的日志采集方案。

6.3.1 传统日志

在传统的开发模式下，应用程序运行于物理机或虚拟机环境，而日志通常是输出到文件中，这使得问题排查与日志生命周期管理十分不便。使用日志定位故障有极端的优缺点，极端的优点是它几乎能够完全感知事故现场的情况，极端的缺点是它是所有排查手段当中最费事费力，且资源开销最大的一种手段，它的采集、存储、传输与处理成本都比较高。在微服务时代下，一个微服务集群动辄拥有上千个节点，按照传统的思维管理服务日志，会让人望而却步，于是日志的后期管理问题成为一个迫切需要解决的问题。常见的做法是将服务与日志分离，将日志进行集中化管理，把日志的生命周期托管到第三方组件，方便服务维护人员快速、便捷地定位故障。

6.3.2 云原生日志

伴随着以 Kubernetes 为代表的云原生技术的崛起，可观察性（Observability）理念逐渐深入人心。但是可观察性并没有摒弃日志这个抓手，在基于容器的云环境下也离不开日志，所以日志顺理成章地成为云原生可观察性的核心关注点之一，与链路追踪、指标并驾齐驱。云原生基金会（CNCF）在其关于可观察性的 Landscape 中，独辟了一块关于日志的技术版图，可见日志在云原生领域的重要性。目前日志的技术选型如图 6-48 所示。

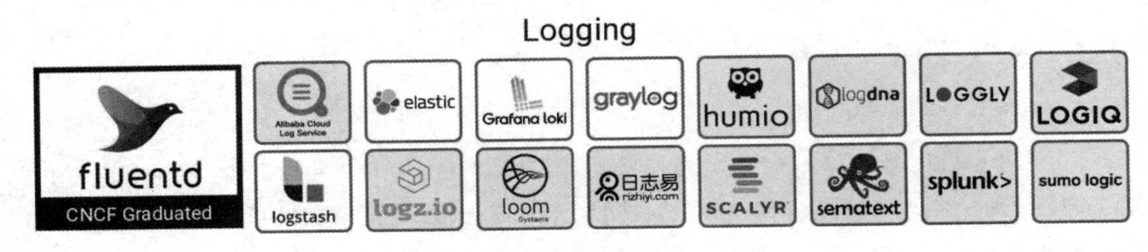

图 6-48

目前的容器化技术可以直接以 stdout 标准输出的形式来控制日志，这是目前比较推崇的做法，适用于一些初创团队。但在实际情况下，该方法有可能会涉及存量服务的迁移，而这些存量服务会将日志输出到文件（文件位于容器内部，从宿主机上不易访问），因此处理这些日志文件就没有那么简单了。最简单的处理方式，是在容器中再单独运行一个日志采集进程，这个进程就可以读取日志文件，以增量的形式将日志发送到日志中心，并进行聚合与存储，这是目前主流的处理方式。

6.3.3 Istio 日志

Istio 的核心设计理念之一就是为网格内的服务提供良好的可观察性，使开发与运维人员能够更好地监测网格内的服务运行情况。Istio 可以监测到网格内服务通信的流转情况，并生成详细的遥测日志数据，从而获取到任何请求与事件的元信息。在 Istio 中，可以自定义 schema 来获取具有一定格式的日志信息。日志信息可以经过容器 stdout 标准输出，也可以通过第三方插件导出到特定的收集器，一切取决于实际情况。

6.3.4 ELK

ELK 指的是由 Elasticsearch + Logstash + Kibana 组成的日志采集、存储、展示为一体的日志解决方案，简称 ELK Stack。ELK Stack 还包含 Beats（如 Filebeat、Metricbeat、Heartbeat 等）、Kafka 等成员，是目前主流的一种日志解决方案。

- Elasticsearch 是个开源分布式搜索引擎，提供搜集、分析、存储数据三大功能。
- Logstash 是免费且开放的服务器端数据处理管道，能够从多个来源采集数据，转换数据，并将数据发送到用户最喜欢的“存储库”中。Logstash 比较耗资源，在实践中一般用作实时解析和转换数据。Logstash 采用可插拔框架，拥有 200 多个插件。用户可以将不同的输入选择、过滤器和输出选择进行混合搭配、精心安排，让它们在管道中和谐地运行。
- Kibana 是一个开源且免费的工具，Kibana 可以为 Logstash 和 Elasticsearch 提供日志分析友好的 Web 界面，也可以汇总、分析和搜索重要数据日志。
- Kafka 是由 Apache 软件基金会开发的一个开源流处理平台。它由 Scala 和 Java 编写，是用来做缓冲的，当日志量比较大时可以缓解后端 Elasticsearch 的压力。
- Beats 是数据采集的得力工具。Beats 家族成员包括如下。
    - Filebeat：用于日志文件采集，内置了多种模块（Apache、Cisco ASA、Microsoft Azure、NGINX、MySQL 等）。
    - Metricbeat：用于指标采集。
    - Packetbeat：用于网络数据采集。
    - Winlogbeat：用于 Windows 事件采集。
    - Auditbeat：用于审计日志采集。
    - Heartbeat：用于运行时间采集。

其中 Filebeat 被经常用来收集 Node 或 Pod 中的日志。

Beats 用于收集客户端的日志，发送给缓存队列，如 Kafka，目的是了解耦数据收集与解析入库的过程，同时提高了可扩展性，使日志系统具有峰值处理能力，不会因为突发的访问压力造成日志系统崩溃。缓存队列可选的还有 Redis，由于 Redis 是内存型，很容易写满，在生产环境中建议用 Kafka。Logstash 从缓存队列中消费日志解析处理之后写到 Elasticsearch，通过 Kibana 展示给最终用户。

Filebeat 有两种部署方式，一种是通过 DaemonSet 方式部署，另一种是通过 Sidecar 方式部署。Filebeat 采集后发送到 Kafka，再由 Logstash 从 Kafka 中消费写到 Elasticsearch。

1. 通过 DaemonSet 方式部署

开启 Envoy 的访问日志输出到 stdout，以 DaemonSet 的方式在每一台集群节点部署 Filebeat，并将日志目录挂载至 Filebeat Pod 中，实现对 Envoy 访问日志的采集，如图 6-49 所示。

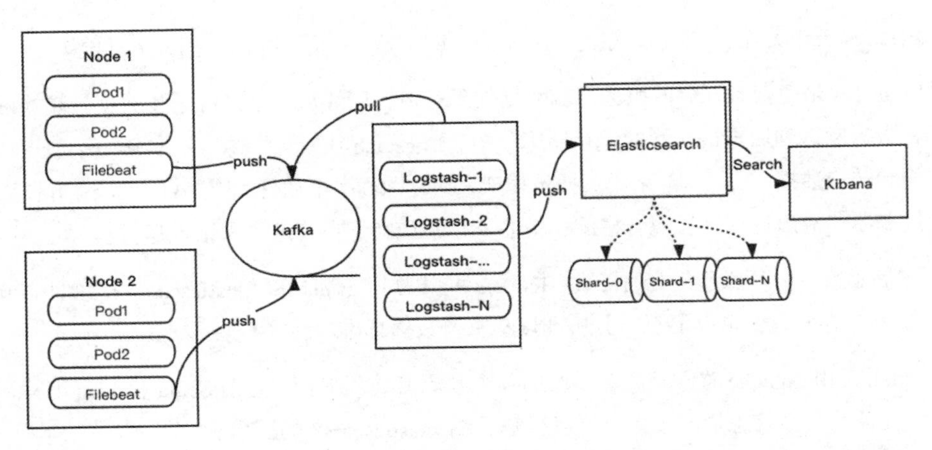

图 6-49

2．通过 Sidecar 方式部署

Envoy 和 Filebeat 部署在同一个 Pod 内，共享日志数据卷，Envoy 写，Filebeat 读，实现对 Envoy 访问日志的采集，如图 6-50 所示。

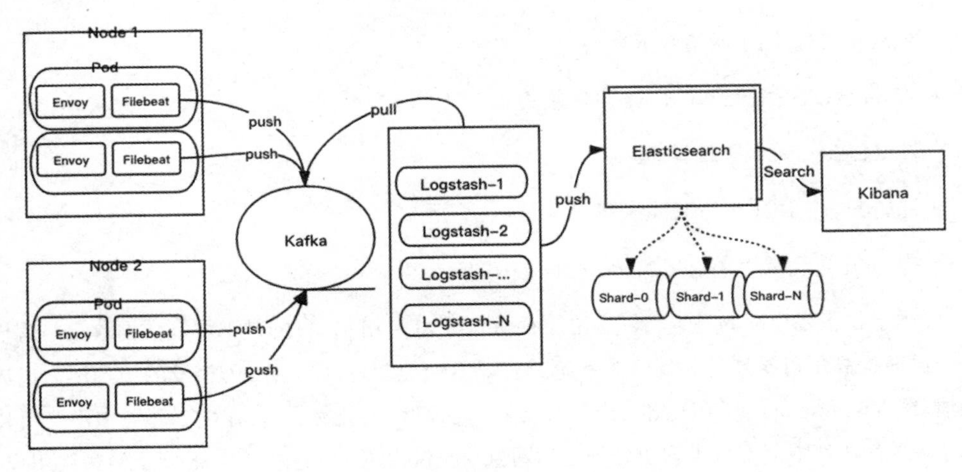

图 6-50

有了以上的基础，接下来按照以下步骤来部署 ELK Stack。

1．部署 Zookeeper 和 Kafka

首先，运行命令创建一个新的 namespace 用于部署 ELK Stack。

```
$ Kubectl create namespace logging
```

然后，部署 Kafka 服务。Kafka 通过 Zookeeper 管理集群配置，所以在部署 Kafka 之前需要先部署 Zookeeper。

Zookeeper 是一个开放源码的分布式应用程序的协调服务。

Kafka 与 Zookeeper 都是有状态服务，部署时需要选择 StatefulSet。

（1）部署 Zookeeper Service。将以下内容保存为 zookeeper-service.yaml，并运行 kubectl apply -f zookeeper-service.yaml 命令进行部署。

```
apiVersion: v1
kind: Service
metadata:
  name: zookeeper-cluster
  namespace: logging
spec:
  selector:
    app: zookeeper-cluster
  ports:
    - name: http
      port: 2181
      targetPort: 2181
  type: ClusterIP
```

Zookeeper 在集群内供 Kafka 使用，创建类型为 ClusterIP 的 service。

Zookeeper 的默认端口是 2181。

（2）部署 Zookeeper ConfigMap。将以下内容保存为 zookeeper-configmap.yaml，并运行 kubectl apply -f zookeeper- configmap.yaml 命令进行部署。

```
apiVersion: v1
kind: ConfigMap
metadata:
  name: zookeeper-config
  namespace: logging
data:
  ZOO_CONF_DIR: /conf
  ZOO_PORT: "2181"
```

Zookeeper 配置文件中的 key 都可以以 ZOO_加大写的方式设置到环境变量中，使之生效。

这里仅列举部分配置。

（3）部署 Zookeeper StatefulSet。将以下内容保存为 zookeeper-sts.yaml，并运行 kubectl apply -f zookeeper-sts.yaml 命令进行部署。

```yaml
apiVersion: apps/v1
kind: StatefulSet
metadata:
  name: zookeeper
  namespace: logging
spec:
  serviceName: zookeeper-cluster
  replicas: 1
  updateStrategy:
    type: RollingUpdate
  selector:
    matchLabels:
      app: zookeeper-cluster
  template:
    metadata:
      labels:
        app: zookeeper-cluster
      annotations:
        sidecar.istio.io/inject: "false"
    spec:
      containers:
        - name: zookeeper
          resources:
            requests:
              cpu: 10m
              memory: 100Mi
            limits:
              memory: 200Mi
          image: zookeeper
          imagePullPolicy: IfNotPresent
          envFrom:
            - configMapRef:
                name: zookeeper-config
          readinessProbe:
            tcpSocket:
              port: 2181
            initialDelaySeconds: 5
            periodSeconds: 10
          livenessProbe:
            tcpSocket:
              port: 2181
            initialDelaySeconds: 15
            periodSeconds: 20
          ports:
            - containerPort: 2181
              name: zk-client
```

如果 sidecar.istio.io/inject=false 则表示此服务无须 Sidecar 注入。

（4）部署 Kafka Service。将以下内容保存为 kafka-service.yaml，并运行 kubectl apply -f kafka-service.yaml 命令进行部署。

```
apiVersion: v1
kind: Service
metadata:
  name: bootstrap-kafka
  namespace: logging
spec:
  clusterIP: None
  ports:
  - port: 9092
  selector:
    app: kafka

---
apiVersion: v1
kind: Service
metadata:
  name: kafka-cluster
  namespace: logging
spec:
  ports:
  - name: http
    targetPort: 9092
    port: 9092
  selector:
    app: kafka
  type: ClusterIP
```

部署两个 Service。

- bootstrap-kafka 为后续部署 Kafka Statefulset 使用。
- kafka-cluster 为 Kafka 的访问入口，在生产中使用时可以用其他的 Service 类型。
- kafka 的默认端口是 9092。

（5）部署 Kafka ConfigMap。将以下内容保存为 kafka-configmap.yaml，并运行 kubectl apply -f kafka-configmap.yaml 命令进行部署。

```
apiVersion: v1
kind: ConfigMap
metadata:
  name: kafka-config
```

```
  namespace: logging
data:
  KAFKA_ADVERTISED_LISTENERS: "PLAINTEXT://kafka-cluster:9092"
  KAFKA_LISTENERS: "PLAINTEXT://0.0.0.0:9092"
  KAFKA_ZOOKEEPER_CONNECT: "zookeeper-cluster:2181"
  KAFKA_LOG_RETENTION_HOURS: "48"
  KAFKA_NUM_PARTITIONS: "30"
```

Kafka 配置文件（server.properties）中的 key 都可以以 KAFKA_加大写的方式设置到环境变量中，使之生效。

KAFKA_ADVERTISED_LISTENERS 为 Kafka 监听的服务地址。

KAFKA_ZOOKEEPER_CONNECT 为前面部署的 Zookeeper 的服务地址。

KAFKA_LOG_RETENTION_HOURS 为 Kafka 数据保留的时间，超过这个时间将被清理，用户可以根据实际情况进行调整。

KAFKA_NUM_PARTITIONS 为创建 Kafka topic 时的默认分片数，设置大一些可以增加 Kafka 的吞吐量。

这里仅列举部分配置。

（6）部署 Kafka StatefulSet。将以下内容保存为 kafka-sts.yaml，并运行 kubectl apply -f kafka-sts.yaml 命令进行部署。

```
apiVersion: apps/v1
kind: StatefulSet
metadata:
  name: kafka
  namespace: logging
spec:
  selector:
    matchLabels:
      app: kafka
  serviceName: bootstrap-kafka
  replicas: 1
  template:
    metadata:
      labels:
        app: kafka
      annotations:
        sidecar.istio.io/inject: "false"
    spec:
      containers:
      - name: kafka-broker
```

```
        image: russellgao/kafka:2.12-2.0.1
        ports:
        - name: inside
          containerPort: 9092
        resources:
          requests:
            cpu: 0.1
            memory: 1024Mi
          limits:
            memory: 3069Mi
        readinessProbe:
          tcpSocket:
            port: 9092
          timeoutSeconds: 1
          initialDelaySeconds: 5
          periodSeconds: 10
        livenessProbe:
          tcpSocket:
            port: 9092
          timeoutSeconds: 1
          initialDelaySeconds: 15
          periodSeconds: 20
        envFrom:
        - configMapRef:
            name: kafka-config
```

Kafka 对磁盘的 I/O 要求较高，可以选择固态硬盘或者经过 I/O 优化的磁盘，否则可能会成为日志系统的瓶颈。

注意：本次实践没有把数据卷映射出来，在生产实践中使用 volumeClaimTemplates 来为 Pod 提供持久化存储。resources 可以根据实际情况调整。

2．部署 Logstash

Kafka 部署完成后，通过以下步骤来部署 Logstash。

（1）部署 Logstash ConfigMap。将以下内容保存为 logstash-configmap.yaml，并运行 kubectl apply -f logstash-configmap.yaml 命令进行部署。

```
apiVersion: v1
kind: ConfigMap
metadata:
  name: logstash-conf
  namespace: logging
data:
  logstash.conf: |
    input {
```

```
      http {
          host => "0.0.0.0"  #default: 0.0.0.0
          port => 8080       #default: 8080
          user => "logstash"
          password => "aoDJ0JVgkfNPjarn"
          response_headers => {
              "Content-Type" => "text/plain"
              "Access-Control-Allow-Origin" => "*"
              "Access-Control-Allow-Methods" => "GET, POST, DELETE, PUT"
              "Access-Control-Allow-Headers" => "authorization, content-type"
              "Access-Control-Allow-Credentials" => true
          }
      }
      kafka  {
          topics => "istio"
          bootstrap_servers => "kafka-cluster:9092"
          auto_offset_reset => "earliest"
          group_id => "istio_kafka_gr"
          consumer_threads => 3
          codec => "json"
      }
  }
  filter {
    grok {
          match   =>   {   "message"   =>   "(?m)\[%{TIMESTAMP_ISO8601:timestamp}\]
"%{NOTSPACE:method} %{NOTSPACE:path} %{NOTSPACE:protocol}" %{NUMBER:response_code:int
}           %{NOTSPACE:response_flags}              "%{NOTSPACE:istio_policy_status}"
"%{NOTSPACE:upstream_transport_failure_reason}" %{NUMBER:bytes_received:int} %{NUMBER
:bytes_sent:int}      %{NUMBER:duration:int}       %{NUMBER:upstream_service_time:int}
"%{NOTSPACE:x_forwarded_for}"    "%{NOTSPACE:user_agent}"    "%{NOTSPACE:request_id}"
"%{NOTSPACE:authority}"
"%{NOTSPACE:upstream_host}" %{NOTSPACE:upstream_cluster} %{NOTSPACE:upstream_local_ad
dress} %{NOTSPACE:downstream_local_address} %{NOTSPACE:downstream_remote_address} %{N
OTSPACE:requested_server_name} %{NOTSPACE:route_name}" }
          remove_field => ["message"]
    }
    date {
          match => ["timestamp", "yyyy-MM-ddTHH:mm:ss.SSSZ"]
          timezone => "Asia/Shanghai"
    }
    ruby {
        code                                                                         =>
"event.set('[@metadata][index_day]',(event.get('@timestamp').time.localtime          +
8*60*60 ).strftime('%Y.%m.%d'))"
    }
  }
  output {
     if "_grokparsefailure" not in [tags] {
```

```
        elasticsearch {
            user => "elastic"
            password => "elastic"
            hosts => ["elasticsearch.com:9200"]
            index => "istio-%{[@metadata][index_day]}"
        }
    }
}
```

Logstash 配置由 3 部分组成：

- input。
  - Logstash input 支持非常多的数据源，如 File、Elasticsearch、Beats、Redis、Kafka、Http 等。
  - Http input 用于 Logstash 的健康检查，也可通过 HTTP 接口将日志直接发送到 Logstash，主要用于移动端的场景。
  - Kafka input 用于收集日志，一个 input 只能从一个 Topic 中读取数据，需要和后续的 Filebeat output 对应。
- filter。
  - Logstash filter 支持非常多的插件，可以对数据进行解析、加工、转换，如 grok、date、ruby、json、drop 等。
  - grok 用于对日志进行解析。
  - date 用于把 timestamp 转化成 Elasticsearch 中的@timestamp 字段，可以指定时区。
  - ruby 插件支持执行 ruby 代码，可以进行复杂逻辑的处理。此处的用法是@timestamp 字段的时间加 8 小时，解决自动生成的索引时差问题。
- output。
  - Logstash output 支持非常多的数据源，如 Elasticsearch、CVS、JDBC 等。
  - 在上述 output 配置的例子中可以把 grok 解析成功的日志写到 Elasticsearch 中。

（2）部署 Logstash Deployment，将以下内容保存为 logstash-deployment.yaml，并运行 kubectl apply -f logstash-deployment.yaml 命令进行部署。

```
apiVersion: apps/v1beta2
kind: Deployment
metadata:
  name: logstash
  namespace: logging
spec:
  replicas: 2
  selector:
    matchLabels:
      app: logstash
  template:
    metadata:
      labels:
        app: logstash
      annotations:
        sidecar.istio.io/inject: "false"
    spec:
      volumes:
      - name: config
        configMap:
          name: logstash-conf
      hostname: logstash
      containers:
        - name: logstash
          image: logstash:7.2.0
          args: [
            "-f","/usr/share/logstash/pipeline/logstash.conf",
          ]
          imagePullPolicy: IfNotPresent
          volumeMounts:
          - name: config
            mountPath: "/usr/share/logstash/pipeline/logstash.conf"
            readOnly: true
            subPath: logstash.conf
          resources:
            requests:
              cpu: 0.5
              memory: 1024Mi
            limits:
              cpu: 1.5
              memory: 3072Mi
          readinessProbe:
            tcpSocket:
              port: 8080
            initialDelaySeconds: 5
            periodSeconds: 10
          livenessProbe:
            tcpSocket:
```

```
            port: 8080
          initialDelaySeconds: 15
          periodSeconds: 20
```

Logstash 不需要对外发布服务，即不需要创建 Service，从 Kafka 中消费日志，处理完成之后写到 Elasticsearch 中。

Logstash 只需要把配置文件挂载进去，无须挂载其他目录。在排查错误时可通过 Logstash Console Log 进行查看。

（3）部署 Logstash HorizontalPodAutoscaler，将以下内容保存为 logstash-hpa.yaml，并运行 kubectl apply -f logstash-hpa.yaml 命令进行部署。

```
apiVersion: autoscaling/v2beta1
kind: HorizontalPodAutoscaler
metadata:
  name: logstash
  namespace: logging
spec:
  scaleTargetRef:
    apiVersion: apps/v1beta2
    kind: Deployment
    name: logstash
  minReplicas: 2
  maxReplicas: 10
  metrics:
  - type: Resource
    resource:
      name: cpu
      targetAverageUtilization: 80
```

Logstash 比较消费 CPU，可以部署 HPA，也可以根据日志量动态地扩容。

Logstash 的压力对 CPU 比较敏感，可以只根据 CPU 这一个指标进行 HPA。

Logstash 的配置文件支持 if/else 条件判断。通过这种方式，一个 Logstash 集群可以支持比较多的日志格式。另外，Logstash 的 grok 语法相对复杂，可以使用 Kibana 的 Dev Tools 工具进行调试，如图 6-51 所示。

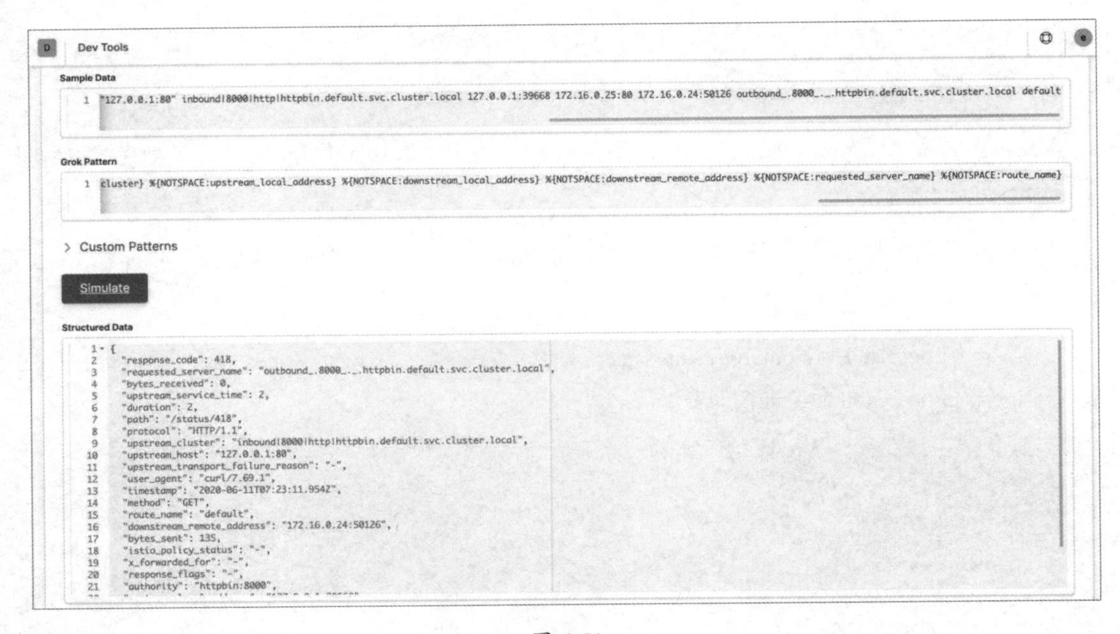

图 6-51

3．部署 Filebeat

这里仅给出 Filebeat DaemonSet 的部署过程，具体步骤如下。

（1）部署 Filebeat ConfigMap。将以下内容保存为 filebeat-configmap.yaml，并运行 kubectl apply -f filebeat-configmap.yaml 命令进行部署。

```
apiVersion: v1
kind: ConfigMap
metadata:
  name: filebeat-conf
  namespace: logging
data:
  filebeat.yml: |
    filebeat:
      inputs:
        -
          paths:
            - /var/log
            - /var/lib/docker/containers
          ignore_older: 1h
          force_close_files: true #强制 Filebeat 在文件名改变时，关闭文件，会有丢失日志的风险
          close_older: 1m
          fields_under_root: true
```

```
  output:
      kafka:
        enabled: true
        hosts: ["kafka-cluster:9092"]
        topic: "istio"
        version: "2.0.0"
        partition.round_robin:
          reachable_only: false
        worker: 2
        max_retries: 3
        bulk_max_size: 2048
        timeout: 30s
        broker_timeout: 10s
        channel_buffer_size: 256
        keep_alive: 60
        compression: gzip
        max_message_bytes: 1000000
        required_acks: 1
```

input.paths 表示 Filebeat 监听的日志路径。

input.ignore_older 表示如果日志文件的修改时间超过这个时间段，日志就会被忽略。这个在 Filebeat 重启时很有效果，可以解决重复读取日志的问题。

out.kafka.hosts 和之前部署的 Kafka Service 对应。

out.kafka.topic 和之前部署的 Logstash ConfigMap 中的 input 对应。

（2）部署 Filebeat DaemonSet。将以下内容保存为 filebeat-ds.yaml，并运行 kubectl apply -f filebeat-ds.yaml 命令进行部署。

```
apiVersion: apps/v1
  kind: DaemonSet
  metadata:
    name: filebeat
    namespace: logging
    labels:
      app: filebeat
  spec:
    selector:
      matchLabels:
        app: filebeat
    template:
      metadata:
        labels:
          app: filebeat
        annotations:
```

```
        sidecar.istio.io/inject: "false"
    spec:
      containers:
      - name: filebeat
        image: elastic/filebeat:7.2.0
        imagePullPolicy: IfNotPresent
        volumeMounts:
        - name: config
          mountPath: "/usr/share/filebeat/filebeat.yml"
          readOnly: true
          subPath: filebeat.yml
          - name: varlog
            mountPath: /var/log
          - name: varlibdockercontainers
            mountPath: /var/lib/docker/containers
        resources:
          requests:
            cpu: 0.1
            memory: 200Mi
          limits:
            cpu: 0.3
            memory: 600Mi
      volumes:
      - name: varlog
        hostPath:
          path: /var/log
      - name: varlibdockercontainers
        hostPath:
          path: /var/lib/docker/containers
      - name: config
        configMap:
          name: filebeat-conf
```

这里声明了两个 hostPath 类型的数据卷，且路径为日志存储的路径。

将宿主机的/var/log 和/var/lib/docker/containers 挂载到 Filebeat Pod 内，便于 Filebeat 收集日志。

Filebeat 不需要部署 Service。

Filebeat 对资源消耗比较少，可忽略对 Node 的资源消耗。

6.3.5 EFK

EFK 指的是由 Elasticsearch + Fluentd + Kibana 组成的日志采集、存储、展示为一体的日志解决方案，简称“EFK Stack”，是目前 Kubernetes 生态日志收集比较推荐的方案。

Elasticsearch 是一个分布式、RESTful 风格的搜索引擎和数据分析引擎，使用 Java 开发并基于 Apache License 2.0 开源协议，也是目前最受欢迎的企业级搜索引擎。

在传统的日志实践中，用户需要用各种不同的手段进行日志的收集和处理（例如，shell 脚本）。Fluentd 的出现，使得不同类型、不同来源的日志都可以通过 Fluentd 进行统一的日志聚合和处理，同时发送到后端进行存储，实现了较小的资源消耗，以及高性能的处理。

除此之外，Fluentd 拥有灵活的插件配置，对日志的收集、处理、过滤和输出提供了极大的便利。

在实践中，一般使用 Kibana 对 Elasticsearch 存储的数据进行图形化的界面展示。

官方网站对其的定义更加准确：

Kibana 是一款开源的数据分析和可视化平台。它是 Elastic Stack 成员之一，设计用于和 Elasticsearch 协作。用户可以使用 Kibana 对 Elasticsearch 索引中的数据进行搜索、查看、交互操作，也可以很方便地利用图表、表格及地图对数据进行多元化的分析和呈现。

Docker 默认的日志驱动是 json-file，该驱动将来自容器的 stdout 和 stderr 日志都统一以 JSON 格式存储到 Node 节点的/var/lib/docker/containers/<container-id>/<container-id>-json.log 目录结构内。

而 Kubernetes Kubelet 会将/var/lib/docker/containers/ 目录内的日志文件重新软链接至/var/log/containers 目录和/var/log/pods 目录下。这种统一的日志存储规则，为用户收集容器的日志提供了基础和便利。

也就是说，我们只需采集集群节点/var/log/containers 目录的日志，就相当于采集了该节点所有容器输出 stdout 的日志，如图 6-52 所示。

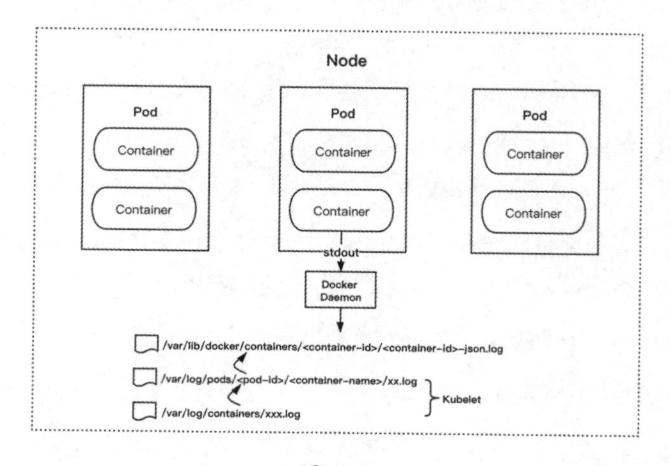

图 6-52

从 Istio 1.5 版本开始，旧版本的 Mixer 已经被废弃，对应的功能已经迁移至 Envoy。使用原来的 Mixer handler 直接上报遥测数据至 Fluentd 的方案已不再推荐。

所以本书将方案调整为：开启 Envoy 的访问日志输出到 stdout，以 DaemonSet 的方式在每个集群节点部署 Fluentd，并将日志目录挂载至 Fluentd Pod 内，实现对 Envoy 访问日志的采集，如图 6-53 所示。

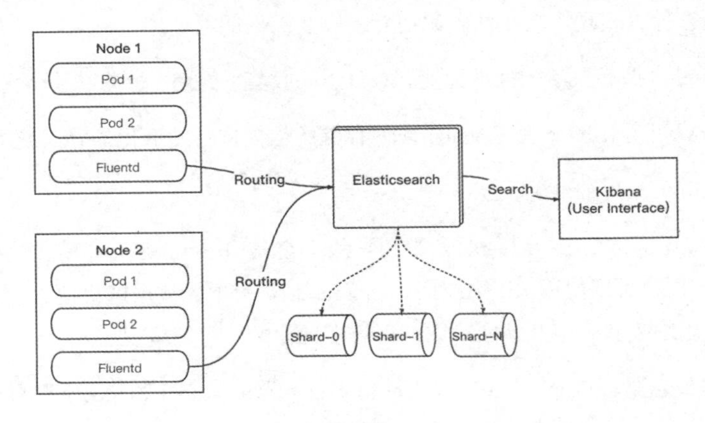

图 6-53

在开始之前，请确认已经正确安装了 Istio，并进行以下步骤准备环境。

- 部署 sleep 实例应用程序用来发送 curl 请求测试。如果启用了 Sidecar 自动注入（为命名空间配置了 label:istio-injection=enabled），就可以进入 Istio 安装目录，运行以下命令部署 sleep 实例应用。

```
$ kubectl apply -f samples/sleep/sleep.yaml
```

- 如果没有开启 Sidecar 自动注入，请执行如下命令手动注入 Sidecar。

```
$ kubectl apply -f <(istioctl kube-inject -f samples/sleep/sleep.yaml)
```

- 部署 httpbin 实例提供 HTTP Server。

```
$ kubectl apply -f samples/httpbin/httpbin.yaml
```

- 如果没有开启 Sidecar 自动注入，请执行如下命令手动注入 Sidecar。

```
$ kubectl apply -f <(istioctl kube-inject -f samples/httpbin/httpbin.yaml)
```

接下来，开启 Envoy 的访问日志，为下一步采集做准备。

使用 istioctl 修改配置，打开 Envoy 的访问日志，执行如下命令：

```
$    istioctl    manifest    apply    --set    profile=demo    --set
values.global.proxy.accessLogFile="/dev/stdout"
```

```
- Applying manifest for component Base...
✔ Finished applying manifest for component Base.
- Applying manifest for component Pilot...
✔ Finished applying manifest for component Pilot.
- Applying manifest for component IngressGateways...
- Applying manifest for component EgressGateways...
- Applying manifest for component AddonComponents...
✔ Finished applying manifest for component EgressGateways.
✔ Finished applying manifest for component IngressGateways.
✔ Finished applying manifest for component AddonComponents.

✔ Installation complete
```

需要注意的是，将 profile 修改为用户安装 Istio 时使用的配置名称（本书为 demo）。

命令完成后，就开启了 Envoy 的访问日志，并输出至 stdout 中。

用户可以通过 istioctl manifest apply --set 方法修改以下 3 个参数：

- values.global.proxy.accessLogFile。
- values.global.proxy.accessLogEncoding。
- values.global.proxy.accessLogFormat。

更加详细的信息可以在/istio 安装目录/install/kubernetes/istio-demo.yaml 中查看。

```
#Set accessLogFile to empty string to disable access log
accessLogFile: "/dev/stdout"

#If accessLogEncoding is TEXT, value will be used directly as the log format
#example:
#"[%START_TIME%] %REQ(:METHOD)% %REQ(X-ENVOY-ORIGINAL-PATH?:PATH)% %PROTOCOL%\n"
#If AccessLogEncoding is JSON, value will be parsed as map[string]string
#example: '{"start_time": "%START_TIME%", "req_method": "%REQ(:METHOD)%"}'
#Leave empty to use default log format
accessLogFormat: ""

#Set accessLogEncoding to JSON or TEXT to configure sidecar access log
accessLogEncoding: 'TEXT'
```

需要注意的是，accessLogFormat 并未配置，Envoy 将以 Istio 定制的默认日志格式输出。

```
EnvoyTextLogFormat13                          =                          "[%START_TIME%]
\"%REQ(:METHOD)% %REQ(X-ENVOY-ORIGINAL-PATH?:PATH)% " +
        "%PROTOCOL%\"                  %RESPONSE_CODE%                  %RESPONSE_FLAGS%
\"%DYNAMIC_METADATA(istio.mixer:status)%\" " +
        "\"%UPSTREAM_TRANSPORT_FAILURE_REASON%\" %BYTES_RECEIVED% %BYTES_SENT% " +
```

```
        "%DURATION% %RESP(X-ENVOY-UPSTREAM-SERVICE-TIME)% \"%REQ(X-FORWARDED-FOR)%\" "
+
        "\"%REQ(USER-AGENT)%\"      \"%REQ(X-REQUEST-ID)%\"      \"%REQ(:AUTHORITY)%\"
\"%UPSTREAM_HOST%\" " +
        "%UPSTREAM_CLUSTER% %UPSTREAM_LOCAL_ADDRESS% %DOWNSTREAM_LOCAL_ADDRESS% " +
        "%DOWNSTREAM_REMOTE_ADDRESS% %REQUESTED_SERVER_NAME% %ROUTE_NAME%\n"
```

如果用户需要自定义输出日志格式，可以前往 Envoy 官方网站查看相关文档，此内容不在本节的讨论范围内。

在开启 Envoy 日志开关后，测试 Envoy 是否正常打印了访问日志。

执行如下命令，进入 sleep 容器，并使用 curl 向 httpbin 发送请求。

```
$ kubectl exec -it $(kubectl get pod -l app=sleep -o jsonpath='{.items[0].metadata.name}')
-ic sleep -- curl -v httpbin:8000/status/418

* Trying 172.16.255.114:8000...
* Connected to httpbin (172.16.255.114) port 8000 (#0)
> GET /status/418 HTTP/1.1
> Host: httpbin:8000
> User-Agent: curl/7.69.1
> Accept: */*
>
* Mark bundle as not supporting multiuse
< HTTP/1.1 418 Unknown
< server: envoy
< date: Thu, 11 Jun 2020 07:23:11 GMT
< x-more-info: http://tools.ietf.org/html/rfc2324
< access-control-allow-origin: *
< access-control-allow-credentials: true
< content-length: 135
< x-envoy-upstream-service-time: 8
<

    -=[ teapot ]=-

       _...._
     .'  _ _ `.
    | ."` ^ `". _,
    \_;`"---"`|//
      |       ;/
      \_     _/
        `"""`
* Connection #0 to host httpbin left intact
```

运行如下命令查看 sleep 的访问日志。

```
$ kubectl logs -l app=sleep -c istio-proxy

[2020-06-11T07:23:11.948Z] "GET /status/418 HTTP/1.1" 418 - "-" "-" 0 135 22 8 "-"
"curl/7.69.1" "05192384-ebf5-9067-9cc1-3d1faa5464b5" "httpbin:8000" "172.16.0.25:80"
outbound|8000||httpbin.default.svc.cluster.local 172.16.0.24:50126 172.16.255.114:8000
172.16.0.24:35316 - default
```

运行如下命令查看 httpbin 的访问日志。

```
$ kubectl logs -l app=httpbin -c istio-proxy

[2020-06-11T07:23:11.954Z] "GET /status/418 HTTP/1.1" 418 - "-" "-" 0 135 2 2 "-"
"curl/7.69.1" "05192384-ebf5-9067-9cc1-3d1faa5464b5" "httpbin:8000" "127.0.0.1:80"
inbound|8000|http|httpbin.default.svc.cluster.local 127.0.0.1:39668 172.16.0.25:80
172.16.0.24:50126 outbound_.8000_._.httpbin.default.svc.cluster.local default
```

至此，Envoy 已经打印出用户所需要的访问日志。

注意：这里查询的 istio-proxy 容器名其实就是 Envoy Sidecar 代理，Envoy 将请求和响应日志都进行了打印并输出至 stdout，所以 httpbin 的访问日志可以通过 kubectl logs 命令查看。

需要留意的是，当 Pod 被销毁后，旧的日志将不复存在，并且无法通过 kubectl logs 命令查看。

接下来，通过以下步骤部署 EFK，解决日志的收集、存储及展示。

1. 创建 namespace

创建一个新的 namespace，用于部署 EFK。

```
$ kubectl create namespace logging
```

2. 部署 Elasticsearch 服务

新建 elasticsearch-service.yaml 文件并输入以下内容，执行 kubectl apply -f elasticsearch-service.yaml 命令进行部署。

```
#Elasticsearch Service
apiVersion: v1
kind: Service
metadata:
  name: elasticsearch
  namespace: logging
  labels:
    app: elasticsearch
spec:
  ports:
  - port: 9200
    protocol: TCP
```

```
    targetPort: db
  selector:
    app: elasticsearch
```

3．部署 Elasticsearch Deployment

新建 elasticsearch-deployment.yaml 文件并输入以下内容，执行 kubectl apply -f elasticsearch-deployment.yaml 命令进行部署。

```
#Elasticsearch Deployment
apiVersion: apps/v1
kind: Deployment
metadata:
  name: elasticsearch
  namespace: logging
  labels:
    app: elasticsearch
spec:
  replicas: 1
  selector:
    matchLabels:
      app: elasticsearch
  template:
    metadata:
      labels:
        app: elasticsearch
      annotations:
        sidecar.istio.io/inject: "false"
    spec:
      containers:
      - image: docker.elastic.co/elasticsearch/elasticsearch-oss:6.1.1
        name: elasticsearch
        resources:
          #need more cpu upon initialization, therefore burstable class
          limits:
            cpu: 1000m
          requests:
            cpu: 100m
        env:
          - name: discovery.type
            value: single-node
        ports:
        - containerPort: 9200
          name: db
          protocol: TCP
        - containerPort: 9300
          name: transport
          protocol: TCP
```

```
        volumeMounts:
        - name: elasticsearch
          mountPath: /data
      volumes:
      - name: elasticsearch
        emptyDir: {}
```

- sidecar.istio.io/inject=false 表示此服务无须 Sidecar 注入。

注意：本次实践使用 Deployment 类型创建 Elasticsearch 服务，并且创建了 emptyDir 类型的数据卷，当 Pod 从 Node 中移除时，emptyDir 内的数据会被删除。

在生产实践中，你可以使用 StatefulSet 的部署方式，并使用 volumeClaimTemplates 为 Pod 提供持久化存储。

4. 部署 Fluentd　Service 和 ConfigMap

部署 Fluentd　Service 和 ConfigMap 一般按照以下流程进行。

（1）部署 Fluentd Service。新建 fluentd-service.yaml 文件并输入以下内容，执行 kubectl apply -f fluentd-service.yaml 命令进行部署。

```
#Fluentd Service
apiVersion: v1
kind: Service
metadata:
  name: fluentd-es
  namespace: logging
  labels:
    app: fluentd-es
spec:
  ports:
  - name: fluentd-tcp
    port: 24224
    protocol: TCP
    targetPort: 24224
  - name: fluentd-udp
    port: 24224
    protocol: UDP
    targetPort: 24224
  selector:
    app: fluentd-es
```

（2）部署 Fluentd ConfigMap。新建 fluentd-configmap.yaml 文件并输入以下内容，执行 kubectl apply -f fluentd- configmap.yaml 命令进行部署。

```
#Fluentd ConfigMap, contains config files
kind: ConfigMap
apiVersion: v1
data:
  forward.input.conf: |-
    #Takes the messages sent over TCP
    <source>
      @id fluentd-containers.log
      @type tail
      path /var/log/containers/*.log
      pos_file /var/log/es-containers.log.pos
      time_format %Y-%m-%dT%H:%M:%S.%NZ
      tag raw.kubernetes.*
      format json
      read_from_head false
    </source>
    <filter **>
      @id filter_concat
      @type concat
      key message
      multiline_end_regexp /\n$/
      separator ""
    </filter>
    <filter **>
      @type parser
      #apache2, nginx, etc...
      format json
      key_name log
      reserve_data false
    </filter>
  output.conf: |-
    <match **>
      type elasticsearch
      log_level info
      include_tag_key true
      host elasticsearch
      port 9200
      logstash_format true
      #Set the chunk limits
      buffer_chunk_limit 2M
      buffer_queue_limit 8
      flush_interval 5s
      #Never wait longer than 5 minutes between retries
      max_retry_wait 30
      #Disable the limit on the number of retries (retry forever)
      disable_retry_limit
      #Use multiple threads for processing
      num_threads 2
```

```
    </match>
  metadata:
    name: fluentd-es-config
    namespace: logging
```

forward.input.conf是Fluentd采集的配置文件，主要参数有。

- id：日志的唯一标识。
- type：类型字段。tail表示从上次的读取位置不断tail读取数据。
- path：采集日志的位置。这里采集了该目录下所有的日志，如果只需要采集Envoy的日志，可以将path修改为/var/log/containers/*istio-proxy*.log
- pos_file：检查点记录文件，用于恢复日志收集。
- filter：对Log内容重新进行处理，以便将日志内容以key和value的形式发送到Elasticsearch。
- concat：这里使用concat插件对多行日志进行处理。
- reserve_data：在发送日志时，仅保留处理后的日志，不保留原日志信息。

output.conf是Fluentd输出日志的配置文件，主要参数有。

- match：**表示发送所有的日志到Elasticsearch。
- type：插件标识，这里配置成Elasticsearch。
- host/port：配置部署的Elasticsearch服务的地址和端口。
- logstash_format：是否以Logstash格式转发日志数据。
- buffer：当日志数据发送到目标方失败时进行缓存，同时有助于降低磁盘I/O。

5．使用DaemonSet方式部署Fluentd服务

新建fluentd-ds.yaml文件并输入以下内容，执行kubectl apply -f fluentd-ds.yaml命令进行部署。

```
apiVersion: apps/v1
kind: DaemonSet
metadata:
  name: fluentd-es
  namespace: logging
  labels:
    app: fluentd-es
spec:
  selector:
    matchLabels:
```

```
      app: fluentd-es
  template:
    metadata:
      labels:
        app: fluentd-es
      annotations:
        sidecar.istio.io/inject: "false"
    spec:
      containers:
      - name: fluentd-es
        image: quay.io/fluentd_elasticsearch/fluentd:v3.0.2
        env:
        - name: FLUENTD_ARGS
          value: --no-supervisor -q
        resources:
          limits:
            memory: 500Mi
          requests:
            cpu: 100m
            memory: 200Mi
        volumeMounts:
        - name: varlog
          mountPath: /var/log
        - name: varlibdockercontainers
          mountPath: /var/lib/docker/containers
          readOnly: true
        - name: config-volume
          mountPath: /etc/fluent/config.d
      terminationGracePeriodSeconds: 30
      volumes:
      - name: varlog
        hostPath:
          path: /var/log
      - name: varlibdockercontainers
        hostPath:
          path: /var/lib/docker/containers
      - name: config-volume
        configMap:
          name: fluentd-es-config
```

- 这里声明了两个 hostPath 类型的数据卷，且路径为日志存储的路径。
- 将宿主机的/var/log 和/var/lib/docker/containers 挂载到 Fluentd Pod 内，便于 Fluentd 收集日志。
- 同时将之前配置的 ConfigMap fluentd-es-config 作为配置文件挂载到 Pod 的/etc/fluent/config.d 目录下，并在该目录下生成两个文件：forward.input.conf 和 output.conf，用作 Fluentd 的配置。

6．部署 Kibana

部署 Kibana 包括部署 Service 和 Deployment，具体操作流程如下。

（1）部署 Kibana Service。新建 kibana-service.yaml 文件并输入以下内容，执行 kubectl apply -f kibana-service.yaml 命令进行部署。

```
#Kibana Service
apiVersion: v1
kind: Service
metadata:
  name: kibana
  namespace: logging
  labels:
    app: kibana
spec:
  ports:
  - port: 5601
    protocol: TCP
    targetPort: ui
  selector:
    app: kibana
```

（2）部署 Kibana Deployment。新建 kibana-deployment.yaml 文件并输入以下内容，执行 kubectl apply -f kibana-deployment.yaml 命令进行部署。

```
#Kibana Deployment
apiVersion: apps/v1
kind: Deployment
metadata:
  name: kibana
  namespace: logging
  labels:
    app: kibana
spec:
  replicas: 1
  selector:
    matchLabels:
      app: kibana
  template:
    metadata:
      labels:
        app: kibana
      annotations:
        sidecar.istio.io/inject: "false"
    spec:
      containers:
```

```
      - name: kibana
        image: docker.elastic.co/kibana/kibana-oss:6.1.1
        resources:
          #Need more cpu upon initialization, therefore burstable class
          limits:
            cpu: 1000m
          requests:
            cpu: 100m
        env:
          - name: ELASTICSEARCH_URL
            value: http://elasticsearch:9200
        ports:
        - containerPort: 5601
          name: ui
          protocol: TCP
```

- 这里将环境变量 ELASTICSEARCH_URL 设置为之前部署的 Elasticsearch Service 和端口 elasticsearch：9200。

为了方便，可以将以上代码合并在一个文件内，并使用“---”分隔不同的资源。合并后将文件命名为 logging-stack.yaml，执行如下命令创建所有资源。

```
$ kubectl apply -f logging-stack.yaml

namespace "logging" created
service "elasticsearch" created
deployment "elasticsearch" created
service "fluentd-es" created
daemonset.apps/fluentd-es created
configmap "fluentd-es-config" created
service "kibana" created
deployment "kibana" created
```

至此，已经成功部署了 EFK。下面使用以下步骤进行验证。

（1）执行命令产生访问日志。

```
 $ kubectl exec -it $(kubectl get pod -l app=sleep -o
jsonpath='{.items[0].metadata.name}') -c sleep -- curl -v httpbin:8000/status/418
```

如果你已经按照本书部署了 Bookinfo 实例，直接通过浏览器访问/productpage 页面就可以产生访问日志。

（2）设置 Kibana 的端口转发。

```
 $ kubectl -n logging port-forward $(kubectl -n logging get pod -l app=kibana -o
jsonpath='{.items[0].metadata.name}') 5601:5601 &
```

此命令将 Kibana Pod 的 5601 端口转发到 localhost：5601。&表示后台运行。

（3）使用浏览器打开：http://localhost:5601/，在首页的 index pattern 文本框中输入 logstash-*，单击 Next step 按钮，如图 6-54 所示。

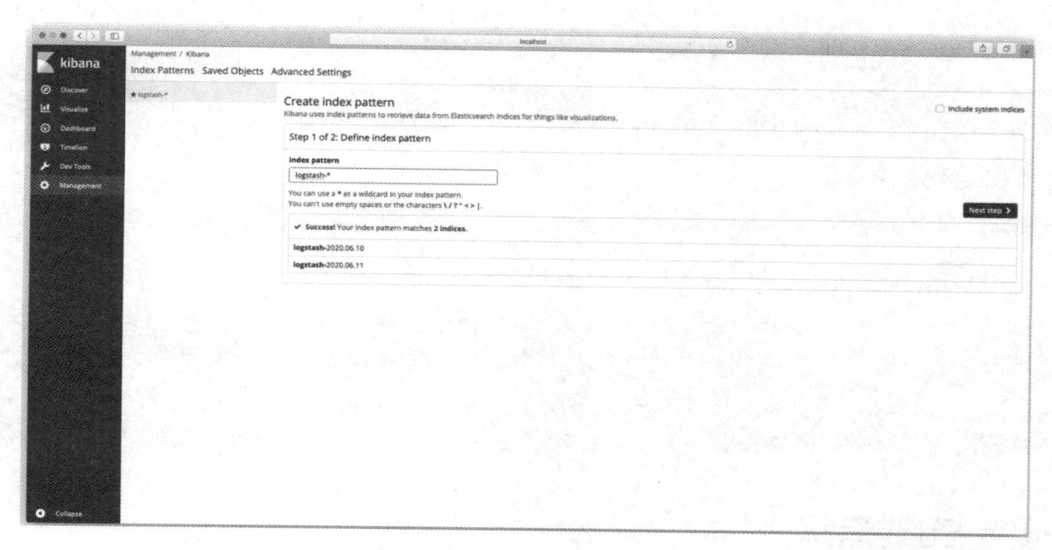

图 6-54

（4）现在，Kibana 已经能够查询到刚才的访问日志了，如图 6-55 所示。

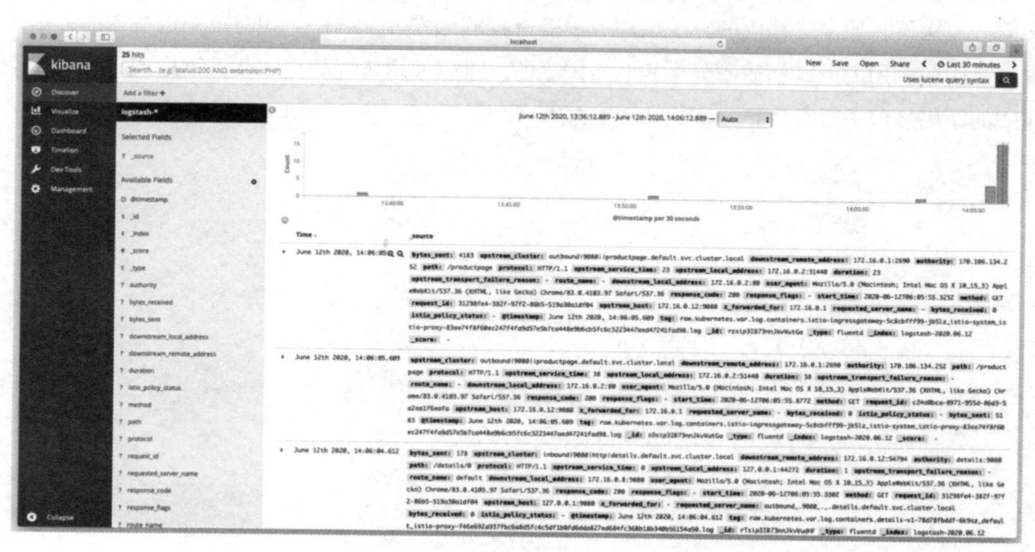

图 6-55

由于篇幅原因，本文对 Fluentd 并没有做非常细致的配置。如果用于生产环境，读者可以前往 Kubernetes 官方 GitHub 仓库找到完整的 EFK 配置进行部署。

在结束本节的实践之后，执行以下命令进行清理。

删除 sleep 和 httpbin 的命令如下。

```
$ kubectl delete -f samples/sleep/sleep.yaml
$ kubectl delete -f samples/httpbin/httpbin.yaml
```

删除 EFK 的命令如下。

```
kubectl delete -f logging-stack.yaml
```

确认应用已经停止并删除，命令如下。

```
kubectl get pods | grep sleep          #There should be no result
kubectl get pods | grep httpbin        #There should be no result
kubectl get pods -n logging            #There should be no result
kubectl get svc -n logging             #There should be no result
kubectl get ds -n logging              #There should be no result
```

6.4 分布式追踪

相比传统的“巨石”应用，微服务的一个主要变化是将应用中的不同模块拆分为独立的进程。在微服务架构下，原来进程内的方法调用成了跨进程的远程方法调用。相对单一进程内的方法调用而言，跨进程调用的调试和故障分析是非常困难的，难以使用传统的代码调试程序或日志打印来对分布式的调用过程进行查看和分析，如图 6-56 所示。

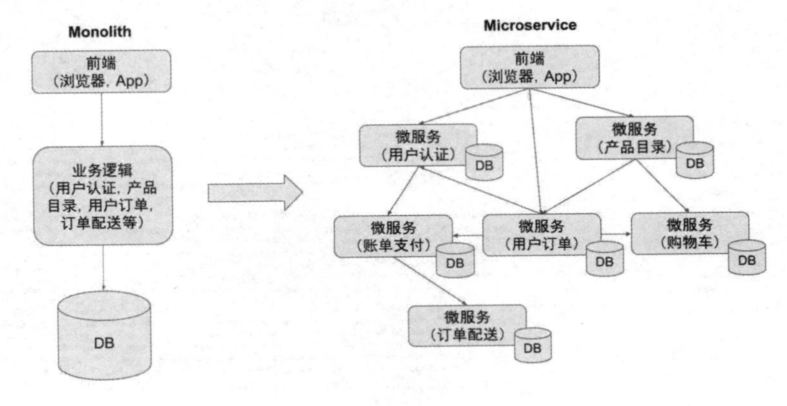

图 6-56

从图 6-56 的右侧可知，在微服务架构的系统中，各个微服务之间存在复杂的调用关系。一个来自客户端的请求在其业务处理过程中经过了多个微服务进程。如果想要对该请求的端到端调用过程进行完整的分析，则必须将该请求经过的所有进程的相关信息都收集起来并关联在一起，这就是分布式追踪。

6.4.1 Jaeger

Jaeger 是一款由 Uber 开源的分布式追踪系统。它采用 Go 语言编写，主要借鉴了 Google Dapper 论文和 Zipkin 的设计，兼容 OpenTracing 及 Zipkin 追踪格式，目前已成为 CNCF 基金会的开源项目。

下面一起来快速了解 OpenTracing 规范定义的术语。

Span：Jaeger 的逻辑工作单元，可以设置请求名称、请求开始时间、请求持续时间。Span 会被嵌套并排序以展示服务间的关系，如图 6-57 所示。

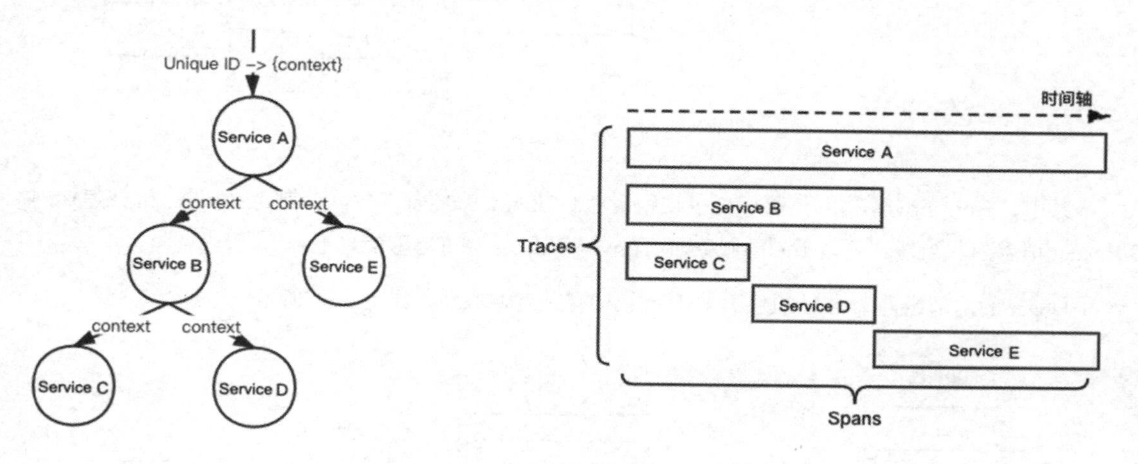

图 6-57

Trace：Jaeger 在微服务系统中记录完整的请求执行过程，并显示为 Trace（系统的数据/执行路径）。一个端到端的 Trace 由一个或多个 Span 组成。

Envoy 原生支持 Jaeger，追踪所需 X-B3 开头的 Header 和 X-REQUEST-ID，在不同的服务之间由业务逻辑传递，并由 Envoy 上报给 Jaeger，最终 Jaeger 生成完整的追踪信息。

在 Istio 中，Envoy 和 Jaeger 的关系如图 6-58 所示。

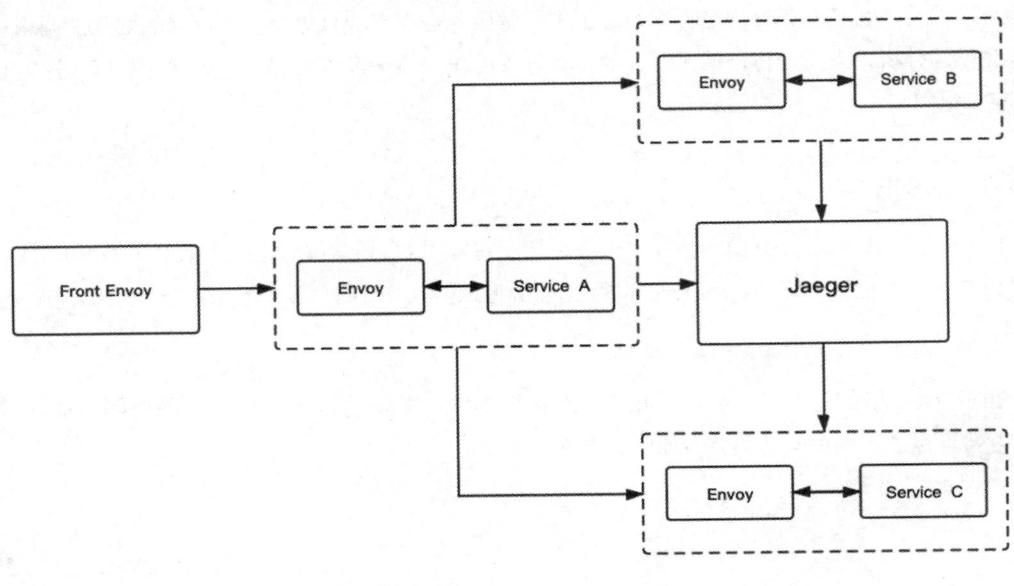

图 6-58

其中，Front Envoy 指的是第一个接收到请求的 Envoy Sidecar，会负责创建 Root Span 并追加到 Header 请求内。当请求到达不同的服务时，Envoy Sidecar 会将追踪信息上报。

Jaeger 的内部组件架构与 EFK 日志系统架构有一定相似性，如图 6-59 所示。

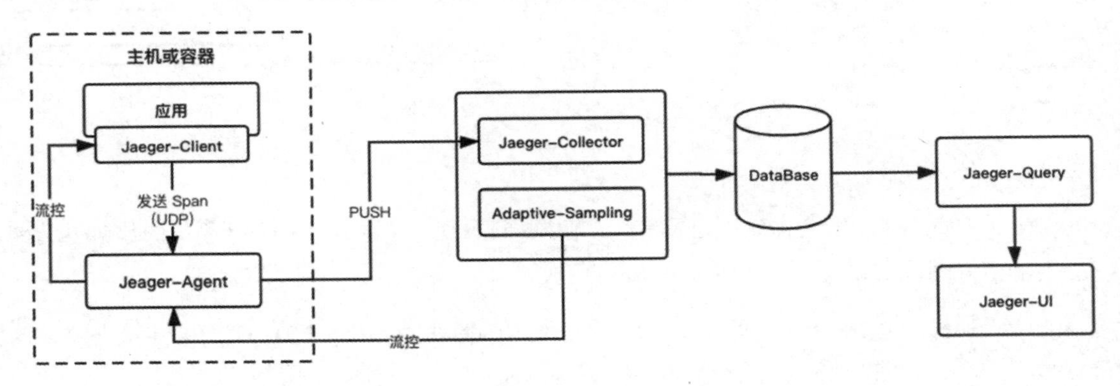

图 6-59

Jaeger 主要由以下 6 个组件构成。

- Client：Jaeger 的客户端，是 OpenTracing API 的具体语言实现，可以为各种开源框架提供分布式追踪工具。
- Agent：监听在 UDP 端口的守护进程，以 DaemonSet 的方式部署在宿主机，或者以 Sidecar 的方式注入容器内，屏蔽了 Client 和 Collector 之间的细节及服务发现。Agent 用于接收 Client 发送过来的追踪数据，并将数据批量发送至 Collector 中。
- Collector：用来接收 Agent 发送的数据，验证追踪数据并建立索引，最后异步地写入后端存储。Collector 是无状态的。
- DataBase：后端存储组件，支持内存、Cassandra、Elasticsearch、Kafka 的存储方式。
- Query：用于接收查询请求，从数据库中检索数据并通过 UI 展示。
- UI：使用 React 编写，用于 UI 界面展示。

在 Istio 提供的开箱即用的追踪环境中，Jaeger 的部署方式是 all-in-one 的部署方式。在该环境下部署的 Pod 为 istio-tracing，使用 jaegertracing/all-in-one 镜像，包含 Jaeger-Agent、Jaeger-Collector 和 Jaeger-Query(UI) 三个组件。

不同的是，Bookinfo 的业务代码并没有集成 Jaeger-Client，而是由 Envoy 将追踪信息直接上报到 Jaeger-Collector。另外，存储方式被默认为内存，随着 Pod 被销毁，追踪数据也会被删除。

Jaeger 的部署方式主要有以下 4 种。

- all-in-one 部署：适用于快速体验 Jaeger，将所有的追踪数据都存储在内存中，不适用于生产环境。
- Kubernetes 部署：以 Manifest 的方式部署 Jaeger，定制化程度高，可以使用已有的 Elasticsearch、Kafka 服务进行部署，适用于生产环境。
- OpenTelemetry 部署：适用于使用 OpenTelemetry API 的部署方式。
- Windows 部署：适用于 Windows 环境的部署方式，通过运行 exe 可执行文件安装和配置。

想要体验 Jaeger，请读者先按照本书指引部署 Bookinfo 实例应用程序，再根据以下步骤进行配置。

（1）如果已经使用 demo 配置安装 Istio，则会自动安装 Jaeger，也可以通过以下命令启用。

```
$ istioctl manifest apply --set values.tracing.enabled=true
✔ Istio core installed
✔ Istiod installed
✔ Ingress gateways installed
✔ Addons installed
✔ Installation complete
```

此命令会启用一个开箱即用的 Jaeger 演示环境。

注意：默认采样率为 1%，读者可以通过--set values.pilot.traceSampling=<Value>配置采样率。Value 范围在 0 到 100 之间，精度为 0.01。例如，Value 配置 0.01 意味着 10000 请求中跟踪 1 个请求。

（2）如果集群内已部署 Jaeger，则可以使用以下命令进行配置。

```
istioctl manifest apply --set
values.global.tracer.zipkin.address=<jaeger-collector-service>.<jaeger-collector-name
space>:9411
```

（3）访问 Bookinfo /productpage 页面以便生成并上报追踪数据，默认 1%的采样率意味着需要至少请求 100 次才能看到追踪数据。

```
for i in `seq 1 100`; do curl -s -o /dev/null http://$GATEWAY_URL/productpage; done
```

请将 GATEWAY_URL 替换为 IngressGateway 的 IP 地址。

在执行完命令后，追踪数据就会上报至 Jaeger 中。

接下来，访问 Jaeger Dashboard 查看数据，如果 Istio 部署在本地环境，则可以通过 istioctl dashboard 命令进行访问。

```
$ istioctl dashboard jaeger
http://localhost:43262
Failed to open browser; open http://localhost:43262 in your browser.
```

如果 Istio 部署在远程集群，则可以使用 kubectl 命令配置本地端口的转发。

```
$ kubectl port-forward svc/tracing 8080:80 -n istio-system
```

在使用 kubectl 配置端口的转发后，打开浏览器访问 http://localhost:8080，即可访问 Jaeger Dashboard，如图 6-60 所示。

图 6-60

选择一个 Service，如 details.default，单击 Find Traces 按钮，展示追踪结果，如图 6-61 所示。

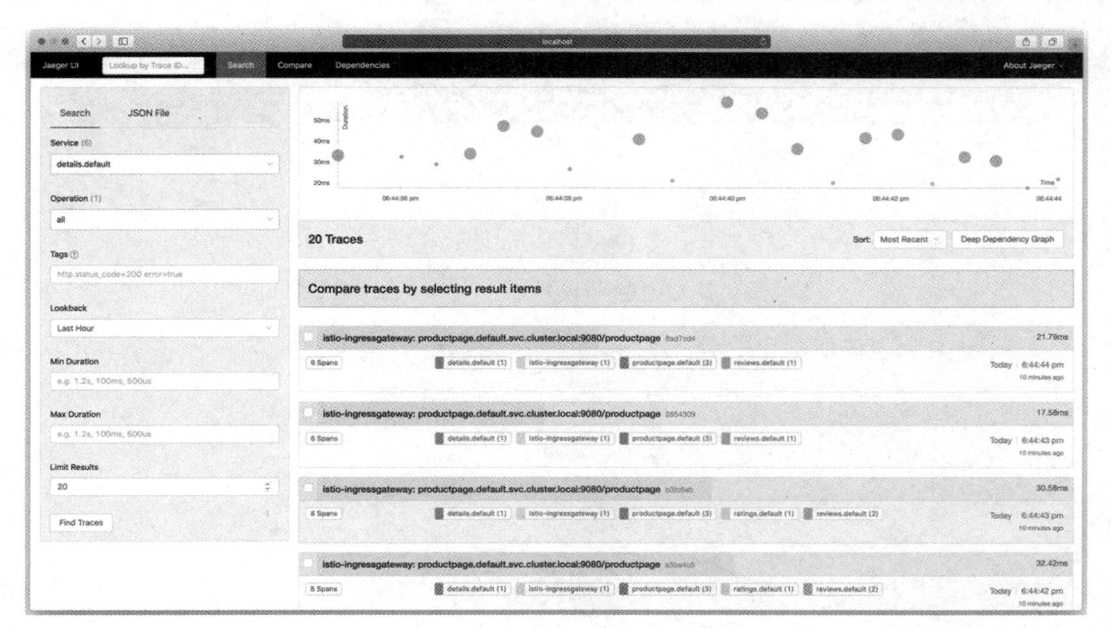

图 6-61

单击列表中的项目进入追踪详情，该页面详细记录了一次请求涉及的 Services、深度、Span 总数、请求总时长等信息。展开下方的单项服务，观察每个服务的请求耗时和详情，如图 6-62 所示。

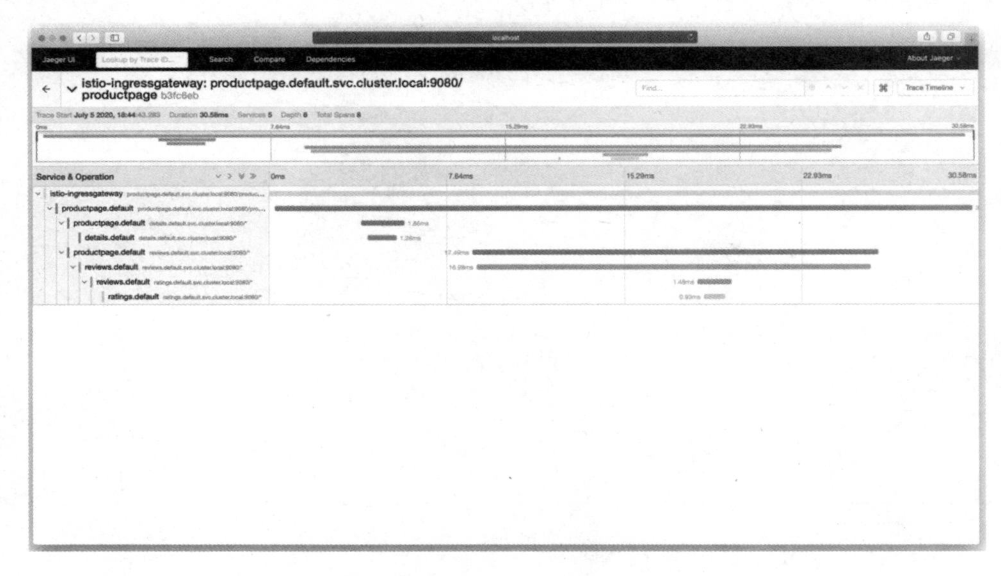

图 6-62

Jaeger 还能够展示服务依赖，选择顶部导航栏中的 Dependencies 选项即可获取，如图 6-63 所示。

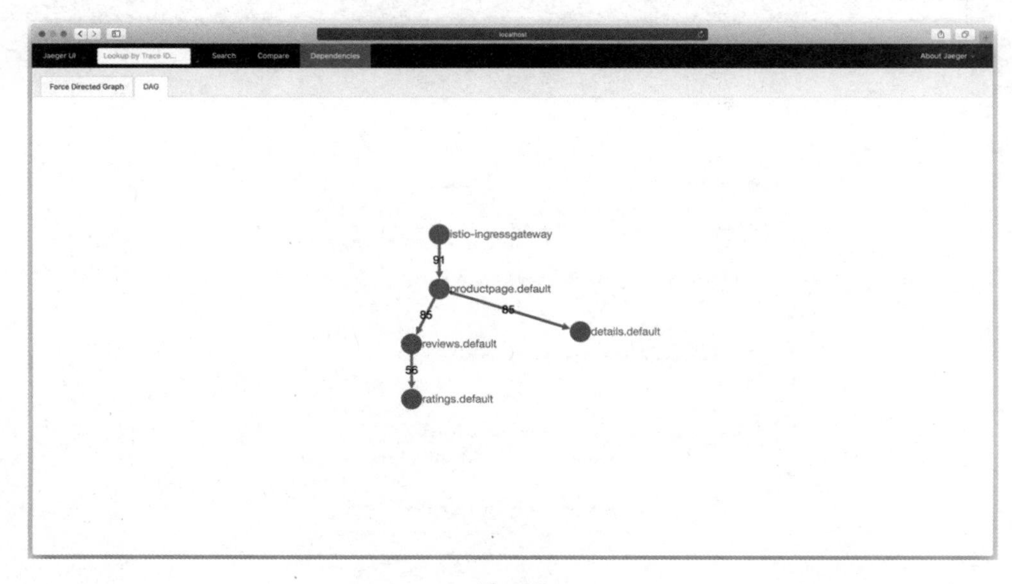

图 6-63

除此之外，从 Jaeger 1.7 开始新加入一项强大的功能：对比不同请求的差异。选择顶部导航栏中的 Compare 选项，输入想要对比的 TraceId，即可查看不同请求的差异，如图 6-64 所示。

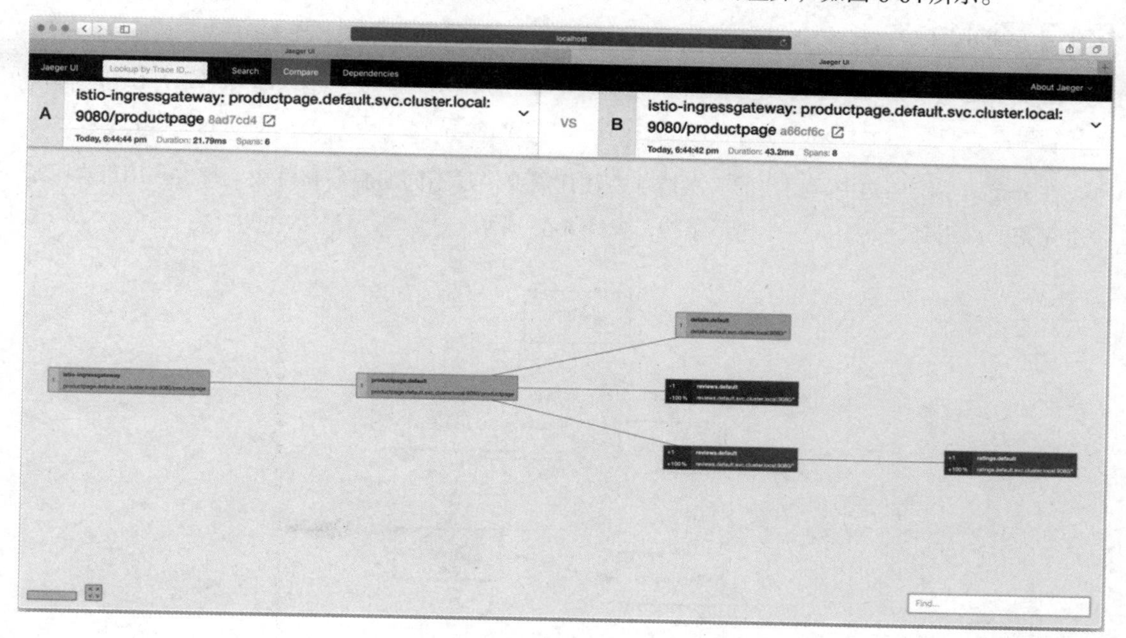

图 6-64

Jaeger 虽然出现得较晚，但是相比于其他的分布式追踪工具，具有以下特性。

- 高可用性，Jaeger 的后端服务设计是没有单点故障的，可以根据需要进行伸缩。
- 兼容 Zipkin 追踪格式。
- 完善的语言支持。

Jaeger 目前已成为 Istio 默认的分布式追踪工具。

对于生产环境，这里提供以下 3 点建议。

- Istio 提供的开箱即用的 Jaeger 采用内存的存储方式，随着 Pod 被销毁数据也随即消失。在生产中需要单独配置持久化存储，如 Cassandra，具体可参阅 Jaeger 官方文档。
- Demo 中 Jaeger 默认采样率为 1%。在生产环境中，本书建议读者根据业务系统的流量大小进行合理配置。
- Jaeger Collector 默认采用直接写入存储服务的方式，在大规模的使用场景下，可以使用 Kafka

作为中间缓存区。

6.4.2 Zipkin

Zipkin 是一个分布式跟踪系统，用于收集服务的调用关系和服务的调用时序数据，包括收集数据和结果展示。它基于 Google Dapper 论文设计，由 Twitter 实现并基于 Apache 2.0 协议开源。

在分布式系统架构中，用户的一次请求，往往需要经过不同的服务和模块，每次调用都会形成一个完整的调用链，并组成一个树形结构，如图 6-65 所示。

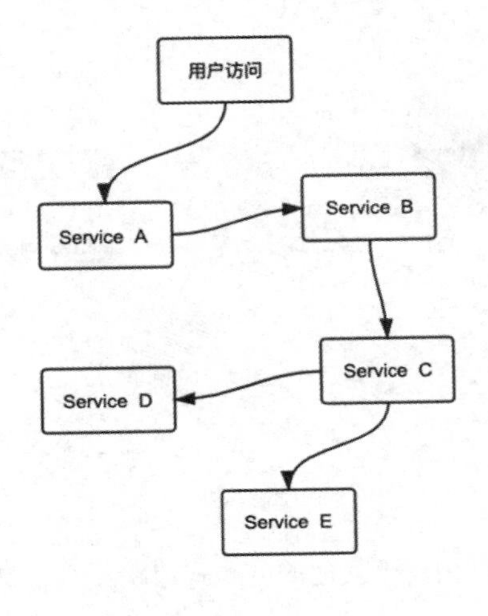

图 6-65

这样一颗完整的树形结构，被称为 Trace。树形结构中的每个节点，被称为 Span。当服务被调用时，都会为 Trace 和 Span 生成唯一的 ID 标识，从调用发起方 parentId 开始，将每一个 Span 串联起来，形成一条完整的调用链，这是分布式调用链路追踪的基本原理。

Zipkin 兼容 OpenTracing 协议，所以 Span 还会记录其他的信息，如时间戳、Span 上下文，以及额外的 K/V Tag 等。

在 Istio 中，Envoy 原生支持分布式追踪系统 Zipkin。当第一个请求被 Envoy Sidecar 拦截时，Envoy 会自动为 HTTP Headers 添加 X-B3 开头的 Headers 和 X-REQUEST-ID，业务系统在调用下游服务时需要将这些 Headers 信息加入请求标头中，下游的 Envoy Sidecar 在收到请求后，会将 Span 上报给 Zipkin，最终由 Zipkin 解析出完整的调用链。

详细的过程总结如下。

- 如果请求来源没有 Trace 相关的 Headers，则会在流量进入 Pod 之前创建一个 Root Span。
- 如果请求来源包含 Trace 相关的 Headers，Envoy 就会解析 Span 上下文信息，并在流量进入 Pod 之前创建一个新的 Span 继承自旧的 Span 上下文，如图 6-66 所示。

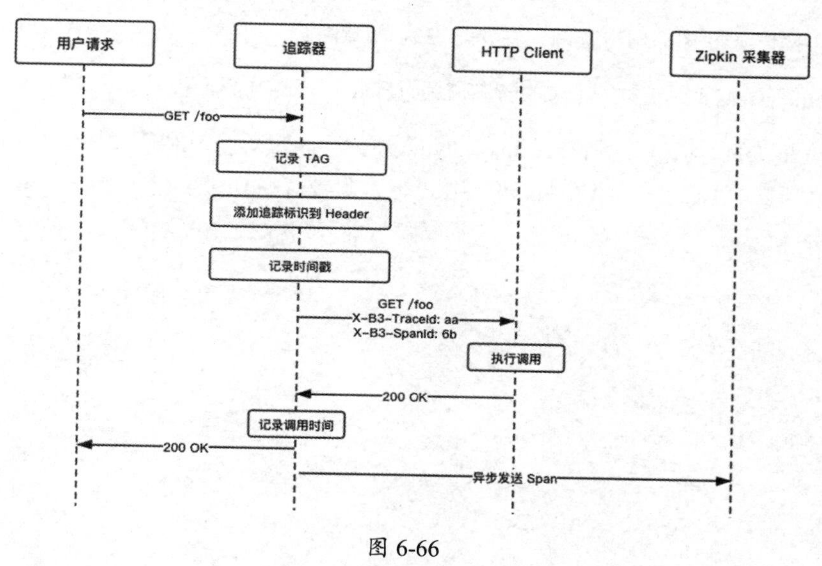

图 6-66

在 Istio 服务网格内，调用链的 Span 信息由 Envoy 通过 Proxy 直接上报给 Zipkin Server。服务和 Zipkin 的调用流程及内部结构如图 6-67 所示。

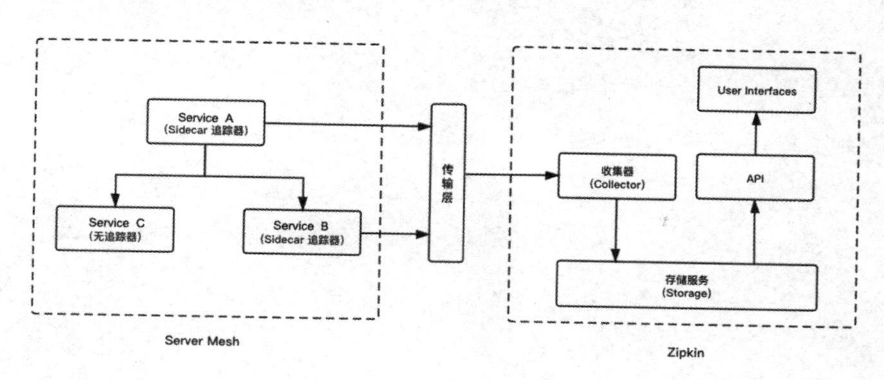

图 6-67

- 传输层：默认为 HTTP 的方式，当然还可以使用 Kafka、Scribe 的方式。
- 收集器（Collector）：收集发送过来的 Span 数据，并进行数据验证、存储，以及创建必要的索引。

- 存储（Storage）：默认是 in-memory 的方式，仅用于测试。需要注意的是，此方式的追踪数据并不会被持久化。其他可选方式有 JDBC（MySQL）、Cassandra、Elasticsearch。
- API：提供 API 外部调用查询，主要是 Web UI 调用。
- User Interfaces（Web UI）：提供追踪数据查询的 Web UI 界面展示。

以 Bookinfo 为例，通过分析 productpage Python 服务可以发现，代码里使用了 OpenTracing 库从请求内提取的所需的 Headers，并在调用下游服务时，附带这些 Headers 参数。

```
def getForwardHeaders(request):
    headers = {}
    #x-b3-*** headers can be populated using the opentracing span
    span = get_current_span()
    carrier = {}
    tracer.inject(
        span_context=span.context,
        format=Format.HTTP_HEADERS,
        carrier=carrier)

    headers.update(carrier)
    # ...
    incoming_headers = ['x-request-id']
    # ...
    for ihdr in incoming_headers:
        val = request.headers.get(ihdr)
        if val is not None:
            headers[ihdr] = val
    return headers
```

另外，使用 Java 编写的 reviews 服务也是如此。

```
@GET
@Path("/reviews/{productId}")
public Response bookReviewsById(@PathParam("productId") int productId,
    @HeaderParam("end-user") String user,
    @HeaderParam("x-request-id") String xreq,
    @HeaderParam("x-b3-traceid") String xtraceid,
    @HeaderParam("x-b3-spanid") String xspanid,
    @HeaderParam("x-b3-parentspanid") String xparentspanid,
    @HeaderParam("x-b3-sampled") String xsampled,
    @HeaderParam("x-b3-flags") String xflags,
    @HeaderParam("x-ot-span-context") String xotspan) {

    if (ratings_enabled) {
```

```
        JsonObject ratingsResponse = getRatings(Integer.toString(productId), user, xreq,
xtraceid, xspanid, xparentspanid, xsampled, xflags, xotspan);
    }
```

想要体验 Zipkin，请读者先按照本书指引部署 Bookinfo 实例应用程序，再根据以下步骤进行配置。

（1）启用 Tracing 功能，并将 tracing provider 配置为 Zipkin。

```
$    istioctl    manifest    apply    --set    values.tracing.enabled=true    --set
values.tracing.provider=zipkin
✔ Istio core installed
✔ Istiod installed
✔ Ingress gateways installed
✔ Addons installed
✔ Installation complete
```

此命令会启用一个开箱即用的 Zipkin 演示环境。

注意：默认采样率为 1%，可以通过--set values.pilot.traceSampling=<Value>来配置采样率。Value 范围在 0 到 100 之间，精度为 0.01。例如，Value 配置 0.01 意味着在 10000 请求中跟踪 1 个请求。

（2）如果集群已部署 Zipkin，则可以直接使用以下命令进行配置。

```
--set
values.global.tracer.zipkin.address=<zipkin-collector-service>.<zipkin-collector-name
space>:9411
```

（3）访问 Bookinfo /productpage 页面以便生成并上报追踪数据，默认 1%的采样率意味着需要至少请求 100 次才能看到追踪数据。

```
for i in `seq 1 100`; do curl -s -o /dev/null http://$GATEWAY_URL/productpage; done
```

请将 GATEWAY_URL 替换为 IngressGateway 的 IP 地址。

在执行完命令后，追踪数据就会上报至 Zipkin 中。

（4）访问 Zipkin Dashboard。如果 Istio 部署在本地环境，则可以通过 istioctl dashboard 命令进行访问。

```
$ istioctl dashboard zipkin
http://localhost:39877
open http://localhost:39877 in your browser.
```

如果 Istio 部署在远程集群，则可以使用 kubectl 命令配置本地端口的转发。

```
$ kubectl port-forward svc/tracing 8080:80 -n istio-system
```

在使用 kubectl 命令配置端口的转发后，打开浏览器访问 http://localhost:8080，即可打开 Zipkin Dashboard，如图 6-68 所示。

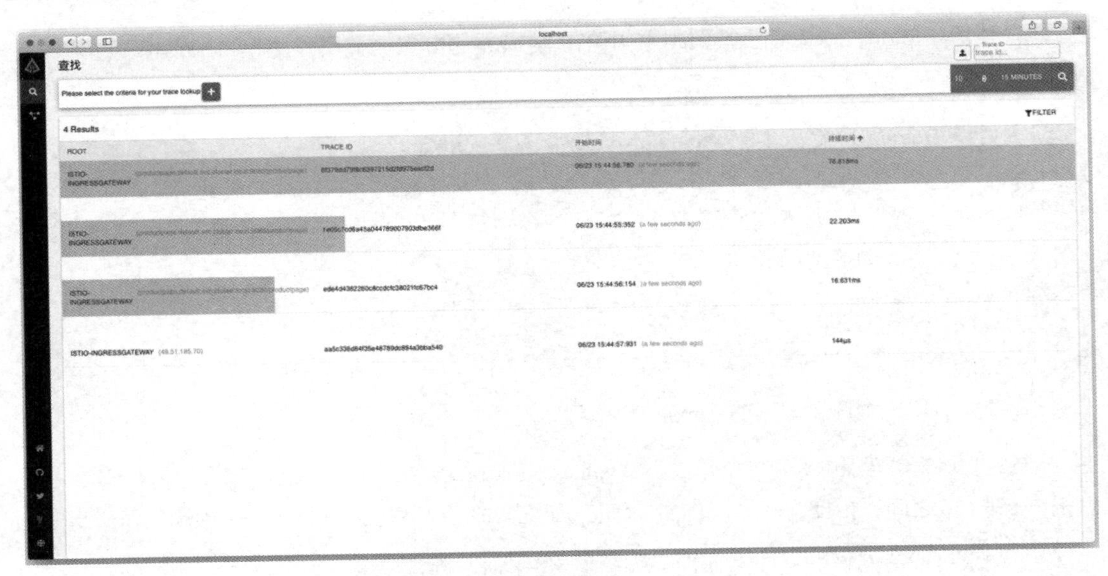

图 6-68

单击右侧“搜索”按钮后，出现追踪数据，单击列表进入追踪数据的详情页，如图 6-69 所示。

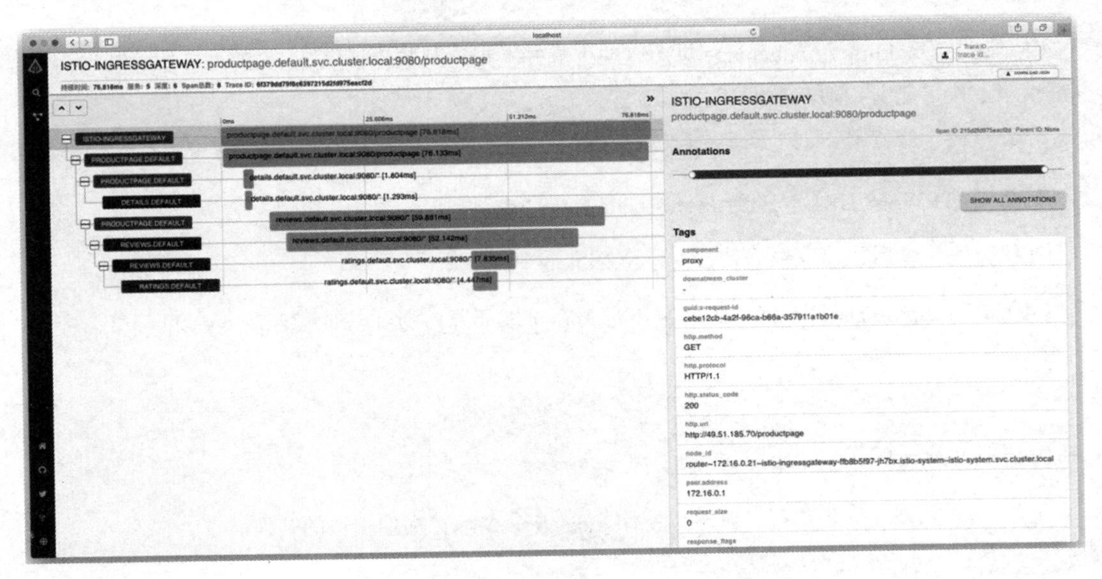

图 6-69

从追踪数据可以得出，访问一次 Bookinfo，涉及了 5 个服务（包含 istio-ingressgateway），Span 总数为 8，同时记录了请求的 TraceID，以及每个服务的请求耗时和请求总耗时。

有了 Zipkin，用户能够非常清晰地查看每一个服务的依赖，以及每一次请求的时序数据，为用户在庞大的微服务系统里排查延迟问题、调用链异常等问题提供了极大的便利。

最后，需要注意的是，采集追踪信息并不是对业务毫无侵入性，业务系统需要在调用下游服务时传递用于追踪的 Headers。在实践中，用户可以将这部分业务逻辑编写至“中间件”或“拦截器”中，从而减轻对业务的负担和侵入性。

对于生产环境，这里提供以下 4 点建议。

- Istio 提供的开箱即用的 Zipkin 采用内存的存储方式，在 Zipkin Pod 被销毁后数据也会随即消失。在生产中需要单独配置持久化存储，如 Elasticsearch，具体可参阅 Zipkin 官方文档。
- Demo 中 Zipkin 默认采样率为 1%。在生产环境中，本书建议读者根据业务系统的流量大小进行合理配置。
- Zipkin 传输层默认使用 HTTP 的方式传输，在大规模的使用场景下，可以使用 Kafka 进行数据传输。
- Zipkin 的设计初衷是实现一个纯粹的追踪系统，为了做到更高性能的追踪数据采集和展示，应尽可能减少在 Span 中自定义 K/V 信息，尤其避免将日志信息存储至 Span 中。

6.4.3 SkyWalking

服务间调用链路追踪是分布式系统中不可或缺的一部分，但也是架构体系中容易被忽略的一部分。它就像保险一样，人们不太愿意为额外的花销买单，当事故发生时却后悔当初没有投保。

近几年，随着微服务的发展，以及云原生技术的崛起，越来越多的链路追踪产品如雨后春笋般出现在大众的视野里，如 Zipkin、Pinpoint、Jaeger、SkyWalking 等。本文主要介绍 SkyWalking 这款产品的设计原理、功能特性，以及它如何与 Kubernetes、Istio 集成使用。

SkyWalking 是由 Apache 开源的一款高性能的针对分布式系统的应用程序性能监视工具，也是一个优秀的可观察性分析平台。它提供了服务链路追踪、性能指标监控、端点响应分析、异常堆栈信息收集、服务依赖调用网格拓扑、链路调用异常告警等一系列功能，让分布式系统的各项指标更加透明，帮助系统更加健康、稳定的运行。

SkyWalking 在设计上主要分为 3 部分。

- Agent：Agent 采样数据的发送端，用来收集流量的代理，不侵入业务代码，以 Agent 的形式与业务代码运行在一起。支持多种语言的探针，如 Java、Go、.Net、PHP、Node.js、Lua 等。
- oap-server：Agent 采样数据的接收端，支持 Cluster 模式，也支持单点模式，用来收集指标信息并加以分析、聚合。
- web-ui：可视化界面服务，用来展示分析结果、链路追踪、服务健康状态等信息。

下面是 SkyWalking 的官方架构图如图 6-70 所示。

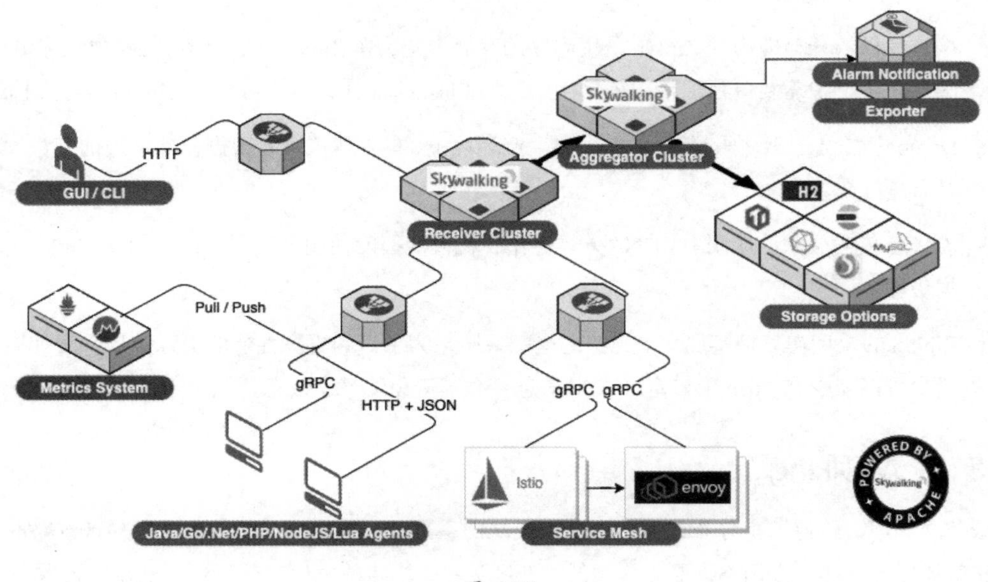

图 6-70

从图中可知，SkyWalking 不仅支持多种类型的自动采样探针，它的存储层也比较丰富。常见的 H2、MySQL、Elasticsearch 等均在其列。它的默认的存储方式是 H2，H2 是一款内存数据库，当 oap-server 重启时会丢失数据，所以在生产环境中通常选择 MySQL、Elasticsearch 或其他可持久化存储。需要注意的是，由于 Elasticsearch 在不同版本之间存在兼容性问题，因此 SkyWalking 发布了与之对应的不同版本。当 Elasticsearch 作为数据存储选项时，用户需要根据 Elasticsearch 的版本来选择对应 SkyWalking 的版本。

SkyWalking在发布时会将镜像推送到Docker Hub中，搜索SkyWalking关键字，apache用户下的3个镜像即为官方发布的镜像。

- apache/skywalking-base：SkyWalking基础镜像，包括Agent等。
- apache/skywalking-oap-server：用来搭建oap-server的镜像。
- apache/skywalking-ui：用来搭建web-ui的镜像。

用户只需要使用上面对应的Docker镜像选择需要安装的版本即可。下面在Kubernetes环境上尝试搭建单节点的SkyWalking，并与Istio集成。

1．搭建skywalking-oap-server

skywalking-oap-server是SkyWalking中关键的一个服务。它不仅可以用来接收采集端采集的数据，还可以按照一定的采样率将数据持久化，并做一系列的分析、统计。

如果想要下载指定版本的SkyWalking，则可以在SkyWalking官方网站直接下载。本文直接使用Docker Hub仓库中的镜像部署。

编写skywalking-oap-server的编排部署文件。执行kubectl apply -f <文件>命令即可创建好skywalking-oap-server。在这个文件中定义了两个资源，一个是名为skywalking-oap-server的Deployment资源，用来生成Pod；另一个是名为oap的service资源，用来将Pod以service的形式对外暴露，具体如下。

```
apiVersion: apps/v1
kind: Deployment
metadata:
  name: skywalking-oap-server
  labels:
    version: 8.1.0-es7
spec:
  selector:
    matchLabels:
      app: skywalking-oap-server
  template:
    metadata:
      labels:
        app: skywalking-oap-server
        version: 8.1.0-es7
    spec:
      containers:
        - name: skywalking-oap-server
          image: apache/skywalking-oap-server:8.1.0-es7
```

```
          imagePullPolicy: Always
          ports:
            - name: main-port
              containerPort: 8080
            - name: grpc
              containerPort: 11800
            - name: ui-port
              containerPort: 12800
          resources:
            requests:
              cpu: "100m"
              memory: "1000Mi"
            limits:
              cpu: "900m"
              memory: "1500Mi"
---
apiVersion: v1
kind: Service
metadata:
  name: oap
spec:
  type: ClusterIP
  ports:
    - name: http
      port: 80
      protocol: TCP
      targetPort: main-port
    - name: cllect
      port: 11800
      protocol: TCP
      targetPort: grpc
    - name: show
      port: 12800
      protocol: TCP
      targetPort: ui-port
  selector:
    app: skywalking-oap-server
```

在 SkyWalking 中，默认的数据存储就是 H2，所以这里对数据存储不做过多的配置，使用默认即可。我们可以在 SkyWalking 的 Release 包下的 config/application.yaml 文件中找到数据储存类型的配置。如果需要使用其他的数据存储选项存储数据，只需修改对应的配置即可。下面是 SkyWalking 中对多种不同数据存储类型支持的一些配置，用户可以根据自己的实际情况选择配置，如图 6-71 所示。

```
storage:
  selector: ${SW_STORAGE:h2}
  elasticsearch:
    nameSpace: ${SW_NAMESPACE:""}
    clusterNodes: ${SW_STORAGE_ES_CLUSTER_NODES:localhost:9200}
    protocol: ${SW_STORAGE_ES_HTTP_PROTOCOL:"http"}
    trustStorePath: ${SW_STORAGE_ES_SSL_JKS_PATH:""}
    trustStorePass: ${SW_STORAGE_ES_SSL_JKS_PASS:""}
    user: ${SW_ES_USER:""}
    password: ${SW_ES_PASSWORD:""}
    secretsManagementFile: ${SW_ES_SECRETS_MANAGEMENT_FILE:""} # Secrets management file in the properties format includes the username
    dayStep: ${SW_STORAGE_DAY_STEP:1} # Represent the number of days in the one minute/hour/day index.
    indexShardsNumber: ${SW_STORAGE_ES_INDEX_SHARDS_NUMBER:1} # Shard number of new indexes
    superDatasetIndexShardsFactor: ${SW_STORAGE_ES_SUPER_DATASET_INDEX_SHARDS_FACTOR:5} # Super data set has been defined in the codes,
    indexReplicasNumber: ${SW_STORAGE_ES_INDEX_REPLICAS_NUMBER:0}
    bulkActions: ${SW_STORAGE_ES_BULK_ACTIONS:1000} # Execute the bulk every 1000 requests
    flushInterval: ${SW_STORAGE_ES_FLUSH_INTERVAL:10} # flush the bulk every 10 seconds whatever the number of requests
    concurrentRequests: ${SW_STORAGE_ES_CONCURRENT_REQUESTS:2} # the number of concurrent requests
    resultWindowMaxSize: ${SW_STORAGE_ES_QUERY_MAX_WINDOW_SIZE:10000}
    metadataQueryMaxSize: ${SW_STORAGE_ES_QUERY_MAX_SIZE:5000}
    segmentQueryMaxSize: ${SW_STORAGE_ES_QUERY_SEGMENT_SIZE:200}
    profileTaskQueryMaxSize: ${SW_STORAGE_ES_QUERY_PROFILE_TASK_SIZE:200}
    advanced: ${SW_STORAGE_ES_ADVANCED:""}
  elasticsearch7:
    nameSpace: ${SW_NAMESPACE:""}
    clusterNodes: ${SW_STORAGE_ES_CLUSTER_NODES:localhost:9200}
    protocol: ${SW_STORAGE_ES_HTTP_PROTOCOL:"http"}
    trustStorePath: ${SW_STORAGE_ES_SSL_JKS_PATH:""}
    trustStorePass: ${SW_STORAGE_ES_SSL_JKS_PASS:""}
    dayStep: ${SW_STORAGE_DAY_STEP:1} # Represent the number of days in the one minute/hour/day index.
    user: ${SW_ES_USER:""}
    password: ${SW_ES_PASSWORD:""}
    secretsManagementFile: ${SW_ES_SECRETS_MANAGEMENT_FILE:""} # Secrets management file in the properties format includes the username
```

图 6-71

比如，用户想要使用 ElasticSearch 作为数据存储，则需要在 skywalking-oap-server 的编排部署文件中添加以下内容。

```
apiVersion: apps/v1
kind: Deployment
metadata:
    ...
      containers:
        - name: skywalking-oap-server
          image: apache/skywalking-oap-server:8.1.0-es7
          imagePullPolicy: Always
          env:
            - name: SW_STORAGE
              value: elasticsearch7
            - name: SW_NAMESPACE
              value: efk01
            - name: SW_STORAGE_ES_HTTP_PROTOCOL
              value: https
            - name: SW_STORAGE_ES_CLUSTER_NODES
              value: search-efk01-xqgu4rdcllu.us-east-2.es.amazonaws.com:443
            - name: SW_ES_USER
              value: xxxx #这里替换成用户的 ES 用户名
            - name: SW_ES_PASSWORD
              value: xxxx #这里替换成用户的 ES 密码
            - name: SW_STORAGE_DAY_STEP
              value: "10"
```

```
        - name: SW_TRACE_SAMPLE_RATE
          value: "10000"
      ports:
        - name: main-port
          containerPort: 8080
        - name: grpc
          containerPort: 11800
          ...
```

- SW_STORAGE：代表存储类型，elasticsearch7 表示使用 Elasticsearch 的 7.x.x 版本。
- SW_NAMESPACE：表示 Elasticsearch 中的逻辑分离标识，比如，配置成 efk01，那么服务启动时，会在 ES 中生成一批以 efk01 开头的索引，默认为空。
- SW_STORAGE_ES_HTTP_PROTOCOL：连接 Elasticsearch 的协议，因为本例使用的是 AWS 的 ElasticSearch 服务，所以这里配置的是 https，默认为 http。
- SW_ES_USER：Elasticsearch 的用户名。
- SW_ES_PASSWORD：Elasticsearch 的密码。
- SW_STORAGE_DAY_STEP：表示 Elasticsearch 中生成索引的间隔时间。
- SW_TRACE_SAMPLE_RATE：服务端采样率配置，配置范围为 1～10000。比如，配置 5000 则表示采样率为 50%。

2．搭建 skywalking-web-ui

skywalking-web-ui 顾名思义，是用来做 UI 界面展示的。skywalking-oap-server 分析统计的结果都可以在 UI 中做展示。

编写 skywalking-web-ui 的编排部署文件。执行 kubectl apply -f <文件>命令即可创建好 skywalking-web-ui。用户在创建 service 时可以指定为 LoadBalancer 类型使 skywalking-web-ui 服务直接对外暴露，也可以指定为 ClusterIP 类型，配合 Istio 的 IngressGateway 与 VirtualService 将服务托管给 Istio 对外暴露。

```
apiVersion: apps/v1
kind: Deployment
metadata:
  name: skywalking-ui
  labels:
    version: 1.0.0
spec:
  selector:
    matchLabels:
```

```
      app: skywalking-ui
  template:
    metadata:
      labels:
        app: skywalking-ui
        version: 1.0.0
    spec:
      containers:
        - name: skywalking-ui
          image: apache/skywalking-ui:8.1.0
          imagePullPolicy: Always
          ports:
            - name: main-port
              containerPort: 8080
          resources:
            requests:
              cpu: "100m"
              memory: "1000Mi"
            limits:
              cpu: "900m"
              memory: "1500Mi"
```

下面是使用LoadBalancer类型的方式将服务对外暴露。

```
apiVersion: v1
kind: Service
metadata:
  name: skywalking-ui
spec:
  type: LoadBalancer
  ports:
    - name: http
      port: 80
      protocol: TCP
      targetPort: main-port
  selector:
    app: skywalking-ui
```

除此之外，用户也可以将 skywalking-ui 服务的类型定义为 ClusterIP 类型，配合 Istio 的 VirtualService对外暴露一个域名。这是比较推荐的方式，其配置方式如下。

```
apiVersion: v1
kind: Service
metadata:
  name: skywalking-ui
spec:
  type: ClusterIP
  ports:
```

```
    - name: http
      port: 8080
      protocol: TCP
      targetPort: main-port
  selector:
    app: skywalking-ui
---
apiVersion: networking.istio.io/v1alpha3
kind: VirtualService
metadata:
  name: skywalking-ui
spec:
  hosts:
    - skywalking.tb1.sw.net #这个需要换成用户自己的域名
  gateways:
    - ingressgateway.istio-system.svc.cluster.local
  http:
    - match:
        - uri:
            prefix: /
      route:
        - destination:
            host: skywalking-ui.default.svc.cluster.local
            port:
              number: 8080
```

在配置完成后，执行编排文件。在浏览器地址栏中输入Host配置的域名，如果可以看到如图6-72所示的页面，则表示搭建成功。

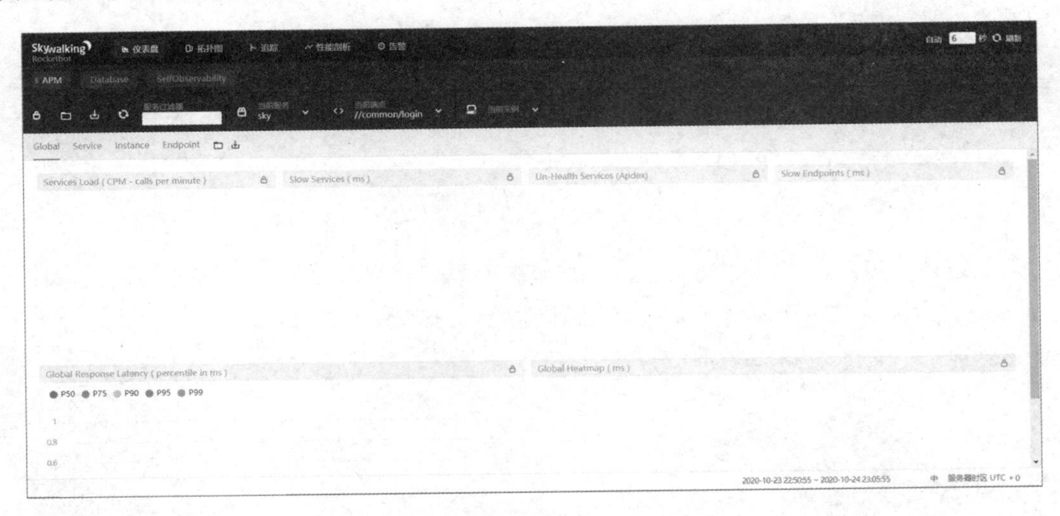

图 6-72

3．业务服务添加 skywalking-agent

skywalking-agent 以代理的方式嵌入业务服务的实例中，主要负责收集端点采样信息，上报给 skywalking-oap-server。

在 Kubernetes 中接入 Agent 端有比较多的方式。假如 Kubernetes 环境是用户自己搭建的，那么用户可以先将 Agent 包放到 Kubernetes 的宿主机上，然后在 YAML 编排文件中将 Agent 所在的文件目录挂载到 Pod 中，这样在 Pod 中的容器启动时，就可以找到 Agent 文件并加载。用户也可以将 SkyWalking Release 包中的 Agent 文件及配置文件拿出来，做一些公共的配置，之后将单独生成一个私有的 Docker 镜像推送到仓库中，最后在自己的业务服务编排文件中初始化进去并在启动时加载。如果不想那么麻烦，也可以直接使用 apache/skywalking-base 镜像直接初始化到业务服务的编排文件中。下面就是一个直接使用官方的镜像文件初始化业务服务 Agent 的例子。

假如有两个业务服务，Sky 服务与 Bees 服务。Sky 服务在业务中调用了 Bees 服务。这两个服务都使用 Java 语言开发，并且只有在这两个服务中都配置 SkyWalking 的 Agent 时，才能将链路调用的采样信息发送给 skywalking-oap-server。

首先，简单编写两个业务服务的 Dockerfile。

Sky 服务的 Dockerfile 如下。

```
FROM openjdk:8-jre-alpine

LABEL maintainer="ittony.ma@gmail.com"

ARG JAR_FILE=sky/target/*.jar

ADD ${JAR_FILE} /app.jar

CMD    ["java",    "-javaagent:/opt/agent/agent/skywalking-agent.jar"    ,"-Xmx1024m",
"-XX:-UseGCOverheadLimit", "-jar", "/app.jar"]

EXPOSE 8080
```

Bees 服务的 Dockerfile 如下。

```
FROM openjdk:8-jre-alpine

LABEL maintainer="ittony.ma@gmail.com"

ARG JAR_FILE=bees/target/*.jar
```

```
ADD ${JAR_FILE} /app.jar

CMD    ["java",    "-javaagent:/opt/agent/agent/skywalking-agent.jar"    ,"-Xmx1024m",
"-XX:-UseGCOverheadLimit", "-jar", "/app.jar"]

EXPOSE 8080
```

在 Dockerfile 中，我们可以看到，当业务服务启动时，会加载/opt/agent/agent/ skywalking-agent.jar 这个 Agent，并将 skywalking-agent.jar 包挂载到 Pod 的/opt/agent/agent 文件夹下面。下面编写 Sky 和 Bees 服务的编排部署文件。

Sky 服务的实例编排部署文件如下。

```
apiVersion: apps/v1
kind: Deployment
metadata:
  name: sky
  labels:
    version: 1.0.0
spec:
  selector:
    matchLabels:
      app: sky
  template:
    metadata:
      labels:
        app: sky
        version: 1.0.0
    spec:
      initContainers:
        - name: init-agent
          image: apache/skywalking-base:8.1.0-es7
          imagePullPolicy: Always
          command: ["cp", "-r", "/skywalking/agent", "/opt/copy"]
          volumeMounts:
            - name: agent
              mountPath: /opt/copy
      containers:
        - name: sky
          image: itmabo/sky:v1.0.0
          imagePullPolicy: Always
          env:
            - name: SW_AGENT_NAME
              value: sky
            - name: SW_AGENT_COLLECTOR_BACKEND_SERVICES
              value: oap:11800
          ports:
```

```
          - name: main-port
            containerPort: 8080
        volumeMounts:
          - name: varlog
            mountPath: /var/log
          - name: agent
            mountPath: /opt/agent/
    volumes:
      - name: varlog
        hostPath:
          path: /var/log
      - name: agent
        emptyDir: {}
---
apiVersion: v1
kind: Service
metadata:
  name: sky
spec:
  type: ClusterIP
  ports:
    - name: http
      port: 8080
      protocol: TCP
      targetPort: main-port
  selector:
    app: sky
```

Bees服务的实例编排部署文件如下。

```
apiVersion: apps/v1
kind: Deployment
metadata:
  name: bees
  labels:
    version: 1.0.0
spec:
  selector:
    matchLabels:
      app: bees
  template:
    metadata:
      labels:
        app: bees
        version: 1.0.0
    spec:
      initContainers:
        - name: init-agent
```

```
        image: apache/skywalking-base:8.1.0-es7
        command: ["cp", "-r", "/skywalking/agent", "/opt/copy"]
        volumeMounts:
          - name: agent
            mountPath: /opt/copy
    containers:
      - name: bees
        image: itmabo/bees:v1.0.0
        imagePullPolicy: Always
        env:
          - name: SW_AGENT_NAME
            value: bees
          - name: SW_AGENT_COLLECTOR_BACKEND_SERVICES
            value: oap:11800
        ports:
          - name: main-port
            containerPort: 8080
        volumeMounts:
          - name: varlog
            mountPath: /var/log
          - name: agent
            mountPath: /opt/agent/
    volumes:
      - name: varlog
        hostPath:
          path: /var/log
      - name: agent
        emptyDir: {}
---
apiVersion: v1
kind: Service
metadata:
  name: bees
spec:
  type: ClusterIP
  ports:
    - name: http
      port: 8080
      protocol: TCP
      targetPort: main-port
  selector:
    app: bees
```

在上面的配置中可以看到定义了两个容器，一个是业务服务的容器，另一个是 Agent 的配置。Agent 是配置在 initContainers 中，也就是下面这一部分配置。

```
---
apiVersion: apps/v1
```

```
kind: Deployment
...
    spec:
      initContainers:
        - name: init-agent
          image: apache/skywalking-base:8.1.0-es7
          command: ["cp", "-r", "/skywalking/agent", "/opt/copy"]
          volumeMounts:
            - name: agent
              mountPath: /opt/copy
      ...
      volumes:
        - name: agent
          emptyDir: {}
```

这里使用的是 initContainers 配置，当 Pod 初始化时，首先会下载 apache/skywalking-base:8.1.0-es7 镜像，并在这个容器中执行 cp -r /skywalking/agent /opt/copy 命令（这实际上就是将 Agent 文件及 Agent 启动配置等相关文件复制到这个容器的/opt/copy 目录下），然后将/opt/copy 目录通过 emptyDir: {}的方式定义成一个共享目录。这样一来，在当前这个 Pod 中所有的容器都共享这个目录下的所有文件。如果在定义业务服务的容器时，将该共享挂载目录的方式共享到业务服务的容器中，那么在启动业务服务的容器时，即可加载到共享的文件中。业务服务挂载配置及启动参数配置如下。

```
apiVersion: apps/v1
kind: Deployment
    ...
      containers:
        - name: sky
          image: itmabo/sky:v1.0.0
          imagePullPolicy: Always
          ...
          ports:
            - name: main-port
              containerPort: 8080
          volumeMounts:
            - name: agent
              mountPath: /opt/agent/
```

这里指定的业务服务的启动参数为 SW_AGENT_NAME 与 SW_AGENT_COLLECTOR_BACKEND_SERVICES，这两个参数是必须指定的。其中，SW_AGENT_NAME 参数表示当前服务在 SkyWalking 中服务的名称（为了方便查看，该名称一般配置与 业务服务的 名称相同），通过这个名称可以查看其下的 Endpoint 等信息，若不配置，则默认值为“YourApplicationName”；SW_AGENT_COLLECTOR_BACKEND_SERVICES 参数表示 SkyWalking 中 skywalking-oap-server 的地址，即 Agent 要将采样信息发送到的目的地。这里配置的地址是 oap:11800，这是一个 Kubernetes 中的 service 地址。通过它就可以找到与业务服务在同一个 Namespace 下的 skywalking-oap-server 服务。

4．忽略 endpoint 的配置方法

在正式的生产环境中，有些端点对分析是没有意义的，比如，Kubernetes 中 Pod 的 Readiness Probe / Liveness Probe 探测端点。若将这些端点收集起来不仅会占用采样率中的样本，还会增加存储成本，则可以将这些端点配置为忽略收集。在 SkyWalking 的 optional-plugins 中就提供了这样功能的插件，这个插件默认是不加载的，如果想要加载，则需要先在 Agent 中将 optional-plugins 文件夹下的 apm-trace-ignore-plugin-8.1.0.jar 包复制到 plugins 包下，然后在 config 文件夹下创建配置文件并设置需忽略的端点。假如需要忽略的端点为 Spring Boot 中前缀 /actuator 下的所有端点，那么在 Kubernetes 环境下，做如下配置即可。

```
...
spec:
      initContainers:
        - name: init-agent
          image: apache/skywalking-base:8.1.0-es7
          imagePullPolicy: Always
          command: ["/bin/sh","-c"]
          args:                                                                  ["mv
/skywalking/agent/optional-plugins/apm-trace-ignore-plugin-8.1.0.jar
/skywalking/agent/plugins/apm-trace-ignore-plugin-8.1.0.jar;\
           echo    'trace.ignore_path=${SW_AGENT_TRACE_IGNORE_PATH:/actuator/**}'     >
/skywalking/agent/config/apm-trace-ignore-plugin.config; \
           cp -r /skywalking/agent /opt/copy"]
          volumeMounts:
            - name: agent
              mountPath: /opt/copy
...
```

在配置完成后，启动部署业务服务，并多次调用业务端点，SkyWalking Agent 就会将把服务链路调用信息记录上报，使用户可以在 UI 界面上查看到相应的分析结果。

- Service 性能统计页面：可以看到全局或某个 Service 或某个实例的负载统计信息，如图 6-73 所示。

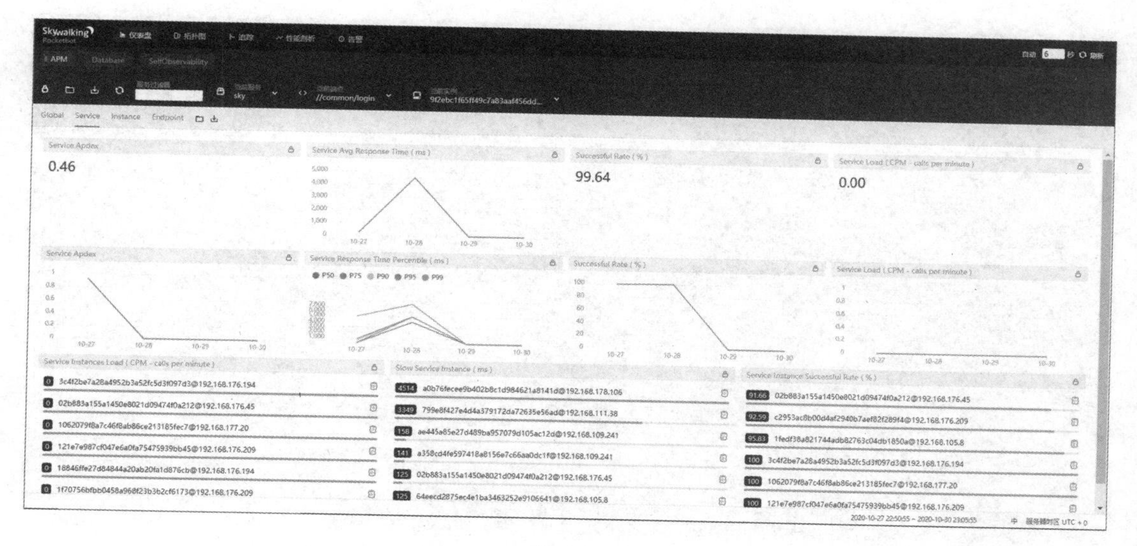

图 6-73

- 链路追踪统计页面：可以通过过滤条件找到当前服务响应速度最慢的端点，并分析是哪一级调用发生了瓶颈。如果端点出现错误，则可以查看异常信息，如图 6-74 所示。

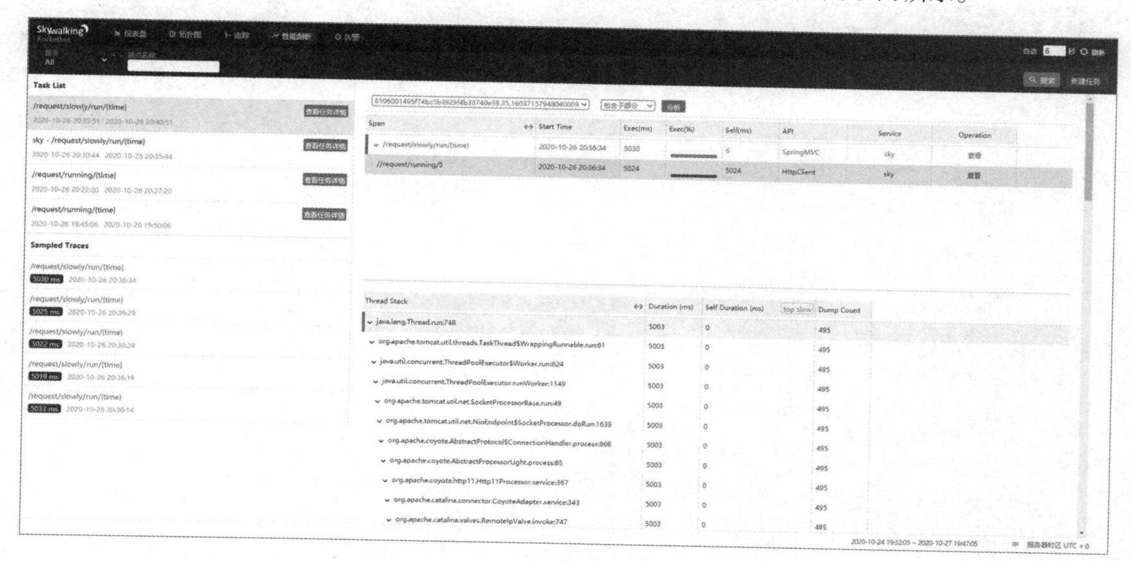

图 6-74

- 服务网格拓扑页面：可以直观地查看各个服务之间的调用关系，如图 6-75 所示。

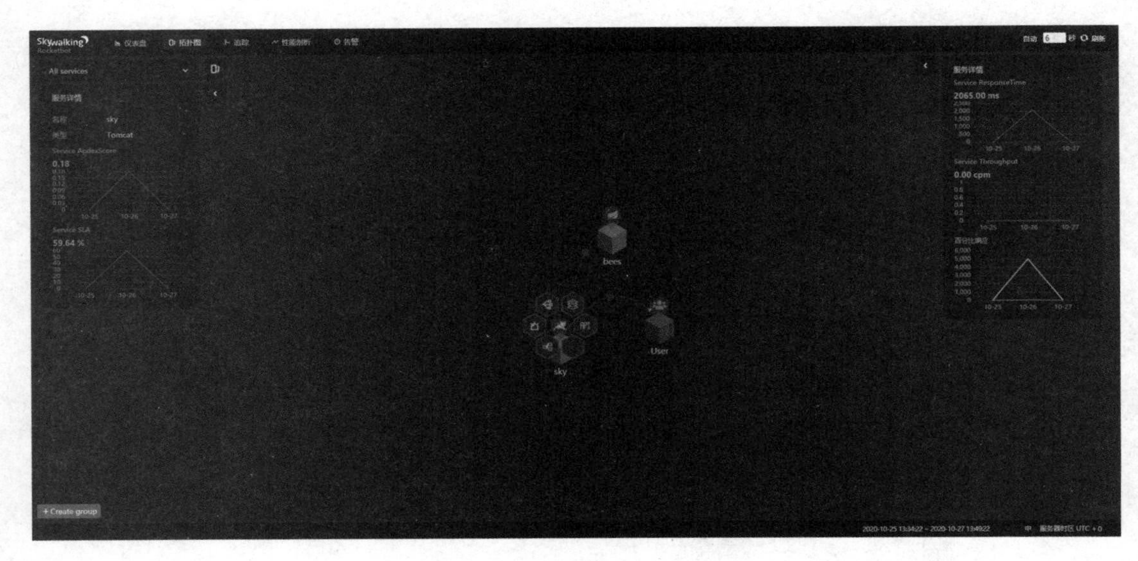

图 6-75

- 告警信息页面：可以查看服务间调用的一些影响性能的告警信息，如图 6-76 所示。

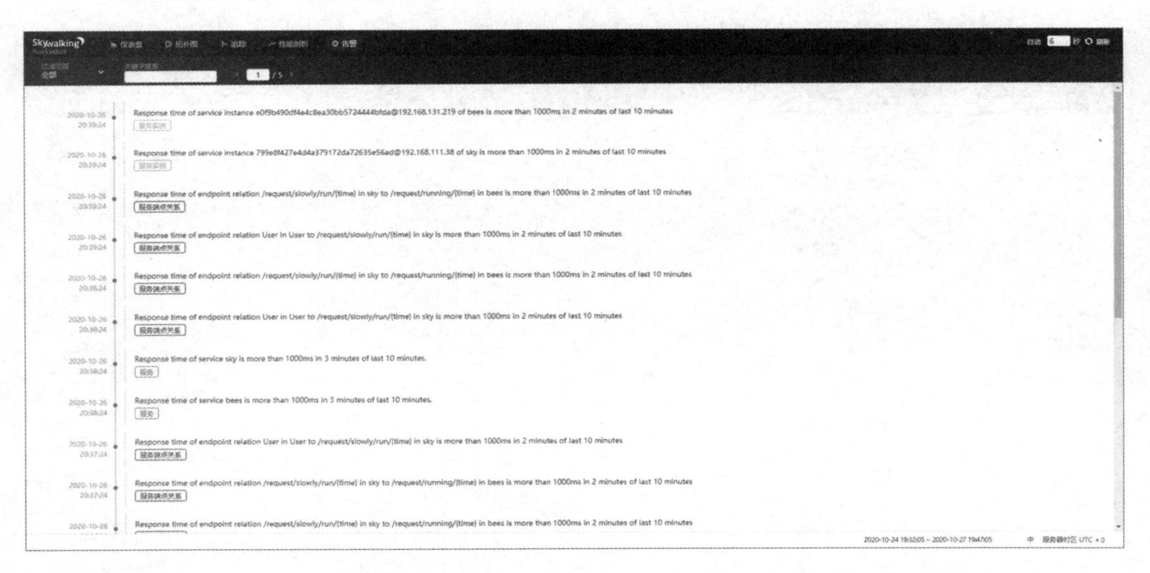

图 6-76

上面对 SkyWalking 中的每个组件进行手动的配置，使读者更加明确地理解 SkyWalking 中各个组件的作用及组成部分。实际上，SkyWalking 团队推出了专门在 Kubernetes 环境中搭建的

apache/skywalking-kubernetes 项目，这个项目旨在让 SkyWalking 在 Kubernetes 上的部署更加简洁、方便。在使用它部署时，只需要在配置好环境变量后执行简单的 Helm 命令即可。有兴趣的读者可以访问 SkyWalking Git Hub 仓库查看。SkyWalking 这款轻量级的观察性分析平台和应用性能管理系统，为服务链路追踪分析提供了清晰明了的数据。相较于业界其他的 APM 分析系统，SkyWalking 的功能更完善、简洁。同时，对 Kubernetes，Service Mesh 的支持也非常完善，目前社区活跃度也很高，各大知名企业也在使用，对后微服务时代中对服务治理、流量追踪而言是一个不错的选择。

6.5 本章小结

本章从指标监控与可视化、日志、分布式追踪 3 个方面，介绍了 Prometheus、Jaeger、Kiali 和 SkyWalking 的配置和使用，这是 Istio 可观察性的重要组成部分。

第 7 章 安全

一般来说，微服务的安全涉及以下几个方面：为了防止中间人攻击，需要对流量进行加密处理；为了提供更灵活的服务访问控制，需要 mTLS 认证方案和更细粒度的访问策略；提供审计工具等。Istio 在安全方面提供了丰富的认证和授权功能，用来解决以上的问题。

7.1 认证

认证（Authentication）一般是指验证当前用户的身份，对微服务而言则是验证请求方的身份。Istio 提供了两种类型的认证。

（1）对等认证。一般用于集群内部服务与服务之间的认证，Istio 提供了 mTLS（mutual TLS）认证方案，使用户可以在无须修改应用代码的情况下便捷地使用 Istio 提供的对等认证。

（2）请求认证。主要用于对终端用户的认证。在客户端发起请求时，请求会携带有一个 JWT（JSON Web Token），此时 Istio 可以针对这种请求，对其携带的 JWT 进行认证，进而判断当前请求是否合法。请求认证多用于从集群外向集群内发起的请求等场景。

这两种类型的认证从使用方式和原理上讲有一些异同。

（1）相同点：认证的方式相同。它们都是由目标服务对应的 Envoy 来直接完成的。

（2）不同点：证书的管理不同。对等认证使用的证书可以由 Istio 自动维护，因为用户的应用本身不会感知到证书的存在，所以也可以由用户手动挂载和维护自己指定的证书；而请求认证则需要应用本身在向目标服务发起请求时设置 JWT，同时需要通过认证策略进行证书和规则的认证。

用户可以通过 PeerAuthentication 和 RequestAuthentication 两种 CRD 对象来对对等认证和请求认证进行相应的配置。

对等认证的策略的 CRD 文件实例内容如下。

```
apiVersion: "security.istio.io/v1beta1"
kind: "PeerAuthentication"
metadata:
  name: "example-peer-policy"
  namespace: "foo"
spec:
  selector:
    matchLabels:
      app: reviews
  mtls:
    mode: STRICT
```

该 CRD 文件内容的解释为：当前认证策略的类型的名称为 example-peer-policy，它会找出 foo 这个 namespace 下带有 app: reviews 标签的所有 Pod，并针对这些 Pod 应用 STRICT 类型的对等认证策略（STRICT 类型的对等认证策略是指：客户端 Pod 对应的 Envoy 与服务器端 Pod 对应的 Envoy 之间必须对对方进行身份确认，它们之间发送的都是加密后的数据）。这个规则实际产生的效果是这些 Pod 的 Envoy 在接收到当前 Pod 的所有请求后，会对请求进行 mTLS 认证，如果认证失败，则直接返回错误信息。只有认证成功，Envoy 才会将这些请求转发给处理业务逻辑的 Pod。

请求认证类型策略 CRD 文件实例内容如下。

```
kubectl apply -f - <<EOF
apiVersion: "security.istio.io/v1beta1"
kind: "RequestAuthentication"
metadata:
  name: "jwt-example"
  namespace: istio-system
spec:
  selector:
    matchLabels:
      istio: ingressgateway
  jwtRules:
  - issuer: "testing@secure.istio.io"
    jwksUri:
"https://raw.githubusercontent.com/istio/istio/release-1.7/security/tools/jwt/samples
/jwks.json"
EOF
```

该 CRD 文件内容的解释为：该策略会使用 istio: ingressgateway 这个 label 来选取 Istio 的 Ingress

Gateway，并将当前请求认证配置到 Ingress Gateway 上。在配置完成后，Ingress Gateway 会针对收到的所有请求进行验证，其中，验证的对象是请求 header 中携带的 JWT，验证的依据是 jwksUri 字段指定为 JSON Web Key Set，并且 issuer 必须等于 testing@secure.istio.io。如果验证失败，则说明这是一个非法请求，直接返回错误信息；如果验证通过，则认为当前请求合法，会按照预配置的其他规则，将请求转发到集群中的其他服务中。

下面分别针对对等认证和请求认证进行详细的分析和举例说明。

7.1.1 对等认证

想要了解对等认证，首先要理解什么是 mTLS。TLS 在 Web 端的使用非常广泛，针对传输的内容进行加密，能够有效防止中间人攻击。mTLS 主要在 B2B 和 Server-to-Server 的场景中，用来支持服务与服务之间身份认证与授权，如图 7-1 所示。

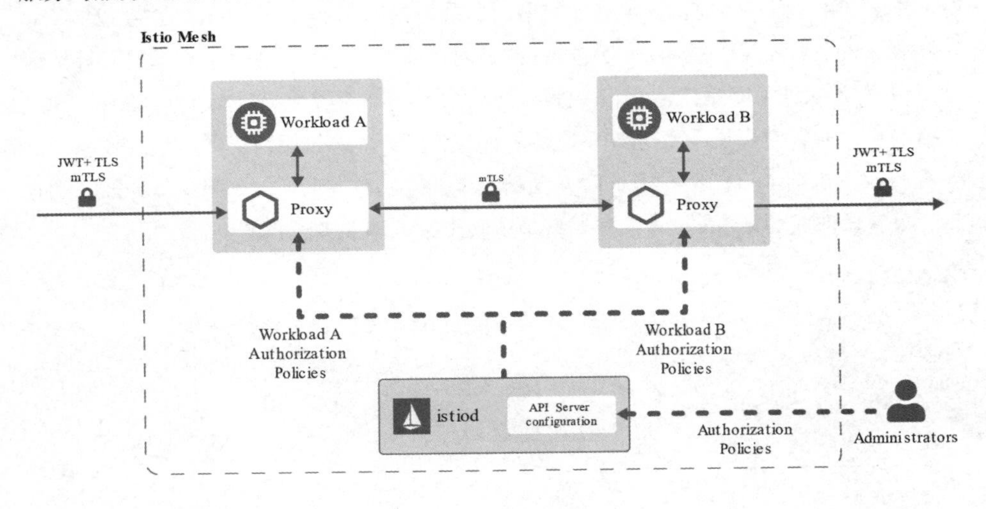

图 7-1

图中非常明确地表示了 Istio 希望在网格中能够使用 mTLS 进行授权，而在网格外使用 JWT+mTLS 进行授权。其中，服务间身份认证使用 mTLS，来源身份认证则使用 JWT。

下面将一一阐述 mTLS 在 Istio 中身份认证和授权两个方面的实验，在 Kubernetes 集群中使用有哪些注意事项，以及 mTLS 的使用建议。

首先，Istio 中提供了 AuthorizationPolicy，用于对 trust domain 进行设置，能够对证书做到更加细粒度的验证。具体的会在后面的章节中进行实验与探讨。

构建测试环境用于验证 mTLS 身份认证是否在服务间启用，mTLS 身份认证在不同的模式下对服务与服务之间的通信有何影响，授权规则对服务与服务之间的通信有何影响。

实验环境结构，共拥有 full、legacy 和 mtls-test 三个命名空间，如图 7-2 所示。对 full、mtls-test 设置了自动注入 Sidecar。

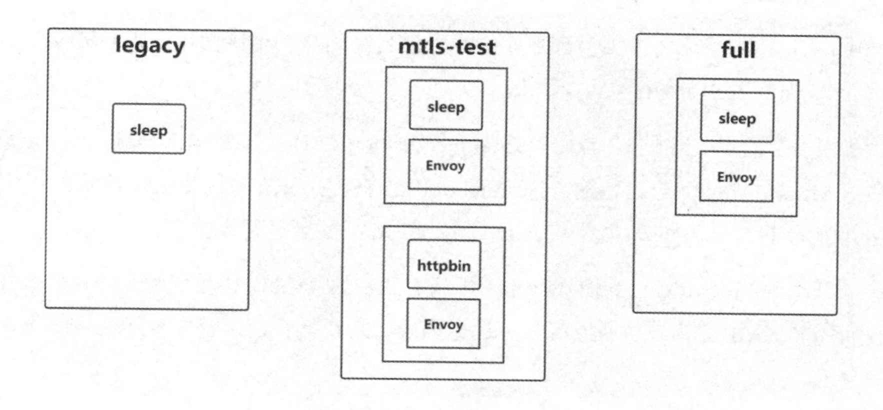

图 7-2

为验证 mTLS 可以实现服务间身份认证，我们将在网格外（legacy）和网格内（mtls-test 和 full）使用 sleep 向 httpbin 发起通信，通过配置不同的模式，观察不同的返回结果来体验 mTLS 服务间身份认证。

mTLS 主要负责服务与服务之间传输层面的认证，具体实现在 Sidecar 中。在进行请求时，mTLS 将经历如下的过程。

（1）客户端发出的请求将被发送到客户端 Sidecar。

（2）客户端 Sidecar 与服务端 Sidecar 开始 mTLS 握手。在握手的同时，客户端 Sidecar 将进行 secure naming check 的额外操作，对服务端中的 Server Identity（存储在证书中的 SAN 中）进行检查，以确保它能够运行服务。该操作能够防止一些常见 HTTP/TCP 的流量劫持攻击。

（3）在完成身份认证和授权之后，客户端和服务端开始建立连接进行通信。

Istio 提供如下 4 种 mTLS 身份认证模式，可以在不同的场景下使用。

- PERMISSIVE：同时支持密文传输和明文传输，不管是在 Istio 管理下的 Pod，还是在 Istio 管理外的 Pod，相互之间的通信都畅通无阻。PERMISSIVE 模式的主要用途是在用户迁移的过程中，服务与服务之间仍旧能够通信，例如，部分 Workload 并未注入 Sidecar。对刚接触 Istio

的用户而言非常友好，官方建议在完成迁移之后调整为 STRICT 模式。

- STRICT：Workload 只支持密文传输。
- DISABLE：关闭 Mutual TLS。从安全的角度而言，官方并不建议在没有其他安全措施的情况下使用该模式。
- UNSET：具体的策略将从父级配置中继承（命名空间或网格层面），如果父级没有进行相应的配置，则使用 PERMISSIVE 模式。

对此，我们需要重点关注的 CRD 为 PeerAuthentication 和 DestinationRule。PeerAuthentication 将定义流量在 Sidecar 之间如何进行传输。DestinationRule 将定义在发生路由之后流量的相应策略。我们主要关注其中的 TLS Settings，需要与 PeerAuthentication 配合进行设置。

实验将从默认的 PERMISSIVE 模式开始，再从 PERMISSIVE 模式转变为 STRICT 模式，最终将部分的服务启用 DISABLE 模式。通过观察其返回内容，判断是否使用密文传输，从而熟悉在不同模式下的行为模式。

1. PERMISSIVE 模式

在默认情况下，PERMISSIVE 模式能够支持明文传输，不管是在 Istio 管理下的 Pod 还是在 Istio 管理外的 Pod，相互之间的通信畅通无阻。PERMISSIVE 是一种过渡态，当开始将所有的 Workload 都迁移到网格中时，可以使用 PERMISSIVE 过渡态。在完成迁移工作后，可以通过 Grafana Dashboard 或者在 istio-proxy 中使用 tcpdump 来检查是否仍存在明文传输的情况。最终将模式转换为 STRICT 模式，完成迁移。

为简单辨识请求是否使用密文传输，运行以下命令将显示返回中的 SPIFFE URI，它来自 X509 证书的客户端标识，并指示通信是在相互的 TLS 中发送的。

```
for from in "mtls-test" "legacy"; do for to in "mtls-test"; do echo "sleep.${from} to httpbin.${to}";kubectl  exec  $(kubectl  get  pod  -l  app=sleep  -n  ${from}  -o jsonpath={.items..metadata.name})  -c  sleep  -n  ${from}  --  curl http://httpbin.${to}:8000/headers  -s  -w "response code: %{http_code}\n" | egrep -o 'URI\=spiffe.*sa/[a-z]*|response.*$';  echo -n "\n"; done; done

sleep.mtls-test to httpbin.mtls-test
URI=spiffe://cluster.local/ns/mtls-test/sa/sleep
response code: 200
sleep.legacy to httpbin.mtls-test
response code: 200
sleep.full to httpbin.mtls-test
URI=spiffe://cluster.local/ns/full/sa/sleep
```

```
response code: 200
```

从输出内容可以发现sleep.mtls-test到httpbin.mtls-test能够找到SPIFFE的相关内容，如果SPIFFE URI 显示来自 X.509 证书的客户端标识，则表明流量是在 mTLS 中发送的；如果流量为明文，则不会显示客户端证书。由此可以验证 PERMISSIVE 模式既能支持明文传输，又能支持密文传输。

2．STRICT 模式

当所有客户端服务都成功迁移至 Istio 之后，便能够启用 STRICT 模式来对 httpbin.foo 启用只接收 mTLS 请求。将以下文件内容保存为 strict.yaml，并运行 kubectl apply -f strict.yaml 使其生效。

```
apiVersion: "networking.istio.io/v1alpha3"
kind: "DestinationRule"
metadata:
  name: "httpbin-mtls-test-mtls"
spec:
  host: httpbin.mtls-test.svc.cluster.local
  trafficPolicy:
    tls:
      mode: ISTIO_MUTUAL
---
apiVersion: "security.istio.io/v1beta1"
kind: "PeerAuthentication"
metadata:
  name: "httpbin"
  namespace: "mtls-test"
spec:
  selector:
    matchLabels:
      app: httpbin
  mtls:
    mode: STRICT
```

此时如果已经要求进入 httpbin.mtls-test 的流量必须是密文传输的，则 httpbin.legacy 没有办法获取到最终的结果，再次发送请求以验证。

```
sleep.mtls-test to httpbin.mtls-test
URI=spiffe://cluster.local/ns/mtls-test/sa/sleep
response code: 200
sleep.legacy to httpbin.mtls-test
response code: 000
command terminated with exit code 56
sleep.full to httpbin.mtls-test
URI=spiffe://cluster.local/ns/full/sa/sleep
response code: 200
```

3．DISABLE 模式

此时，我们因为种种原因不能将 sleep.legacy 迁移到网格中，但希望它可以与 httpbin.mtls-test 通信，所以可以针对 httpbin.mtls-test 启用 DISABLE 模式。将以下文件内容保存为 disable.yaml，并运行 kubectl apply -f disable.yaml 使其生效。

```
apiVersion: "security.istio.io/v1beta1"
kind: "PeerAuthentication"
metadata:
  name: "httpbin"
  namespace: "mtls-test"
spec:
  selector:
    matchLabels:
      app: httpbin
  mtls:
    mode: DISABLE
---
apiVersion: "networking.istio.io/v1alpha3"
kind: "DestinationRule"
metadata:
  name: "httpbin-mtls-test-mtls"
spec:
  host: httpbin.mtls-test.svc.cluster.local
  trafficPolicy:
    tls:
      mode: DISABLE
sleep.mtls-test to httpbin.mtls-test
response code: 200
sleep.legacy to httpbin.mtls-test
response code: 200
sleep.full to httpbin.mtls-test
response code: 200
```

从实验的结果上能体现出相互之间的通信是畅通的，但是没有展示 SPIFFE URI，因此所有的流量都是明文传输的。需要注意的是，这样的配置是非常危险的，在没有其他安全措施的情况下，请避免这类情况的发生。

4．网格外部服务 mTLS

在许多情况下，服务网格中的微服务并不是应用程序的全部。有时，网格内部的微服务需要使用服务网格外部的服务，在网格外部署服务，有如下 3 种原因。

（1）相关服务是第三方服务，无法被直接迁移到服务网格中。

（2）从性能方面进行考量，认为相关服务不适合加入网格中。

（3）由于行政管理方面的原因，需要使用到其他团队的服务，但对方团队并没有服务网格的相关背景。

受服务网格带来的 mTLS，可以使整个系统更加安全。下面就以 MongoDB 为例，首先实现在 MongoDB 中内置 mTLS，然后将服务端迁移到网格内部，在网格内通过 mTLS 访问网格外部 MongoDB 服务。

1）使用 MongoDB 内置 mTLS 创建安全连接

MongoDB 自身能够提供 mTLS 的服务，可以通过签发相应的证书完成 mTLS 的配置。

首先使用 openssl 自行签发证书，运行以下命令进行签发。

```
openssl req -out ca.pem -new -x509 -days 3650 -subj
"/C=CN/CN=root/emailAddress=11111@qq.com"  #生成根证书
openssl genrsa -out server.key 2048         #生成服务器私钥
openssl req -key server.key -new -out server.req -subj
"/C=CN/CN=mongo/emailAddress=11111@qq.com" #生成服务端证书申请文件
openssl x509 -req -in server.req -CAkey privkey.pem -CA ca.pem -days 36500 -CAcreateserial
-CAserial serial -out server.crt            #生成服务端证书
cat server.key server.crt > server.pem      #合并证书与私钥
openssl verify -CAfile ca.pem server.pem    #验证证书
openssl genrsa -out client.key 2048         #生成客户端私钥
openssl req -key client.key -new -out client.req -subj
"/C=CN/CN=client/emailAddress=11111@qq.com" #生成客户端证书申请文件
openssl x509 -req -in client.req -CAkey privkey.pem -CA ca.pem -days 36500 -CAserial serial
-out client.crt                             #生成客户端证书
cat client.key client.crt > client.pem      #合并证书与私钥
openssl verify -CAfile ca.pem client.pem    #验证证书
```

至此我们已经获得了 3 个证书，其中，ca.pem 作为根证书，server.pem 和 client.pem 分别作为服务端和客户端的证书。

2）使用 ConfigMap 部署 MongoDB 客户端和服务端

运行以下命令创建 ConfigMap，以供挂载在客户端和服务端。

```
kubectl create configmap -n mongo mongo-server-pem --from-file=./ssl/server.pem
--from-file=./ssl/ca.pem
kubectl create configmap -n mongo mongo-client-pem --from-file=./ssl/client.pem
--from-file=./ssl/ca.pem
```

将以下内容保存为 mongo-sts.yaml，并使用 kubectl apply -f mongo-sts.yaml 来创建。

```
apiVersion: v1
```

```
kind: Service
metadata:
  name: mongo
  namespace: mongo
  labels:
    name: mongo
spec:
  ports:
  - port: 27017
    targetPort: 27017
  clusterIP: None
  selector:
    app: mongo
---
apiVersion: apps/v1beta1
kind: StatefulSet
metadata:
  name: mongo
  namespace: mongo
spec:
  serviceName: mongo
  replicas: 1
  template:
    metadata:
      labels:
        app: mongo
    spec:
      terminationGracePeriodSeconds: 10
      containers:
        - name: mongo
          image: mongo:4.2
          command:
            - mongod
            - "--bind_ip"
            - 0.0.0.0
            - "--tlsMode"
            - "requireTLS"
            - "--tlsCertificateKeyFile"
            - "/pem/server.pem"
            - "--tlsCAFile"
            - "/pem/ca.pem"
          ports:
            - containerPort: 27017
          volumeMounts:
          - name: ssl
            mountPath: /pem
      volumes:
        - name: ssl
```

```
          configMap:
            name: mongo-server-pem
```

服务端中挂载了 mongo-server-pem 的 ConfigMap 用于启动 mongod，要求 mongod 在建立连接时，必须使用 mTLS 建立连接。

将以下内容保存为 client.yaml，使用 kubectl apply -f client.yaml 创建客户端。

```
apiVersion: apps/v1
kind: Deployment
metadata:
  namespace: mongo
  name: mongo-client
spec:
  replicas: 1
  selector:
    matchLabels:
      app: mongo-client
      version: v1
  template:
    metadata:
      labels:
        app: mongo-client
        version: v1
    spec:
      containers:
      - image: mongo:4.2
        imagePullPolicy: IfNotPresent
        name: mongo-client
        volumeMounts:
          - name: ssl
            mountPath: /pem
      volumes:
        - name: ssl
          configMap:
            name: mongo-client-pem
```

同样地，客户端也通过 ConfigMap 将客户端证书和根证书挂载到客户端容器中，以供后序客户端对服务端进行访问。

3）使用客户端访问实验

首先进入客户端终端，运行以下命令。

```
kubectl exec -it mongo-client bash
```

然后使用客户端连接数据库，运行以下命令。

```
root@mongo-client:  mongo  --tls  --tlsCAFile  /pem/ca.pem  --tlsCertificateKeyFile
/pem/client.pem --host mongo.mongo
Welcome to the MongoDB shell.
```

在 mongo-client 中，使用正确的客户端证书和根证书对 mongo.mongo 进行尝试连接，能够实现正常通信。

尝试不使用任何证书连接数据库，运行以下命令。

```
root@mongo-client:/ mongo  --host mongo.mongo
2020-05-02T06:19:11.562+0000 I NETWORK [js] DBClientConnection failed to receive message
from mongo.mongo:27017 - HostUnreachable: Connection closed by peer
```

在不设置任何证书连接时，就会在握手阶段被拒绝。

尝试使用根证书代替客户端证书，运行以下命令。

```
root@mongo-client:/  mongo  --tls  --tlsCAFile  /pem/ca.pem  --tlsCertificateKeyFile
/pem/ca.pem --host mongo.mongo
2020-05-02T06:30:25.551+0000 E  NETWORK  [main] cannot read PEM key file: /pem/ca.pem
error:0909006C:PEM routines:get_name:no start line
Failed global initialization: InvalidSSLConfiguration Can not set up PEM key file.
```

如果用根证书替代客户端证书，则会因根证书的格式不正确而导致握手无法完成。

尝试使用客户端证书替代根证书，运行以下命令。

```
root@mongo-client:/  mongo  --tls  --tlsCAFile  /pem/client.pem  --tlsCertificateKeyFile
/pem/client.pem --host mongo.mongo
2020-05-02T06:30:36.144+0000 E NETWORK [js] SSL peer certificate validation failed: self
signed certificate in certificate chain
```

发现服务端将在握手阶段进行验证，最终发现客户端是自签名证书，不可被信任。

上述的输出可以表明，在没有证书和证书不正确的情况下都无法连入数据库，虽然使用 mTLS 模式访问 MongoDB，在访问 MongoDB 上已经有了非常安全的保障，但是在客户端需要开发人员自行处理有关证书的事宜时，不仅会给开发人员带来困扰，还会将证书与私钥对外暴露。如果客户端在网格内部，则可以让 Sidecar 来负责相关的工作。

4）Istio mTLS 结合 MongoDB

我们主要针对客户端进行改造，将其部署在网格中，并让 istio-proxy 进行 mTLS 的相关处理，将以下内容保存为 client.yaml 文件，并使用命令将 kubectl apply -f client.yaml 应用到集群。

```
apiVersion: apps/v1
kind: Deployment
metadata:
```

```
  namespace: mtls-test
  name: mongo-client
spec:
  replicas: 1
  selector:
    matchLabels:
      app: mongo-client
      version: v1
  template:
    metadata:
      labels:
        app: mongo-client
        version: v1
      annotations:
        sidecar.istio.io/userVolume: '[{"name":"client-ssl",
"configMap":{"name":"mongo-client-pem"}}]'
        sidecar.istio.io/userVolumeMount: '[{"name":"client-ssl",
"mountPath":"/pem"}]'

    spec:
      containers:
      - image: mongo:4.2
        imagePullPolicy: IfNotPresent
        name: mongo-client
```

其中，template.annotations 可参考 Resource Annotations，主要用途是将客户端的相关证书等内容挂载到 istio-proxy 容器中。

将以下内容保存为 db-mtls.yaml 文件，并使用命令将 kubectl apply -f db-mtls.yaml 应用到集群。

```
apiVersion: networking.istio.io/v1alpha3
kind: DestinationRule
metadata:
  namespace: mtls-test
  name: db-mtls
spec:
  host: mongo.mongo.svc.cluster.local
  trafficPolicy:
    tls:
      mode: MUTUAL
      clientCertificate: /pem/client.pem
      privateKey: /pem/client.key
      caCertificates: /pem/ca.pem
```

设置相应的 DestinationRule。需要注意的是，tls.mode 为 MUTUAL，并未使用 ISTIO_MUTUAL。相应证书的路径和 Deployment 中的 Annotation 相呼应。

在部署后，使用 kubectl exec 进入 mongo-client 容器中，进行以下连接实验。

```
root@mongo-client-7557b58674-f2rvc:/ mongo --host mongo.mongo
MongoDB shell version v4.2.6
connecting to:
MongoDB://mongo.mongo:27017/?compressors=disabled&gssapiServiceName=MongoDB
Implicit session: session { "id" : UUID("19b8f417-4e6b-4ef6-9fda-15e9f1703ebf") }
MongoDB server version: 4.2.6
Welcome to the MongoDB shell.
```

从上述内容可知这次在创建连接时并没有设置相应 TLS 的内容，这是因为将 TLS 层的内容前移到 istio-proxy 中了。

5．mTLS 与 Kubernetes 探针

我们常在 Kubernetes 集群中使用探针，检测服务的健康状态，而这样的探针，往往是一个 HTTP 请求。在使用探针时，如果开启 mTLS STRICT 模式，则会出现探针报错的情况，但实际上服务是可以正常运行的，运行以下命令获取 Pod 状态。

```
kubectl get pods -n mtls-test --watch
NAME                            READY   STATUS             RESTARTS   AGE
httpbin-5446f4d9b4-kxsjx        2/2     Running            0          4h4m
httpbin-probe-79d8c47c6-rmwkl   1/2     CrashLoopBackOff   4          115s
sleep-666475687f-cp252          2/2     Running            0          6h23m
```

因为探针的最终实施者是 Kubelet，但是 Kubelet 在执行探测时，并不会携带相应合法的证书，所以会被 Sidecar 拒绝请求，返回一个非 2xx 的返回值。TCP 同理，因此需要在该方面上得到豁免。

Istio 官方文档也给出了相应的答案，通过添加注解的方式达成豁免。

修改 Deployment，在 template.metadata 中添加了 sidecar.istio.io/rewriteAppHTTPProbers，通过改写的方式保证探针能够正常工作。

```
spec:
  template:
    metadata:
      annotations:
        sidecar.istio.io/rewriteAppHTTPProbers: "true"
```

6．mTLS 的使用建议

在微服务架构中，服务与服务之间的调用是非常频繁的，这也是 Istio 启用 mTLS 的一个原因，但是在实际的使用中，需要从安全和性能两方面综合考虑。

从安全方面考虑，mTLS 的使用最大限度地保障了网格内服务的安全。大多数用户会选择从一些基础的镜像开始构建，用户无法确保这些镜像是否包含恶意代码。假设用户在网格外部署了一个名为 Hack 的 Pod，其注入的恶意代码在容器启动时尝试连接网格中的 MySQL 数据库，如果用户选择使用 PERMISSIVE 或 DISABLE 模式，则 Hack 的行为合法，将为其创造条件对数据库密码进行破解；如果使用 STRICT 模式，则 Hack 将无法访问到相应资源，返回状态码 503，从根源上阻止了其行为。

然而从性能方面考虑，用户可以创建更少的连接来避免总的握手次数（多路复用），但是对称加密/解密本身是非常耗时和消耗 CPU 资源的。有关性能消耗的分析，可以参考一些评测机构对此做出的相关评测。

综上所述，如果是对性能较为敏感，且数据的敏感性不强，数据库也仅限集群内部的访问，则可以考虑使用明文传输。但从数据敏感或业务逻辑需要等安全方面的考量，这里建议使用 mTLS。

7.1.2 请求认证

请求认证也被称为终端用户认证，目前 Istio 中仅支持 JWT 方式。为了体验这个特性，读者需要一个有效的 JWT，并且该 JWT 必须和用于该 demo 的 JWKS 终端对应。在这个实践中，我们使用来自 Istio 基础库的代码，运行以下命令使用 IngressGateway 暴露 httpbin.foo 服务。

```
$ kubectl apply -f - <<EOF
apiVersion: networking.istio.io/v1alpha3
kind: Gateway
metadata:
  name: httpbin-gateway
  namespace: foo
spec:
  selector:
    istio: ingressgateway #Use Istio default Gateway implementation
  servers:
  - port:
      number: 80
      name: http
      protocol: HTTP
    hosts:
    - "*"
EOF
$ kubectl apply -f - <<EOF
apiVersion: networking.istio.io/v1alpha3
kind: VirtualService
metadata:
  name: httpbin
  namespace: foo
spec:
  hosts:
```

```
  - "*"
  gateways:
  - httpbin-gateway
  http:
  - route:
    - destination:
        port:
          number: 8000
        host: httpbin.foo.svc.cluster.local
EOF
```

通过如下命令获取 Ingress IP 地址。

```
$ export INGRESS_HOST=$(kubectl -n istio-system get service istio-ingressgateway -o
jsonpath='{.status.loadBalancer.ingress[0].ip}')
```

运行命令执行查询测试，如果返回 200，则说明请求正常。

```
$ curl $INGRESS_HOST/headers -s -o /dev/null -w "%{http_code}\n"
200
```

现在，为 httpbin.foo 添加一个支持 JWT 请求的认证策略。

```
kubectl apply -f - <<EOF
apiVersion: security.istio.io/v1beta1
kind: RequestAuthentication
metadata:
  name: "jwt-example"
  namespace: foo
spec:
  selector:
    matchLabels:
      app: httpbin
  jwtRules:
  - issuer: "testing@secure.istio.io"
    jwksUri:
"https://raw.githubusercontent.com/istio/istio/release-1.11/security/tools/jwt/sample
s/jwks.json"
EOF
```

为 httpbin.foo 添加一个要求配置终端用户 JWT 的策略。

```
$ kubectl apply -f - <<EOF
apiVersion: security.istio.io/v1beta1
kind: AuthorizationPolicy
metadata:
  name: require-jwt
  namespace: foo
spec:
```

```
  selector:
    matchLabels:
      app: httpbin
  action: ALLOW
  rules:
  - from:
    - source:
        requestPrincipals: ["testing@secure.istio.io/testing@secure.istio.io"]
EOF
```

使用与之前相同的 curl 命令将返回 401 错误代码，这是因为服务器结果期望 JWT 没有被提供。

```
$ curl $INGRESS_HOST/headers -s -o /dev/null -w "%{http_code}\n"
403
```

附带生成的有效 token 将返回成功。

```
$ TOKEN=$(curl
https://raw.githubusercontent.com/istio/istio/release-1.11/security/tools/jwt/samples
/demo.jwt -s)
$ curl --header "Authorization: Bearer $TOKEN" $INGRESS_HOST/headers -s -o /dev/null -w
"%{http_code}\n"
200
```

为了观察 JWT 验证的其他方面，使用脚本生成新 tokens，带上不同的发行人、受众、有效期等进行测试。该脚本可以从 Istio 库下载，运行如下命令即可获取。

```
$                                                                                 wget
https://raw.githubusercontent.com/istio/istio/release-1.8/security/tools/jwt/samples/
gen-jwt.py
$ chmod +x gen-jwt.py
```

这里还需要 key.pem 文件，运行如下命令下载 key.pem 文件。

```
$  wget  https://raw.githubusercontent.com/istio/istio/release-1.8/security/tools/jwt/
samples/key.pem
```

除此之外，如果计算机未安装 jwcrypto 库，则需要对其进行安装。

例如，使用下述命令创建一个 5s 过期的 token（Istio 使用这个 token 刚开始认证请求成功，但是 5s 后拒绝了它们），运行以下命令进行测试。

```
$ TOKEN=$(./gen-jwt.py ./key.pem --expire 5)
$ for i in `seq 1 10`; do curl --header "Authorization: Bearer $TOKEN" $INGRESS_HOST/headers
-s -o /dev/null -w "%{http_code}\n"; sleep 1; done
200
200
200
200
```

```
200
401
401
401
401
401
```

也可以给一个 Ingress Gateway 添加一个 JWT 策略（例如，服务 istio-ingressgateway.istio-system.svc.cluster.local）。这个常用于为被绑定到这个 Gateway 的所有服务定义一个 JWT 策略，而不是单独的服务。

1．按照路径要求的终端用户认证

终端用户认证可以基于请求路径启用或禁用。如果想要让某些路径禁用则该认证非常有用，例如，用于健康检查或状态报告的路径。用户也可以为不同的路径指定不同的 JWT。

2．为指定路径禁用终端用户认证

修改 jwt-example 策略禁用 /user-agent 路径的终端用户认证，运行以下命令对其进行修改。

```
$ kubectl apply -f - <<EOF
apiVersion: security.istio.io/v1beta1
kind: AuthorizationPolicy
metadata:
  name: require-jwt
  namespace: foo
spec:
  selector:
    matchLabels:
      app: httpbin
  action: ALLOW
  rules:
  - from:
    - source:
        requestPrincipals: ["testing@secure.istio.io/testing@secure.istio.io"]
  - to:
    - operation:
        methods: ["GET"]
        paths: ["/user-agent"]
EOF
```

确认/user-agent 路径允许免访问 JWT tokens，运行以下命令，如果返回 200，则说明符合预期。

```
$ curl $INGRESS_HOST/user-agent -s -o /dev/null -w "%{http_code}\n"
200
```

确认不带 JWT tokens 的非 /user-agent 路径拒绝访问，运行以下命令，如果返回 403，则说明符

合预期。

```
$ curl $INGRESS_HOST/headers -s -o /dev/null -w "%{http_code}\n"
403
```

3. 带 mTLS 的终端用户认证

终端用户认证号码和 mTLS 可以共用。运行以下命令，使 httpbin.foo 开启 mTLS。

```
$ kubectl apply -f - <<EOF
apiVersion: security.istio.io/v1beta1
kind: PeerAuthentication
metadata:
  name: "httpbin"
  namespace: "foo"
spec:
  selector:
    matchLabels:
      app: httpbin
  mtls:
    mode: STRICT
EOF
```

运行以下命令添加一个 DestinationRule。

```
$ kubectl apply -f - <<EOF
apiVersion: "networking.istio.io/v1alpha3"
kind: "DestinationRule"
metadata:
  name: "httpbin"
  namespace: "foo"
spec:
  host: "httpbin.foo.svc.cluster.local"
  trafficPolicy:
    tls:
      mode: ISTIO_MUTUAL
EOF
```

如果已经启用网格范围或命名空间范围的 TLS，那么 Host（httpbin.foo）已经被这些 DestinationRule 覆盖。因此，不需要添加这个 DestinationRule。但是，仍然需要添加 tls 段到认证策略，这是因为特定服务策略将完全覆盖网格范围（或者命名空间范围）的策略。

在修改这些后，从 Istio 服务（包括 Ingress Gateway）到 httpbin.foo 的流量将使用 mTLS。上述测试命令将仍然会正常工作。给定正确的 token，从 Istio 服务直接到 httpbin.foo 的请求也会正常工作，运行以下命令，如果返回 200，则说明符合预期。

```
$   TOKEN=$(curl   https://raw.githubusercontent.com/istio/istio/release-1.8/security/
```

```
tools/jwt/samples/demo.jwt -s)
$ kubectl exec $(kubectl get pod -l app=sleep -n foo -o jsonpath={.items..metadata.name})
-c sleep -n foo -- curl http://httpbin.foo:8000/ip -s -o /dev/null -w "%{http_code}\n"
--header "Authorization: Bearer $TOKEN"
200
```

然而，来自非 Istio 服务，使用纯文本的请求就会失败。运行以下命令，如果返回 000，则说明符合预期。

```
$ kubectl exec $(kubectl get pod -l app=sleep -n legacy -o jsonpath={.items..metadata.name})
-c sleep -n legacy -- curl http://httpbin.foo:8000/ip -s -o /dev/null -w "%{http_code}\n"
--header "Authorization: Bearer $TOKEN"
000
command terminated with exit code 56
```

7.2 授权

为了保障集群中服务的安全，Istio 提供了一系列开箱即用的安全机制，其中，对服务进行访问控制就是非常重要的一个部分，这个功能被称为授权。授权功能会按照预定义的配置针对特定的请求进行匹配，在匹配成功之后会执行对应的动作，例如，放行请求或拒绝请求。

由于作用的对象是服务，因此授权功能主要适用于四至七层（相比较而言，传统的防火墙主要用于二至四层），例如，gRPC、HTTP、HTTPS、HTTP2，以及 TCP 等。对基于这些协议的请求进行授权检测，Istio 都可以提供原生支持。

从数据流的角度来讲，授权功能可以用于多种场景，包括从集群外部访问集群内部的服务、从集群内部的一个服务访问集群内部的另一个服务，以及从集群内部访问集群外部的服务。

就像实现流量控制功能一样，Istio 中授权功能的实现也是非侵入式的，可以在不影响现有业务逻辑的情况下，通过一系列自定义的授权策略在 Istio 集群中启用授权功能，实现业务的安全加固。

用户可以通过配置授权策略这种 CRD 对象来实现授权功能。授权策略按照作用域大小，可以分为 3 类。

- 作用于整个集群的全局策略。
- 作用于某个 namespace 的局部策略。
- 作用于某些 Pod 的具体策略。

下面是一个具体的授权配置文件的例子。

```yaml
apiVersion: security.istio.io/v1beta1
kind: AuthorizationPolicy
metadata:
  name: allow-read
  namespace: default
spec:
  selector:
    matchLabels:
      app: products
  action: ALLOW
  rules:
  - to:
    - operation:
        methods: ["GET", "HEAD"]
```

这条授权策略会找出 default 这个 namespace 中含有 label 为 app: products 的 Pod，并针对发送到这些 Pod 的请求进行匹配。如果这些请求使用的协议是 HTTP，且请求方法为"GET"或 "HEAD"，则放行这些请求。

下面会在 7.2.1 节中对授权策略进行详细的分析和举例说明。另外，授权策略除了匹配常规的协议字段，还有非常多针对请求中的 JWT Token 进行匹配的选项，因此这部分内容会在单独的一节中进行说明，详见 7.2.8 节。

7.2.1 授权策略

授权功能是 Istio 中安全体系的一个重要组成部分，用来实现访问控制功能，即判断一个请求是否允许通过。这个请求可以是从外部进入 Istio 内部的请求，也可以是在 Istio 内部从 Service A 到 Service B 的请求。授权功能可以被近似地认为是一种四层到七层的“防火墙”，会像传统防火墙一样，对数据流进行分析和匹配，并执行相应的动作。

本节所有概念和操作都基于 Istio 1.6 版本。

授权功能是通过授权策略（AuthorizationPolicy）进行配置和使用的。下面是一个完整的授权策略实例，如下。

```yaml
apiVersion: security.istio.io/v1beta1
kind: AuthorizationPolicy
metadata:
 name: httpbin-policy
 namespace: foo
spec:
  selector:
    matchLabels:
```

```
    app: httpbin
  action: ALLOW
  rules:
  - from:
    - source:
        principals: ["cluster.local/ns/default/sa/sleep"]
    to:
    - operation:
        methods: ["GET"]
        paths: ["/info*"]
    when:
    - key: request.auth.claims[iss]
      values: ["https://foo.com"]
```

这个授权策略的含义是：筛选出 foo 这个 namespace 中含有 label 为 app: httpbin 的 Pod，并对发送到这些 Pod 的请求进行匹配，如果匹配成功，则放行当前请求。匹配规则是：发起请求的 Pod 的 Service Account 需要是 cluster.local/ns/default/sa/sleep，请求使用的协议是 HTTP，请求的具体方法类型是 GET，请求的 URL 为/info*，并且请求中需要包含由 https://foo.com 签发的有效 JWT Token。

从这个例子中可以看出，一个授权策略主要包含 5 个部分，如下。

- name：授权策略的名称，仅用于标识授权策略本身，不会影响规则的匹配和执行。
- namespace：当前授权策略对象所在的 namespace，可以使用这个字段配置不同作用范围的授权策略。
- selector：使用 label 来选择当前授权策略作用于哪些 Pod 上。需要注意的是，这里设置的是服务端的 Pod，因为最终这些规则会转换成 Envoy 规则由服务端的 Envoy Proxy 来具体执行。例如，有 Client 和 Server 两个 service，它们的 Pod 对应的 label 分别为 app:client 和 app:server，为从 Client 到 Server 的请求配置授权策略，这里的 selector 应该设置为 app：server。
- action：可以为 ALLOW（默认值）或 DENY。
- rules：匹配规则，如果匹配成功，就会执行对应的 action，详见 7.2.6 节。

7.2.2 全局策略

全局策略位于 Istio 的 root namespace 中（例如，istio-system），且匹配所有的 Pod。这种策略会作用于整个集群的所有 Pod 中。

下面的例子中有 3 个全局策略，第一个是全局 ALLOW 授权策略，第二个和第三个是全局 DENY

授权策略。后面这两个作用类似，但有重要的区别，详见 7.2.5 节。

```
kubectl apply -f - <<EOF
apiVersion: security.istio.io/v1beta1
kind: AuthorizationPolicy
metadata:
  name: global-allow
  namespace: istio-system
spec:
  action: ALLOW
  rules:
  - {}
EOF

kubectl apply -f - <<EOF
apiVersion: security.istio.io/v1beta1
kind: AuthorizationPolicy
metadata:
  name: global-deny
  namespace: istio-system
spec:
  action: DENY
  rules:
  - {}
EOF

kubectl apply -f - <<EOF
apiVersion: security.istio.io/v1beta1
kind: AuthorizationPolicy
metadata:
  name: global-deny
  namespace: istio-system
spec:
  {}
EOF
```

7.2.3 局部策略

局部策略位于除 root namespace 之外的任何一个 namespace 中，且匹配所有的 Pod。在这种情况下，这个策略会作用于当前 namespace 的所有 Pod 中。

下面的例子中是 3 个 namespace 级别的局部策略，第一个是 ALLOW 授权策略，第二个和第三个是 DENY 授权策略。像全局策略一样，后面这两个作用类似，但又有重要的区别，详见 7.2.5 节。

```
kubectl apply -f - <<EOF
apiVersion: security.istio.io/v1beta1
```

```
kind: AuthorizationPolicy
metadata:
  name: foo-namespace-allow
  namespace: foo
spec:
  action: ALLOW
  rules:
  - {}
EOF

kubectl apply -f - <<EOF
apiVersion: security.istio.io/v1beta1
kind: AuthorizationPolicy
metadata:
  name: foo-namespace-deny
  namespace: foo
spec:
  action: DENY
  rules:
  - {}
EOF

kubectl apply -f - <<EOF
apiVersion: security.istio.io/v1beta1
kind: AuthorizationPolicy
metadata:
  name: foo-namespace-deny
  namespace: foo
spec:
  {}
EOF
```

7.2.4 Match label

Match label 授权策略仅作用于当前 namespace 下使用 selector 字段匹配到的 Pod 中。

```
kubectl apply -f - <<EOF
apiVersion: security.istio.io/v1beta1
kind: AuthorizationPolicy
metadata:
  name: httpbin-allow
  namespace: foo
spec:
  selector:
    matchLabels:
      app: httpbin
  action: ALLOW
```

```
  rules:
  - {}
EOF
```

7.2.5 匹配算法

针对某一个请求，可以按照一定的匹配算法来执行相应的授权策略。

（1）如果有任何一条 DENY 授权策略匹配当前请求，则拒绝当前请求。

（2）针对当前 Pod，如果没有任何 ALLOW 授权策略，则放行当前请求。

（3）如果有任何一条 ALLOW 授权策略匹配当前请求，则放行当前请求。

（4）拒绝当前请求。

也就意味着，如果同时有 ALLOW 和 DENY 授权策略作用于同一个 Pod 上，则 DENY 授权策略会优先执行，其他的 ALLOW 授权策略就会被忽略。

注意：这个顺序非常重要，有时会比较隐晦，因此在配置比较复杂的授权策略时，需要多加小心。

因为授权策略在配置时，有一些细节上的差异，下面结合授权策略的匹配算法进行一些分析。

```
spec:
  {}
```

这是一条 DENY 授权策略，作用于全局策略或 namespace 级别的局部策略（取决于策略所在 namespace 是否为 root namespace）。但是它并没有对当前请求进行匹配（这就意味着按照授权策略的匹配算法在匹配时并不会优先匹配到这条策略），因此可以将其作为一条“后备”策略，即全局或 namespace 级别的一条默认策略。

```
spec:
  action: DENY
  rules:
  - {}
```

这条策略会真正地匹配当前的请求，又因为它是 DENY 授权策略，按照授权策略的匹配算法，它会首先得到执行（这就意味着，如果配置了一条这种全局或者 namespace 级别的策略，则所有的其他 ALLOW 授权策略都不会得到执行），所以这条策略在实际中并没有什么价值。

```
spec:
  action: ALLOW
  rules:
  - {}
```

这条策略和上一条策略类似，但是它是 ALLOW 授权策略，因此按照授权策略的匹配算法，它的优先级会低一些，可以像第一条策略一样作为一条全局或 namespace 级别的默认策略。

7.2.6 规则详解

授权策略中最重要的是其中的 rule 字段，它指定了如何针对当前的请求进行匹配。如果一条授权策略中指定了多条 rule 规则，则它们之间是或的关系，即只要其中任意一条规则匹配成功，则整个授权策略匹配成功，就会执行相应的 action。下面是概述中提到的一个授权策略的例子。

```
apiVersion: security.istio.io/v1beta1
kind: AuthorizationPolicy
metadata:
 name: httpbin-policy
 namespace: foo
spec:
  selector:
    matchLabels:
      app: httpbin
  action: ALLOW
  rules:
  - from:
    - source:
        principals: ["cluster.local/ns/default/sa/sleep"]
    to:
    - operation:
        methods: ["GET"]
        paths: ["/info*"]
    when:
    - key: request.auth.claims[iss]
      values: ["https://foo.com"]
```

这里的 rules 是一个 rule 的列表。每一条 rule 规则包括 3 部分：from、to 和 when。类似于防火墙规则，from 和 to 配量当前请求从哪里来、到哪里去，when 会增加一些额外的检测，当这些条件都满足时，就会认为当前规则匹配成功。如果 from、to 或 when 其中某一部分未进行配置，则认为其也可以匹配成功。

在 rule 中进行配置时，所有的字符串类型都支持类似于通配符的匹配模式。例如，abc* 匹配“abc”和“abcd”等，*xyz 匹配“xyz”和“wxyz”等，单独的* 匹配非空的字符串。

下面针对具体的字段详细进行说明。

- from：针对请求的发送方进行匹配，主要包括 principals、requestPrincipals、namespaces 和

ipBlocks 四个部分。

- principals。匹配发送方的身份，在 Kubernetes 中可以认为是 Pod 的 Service Account。使用这个字段时，首先需要开启 mTLS 功能，关于这部分内容可参见 7.1.1 节。例如，当前请求是从 default namespace 的 Pod 中发出的，且 Pod 使用的 Service Account 名称为 sleep，针对这个请求进行匹配，可以将 principals 配置为[cluster.local/ns/default/sa/sleep]。
- requestPrincipals。匹配请求中 JWT Token 的 issuer/subject 字段组合。
- namespaces。匹配发送方 Pod 所在的 namespace。
- ipBlocks。匹配请求的源 IP 地址段。

- to：针对请求的接收方进行匹配。除了请求接收方，还会对请求本身进行匹配。包括以下字段。
  - hosts。目的 Host。
  - ports。目的 Port。
  - methods。它是指当前请求执行的 HTTP Method。针对 gRPC 服务，这个字段需要设置为 POST。注意：这个字段必须在 HTTP 中进行匹配，否则被认为匹配失败。
  - paths。当前请求执行的 HTTP URL 被称为 Path。针对 gRPC 服务，需要配置为 /package.service/method 格式。
- when。这是一个 key/value 格式的 List。这个字段会针对请求进行一些额外的检测，当这些检测全部匹配时才会认证当前规则匹配成功。例如，key：request.headers[User-Agent]可以匹配 HTTP Header 中的 User-Agent 字段。所有可配置项可参见 Istio 官方网站上的 Authorization Policy Conditions 说明。

针对以上字段，还有对应的反向匹配操作，即“取反”匹配，包括 notPrincipals、notNamespaces 等。例如，notNamespaces: ["bar"] 表示当发送请求的 Pod 不位于“bar”这个 namespace 中时匹配成功。

另外，在 rule 中会有非常多针对 JWT Token 进行匹配的字段，关于这部分可以查看 7.2.8 节中的详细分析。

下面针对上文列出来的授权策略给出一些实际的例子，一方面可以展示在实际环境中是如何使用这些策略的，另一方面也可以验证前文所述的各种匹配字段、授权策略的匹配算法和授权策略的作用域。

7.2.7 操作实例

1．创建应用

首先，创建客户端和服务器端的 service 和对应的 Pod。使用的例子位于 Istio 源码的 samples 目录中，运行以下命令进行创建。

```
$ kubectl create ns foo
$ kubectl apply -f <(istioctl kube-inject -f samples/httpbin/httpbin.yaml) -n foo
$ kubectl apply -f <(istioctl kube-inject -f samples/sleep/sleep.yaml) -n foo
```

确认 Pod 已经正常运行，当 STATUS 状态为 Running 时，则说明运行正常。

```
$ kubectl get pod -n foo --show-labels
NAME                        READY   STATUS    RESTARTS   AGE   LABELS
httpbin-5d5df46d48-jndgh       2/2          Running       0                    57s
app=httpbin,istio.io/rev=,pod-template-hash=5d5df46d48,security.istio.io/tlsMode=
istio,version=v1
sleep-545684d78b-29x74            2/2          Running       0                 56s
app=sleep,istio.io/rev=,pod-template-hash=545684d78b,security.istio.io/tlsMode=istio
$
```

确认可以正常访问，且启用了 mTLS 功能，如果返回 200，则说明访问正常。

```
$ kubectl exec $(kubectl get pod -l app=sleep -n foo -o jsonpath={.items..metadata.name})
-c sleep -n foo -- curl "http://httpbin.foo:8000/ip" -s -o /dev/null -w "sleep.foo to
httpbin.foo: %{http_code}\n"
sleep.foo to httpbin.foo: 200

$ kubectl exec $(kubectl get pod -l app=sleep -n foo -o jsonpath={.items..metadata.name})
-c sleep -n foo -- curl http://httpbin.foo:8000/headers -s | grep X-Forwarded-Client-Cert
    "X-Forwarded-Client-Cert":
"By=spiffe://cluster.local/ns/foo/sa/httpbin;Hash=e0f2132eb6ae920cec4b2ea16b9baa33ca3
88b719a2648636f7a75542852ff0e;Subject=\"\";URI=spiffe://cluster.local/ns/foo/sa/sleep
"
```

2．全局策略测试

运行以下命令创建一个全局默认的拒绝策略。

```
$ kubectl apply -f - <<EOF
apiVersion: security.istio.io/v1beta1
kind: AuthorizationPolicy
metadata:
  name: global-deny
  namespace: istio-system
spec:
  {}
```

```
EOF
```

这时可以验证连通性，运行以下命令进行检查。

```
$ kubectl exec $(kubectl get pod -l app=sleep -n foo -o jsonpath={.items..metadata.name})
-c sleep -n foo -- curl "http://httpbin.foo:8000/ip" -s -o /dev/null -w "sleep.foo to
httpbin.foo: %{http_code}\n"
sleep.foo to httpbin.foo: 403
```

返回 403 代表服务拒绝，表明全局拒绝策略生效。

创建一个 Pod 为 httpbin 的 ALLOW 授权策略，运行以下命令创建该策略。

```
kubectl apply -f - <<EOF
apiVersion: security.istio.io/v1beta1
kind: AuthorizationPolicy
metadata:
  name: httpbin-allow-policy
  namespace: foo
spec:
  selector:
    matchLabels:
      app: httpbin
  action: ALLOW
  rules:
  - to:
    - operation:
        methods: ["GET"]
EOF
```

按照授权策略的匹配算法，应该可以匹配到第三条规则，因此会执行 ALLOW 动作。运行下面的命令进行验证，如果返回 200，则说明请求正常。

```
$ kubectl exec $(kubectl get pod -l app=sleep -n foo -o jsonpath={.items..metadata.name})
-c sleep -n foo -- curl "http://httpbin.foo:8000/ip" -s -o /dev/null -w "sleep.foo to
httpbin.foo: %{http_code}\n"
sleep.foo to httpbin.foo: 200
```

3．测试 Rule 中的字段

下面以 Service Account 为例进行说明。首先检查 sleep Pod 所使用的 Service Account，运行以下命令获取 Pod。

```
$ kubectl get pod -l app=sleep -n foo -o jsonpath={.items...serviceAccountName}
sleep
```

根据 namespace 和 Service Account 构造出 principals 字段，更新授权策略。运行以下命令进行更新操作。

```
$ kubectl apply -f - <<EOF
apiVersion: security.istio.io/v1beta1
kind: AuthorizationPolicy
metadata:
  name: httpbin-allow-policy
  namespace: foo
spec:
  selector:
    matchLabels:
      app: httpbin
  action: ALLOW
  rules:
  - from:
    - source:
        principals: ["cluster.local/ns/foo/sa/sleep"]
    to:
    - operation:
        methods: ["GET"]
EOF
```

进行验证，如果返回 200，则说明策略生效。

```
$ kubectl exec $(kubectl get pod -l app=sleep -n foo -o jsonpath={.items..metadata.name})
-c sleep -n foo -- curl "http://httpbin.foo:8000/ip" -s -o /dev/null -w "sleep.foo to
httpbin.foo: %{http_code}\n"
sleep.foo to httpbin.foo: 200
```

如果访问仍然是放行状态，则说明刚才的授权策略是生效的。

将授权策略中的 Service Account 修改为一个其他值，运行以下命令进行修改。

```
$ kubectl apply -f - <<EOF
apiVersion: security.istio.io/v1beta1
kind: AuthorizationPolicy
metadata:
  name: httpbin-allow-policy
  namespace: foo
spec:
  selector:
    matchLabels:
      app: httpbin
  action: ALLOW
  rules:
  - from:
    - source:
        principals: ["cluster.local/ns/foo/sa/other-sa"]
    to:
    - operation:
        methods: ["GET"]
```

```
EOF
$ kubectl exec $(kubectl get pod -l app=sleep -n foo -o jsonpath={.items..metadata.name})
-c sleep -n foo -- curl "http://httpbin.foo:8000/ip" -s -o /dev/null -w "sleep.foo to
httpbin.foo: %{http_code}\n"
sleep.foo to httpbin.foo: 403
```

这里会访问失败，因为授权策略中配置 Service Account 字段与实际的 Service Account 不匹配。

同样地，用户可以配置 from、to 和 when 中的其他字段进行测试。

4．授权策略的匹配算法测试

首先，删除之前创建的名称为 httpbin-allow-policy 的授权策略，目前系统中仅存在一个全局的默认 DENY 授权策略。运行以下命令进行删除。

```
kubectl delete authorizationpolicies httpbin-allow-policy -n foo
```

然后，创建一个匹配"GET"方法的 ALLOW 授权策略，即 httpbin-allow-get。运行以下命令进行创建。

```
$ kubectl apply -f - <<EOF
apiVersion: security.istio.io/v1beta1
kind: AuthorizationPolicy
metadata:
  name: httpbin-allow-get
  namespace: foo
spec:
  selector:
    matchLabels:
      app: httpbin
  action: ALLOW
  rules:
  - to:
    - operation:
        methods: ["GET"]
EOF
```

这时使用"GET /ip"请求进行测试，由于该请求可以和 httpbin-allow-get 策略匹配，按照授权策略的匹配算法，可以匹配到第三条规则，因此可以正常访问。运行以下命令，如果返回 200，则说明正常访问。

```
$ kubectl exec $(kubectl get pod -l app=sleep -n foo -o jsonpath={.items..metadata.name})
-c sleep -n foo -- curl "http://httpbin.foo:8000/ip" -s -o /dev/null -w "sleep.foo to
httpbin.foo: %{http_code}\n"
sleep.foo to httpbin.foo: 200
```

使用"POST /ip"请求进行测试，由于该请求不能与 httpbin-allow-get 策略匹配，因此会执行默认的全局 DENY 授权策略，运行以下命令进行访问，如果返回 403，则说明策略生效。

```
$ kubectl exec $(kubectl get pod -l app=sleep -n foo -o jsonpath={.items..metadata.name})
-c sleep -n foo -- curl -X POST "http://httpbin.foo:8000/ip" -s -o /dev/null -w "sleep.foo
to httpbin.foo: %{http_code}\n"
sleep.foo to httpbin.foo: 403
```

创建一个"/ip"的 DENY 授权策略，即 httpbin-deny-ip-url。运行以下命令创建该策略。

```
$ kubectl apply -f - <<EOF
apiVersion: security.istio.io/v1beta1
kind: AuthorizationPolicy
metadata:
  name: httpbin-deny-ip-url
  namespace: foo
spec:
  selector:
    matchLabels:
      app: httpbin
  action: DENY
  rules:
  - to:
    - operation:
        paths: ["/ip"]
EOF
```

这时使用"GET /ip"请求进行测试。运行以下命令进行请求，如果返回 403，则说明策略生效。

```
$ kubectl exec $(kubectl get pod -l app=sleep -n foo -o jsonpath={.items..metadata.name})
-c sleep -n foo -- curl "http://httpbin.foo:8000/ip" -s -o /dev/null -w "sleep.foo to
httpbin.foo: %{http_code}\n"
sleep.foo to httpbin.foo: 403
```

从上面返回的结果中，可以看出执行失败。失败的原因是"GET /ip"请求与刚创建的 httpbin-allow-get 和 httpbin-deny-ip-url 两个授权策略都匹配，但是授权策略的匹配算法在执行到第一条规则时，首先会匹配到 httpbin-deny-ip-url 授权策略，然后就会直接拒绝当前的请求，使另一条授权策略 httpbin-allow-get 无法得到执行。

5．清理

执行以下命令，清理之前创建过的各种资源。

```
$ kubectl delete authorizationpolicies httpbin-deny-ip-url -n foo
$ kubectl delete authorizationpolicies httpbin-allow-get -n foo
$ kubectl delete authorizationpolicies httpbin-allow-policy -n foo
$ kubectl delete authorizationpolicies global-deny -n istio-system
```

```
$ kubectl delete -f <(istioctl kube-inject -f samples/httpbin/httpbin.yaml) -n foo
$ kubectl delete -f <(istioctl kube-inject -f samples/sleep/sleep.yaml) -n foo
$ kubectl delete ns foo
```

7.2.8 JWT 授权

首先了解 JWT（JSON Web Token），它是一种多方传递可信 JSON 数据的方案。一个 JWT Token 由“.”分隔的 3 部分组成：{Header}.{Payload}.{Signature}。其中，Header 是 Base64 编码的 JSON 数据，包含令牌类型（typ）、签名算法（alg）及秘钥 ID（kid）等信息；Payload 是需要传递的 claims 数据，也是 Base64 编码的 JSON 数据，其中有些字段是 JWT 标准已有的字段，如 exp、iat、iss、sub 和 aud 等，也可以根据需求添加自定义字段；Signature 是对前两部分的签名，防止数据被篡改，以此确保 token 信息是可信的，更多参考 Introduction to JSON Web Tokens。Istio 中验证所需公钥由 RequestAuthentication 资源的 JWKS 配置提供。

前面介绍了 HTTP、TCP、gRPC 等不同协议的流量授权，而 JWT 授权则是对终端用户的访问控制。试想某个内部服务需要管理员才能够访问，这时就需要验证终端用户的角色是否为管理员，可以在 JWT claims 中带有管理员角色信息，并在授权策略中对该角色进行授权。不同协议的流量授权在操作 to 方面有比较多的示范，本节主要在来源 from 和自定义条件 when 方面做示范。

本节使用 Istio 实例中的 httpbin 服务做演示，涉及不同场景下 JWT 授权的应用，主要包括：

- 在无授权策略情况下的 JWT 认证。
- 任意非空的 JWT 授权。
- principal 条件匹配授权。
- claims 条件匹配授权。
- 分阶段认证和授权。

1. 准备工作

安装 Istio 的详细步骤、请见本书 4.1 节。

2. httpbin 服务部署

接下来我们需要部署一个注入了 Sidecar 的 httpbin 服务，具体步骤如下。

1）创建命名空间

为了后续演示方便，将命名空间环境变量设置为 NS=authz-jwt，并创建命名空间。运行以下命令进行创建。

```
$ export NS=authz-jwt
$ kubectl create namespace $NS
```

2）Sidecar 自动注入

为命名空间开启 Sidecar 自动注入，运行以下命令为 namespace 打标签。

```
$ kubectl label namespace $NS istio-injection=enabled
```

3）部署 httpbin 服务

在下载的 Istio 目录下部署 httpbin 服务，并检查 Pod、service 的创建情况。运行以下命令进行创建，当 Pod STATUS 为 Running 状态时，则说明创建成功。

```
$ cd {istio release path}
kubectl -n $NS apply -f samples/httpbin/httpbin.yaml

$ kubectl -n $NS get po
NAME                        READY   STATUS    RESTARTS   AGE
httpbin-779c54bf49-df6mc    2/2     Running   0          6h9m

$ kubectl -n $NS get svc
NAME      TYPE        CLUSTER-IP      EXTERNAL-IP   PORT(S)    AGE
httpbin   ClusterIP   10.111.151.12   <none>        8000/TCP   6h9m
```

3．配置 httpbin 网关

1）添加 httpbin 服务的 Gateway

为了避免与其他网关产生冲突，网关指定 Host 为 authz-jwt.local。这样在测试时，通过指定 Host 确定 Gateway 路由到 httpbin 服务。运行以下命令进行配置。

```
$ kubectl apply -f - <<EOF
apiVersion: networking.istio.io/v1alpha3
kind: Gateway
metadata:
  name: httpbin-gateway
  namespace: $NS
spec:
  selector:
    istio: ingressgateway
  servers:
  - port:
      number: 80
      name: http
      protocol: HTTP
```

```
    hosts:
    - "authz-jwt.local"
---
apiVersion: networking.istio.io/v1alpha3
kind: VirtualService
metadata:
  name: httpbin
  namespace: $NS
spec:
  hosts:
  - "*"
  gateways:
  - httpbin-gateway
  http:
  - route:
    - destination:
        host: httpbin
        port:
          number: 8000
EOF
```

2）获取 Ingress 网关的 IP 地址和 Port

根据环境不同用户参考官方文档获取 Ingress 网关的 IP 地址和 Port，这里以 minikube 环境为例，运行以下命令来获取。

```
$ export INGRESS_IP=$(minikube ip)
$ export INGRESS_PORT=$(kubectl -n istio-system get service istio-ingressgateway -o jsonpath='{.spec.ports[?(@.name=="http2")].nodePort}')
```

3）验证网关

运行以下命令来验证请求，如果返回 200，则说明请求成功。

```
$ curl -I -H "Host: authz-jwt.local" http://$INGRESS_IP:$INGRESS_PORT/headers
HTTP/1.1 200 OK
```

根据上述内容，完成准备工作，部署了一个可以通过 Ingress 网关访问的 httpbin 服务，下面开始介绍 JWT 授权的相关内容。

4. 在无授权策略情况下的 JWT 认证

因为使用 JWT 授权的前提是需要有效的 JWT 终端身份认证，所以在使用 JWT 授权前，要为服务添加终端身份认证，即 RequestAuthentication。

下面使用 Istio 代码库中提供的用于 JWT 演示的配置，包括 JWKS 端点配置，以及两个测试用的

token ： demo 和 groups-scope。其中，demo 是一个普通 token，groups-scope 是一个带有自定义属性的 token。claims 除了具有 JWT 的基础属性，还包括 group 和 scope。运行以下命令创建 RequestAuthentication。

```
$ kubectl apply -f - <<EOF
apiVersion: "security.istio.io/v1beta1"
kind: "RequestAuthentication"
metadata:
  name: "jwt-example"
  namespace: $NS
spec:
  selector:
    matchLabels:
      app: httpbin
  jwtRules:
  - issuer: "testing@secure.istio.io"
    jwksUri:
"https://raw.githubusercontent.com/istio/istio/release-1.5/security/tools/jwt/samples
/jwks.json"
EOF
```

5. JWT 认证测试

默认 JWT 认证的 token 是以 Bearer 为前缀放在 Authorization header 中，如 Authorization: Bearer token。

使用以下 3 种方式测试服务，并查看请求的响应情况。

1）不带 Authorization header

如果不带 Authorization header 的请求正常，则运行以下命令将返回 200。

```
$ curl -I -H "Host: authz-jwt.local" http://$INGRESS_IP:$INGRESS_PORT/headers
HTTP/1.1 200 OK
```

2）Authorization header 携带一个无效的 token

如果携带无效 token 的请求被拒绝，则运行以下命令将返回 401。

```
$ curl -I -H "Authorization: Bearer invalidToken" -H "Host: authz-jwt.local"
http://$INGRESS_IP:$INGRESS_PORT/headers
HTTP/1.1 401 Unauthorized
```

3）Authorization header 携带一个有效的 token

在测试有效 token 前，需要先获取 demo token 并将其设置为环境变量，以便在后续演示中使用。

运行以下命令进行设置。

```
$ export TOKEN=$(curl https://raw.githubusercontent.com/istio/istio/release-1.5/security/tools/jwt/samples/demo.jwt -s)
```

如果携带有效 token 的请求正常，则运行以下命令将返回 200。

```
$ curl -I -H "Authorization: Bearer $TOKEN" -H "Host: authz-jwt.local" http://$INGRESS_IP:$INGRESS_PORT/headers
HTTP/1.1 200 OK
```

添加 RequestAuthentication 后，并不是要求所有请求都要带有 JWT 认证的 token，因为 RequestAuthentication 只负责验证 token 的有效性，token 的有无，以及是否授权访问都由 AuthorizationPolicy 的 JWT 授权策略决定。所以在只有 RequestAuthentication 时，可以同时支持不带 token 的请求和携带有效 token 的请求，而携带无效 token 的请求将被拒绝，此时 JWT 认证是一个非必要条件。

6．任意非空的 JWT 授权

在只有 RequestAuthentication 时不带 token 的请求是可以正常访问的，而用户需求可能会要求全部请求必须经过认证才能访问，这就需要使用 JWT 授权策略。

AuthorizationPolicy rule 规则中与 JWT 相关的字段如表 7-1 所示。

表 7-1

field	sub field	JWT claims
from.source	requestPrincipals	iss/sub
from.source	notRequestPrincipals	iss/sub
when.key	request.auth.principal	iss/sub
when.key	request.auth.audiences	aud
when.key	request.auth.presenter	azp
when.key	request.auth.claims[key]	JWT 全部属性

其中，from.source 的 requestPrincipals、notRequestPrincipals，以及 when.key 的 request.auth.principal 都是对 principal 条件的策略。principal 由 JWT claims 的 iss 和 sub 用/拼接组成{iss}/{sub}。request.auth.audiences 和 request.auth.presenter 分别对应 claims 的 aud 和 azp 属性。而 request.auth.claims[key]则可以通过 key 值获取 JWT claims 中的任意值作为条件。

这些字段的匹配都遵循授权的 4 种匹配规则：完全匹配、前缀匹配、后缀匹配和存在匹配。其中，存在匹配（*）表示该字段可以匹配任意内容，但是不能为空，和不指定字段（包括空在内的任意内容）是不一样的，所以使用存在匹配可以满足对任意非空的 JWT 授权的请求。

7．添加 AuthorizationPolicy

添加一个 from.source 为 requestPrincipals: ["*"]的 JWT 授权策略，并且允许任意非空 principal 的请求。运行以下命令创建 JWT 授权策略。

```
$ kubectl apply -f - <<EOF
apiVersion: security.istio.io/v1beta1
kind: AuthorizationPolicy
metadata:
 name: require-jwt
 namespace: $NS
spec:
 selector:
   matchLabels:
     app: httpbin
 action: ALLOW
 rules:
 - from:
   - source:
       requestPrincipals: ["*"]
EOF
```

策略生效后，如果不带 Authorization header 的请求被拒绝，则运行以下命令将返回 403。

```
$ curl -I -H "Host: authz-jwt.local" http://$INGRESS_IP:$INGRESS_PORT/headers
HTTP/1.1 403 Forbidden
```

如果携带有效 token 的请求访问正常，则运行以下命令将返回 200。

```
$ curl -I -H "Authorization: Bearer $TOKEN" -H "Host: authz-jwt.local"
http://$INGRESS_IP:$INGRESS_PORT/headers
HTTP/1.1 200 OK
```

在添加的 AuthorizationPolicy 中携带 JWT 相关条件字段后，不带 token 的请求将被拒绝，此时 JWT 认证变为了必要条件。

8．principal 条件

前面已经介绍 from.source 和 when.key 中与 principal 相关的 3 个字段，这里以 source.requestPrincipals 为例，查看 principal 条件的应用。

想要设置具体条件，可以通过 echo $TOKEN | cut -d '.' -f2 - | base64 -d -管道操作解码 token 的 Payload 部分，查看 JWT 中的 claims 信息。运行以下命令查看 JWT claims 结构。

```
$ echo $TOKEN | cut -d '.' -f2 - | base64 -d -
{
  "exp" : 4685989700,
  "foo" : "bar",
  "iss" : "testing@secure.istio.io",
  "sub" : "testing@secure.istio.io",
  "iat" : 1532389700
}
```

9. 测试 principal 条件

根据 token claims 结构，将 source.requestPrincipals 条件修改为 testing@secure.istio.io/testing@secure.istio.io。运行以下命令来对其进行 Patch 操作。

```
$ kubectl patch AuthorizationPolicy require-jwt -n $NS --type merge -p '
spec:
  rules:
  - from:
    - source:
        requestPrincipals: ["testing@secure.istio.io/testing@secure.istio.io"]
'
```

或者使用等效的自定义条件，如 when 的 key 为 request.auth.principal。命令如下。

```
$ kubectl patch AuthorizationPolicy require-jwt -n $NS --type merge -p '
spec:
  rules:
  - when:
    - key: request.auth.principal
      values: ["testing@secure.istio.io/testing@secure.istio.io"]
'
```

策略生效后，运行以下命令请求，将返回 200。

```
$ curl -I -H "Authorization: Bearer $TOKEN" -H "Host: authz-jwt.local"
http://$INGRESS_IP:$INGRESS_PORT/headers
HTTP/1.1 200 OK
```

这时如果将 requestPrincipals 规则改为其他值，如 requestPrincipals: ["testing@secure.istio.io/none"]。

```
kubectl patch AuthorizationPolicy require-jwt -n $NS --type merge -p '
spec:
  rules:
  - from:
    - source:
        requestPrincipals: ["testing@secure.istio.io/none"]
'
```

则请求被拒绝，运行以下命令将返回 403。

```
$ curl -I -H "Authorization: Bearer $TOKEN" -H "Host: authz-jwt.local"
http://$INGRESS_IP:$INGRESS_PORT/headers
HTTP/1.1 403 Forbidden
```

使用以下命令恢复正常的授权。

```
kubectl patch AuthorizationPolicy require-jwt -n $NS --type merge -p '
spec:
  rules:
  - from:
    - source:
        requestPrincipals: ["testing@secure.istio.io/testing@secure.istio.io"]
'
```

10. claims 条件

更多的有关 JWT 属性的规则可以通过自定义条件 when 补充。其中，request.auth.principal 与 source.requestPrincipals 一致已经演示，request.auth.audiences 和 request.auth.presenter 的使用此处不再赘述。接下来，在 principal 条件的基础上增加 claims 条件，查看自定义条件 request.auth.claims[] 的应用。

1）groups-scope token 测试 claims 条件

为了丰富 JWT claims 结构的信息，增加了另一个 JWT token：groups-scope。

获取 groups-scope token，并解码 JWT claims，其中，包括 scope 和 groups 两个自定义的 claims。

```
$ export TOKEN_GROUP=$(curl https://raw.githubusercontent.com/istio/istio/release-1.5/security/tools/jwt/samples/groups-scope.jwt -s) && echo $TOKEN_GROUP | cut -d '.' -f2 - | base64 -d -
{
  "exp" : 3537391104,
  "scope" : [
    "scope1",
    "scope2"
  ],
  "iss" : "testing@secure.istio.io",
  "groups" : [
    "group1",
    "group2"
  ],
  "sub" : "testing@secure.istio.io",
  "iat" : 1537391104
}
```

结合 JWT claims 结构，这里使用 groups 作为自定义条件，如仅允许 group1。

```
$ kubectl patch AuthorizationPolicy require-jwt -n $NS --type merge -p '
spec:
  rules:
  - from:
    - source:
        requestPrincipals: ["testing@secure.istio.io/testing@secure.istio.io"]
    when:
    - key: request.auth.claims[groups]
      values: ["group1"]
'
```

如果测试 $TOKEN 请求被拒绝，则运行以下命令将返回 403。

```
curl   -I   -H   "Authorization:   Bearer   $TOKEN"   -H   "Host:   authz-jwt.local"
http://$INGRESS_IP:$INGRESS_PORT/headers
HTTP/1.1 403 Forbidden
```

如果测试 $TOKEN_GROUP 请求正常，则运行以下命令将返回 200。

```
$  curl  -I  -H  "Authorization:  Bearer  $TOKEN_GROUP"  -H  "Host:  authz-jwt.local"
http://$INGRESS_IP:$INGRESS_PORT/headers
HTTP/1.1 200 OK
```

2）拒绝授权示范

尝试一个不在 groups-scope token 内的 group 值，如 values: ["group3"]。

```
$ kubectl patch AuthorizationPolicy require-jwt -n $NS --type merge -p '
spec:
  rules:
  - from:
    - source:
        requestPrincipals: ["testing@secure.istio.io/testing@secure.istio.io"]
    when:
    - key: request.auth.claims[groups]
      values: ["group3"]
'
```

如果测试 $TOKEN_GROUP 请求被拒绝，则运行以下命令将返回 403。

```
curl   -I   -H   "Authorization:   Bearer   $TOKEN_GROUP"   -H   "Host:   authz-jwt.local"
http://$INGRESS_IP:$INGRESS_PORT/headers
HTTP/1.1 403 Forbidden
```

想要恢复正常授权，运行以下命令。

```
$ kubectl patch AuthorizationPolicy require-jwt -n $NS --type merge -p '
spec:
```

```
  rules:
  - from:
    - source:
        requestPrincipals: ["testing@secure.istio.io/testing@secure.istio.io"]
    when:
    - key: request.auth.claims[groups]
      values: ["group1"]
'
```

3）分阶段认证和授权

现在每次请求对 JWT 的认证和授权都在 httpbin 服务上，而真实场景的请求想要到达内部服务，往往需要经过 *n* 个服务。如果恰巧这个验证是最后一个服务，且因无效 token 或没有 token 而导致请求失败时，服务的响应时间就会大大延长，并造成资源的浪费，此时可以将 token 的验证前置到 Ingress 网关中。

通过前面的实践可知，添加 RequestAuthentication 仅对带有 Authorization header 请求的 JWT 做认证，不影响无 Authorization header 的请求。具体是否需要分阶段认证，以及在什么位置认证，需要根据业务场景考虑，一般越是顶层条件越靠前，如 from.source.requestPrincipals、to.operation.hosts，而 when.request.auth.claims[group/scope]和 to.operation.methods/paths 组合可以对相关服务做详细的访问控制。

另外需要注意的是，如果调用链需要多次使用同一个 token，则必须在 RequestAuthentication 的 JWTRule 中开启 forwardOriginalToken: true，或者通过 fromHeaders / fromParams 携带多个不同场景的 token，将 Authorization header 向下传递，具体参考 JWTRule 官方文档。说到 token 的传递，Authorization header 也可以在服务与服务间调用时添加，所以终端用户的定义并不限定为客户端，任何一个发起调用的服务都可以是一个终端用户。

4）Ingress JWT 认证

测试当前无效 token 的请求，响应 401，并且在响应的 header 中有上游主机处理请求消耗的时间 x-envoy-upstream-service-time: 1。通过这个 header 的有无可以确定请求是否是被** httpbin 服务拒绝，有 header 则是被 httpbin 服务拒绝，没有则是被网关拒绝。运行以下命令将返回 401。

```
$ curl -I -H "Authorization: Bearer invalidToken" -H "Host: authz-jwt.local" http://$INGRESS_IP:$INGRESS_PORT/headers
HTTP/1.1 401 Unauthorized
...
x-envoy-upstream-service-time: 1
```

想要为 Ingress 开启 JWT 认证，运行以下命令。

```
$ kubectl apply -f - <<EOF
apiVersion: "security.istio.io/v1beta1"
kind: "RequestAuthentication"
metadata:
  name: "jwt-gateway"
  namespace: istio-system
spec:
  selector:
    matchLabels:
        app: istio-ingressgateway
  jwtRules:
  - issuer: "testing@secure.istio.io"
    jwksUri:
"https://raw.githubusercontent.com/istio/istio/release-1.5/security/tools/jwt/samples
/jwks.json"
    forwardOriginalToken: true
EOF
```

测试无效 token 的请求，同样响应 401，但没有了 x-envoy-upstream-service-time 这个 header，说明请求是在网关中被拒绝。

```
$ curl -I -H "Authorization: Bearer invalidToken" -H "Host: authz-jwt.local"
http://$INGRESS_IP:$INGRESS_PORT/headers
HTTP/1.1 401 Unauthorized
```

5）Ingress JWT 授权

前面只是 Ingress 的 JWT 认证，下面查看在 Ingress 和 httpbin 服务中使用不同策略时的响应情况。结合网关的入口特点可以根据 HOST 的不同限定添加 scope 的授权，如访问 host=authz-jwt.local 要求 scope=scope1。

想要为 Ingress 添加 AuthorizationPolicy，请运行以下命令。

```
$ kubectl apply -f - <<EOF
apiVersion: security.istio.io/v1beta1
kind: AuthorizationPolicy
metadata:
  name: require-jwt
  namespace: istio-system
spec:
  selector:
    matchLabels:
      app: istio-ingressgateway
  action: ALLOW
  rules:
  - when:
    - key: request.auth.claims[scope]
```

```
      values: ["scope1"]
    to:
    - operation:
        hosts:
        - authz-jwt.local
EOF
```

如果 token 使用$TOKEN_GROUP 请求正常，则运行以下命令将返回 200。

```
$ curl -I -H "Authorization: Bearer $TOKEN_GROUP" -H "Host: authz-jwt.local"
http://$INGRESS_IP:$INGRESS_PORT/headers
HTTP/1.1 200 OK
```

如果 token 使用$TOKEN 请求被网关拒绝，则运行以下命令将返回 403。

```
$ curl -I -H "Authorization: Bearer $TOKEN" -H "Host: authz-jwt.local"
http://$INGRESS_IP:$INGRESS_PORT/headers
HTTP/1.1 403 Forbidden
```

结合 claims 条件的拒绝授权示范，将 httpbin 中的 AuthorizationPolicy 对 group=group3 进行授权。运行以下命令修改策略。

```
$ kubectl patch AuthorizationPolicy require-jwt -n $NS --type merge -p '
spec:
  rules:
  - from:
    - source:
        requestPrincipals: ["testing@secure.istio.io/testing@secure.istio.io"]
    when:
    - key: request.auth.claims[groups]
      values: ["group3"]
'
```

如果 token 使用$TOKEN_GROUP 请求被 httpbin 服务拒绝，则运行以下命令将返回 403。

```
$ curl -I -H "Authorization: Bearer $TOKEN_GROUP" -H "Host: authz-jwt.local"
http://$INGRESS_IP:$INGRESS_PORT/headers
HTTP/1.1 403 Forbidden
...
x-envoy-upstream-service-time: 1
```

想要恢复正常授权，运行以下命令。

```
$ kubectl patch AuthorizationPolicy require-jwt -n $NS --type merge -p '
spec:
  rules:
  - from:
    - source:
        requestPrincipals: ["testing@secure.istio.io/testing@secure.istio.io"]
```

```
    when:
    - key: request.auth.claims[groups]
      values: ["group1"]
'
```

通过 Ingress 和 httpbin 分阶段授权策略的搭配，可以将不同授权的 token 在不同阶段进行验证拦截，总结如表 7-2 所示。

表 7–2

ingress 状态	httpbin 策略	Token	Ingress 状态	httpbin 状态
scpoe=scope1	group=group1	$GROUP_TOKEN	√	√
scpoe=scope1	group=group1	$TOKEN	拒绝	-
scpoe=scope1	group=group3	$GROUP_TOKEN	√	拒绝

7.3 本章小结

本章主要介绍了 Istio 中的认证和授权策略，通过认证和授权，可以为服务和服务之间，以及服务和外部用户之间提供安全的访问和数据保护。

第8章 进阶实战

通过前面的介绍，读者对 Istio 有了基本的认识。本章将在前面相关知识的基础上进行进阶内容的实践介绍，包括集成服务注册中心、对接 API 网关、分布式追踪增强、实现方法级的调用跟踪、实现 Kafka 消息跟踪、部署模型、多集群部署与管理和智能 DNS。

8.1 集成服务注册中心

Istio 对 Kubernetes 具有较强的依赖性，其服务发现就是基于 Kubernetes 实现的。如果想要使用 Istio，则首先需要迁移到 Kubernetes 上，并使用 Kubernetes 的服务注册发现机制。但是对大量现存的微服务项目来说，这个前提条件并不成立。很多微服务项目要么还没有迁移到 Kubernetes 上；要么虽然采用了 Kubernetes 进行部署和管理，但仍使用了 Consul、Eureka 等其他服务注册解决方案，或者自建的服务注册中心。

在这种情况下，如何能够以最小的代价快速地将现有微服务项目和 Istio 集成，以享受 Istio 提供的各种服务治理功能呢？下面分析 Istio 服务注册机制的原理，并提出几种 Istio 与第三方服务注册中心集成的可行方案，供读者参考。

8.1.1 Istio 服务模型

下面先来看 Istio 内部的服务模型，如图 8-1 所示。在 Istio 控制平面中，Pilot 组件负责管理服务网格内部的服务和流量策略。Pilot 将服务信息和路由策略转换为 xDS 接口标准的数据结构，下发到数据平面的 Envoy 中。但 Pilot 自身并不直接负责网格中的服务注册，而是通过集成其他服务注册表获取网格管理的服务。除此之外，Istio 还支持通过 API 向网格中添加注册表之外的独立服务。

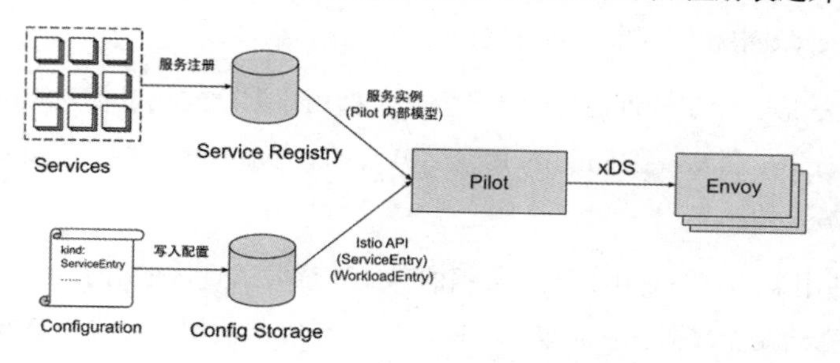

图 8-1

从图 8-1 中可以得知，Pilot 管理的服务数据有两处数据来源。

- Service Registry：源于各个服务注册表，例如，Kubernetes 中的 Service 和在 Consul Catalog 中注册的服务。Istio 通过特定的适配器连接这些服务注册表，由适配器将服务注册表中的私有服务模型转换为 Istio 内部支持的标准服务模型。
- Config Storage：源于各种配置数据源中的独立服务，将 Istio 定义的 ServiceEntry 和 WorkloadEntry 资源类型加入 Pilot 的内部服务模型中。

8.1.2 Pilot 服务模型源码分析

Pilot 涉及的服务模型的代码模块如图 8-2 所示。

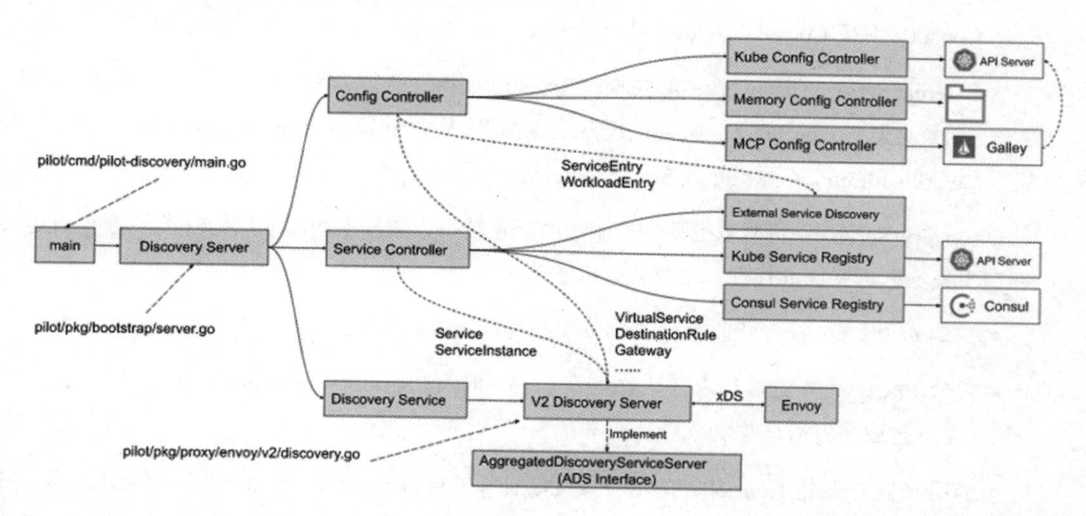

图 8-2

Pilot 的入口函数是 pilot/cmd/pilot-discovery/main.go 中的 main 方法。main 方法中创建了 Discovery Server。Discovery Server 中和服务模型相关的内容主要包含 3 部分。

- Config Controller：用于管理各种配置数据，包括用户创建的流量管理规则和策略。配置数据中有 ServiceEntry 和 WorkloadEntry 两个 API 对象，与服务模型相关。Istio 目前支持 3 种类型的 Config Controller。
  - Kube：使用 Kubernetes 作为配置数据的存储，该方式直接依附于 Kubernetes 强大的 CRD 机制来存储配置数据。它简单、方便，是 Istio 默认使用的配置存储方案。
  - Memory：一个在内存中的 Config Controller 实现，可以监控一个文件目录，并加载该目录中 YAML 文件定义的 Istio API 配置对象。该方式主要用于测试。
  - MCP：通过 MCP（Mesh Configuration Protocol）协议，可以接入一个到多个 MCP Server。Pilot 从 MCP Server 中获取网格的配置数据，包括 ServiceEntry 和 WorkloadEntry 定义的服务数据，以及 VirtualService、DestinationRule 等路由规则的其他配置。Istio 中有一个 Galley 组件，该组件实现为一个 MCP Server，从 Kubernetes API Server 中获取配置数据，并通过 MCP 协议提供给 Pilot。
- Service Controller：负责接入各种 Service Registry，并从 Service Registry 中同步需要在网格中管理的服务。目前 Istio 支持的 Service Registry 如下。
  - Kube：对接 Kubernetes Registry，可以将 Kubernetes 的 service 和 Endpoint 采集到 Istio 中。
  - Consul：对接 Consul Catalog，将注册到 Consul 中的服务数据采集到 Istio 中。
  - External Service Discovery：该 Service Registry 比较特殊，后端并未对接到一个服务注册表，而是会监听 Config Controller 的配置变化消息，从 Config Controller 中获取 ServiceEntry 和 WorkloadEntry 资源，并以 Service Registry 的形式提供给 Service Controller。
- Discovery Service：将服务模型和控制平面配置转换为数据平面标准数据格式，通过 xDS 接口下发给数据平面的代理。主要包含以下逻辑。
  - 启动 gRPC Server 并接收来自 Envoy 端的连接请求。
  - 接收 Envoy 端的 xDS 请求，从 Config Controller 和 Service Controller 中获取配置和服务信息，生成响应消息并发送给 Envoy。
  - 监听来自 Config Controller 的配置变化消息和来自 Service Controller 的服务变化消息，并将配置和服务变化内容通过 xDS 接口推送到 Envoy。

8.1.3 第三方服务注册表集成

除 Kubernetes 和 Consul 之外，原生 Istio 代码不支持其他服务注册表。但是，通过前面对 Pilot 服务模型源码的分析，可以得出 3 种将其他服务注册表集成到 Istio 的方式，如图 8-3 所示。

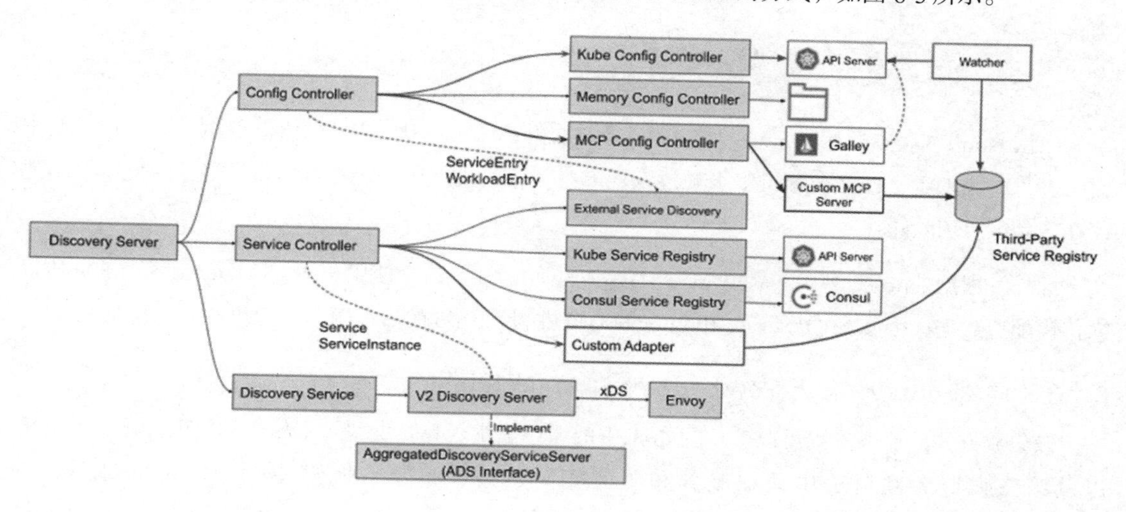

图 8-3

8.1.3.1 自定义 Service Registry 适配器

根据图 8-3 中的红色箭头，编写一个自定义的适配器来集成第三方服务注册表。该自定义适配器从第三方服务注册表中获取服务和服务实例，转换为 Pilot 内部的标准模型，集成到 Service Controller 中。自定义 Service Registry 适配器需要实现 serviceregistry.Instance 接口，其原理和 Consul Service Registry 的适配原理类似，可以参照 Consul Service Registry 的适配代码进行编写。

实施该集成方式需要熟悉 Pilot 内部服务模型，以及与 Service Registry 适配相关的 Istio 源码，并且需要将自定义适配器代码和 Pilot 代码一起编译，生成定制的二进制执行文件。该集成方式的问题是和 Istio 代码耦合较强，在升级 Istio 版本时可能需要修改适配器代码并重新编译。

8.1.3.2 自定义 MCP Server

这种集成方式的业务流程可以参见图 8-3 中的蓝色箭头。该集成方式需要先编写自定义的 MCP Server，并从第三方注册表中获取服务和服务实例，再通过 MCP 协议提供给 Pilot 中的 MCP Config Controller，转换为 ServiceEntry 和 WorkloadEntry 资源。

采用这种方式，需要在 Global Mesh Options 中通过设置 configSources 参数自定义 MCP Server 的

地址。需要注意的是，Istio 1.6 中的 Config Controller 不允许同时使用不同类型的 Config Controller。这意味着，如果采用自定义 MCP Server 来获取第三方注册表中的服务数据，则必须同时采用 Galley 来获取其他控制平面的配置。

```
configSources:
  - address:istio-galley.istio-system.svc:9901
  - address:${your-coustom-mcp-server}:9901
```

而从 Istio 1.5 版本开始，Galley 的功能已经被合并到 Istiod 中，并且默认被禁用。从 Istio 控制平面的进化趋势来看，Galley 很可能会被逐渐放弃，其自身功能的稳定性也值得怀疑。因此本书不建议在产品中启用 Galley。

此外，根据 Istio 社区中的 MCP over xDS proposal，社区讨论使用 xDS v3/UDPA 代替 MCP 协议来传输配置数据，因此 MCP Server 和 Pilot 的通信机制在 Istio 的后续版本中很可能会发生变化。

8.1.3.3 向 API Server 写入 ServiceEntry 和 WorkloadEntry

该集成方式的业务流程可以参见图 8-3 中的绿色箭头。只要编写一个独立的服务，该服务就可以从第三方服务注册表中获取服务和服务实例数据，将其转换为 Istio 的 ServiceEntry 和 WorkloadEntry 资源，并通过 Kubernetes API Server 的接口写入 API Server 中。Pilot 自带的 Kube Config Controller 会监听 Kubernetes API Server 和 Istio 中相关资源对象的变化，并将 ServiceEntry 和 WorkloadEntry 转换为 Pilot 的内部服务模型。

本节分析了 Istio 和第三方服务注册表集成的 3 种可能的方式。如果使用的是 Consul，则可以通过配置参数设置 Consul 的链接地址，将 Consul 集成到 Istio 中。而其他的服务注册表，则有以下 3 种可选的集成方式：自定义 Service Registry 适配代码、自定义 MCP Server，或者采用一个独立服务向 API Server 写入 ServiceEntry 和 WorkloadEntry。读者可以根据项目的实际情况选择采用哪一种方式。由于第一种和第二种方式目前都存在一些问题，因此本书建议先采用第三种方式，待 Istio 对 Galley 和 MCP 的改造彻底完成后再考虑向第二种方式迁移。

8.2 对接 API 网关

Istio 的流量管理可以分为两部分，一个是通过 Sidecar 模式实现的网格间流量，即东西向流量的管控；另一个是通过 Gateway 的抽象实现的网格进出流量，即南北向流量的管控。

下面将介绍 Istio 是如何管控进出整个服务网格的流量的。简单来说，Istio 通过 Gateway 和

VirtualService 的抽象实现了类似 Kubernetes Ingress 的功能，而 Ingress Controller 的角色由基于 Envoy 的 IngressGateway 和 EgressGateway 扮演。当然，也可以把 Envoy 替换成其他的网关代理软件，例如，Kong、Nginx、MOSN 等。下面将一一进行介绍。

8.2.1 Envoy

Istio 通过在业务容器中注入 Sidecar 来实现对微服务集群中东西向流量的管控。Istio 为了能在对外提供服务的同时，不向客户端暴露整个服务网格，则需要对接 API 网关来管控微服务集群中的南北向流量。

Istio 会将需要对外暴露的功能和接口注册到 API 网关，并由 API 网关对外部客户端提供访问内部服务网格的统一入口。API 网关会负责提供外部请求的基础路由、负载均衡、认证鉴权和流量审计等功能。在绝大多数情况下，API 网关都通过 HTTP 对外暴露相关服务。

作为 Istio 服务网格所使用的默认数据平面，Envoy 自然也能够胜任 API 网关的角色。实际上，在 Istio 社区提供的部署方案中，就已经包含了一套以 Envoy 为数据平面、Istio 本身为控制平面的 API 网关。使用以下命令查看 Istio 中 Envoy 网关的相关组件。

```
$ kubectl get deploy -n istio-system
NAME                   READY   UP-TO-DATE   AVAILABLE   AGE
grafana                1/1     1            1           91m
istio-egressgateway    1/1     1            1           91m     #  <--出口网关
istio-ingressgateway   1/1     1            1           91m     #  <--入口网关
istio-tracing          1/1     1            1           91m
istiod                 1/1     1            1           92m
kiali                  1/1     1            1           91m
prometheus             1/1     1            1           91m
```

在 istio-system 名称空间下，可以看到 istio-egressgateway 和 istio-ingressgateway 两个额外负载，前者用于管控服务网格的出口流量，后者用于管控服务网格的入口流量，两者都是 Envoy 实例。当然，在大部分场景中，istio-ingressgateway 更符合本节中 API 网关的角色，所以，接下来本节都将以 istio-ingressgateway 为例进行介绍。如果读者目前仍然没有部署自己的 Istio 环境，则可以按照本书第 4 章中的教程重新部署一套环境，用于亲手实践下面的内容。

8.2.2 预备工作

在介绍更多关于 Envoy 网关对接的内容之前，需要做一些准备工作，比如，需要一个服务网格、一个微服务集群。当然，为了简单起见，本小节只准备了一个服务，用来模拟需要对外暴露 API 的后端集群——Httpbin。Httpbin 是一个强大的 HTTP 响应模拟器，可以根据请求特征和要求模拟出各种 HTTP 响应，如响应 JSON 数据、响应变长二进制数据、响应特定状态码等，被广泛用于各种 HTTP 测试场景中。使用如下命令在 Kubernetes 集群中创建一个新的 Httpbin 服务：

```
$ kubectl create -f <https://github.com/istio/istio/raw/master/samples/httpbin/
httpbin.yaml>
```

执行上述命令之后，可以通过以下命令查看服务是否创建成功并验证 Httpbin 工作是否正常。

```
$ kubectl get svc
NAME        TYPE        CLUSTER-IP      EXTERNAL-IP   PORT(S)    AGE
httpbin     ClusterIP   10.106.96.163   <none>        8000/TCP   5d23h
$ curl $SERVICE_IP_OF_HTTPBIN:8000/anything
{
  "args": {},
  "data": "",
  "files": {},
  "form": {},
  "headers": {
    "Accept": "*/*",
    "Host": "10.106.96.163:8000",
    "User-Agent": "curl/7.65.3"
  },
  "json": null,
  "method": "GET",
  "origin": "10.244.0.1",
  "url": "<http://10.106.96.163:8000/anything>"
}
```

从上述命令中可以看到，Httpbin 服务打开了一个 8000 端口，服务名称为 httpbin（需要注意的是，Httpbin 和 httpbin 含义不同，前者为应用类型，后者为服务具体名称）。Httpbin 提供了一个/anything 接口，该接口可以把客户端请求的详细内容，如请求标头、请求体以 JSON 格式响应返回，也可以直接验证 Httpbin 是否正常工作。

8.2.3 开始监听

在验证 Httpbin 服务能够正常工作，且完成准备工作之后，才能够步入正题。Envoy 作为 API 网关，自然能够监听并处理来自客户端的请求，但前提是，需要开发人员确认 Envoy 的端口监听状态。Envoy 本身提供了一组管理接口，用于获取 Envoy 内部信息，如当前配置、监听器、集群、日志等级、指标监控数据等。在 Istio 的默认部署中，Envoy 会打开 15000 端口来向用户提供相关管理接口。首先通过 kubectl 相关命令进入容器内部，然后使用如下 API 获取 Envoy 当前所有监听器（注意：在具体的实践中，请将命令中的容器名称替换为实际环境中对应的容器名称）。

```
$ kubectl exec $POD_NAME_OF_INGRESS -n istio-system -it -- bash
root@$POD_NAME_OF_INGRESS:/# curl localhost:15000/listeners
dded9b9c-3bdb-4ada-897b-0ab1acc3f960::0.0.0.0:15090  # <--用于向 Prometheus 提供指标监控
e63c67b4-8b1f-4949-93a7-69ad68d93c95::0.0.0.0:15021  # <--用于健康检查
```

从上述接口响应可以发现，此时 Envoy 仅仅打开了 15090 和 15021 两个端口，分别用于对外提供指标监控数据，以及健康检查。而通过 Envoy 提供的/config_dump 接口，则可以看到关于这两个监听器的更多内容。考虑到 config_dump 结构较为复杂，因此不在本小节中详细介绍它的相关内容，读者可以运行如下命令自行尝试。

```
root@$POD_NAME_OF_INGRESS:/# curl localhost:15000/config_dump
```

显然，只开启了上述两个端口的 Envoy，目前仍旧不具备路由外部请求的功能。要让 Envoy 网关能够正常工作，开发人员必须为 Envoy 网关创建 Gateway 资源。Gateway 被看作 Istio 对 Envoy 中监听器资源的一种抽象，即一个虚拟网关。开发人员可以动态地创建 Gateway，再由 Istio 将 Gateway 转换为 Envoy 的相关配置，并通过 xDS 协议下发给 Envoy，最后由 Envoy 根据配置创建对应的监听器。

Gateway 中包含监听端口、协议等配置。下面是一个实例，该实例在 Envoy 网关上打开 80 端口，并代理 HTTP 的请求。

```
$ kubectl apply -f - <<EOF
apiVersion: networking.istio.io/v1alpha3
kind: Gateway
metadata:
  name: httpbin-gateway
spec:
  selector:
    istio: ingressgateway
  servers:
  - port:
      number: 80
      name: http
      protocol: HTTP
    hosts:
    - "httpbin.example.com"
EOF
```

其中，selector 使用 Kubernetes 标签来筛选不同的 Envoy 网关实例。只有符合标签条件的实例才会收到 Istio 下发的配置。在当前的实例中，自然是 istio-ingressgateway 负载下的 Envoy 实例可以获得更新和配置。对 Kubernetes 不够熟悉的读者可以直接执行以下命令来确认不同的负载实例上的标签值。

```
kubectl get pod -n istio-system --show-labels
```

而 Gateway 资源中的 hosts 字段则用于指定网关对外暴露的域名，同时该字段也可以用于对绑定的路由规则做一些限制。当再次调用对应 Envoy 实例管理端口时就会发现，该端口已经有了一个全新的监听器。

```
root@$POD_NAME_OF_INGRESS:/#curl localhost:15000/listeners
dded9b9c-3bdb-4ada-897b-0ab1acc3f960::0.0.0.0:15090
e63c67b4-8b1f-4949-93a7-69ad68d93c95::0.0.0.0:15021
0.0.0.0_8080::0.0.0.0:8080
```

但是此时，如果直接访问对应的监听端口，就会发现所有的请求返回的都是 404，因为现在还没有任何有效的路由，所以 Istio 会下发一条默认路由，对所有到达该端口的 HTTP 请求统一返回 404。

8.2.4 一条路由

只有 Gateway、Envoy 仍旧无法完成任何工作。就像是空立的一扇门，打开后也到不了任何地方，要开出路来，画上路标，才能四通八达。所以，现在需要路由为到达端口的请求指明方向。

对于路由，Istio 使用了名为 VirtualService 的资源来抽象和封装。一个 Virtual Service 资源就是一条或一组路由。下面是一个 Virtual Service 实例。

```
$ kubectl apply -f - <<EOF
apiVersion: networking.istio.io/v1alpha3
kind: VirtualService
metadata:
  name: httpbin
spec:
  hosts:
  - "httpbin.example.com"
  gateways:
  - httpbin-gateway
  http:
  - match:
    - uri:
        prefix: /status
    - uri:
        prefix: /delay
    route:
    - destination:
        port:
          number: 8000
        host: httpbin
EOF
```

在上述实例中，gateways 字段用于指定当前 Virtual Service 需要绑定生效的 Gateway。也就是说，该 Virtual Service 定义的路由规则，要下发到哪些对应的监听器上。目前该 Virtual Service 仅绑定在名为 httpbin-gateway 的 Gateway 资源中（Gateway 资源本身如前文所述也会限定配置生效的实例，所以最终该路由仅在 istio-ingressgateway 中生效）。而 hosts 字段则有两方面的作用。

第一，Virtual Service 中 hosts 的相关域名应当与其绑定的 Gateway 资源中 hosts 的域名相匹配。最终对外暴露的域名以 Gateway 资源中配置为准。在一定程度上，该规则限制可以起到筛选 Virtual Service 配置的作用。

第二，hosts 字段中域名也是该 Virtual Service 对应路由的请求筛选条件，只有域名与 hosts 相匹配的请求才能够命中对应的路由。在 Virtual Service 中，另外有个关键字段，分别是 match 和 Route。其中，match 用于指定更具体的路由匹配条件，如请求路径、请求参数等；而 Route 则用于指定路由的目标服务。需要注意的是，目标服务是一种数组类型，可以配置多个服务。读者可以自行体验在配置多个服务之后，查看 Virtual Service 的最终效果。

在当前的实例中，该 Virtual Service 的目标服务为 httpbin，对应端口为 8000。在完成路由创建之后，开始验证该路由是否生效。

使用如下请求访问 API 网关。其中，IP 地址为 istio-ingressgateway 的服务地址（Kubernetes 中服务、负载及 Pod 实例等概念的相关内容本书不多做赘述）。注意：该请求使用-H 参数指定请求域名。读者可以自行尝试不指定域名时请求的结果。

```
$ curl $SERVICE_IP_OF_INGRESS:80/delay/3  -H"host:httpbin.example.com"
{
  "args": {},
  "data": "",
  "files": {},
  "form": {},
  "headers": {
    "Accept": "*/*",
        # .....
 },
  "origin": "10.244.0.1",
  "url": "<http://httpbin.example.com/delay/3>"
}
```

从请求的结果可以发现，该 Virtual Service 已经生效。通过 Istio 的相关配置，访问 Envoy 的请求被成功转发给了后端 httpbin 服务。

从 API 网关的本质来看，本小节已经将 API 网关与 Istio 对接的最核心内容介绍完了。API 网关的基础就是请求转发和路由。其他所有衍生出来的特性，如限流、鉴权、黑白名单等都只是在路由的基础上扩展并通过更加灵活的配置来控制而已。

Virtual Service 本身提供了更多配置项来对路由做更进一步的配置，比如，重试、错误注入，都已经算是功能层面的扩展，无碍于网关整体的设计，算是细枝末节。当读者认为普通的路由不能满足需求时，可以自行阅读 Istio 官方文档来对各个字段做更深入的了解。

8.2.5 一个服务

前文已经介绍了如何使用 Gateway 和 Virtual Service 创建网关监听器及路由，并且成功实现了一个简单的客户端请求转发。但实际上，仍存在最后一个问题，Envoy 要实现完整的路由转发，必须了解真实后端服务。但是 Gateway 仅用于控制监听器，Virtual Service 只包含请求匹配条件，以及目标服务的名称。Envoy 数据平面是从何处获取了后端服务地址等关键信息的呢？答案仍旧是 Istio。作为网关控制平面，几乎所有的 Envoy 配置都由 Istio 通过 xDS 协议下发。Istio 默认会发现 Kubernetes 集群下的所有服务（Istio 也可以对接其他服务注册中心做服务发现）并下发给 Envoy。

Envoy 则根据配置将真实后端服务全部抽象为集群。Envoy 提供了/stats 管理接口，用于获取内部监控指标数据。通过该接口可以查看 Envoy 中当前活跃的集群数。

```
root@$POD_NAME_OF_INGRESS:/#    curl    localhost:15000/stats    -s    |    grep
cluster_manager.active_clusters
cluster_manager.active_clusters: 60
```

从其运行结果可知，当前活跃的集群数为 60 个。为了测试 Istio 的服务发现功能，可以创建一个新的 Kubernetes 服务。简单来说，可以使用如下命令继续基于 Httpbin 负载创建一个新的服务。

```
$ kubectl apply -f - <<EOF
apiVersion: v1
kind: Service
metadata:
  labels:
    app: httpbin
  name: httpbin-v2
  namespace: default
spec:
  ports:
  - name: http
    port: 8000
    protocol: TCP
    targetPort: 80
  selector:
    app: httpbin
  sessionAffinity: None
```

```
  type: ClusterIP
status:
  loadBalancer: {}
EOF
$ kubectl get svc
NAME          TYPE        CLUSTER-IP      EXTERNAL-IP   PORT(S)    AGE
httpbin       ClusterIP   10.106.96.163   <none>        8000/TCP   7d
httpbin-v2    ClusterIP   10.96.83.22     <none>        8000/TCP   24s
```

在创建新的服务之后，可以再次通过/stats 接口查看活跃的集群数，如果集群数增加，则说明 Istio 成功发现了新的服务并将配置下发到了 Envoy（在默认情况下，针对每一个新发现的服务，Istio 都会默认下发一个 TLS 集群配置和一个普通集群配置，所以服务数和最终 Envoy 创建的集群数不是一一对应的）。

```
root@$POD_NAME_OF_INGRESS:/#     curl     localhost:15000/stats     -s     |     grep
cluster_manager.active_clusters
cluster_manager.active_clusters: 62
```

借助 Istio 的服务发现，Envoy 网关在多数情况下都不需要分心去关注后端服务。但是，假如开发人员确实需要对后端服务做一些调整，比如，同一个服务在集群中同时存在多个负载版本，希望将其区分开；或者针对特定的服务，希望采取特定的负载均衡策略；又或者希望针对后端服务能够自动进行健康检查等。为了应用上述与服务相关的流量治理策略，Istio 提供了名为 DestinationRule 的资源。下面是一个 DestinationRule 实例。

```
$ kubectl apply -f - <<EOF
apiVersion: networking.istio.io/v1alpha3
kind: DestinationRule
metadata:
  name: httpbin-dr
spec:
  host: httpbin
  trafficPolicy:
    loadBalancer:
      simple: ROUND_ROBIN
  subsets:
  - name: test-version
    labels:
      version: v3
    trafficPolicy:
      loadBalancer:
        simple: RANDOM
EOF
```

在实例中，host 字段自然是服务的名称；而 trafficPolicy 字段包含负载均衡策略、服务熔断策略、连接池等服务流量相关的配置；subsets 可以将服务下的所有节点（Pod）根据不同的标签值划分为多个子组，且每个子组都具有独立的流量管理配置。Envoy 最终会为每个子组创建一个对应的集群。再次调用/stats 接口，由于上述的 DestinationRule 为 httpbin 服务添加了一个 subset，因此 Envoy 为该 subset 创建了新的集群。

```
root@$POD_NAME_OF_INGRESS:/#     curl     localhost:15000/stats     -s     |     grep
cluster_manager.active_clusters
cluster_manager.active_clusters: 64
```

现在，假设需要使用新的 subset 来对外暴露服务，应该怎么做呢？很简单，只需要在 Virtual Service 的目标服务处添加 subset 的名称即可。

```
$ kubectl apply -f - <<EOF
apiVersion: networking.istio.io/v1alpha3
kind: VirtualService
metadata:
  name: httpbin-subset
spec:
  hosts:
  - "httpbin.example.com"
  gateways:
  - httpbin-gateway
  http:
  - match:
    - uri:
        prefix: /anything
    route:
    - destination:
        port:
          number: 8000
        host: httpbin
        subset: test-version
EOF
```

在创建了新的 Virtual Service 之后，再次访问对应的路由。

```
$ curl $SERVICE_IP_OF_INGRESS/anything -H"host:httpbin.example.com" -v
*   Trying 10.111.17.154:80...
* TCP_NODELAY set
* Connected to 10.111.17.154 (10.111.17.154) port 80 (#0)
> GET /anything HTTP/1.1
> Host:httpbin.example.com
> User-Agent: curl/7.65.3
> Accept: */*
>
* Mark bundle as not supporting multiuse
```

```
< HTTP/1.1 503 Service Unavailable
< content-length: 19
< content-type: text/plain
< date: Wed, 08 Jul 2020 13:36:00 GMT
< server: istio-envoy
<
* Connection #0 to host 10.111.17.154 left intact
no healthy upstream
```

初次访问新路由的结果并不符合预期，Envoy 网关响应 503 状态码，并告知无可用健康上游服务。回顾本节内容，是否是哪里存在疏忽呢？综上所述，该响应是由 Envoy 生成，说明 Envoy 已经接收到请求，但是无法将请求转发给后端服务。再检查 DestinationRule 及 Virtual Service 的配置，可以发现 Virtual Service 中目标 subset 要求后端节点必须具有 version: v3 的标签值。但是在现在的集群之中并不存在符合要求的节点，自然无法完成请求转发。通过以下命令为一个 Httpbin 负载节点添加相关标签。

```
kubectl label pod $POD_NAME_OF_HTTPBIN version=v3 --overwrite=true
```

再次访问同一条路由，此时已经可以得到正确的响应。

```
$ curl $SERVICE_IP_OF_INGRESS/anything -H"host:httpbin.example.com"
{
  "args": {},
  "data": "",
  "files": {},
  "form": {},
  "headers": {
    "Accept": "*/*",
        # .....
  },
  "json": null,
  "method": "GET",
  "origin": "10.244.0.1",
  "url": "<http://httpbin.example.com/anything>"
}
```

本小节简单介绍了 Istio 中对服务的抽象，以及 DestinationRule 的简单实践。当然，和 Virtual Service 一样，若读者想要了解更多的配置项，可以直接阅读 Istio 官方文档。本书限于篇幅，不能一一详述。

本节介绍的是 Istio 对接 Envoy API 网关的一些基础知识，以及 Istio 中 Gateway、Virtual Service、DestinationRule 三种配置资源与 Envoy 中监听器、路由和集群的映射关系。需要特别说明的是，Envoy 本身并不能算作完整的 API 网关。Envoy 只是一个 L4/L7 网络代理，作为 Istio 默认网关的数据平面，必须依赖 Istio 才能实现完整的网关功能。在本节的实例中，网关和服务网格共享了同一套

Istio 控制平面。

由于服务网格的无侵入，API 网关可以不感知 Istio，并且与 Istio 完全独立。如 Gloo、Ambassador 等基于 Envoy 的其他 API 网关，同样可以和 Istio 有很好的配合。感兴趣的读者可以做更进一步的了解。

8.3 分布式追踪增强

前面两节介绍了 Istio 如何集成服务注册中心，以及对接 API 网关。下面将介绍分布式追踪（OpenTracing），以及如何使用 OpenTracing 来增强 Istio 的分布式追踪。

8.3.1 OpenTracing

实现分布式追踪的方式一般是在程序代码中进行埋点，在采集调用相关信息后，发送到后端的一个追踪服务器进行分析处理。在这种实现方式中，应用代码需要依赖追踪服务器的 API，导致业务逻辑和追踪的逻辑耦合。为了解决该问题，CNCF（云原生计算基金会）下的 OpenTracing 项目定义了一套分布式追踪的标准，以统一各种分布式追踪的实现。OpenTracing 中包含了一套分布式追踪的标准规范、各种语言的 API，以及实现了该标准的编程框架和函数库。

目前已有大量支持 OpenTracing 规范的 Tracer 实现，包括 Jager、SkyWalking、LightStep 等。在微服务应用中采用 OpenTracing API 实现分布式追踪，可以避免厂商锁定，能够以较小的代价和任意一个兼容 OpenTracing 的分布式追踪后端（Tracer）进行对接。

8.3.2 OpenTracing 概念模型

下面介绍 OpenTracing 的工作原理，首先需要了解 OpenTracing 中一些重要的概念，如图 8-4 所示。

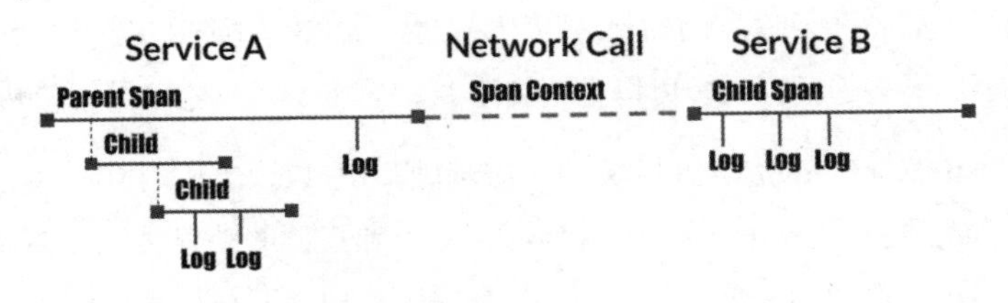

图 8-4

OpenTracing 主要包含以下 3 个概念。

- Trace：对应图中描述的全部调用流程，即描述一个分布式系统中的端到端事务。例如，来自客户端的一个请求从接收到处理完成的过程。
- Span：对应图中的 Parent Span 或 Child Span，即一个具有名称和时间长度的操作。例如，一个 REST 调用，或者数据库操作等。Span 是分布式追踪的最小跟踪单位，一个 Trace 由多段 Span 组成。
- Span Context：分布式追踪的上下文信息，包括 Trace ID、Span ID，以及其他需要传递到下游服务的内容。一个 OpenTracing 的实现需要先将 Span Context 通过某种序列化协议（Wire Protocol）在进程边界上进行传递，再将不同进程中的 Span 关联到同一个 Trace 上。对 HTTP 请求来说，Span Context 一般是采用 HTTP header 进行传递的。

从上面的介绍中可知，在 OpenTracing 的概念中，Trace 和 Span 组成了一个调用链，其中，Trace 代表了一个端到端的分布式调用；Span 是该调用中间的一段；Span Context 用于将一个 Span 的上下文传递到其下游的 Span 中，以便将这些 Span 关联起来。

8.3.3 OpenTracing 数据模型

一个 Trace 可以看作由多个相互关联的 Span 组成的有向无环图（DAG 图）。例如，下面是一个由 8 个 Span 组成的 Trace。

```
        [Span A]  ←←←(Root Span)
            |
     +------+------+
     |             |
 [Span B]      [Span C] ←←←(Span C 和 Span A 是'ChildOf'关系)
     |             |
 [Span D]      +---+-------+
               |           |
           [Span E]    [Span F] >>> [Span G] >>> [Span H]
                                       ↑
                                       ↑
                                       ↑
                        (Span G 和 Span F 是'FollowsFrom'关系)
```

上面 Trace 中的 Span 也可以按照时间先后顺序进行排列，如下。

```
--|-------|-------|-------|-------|-------|-------|-------|-> time
```

```
[Span A·············································]
  [Span B·········································]
     [Span D····································]
   [Span C·····································]
        [Span E·······]          [Span F··] [Span G··] [Span H··]
```

一个 Span 的数据结构中包含以下内容。

- name：Span 所代表的操作名称，例如，REST 接口对应的是资源名称。
- Start timestamp：Span 所代表的操作的开始时间。
- Finish timestamp：Span 所代表的操作的结束时间。
- Logs：一系列摘要日志，每个摘要日志由一个键值对组成，包含 Span 内的错误堆栈与事件信息。
- Tags：一系列标签，每个标签由一个键值对组成。该标签可以是任何有利于调用分析的信息，例如，方法名、URL 等。
- Span Context：用于跨进程边界传递 Span 相关信息，在进行传递时需要结合一种序列化协议（Wire Protocol）使用。
- References：该 Span 引用的其他关联 Span，主要有 Childof 和 FollowsFrom 两种引用关系。
- Childof：最常用的一种引用关系，表示 Parent Span 和 Child Span 之间存在直接的依赖关系。例如，PRC 服务端 Span 和 RPC 客户端 Span，或者数据库 SQL 插入 Span 和 ORM Save 动作 Span 之间的关系。
- FollowsFrom：如果 Parent Span 并不依赖 Child Span 的执行结果，则可以用 FollowsFrom 表示。例如，网上商店购物付款后会向用户发一个邮件通知，但无论邮件通知是否发送成功，都不影响付款成功的状态，这种情况就适合用 FollowsFrom 表示。

8.3.4 跨进程调用信息传播

Span Context 是一个 OpenTracing 中让人比较迷惑的概念。在 OpenTracing 的概念模型中讲到，Span Context 用于跨进程边界传递分布式调用的上下文。但实际上，OpenTracing 只定义了一个 Span Context 的抽象接口，该接口封装了分布式调用中一个 Span 的相关上下文内容，包括该 Span 所属的 Trace ID、Span ID，以及其他需要传递到下游服务的信息。Span Context 自身并不能实现跨进程的上下文传递，而是需要由 Tracer（Tracer 是一个遵循 OpenTracing 协议的实现，如 Jaeger、SkyWalking 的

Tracer）将 Span Context 序列化后通过 Wire Protocol 传递到下一个进程中，并在下一个进程中将 Span Context 反序列化，得到相关的上下文信息，用于生成 Child Span。

为了给各种具体实现提供最大的灵活性，OpenTracing 只是提出了跨进程传递 Span Context 的要求，并未规定将 Span Context 进行序列化和在网络中传递具体的实现方式。各个不同的 Tracer 可以根据自己的情况使用不同的 Wire Protocol 来传递 Span Context。

在基于 HTTP 的分布式调用中，通常会使用 HTTP Header 传递 Span Context 的内容。常见的 Wire Protocol 包含 Zipkin 使用的 b3 HTTP Header，Jaeger 使用的 uber-trace-id HTTP Header，LightStep 使用的 x-ot-span-context HTTP Header 等。

Istio/Envoy 支持 b3HTTP Header 和 x-ot-span-context HTTP Header，可以和 Zipkin、Jaeger、LightStep 对接。其中，b3 HTTP Header 的实例如下。

```
X-B3-TraceId: 80f198ee56343ba864fe8b2a57d3eff7
X-B3-ParentSpanId: 05e3ac9a4f6e3b90
X-B3-SpanId: e457b5a2e4d86bd1
X-B3-Sampled: 1
```

假如使用 HTTP Header 传递 Span Context，在向下游服务发起 HTTP 请求时，需要在 Java 代码中调用 tracer.inject 方法将 Span Context 注入 HTTP Header 中。

```
tracer.inject(tracer.activeSpan().context(),     Format.Builtin.HTTP_HEADERS,     new
RequestBuilderCarrier(requestBuilder));
```

在下游服务中收到该 HTTP 调用后，需要采用 tracer.extract 方法将 Span Context 从 HTTP Header 中取出来。

```
SpanContext    parentSpan    =    tracer.extract(Format.Builtin.HTTP_HEADERS,    new
TextMapExtractAdapter(headers));
```

OpenTracing 中的 Tracer API 只定义了 inject 和 extract 两个方法接口，其实现由不同的 Tracer 提供。除此之外，一般不需要在代码中直接调用这两个方法，因为 OpenTracing 项目已经提供了一些和 Tracer 集成的代码库，可以自动完成该工作。例如，为 Spring 提供 Jaeger Tracer 集成的 opentracing-spring-jaeger-starter。

本节介绍了 OpenTracing 的一些基本概念，在下一节中，将继续介绍如何使用 OpenTracing 来增强 Istio 的分布式追踪，包括实现 Span Context 传递、提供方法级别的追踪，以及异步消息的追踪。

8.4 实现方法级别的调用跟踪

Istio 为微服务提供了开箱即用的分布式追踪功能。在安装了 Istio 的微服务系统后，Sidecar 会拦截服务的入站和出站请求，为微服务的每个 HTTP 远程调用请求自动生成调用跟踪数据。只要在服务网格中接入一个分布式跟踪的后端（例如，Zipkin 或 Jaeger），就可以查看一个分布式调用请求的端到端的详细内容（例如，该请求经过了哪些服务，调用了哪个 REST 接口，每个 REST 接口所花费的时间等）。

在某些情况下，进程/服务级别的调用跟踪信息有可能不足以分析系统中的问题。例如，在分析导致客户端调用耗时过长的原因时，可以通过 Istio 提供的分布式追踪找到导致瓶颈的微服务进程，但无法进一步找到导致该问题的程序模块和方法。在这种情况下，就需要使用进程内方法级别的调用跟踪来对调用链进行更细粒度的分析。下面将介绍如何在 Istio 的分布式追踪实现方法级别的调用链。

8.4.1 Istio 的分布式追踪

需要注意的是，Istio 虽然在此过程中完成了大部分工作，但是还要求了对应用代码进行少量修改：应用代码中需要将收到的上游 HTTP 请求中的 b3 HTTP Header 复制到其向下游发起的 HTTP 请求的 header 中，从而将调用跟踪上下文传递到下游服务。这部分代码不能由 Sidecar 代劳，原因是 Sidecar 并不清楚其代理的服务中的业务逻辑，无法将入站请求和出站请求按照业务逻辑进行关联。这部分代码量虽然不大，但需要对每一处发起 HTTP 请求的代码都进行修改，非常烦琐且容易遗漏。当然，也可以将发起 HTTP 请求的代码封装为一个代码库供业务模块使用，从而简化该工作。

下面以一个简单的网上商店实例程序来展示 Istio 如何提供分布式追踪。该实例程序由 eshop、inventory、billing 和 delivery 四个微服务组成，结构如图 8-5 所示。

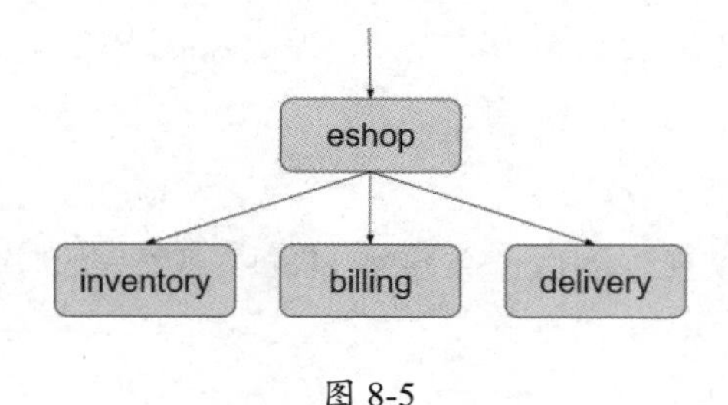

图 8-5

eshop 微服务接收来自客户端的请求，并调用 inventory、billing、delivery 这 3 个后端微服务的 REST 接口，实现用户购买商品的 checkout 业务逻辑。

如下面的代码所示，只需要在 eshop 微服务的应用代码中传递 b3 HTTP Header，将 eshop 微服务进程中的 Span 和其下游微服务的 Span 关联到同一个 Tracer 中即可。

```
@RequestMapping(value = "/checkout")
public String checkout(@RequestHeader HttpHeaders headers) {
    String result = "";
    //在这里中使用了 HTTP GET 方法，在真实的案例中，一般会使用 HTTP POST 方法
    //为了简单起见，可以将 3 个微服务打包在一个 jar 中，并在 Kubernetes 中定义 3 个 service
    result += restTemplate.exchange("http://inventory:8080/createOrder", HttpMethod.GET,
            new HttpEntity<>(passTracingHeader(headers)), String.class).getBody();
    result += "<BR>";
    result += restTemplate.exchange("http://billing:8080/payment", HttpMethod.GET,
            new HttpEntity<>(passTracingHeader(headers)), String.class).getBody();
    result += "<BR>";
    result += restTemplate.exchange("http://delivery:8080/arrangeDelivery", HttpMethod.
GET,
            new HttpEntity<>(passTracingHeader(headers)), String.class).getBody();
    return result;
}
private HttpHeaders passTracingHeader(HttpHeaders headers) {
    HttpHeaders tracingHeaders = new HttpHeaders();
    extractHeader(headers, tracingHeaders, "x-request-id");
    extractHeader(headers, tracingHeaders, "x-b3-traceid");
    extractHeader(headers, tracingHeaders, "x-b3-spanid");
    extractHeader(headers, tracingHeaders, "x-b3-parentspanid");
    extractHeader(headers, tracingHeaders, "x-b3-sampled");
    extractHeader(headers, tracingHeaders, "x-b3-flags");
    extractHeader(headers, tracingHeaders, "x-ot-span-context");
    return tracingHeaders;
}
```

在 Kubernetes 中部署该程序，查看 Istio 分布式追踪的效果。

- 首先部署 Kubernetes cluster，注意需要启用 API Server 的 Webhook 选项。
- 参照本书第 4 章，在 Kubernetes cluster 中部署 Istio 和 Jaeger，并且启用 default namespace 的 sidecar auto injection。
- 在 Kubernetes cluster 中部署 eshop 应用。

```
git clone https://github.com/servicemesher/istio-handbook-resources.git
cd  cd istio-handbook-resources/code/practice/enhance-tracing/
git submodule init
git submodule update
git checkout without-opentracing
kubectl apply -f k8s/eshop.yaml
```

- 在浏览器中打开 http：//${NODE_IP}：31380/checkout，以触发调用 eshop 实例程序的 REST 接口。
- 在浏览器中打开 Jaeger 的界面 http：//${NODE_IP}：30088，查看生成的分布式追踪信息。

注意：为了能在 Kubernetes Cluster 外部顺利访问 Jaeger 的界面，需要修改 Istio 的默认安装脚本，为 Jaeger Service 指定一个 NodePort。修改方式参见下面的代码。

```
apiVersion: v1
  kind: Service
  metadata:
    name: jaeger-query
    namespace: istio-system
    annotations:
    labels:
      app: jaeger
      jaeger-infra: jaeger-service
      chart: tracing
      heritage: Tiller
      release: istio
  spec:
    ports:
      - name: query-http
        port: 16686
        protocol: TCP
        targetPort: 16686
        nodePort: 30088
    type: NodePort
    selector:
      app: jaeger
```

如图 8-6 所示，Jaeger 用图形直观地展示了这次调用的详细信息，可以看到客户端请求从 IngressGateway 进入系统中，调用了 eshop 微服务的 checkout 接口，checkout 接口有 3 个 Child Span，分别对应 inventory、billing 和 delivery 这 3 个微服务的 REST 接口。

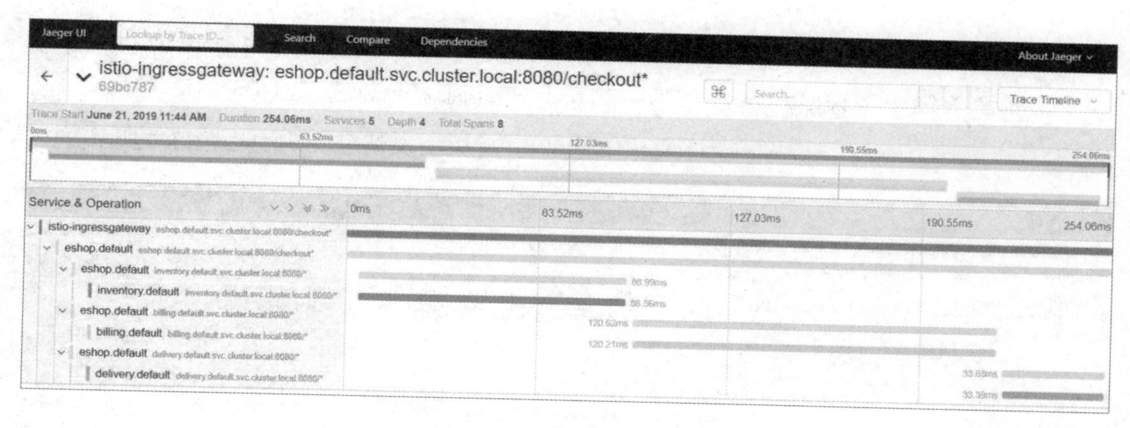

图 8-6

8.4.2 使用 OpenTracing 传递分布式跟踪上下文

OpenTracing 提供了基于 Spring 的代码埋点。为了避免这部分硬编码工作，用户可以使用 OpenTracing Spring 框架来提供 HTTP Header 的传递。在 Spring 中采用 OpenTracing 来传递分布式跟踪上下文非常简单，只要以下两个步骤即可。

- 在 Maven POM 文件中声明相关的依赖。首先是对 OpenTracing Spring Cloud Starter 的依赖；由于本例后端接入的是 Jaeger，因此也需要依赖 Jaeger 的相关 jar 包。当然，这里也可以使用其他支持 OpenTracing 的 Tracer，例如，Zipkin、LightStep 和 SkyWalking 等。由于 OpenTracing 统一了 API，因此切换不同 Tracer 只需要非常少的修改，包括 Maven 依赖和生成 Tracer 的部分代码。
- 在 Spring Application 中声明一个 Tracer bean。

```
@Bean
public Tracer jaegerTracer() {
    //我们需要设置下面的环境变量:
    //JAEGER_ENDPOINT="http://${JAEGER_IP}:28019/api/traces"
    //JAEGER_PROPAGATION="b3"
    //JAEGER_TRACEID_128BIT="true"使用 128bit 的 Tracer ID，以兼容 Istio
    return Configuration.fromEnv("eshop-opentracing").getTracer();
}
```

注意：

- Jaeger Tracer 默认使用的是 uber-trace-id HTTP Header，而 Istio/Envoy 不支持该 header。因此需要指定 Jaeger Tracer 使用 b3 HTTP Header 格式，以便和 Istio/Envoy 兼容。

- Jaeger Tracer 默认使用 64 bit 的 Trace ID，而 Istio/Envoy 使用了 128 bit 的 Trace ID。因此需要指定 Jaeger Tracer 使用 128 bit 的 Trace ID，以便和 Istio/Envoy 生成的 Trace ID 兼容。

部署采用 OpenTracing 进行 HTTP Header 传递的程序版本，其调用跟踪信息如图 8-7 所示。

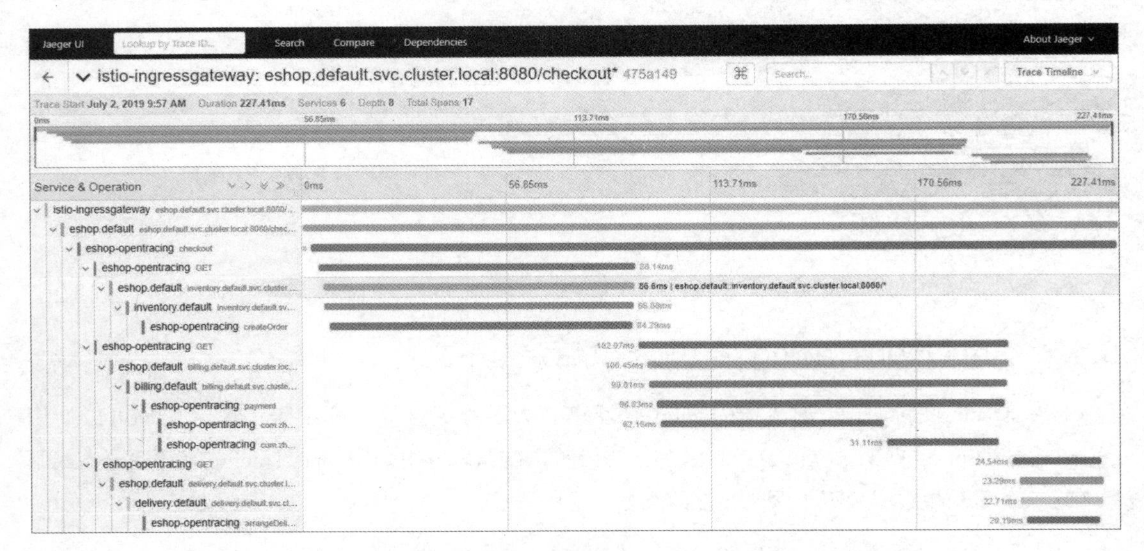

图 8-7

从图 8-7 中可知，相比在应用代码中直接传递 HTTP Header 的方式，采用 OpenTracing 进行代码埋点后，相同的调用增加了 7 个 Span，这 7 个 Span 是由 OpenTracing 的 Tracer 生成的。虽然在代码中并没有显示创建的这些 Span，但是 OpenTracing 的代码埋点会自动为每一个 REST 请求生成一个 Span，并根据调用关系关联起来。

OpenTracing 生成的这些 Span 为用户提供了更详细的分布式追踪信息，从这些信息中，可以分析出一个 HTTP 调用从客户端应用代码发起请求，先到经过客户端的 Envoy，再到服务端的 Envoy，最后到服务端接收到请求各个步骤的耗时情况。从图中可以看到，Envoy 转发的耗时在 1ms 左右，相对于业务代码的处理时长来说非常短。对这个应用而言，Envoy 的处理和转发对业务请求的处理效率基本没有影响。

8.4.3 在 Istio 中加入方法级别的调用跟踪

Istio 提供了跨服务边界的调用链信息。在大多数情况下，服务粒度的调用链信息对于系统性能和故障分析已经足够。但是某些服务需要采用更细粒度的调用信息进行分析，例如，一个 REST 请求内部的业务逻辑和数据库访问的分别耗时情况。在这种情况下，用户需要在服务代码中进行埋点，并将服务代码中上报的调用跟踪数据和 Envoy 生成的调用跟踪数据关联，以统一呈现 Envoy 和服务代码中生成的调用数据。

该情况所使用的代码与在方法中增加调用跟踪的代码类似，因此可以使用 AOP + Annotation 的方式实现，以简化代码。

首先定义一个 Traced 注解和对应的 AOP 实现逻辑。

```
@Retention(RetentionPolicy.RUNTIME)
@Target(ElementType.METHOD)
@Documented
public @interface Traced {
}
@Aspect
@Component
public class TracingAspect {
    @Autowired
    Tracer tracer;

    @Around("@annotation(com.zhaohuabing.demo.instrument.Traced)")
    public Object aroundAdvice(ProceedingJoinPoint jp) throws Throwable {
        String class_name = jp.getTarget().getClass().getName();
        String method_name = jp.getSignature().getName();
        Span span = tracer.buildSpan(class_name + "." + method_name).withTag("class",
class_name)
                .withTag("method", method_name).start();
        Object result = jp.proceed();
        span.finish();
        return result;
    }
}
```

然后在需要进行调用跟踪的方法上加上 Traced 注解。

```
@Component
public class DBAccess {

    @Traced
    public void save2db() {
        try {
            Thread.sleep((long) (Math.random() * 100));
        } catch (InterruptedException e) {
            e.printStackTrace();
        }
    }
}
```

```
@Component
public class BankTransaction {
    @Traced
    public void transfer() {
        try {
            Thread.sleep((long) (Math.random() * 100));
        } catch (InterruptedException e) {
            e.printStackTrace();
        }
    }
}
```

最后只要在 demo 程序的 master branch 中加入方法级别的代码跟踪，就可以直接部署了。

```
git checkout master
kubectl apply -f k8s/eshop.yaml
```

效果如图 8-8 所示，可以看到 Trace 中增加了 transfer 和 save2db 两个方法级别的 Span。

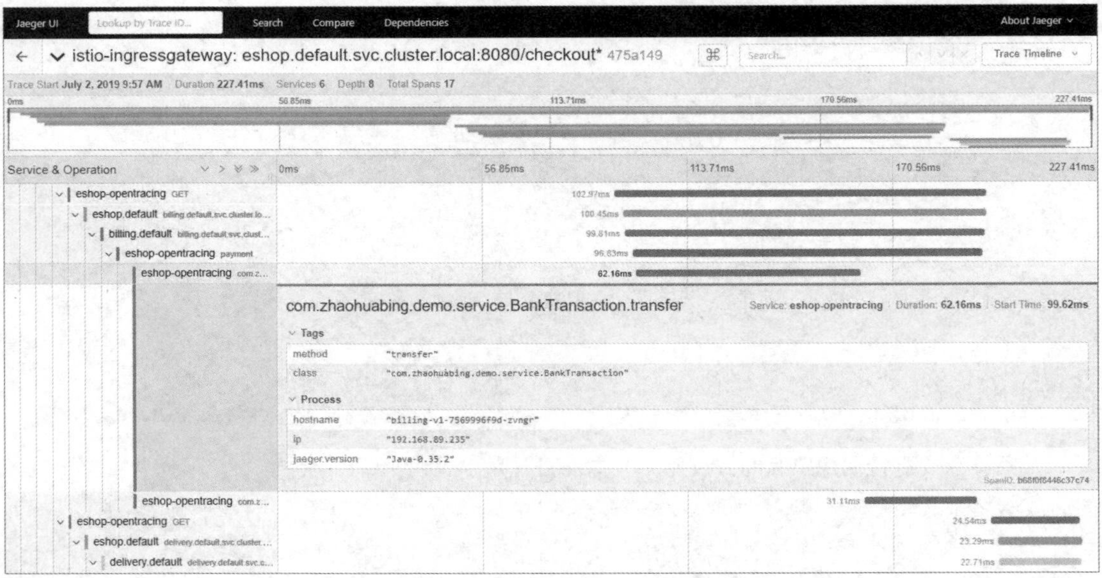

Jaeger UI
Lookup by Trace ID...
Search
Compare
Dependencies
About Jaeger
istio-ingressgateway: eshop.default.svc.cluster.local:8080/checkout* 475a149
Search...
Trace Timeline
Trace Start July 2, 2019 9:57 AM Duration 227.41ms Services 6 Depth 8 Total Spans 17
0ms 56.85ms 113.71ms 170.56ms 227.41ms
Service & Operation
eshop-opentracing GET 102.97ms
eshop.default billing.default.svc.cluster.lo... 100.45ms
billing.default billing.default.svc.clust... 99.81ms
eshop-opentracing payment 96.83ms
eshop-opentracing com.z... 62.16ms
com.zhaohuabing.demo.service.BankTransaction.transfer
Service: eshop-opentracing Duration: 62.16ms Start Time: 99.62ms
Tags
method "transfer"
class "com.zhaohuabing.demo.service.BankTransaction"
Process
hostname "billing-v1-7569996f9d-zvngr"
ip "192.168.89.235"
jaeger.version "Java-0.35.2"
SpanID: b68f0f8446c37c74
eshop-opentracing com.z... 31.11ms
eshop-opentracing GET 24.54ms
eshop.default delivery.default.svc.cluster... 23.29ms
delivery.default delivery.default.svc.c... 22.71ms

图 8-8

打开一个方法的 Span，可以看到其详细信息中包括 Java 类名和调用的方法名等内容。用户还可以根据需要在详细信息中添加异常堆栈等信息，只需要在 AOP 代码中修改，增加相应的内容即可，如图 8-9 所示。

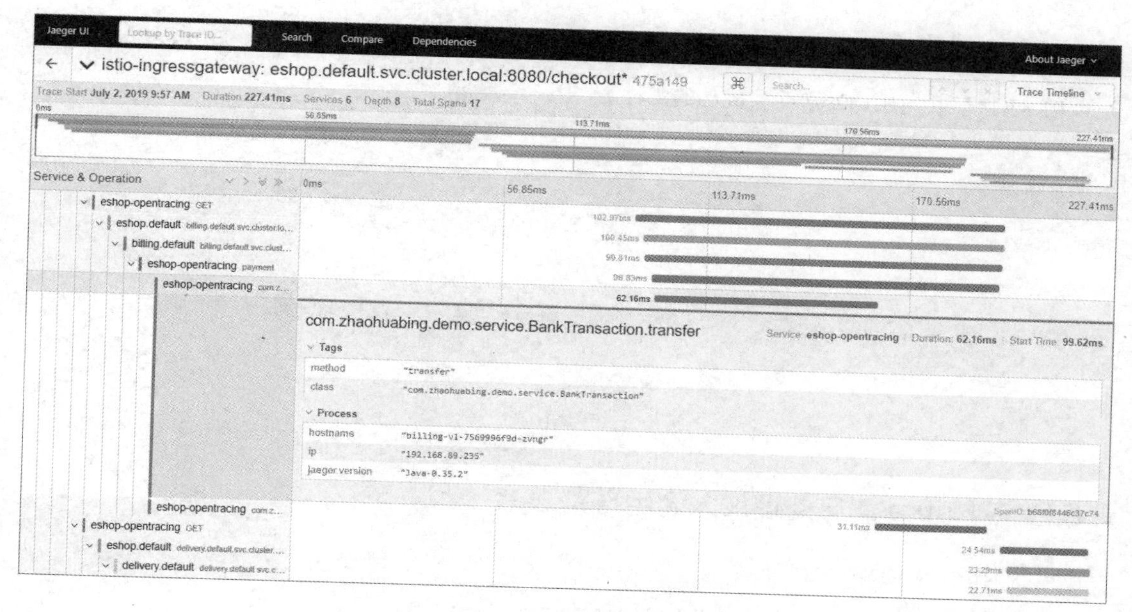

图 8-9

Istio 为微服务应用提供了进程级的分布式追踪功能，提高了服务调用的可见性。为了使用该功能，我们需要在应用中添加传递调用跟踪上下文相关的 HTTP Header 代码。使用 OpenTracing，可以去掉这部分代码（即应用代码中传递 HTTP Header 的重复代码）；通过 OpenTracing 及埋点库（如 Jaeger）可以将方法级别的调用信息加入 Istio 默认提供的调用链跟踪信息中，从而提供更细粒度的调用跟踪信息，方便分析程序调用流程中的故障和性能瓶颈。

本节通过一个网上商店的实例程序向读者介绍了如何使用 OpenTracing 在 Istio 服务网格中传递分布式追踪的上下文，以及如何将方法级别的调用信息加入 Istio/Envoy 生成的调用链中。

8.5 实现 Kafka 消息跟踪

在实际项目中，除了同步调用，异步消息也是微服务架构中常用的一种通信方式。本节将继续利用 eshop demo 程序来探讨如何通过 OpenTracing 将 Kafka 异步消息也纳入 Istio 的分布式调用追踪中。

8.5.1 eshop 实例程序结构

如图 8-10 所示，demo 程序中增加了发送和接收 Kafka 消息的代码。eshop 微服务在调用 inventory、 billing、delivery 服务后，发送了一个 Kafka 消息通知。consumer 接收到通知后，调用 notification 服务的 REST 接口并向用户发送购买成功的邮件。

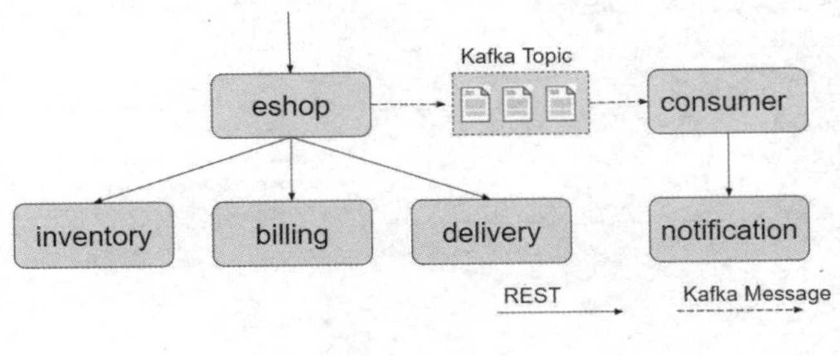

图 8-10

8.5.2 将 Kafka 消息处理加入调用链路跟踪

植入 Kafka OpenTracing 代码。

将上一节中从 GitHub 下载的实例代码切换到 kafka-tracing 分支。

```
git checkout kafka-tracking
```

虽然这里可以直接使用 kafka-tracking 分支的代码，但是建议根据下面的步骤查看相关的代码，以了解各个步骤背后的原理。

根目录下分为 rest-service 和 kafka-consumer 两个目录，其中，rest-service 目录下包含了各个 REST 服务的代码，kafka-consumer 目录下包含的是 Kafka 消息消费者的代码。

首先需要将 spring kafka 和 OpenTracing kafka 的依赖加入两个目录的 pom 文件中。

```
<dependency>
    <groupId>org.springframework.kafka</groupId>
    <artifactId>spring-kafka</artifactId>
</dependency>
 <dependency>
    <groupId>io.opentracing.contrib</groupId>
    <artifactId>opentracing-kafka-client</artifactId>
    <version>${version.opentracing.kafka-client}</version>
</dependency>
```

然后在 rest-service 目录的 KafkaConfig.java 中，配置消息 Producer 端的 OpenTracing Instrument。TracingProducerInterceptor 会在发送 Kafka 消息时，生成发送端的 Span。

```
@Bean
public ProducerFactory<String, String> producerFactory() {
    Map<String, Object> configProps = new HashMap<>();
    configProps.put(ProducerConfig.BOOTSTRAP_SERVERS_CONFIG, bootstrapAddress);
    configProps.put(ProducerConfig.KEY_SERIALIZER_CLASS_CONFIG,
StringSerializer.class);
    configProps.put(ProducerConfig.VALUE_SERIALIZER_CLASS_CONFIG,
StringSerializer.class);
    configProps.put(ProducerConfig.INTERCEPTOR_CLASSES_CONFIG,
TracingProducerInterceptor.class.getName());
    return new DefaultKafkaProducerFactory<>(configProps);
}
```

最后在 kafka-consumer 目录的 KafkaConfig.java 中，配置消息 Consumer 端的 OpenTracing Instrument。TracingConsumerInterceptor 会在接收到 Kafka 消息时，生成接收端的 Span。

```
@Bean
public ConsumerFactory<String, String> consumerFactory() {
    Map<String, Object> props = new HashMap<>();
    props.put(ConsumerConfig.BOOTSTRAP_SERVERS_CONFIG, bootstrapAddress);
    props.put(ConsumerConfig.GROUP_ID_CONFIG, groupId);
    props.put(ConsumerConfig.KEY_DESERIALIZER_CLASS_CONFIG, StringDeserializer.class);
    props.put(ConsumerConfig.VALUE_DESERIALIZER_CLASS_CONFIG,
StringDeserializer.class);
    props.put(ConsumerConfig.INTERCEPTOR_CLASSES_CONFIG,
TracingConsumerInterceptor.class.getName());
    return new DefaultKafkaConsumerFactory<>(props);
}
```

只要按照上述步骤进行操作，就可以完成 Spring 程序的 Kafka OpenTracing 代码植入。下面安装并运行实例程序，查看其效果。

8.5.3 安装 Kafka 集群

下面部署一个 Kafka 集群来提供消息服务，可以参照 Kafka Quickstart 在 Kubernetes 集群外部署 Kafka；也可以使用 Kafka Operator 直接将 Kafka 部署在 Kubernetes 集群中。

由于安装 Kafka 并不是本小节的重点，加之这个过程比较复杂，限于篇幅，这里建议读者搜索或访问对应的网站去查看。

8.5.4 部署实例应用

修改 Kubernetes YAML 部署文件 k8s/eshop.yaml，设置 KAFKA_BOOTSTRAP_SERVER，用于

将 demo 程序连接到 Kafka 集群中。

```
apiVersion: extensions/v1beta1
kind: Deployment
metadata:
  name: eshop-v1
  ......
    spec:
      containers:
      - name: eshop
        image: zhaohuabing/istio-opentracing-demo:kafka-opentracing
        ports:
        - containerPort: 8080
        env:
          ....
          - name: KAFKA_BOOTSTRAP_SERVERS
            #请根据实验环境的实际情况将 KAFKA_IP 修改为正确的 IP 地址
            value: "${KAFKA_IP}:9092"

---
apiVersion: extensions/v1beta1
kind: Deployment
metadata:
  name: kafka-consumer-v1
  ......
    spec:
      containers:
      - name: kafka-consumer
        image: zhaohuabing/istio-opentracing-demo-kafka-consumer:kafka-opentracing
        env:
          ....
          - name: KAFKA_BOOTSTRAP_SERVERS
            #请根据实验环境的实际情况将 KAFKA_IP 修改为正确的 IP 地址
            value: "${KAFKA_IP}:9092"
```

部署应用程序。相关的镜像可以直接从 dockerhub 下载，也可以通过源码编译生成。

```
kubectl apply -f k8s/eshop.yaml
```

在浏览器中打开 http://${NODEIP}:31380/checkout 地址，触发调用 eshop 实例程序的 REST 接口。打开 Jaeger 的界面（http://${NODEIP}:30088），查看生成的分布式调用跟踪信息，如图 8-11 所示。

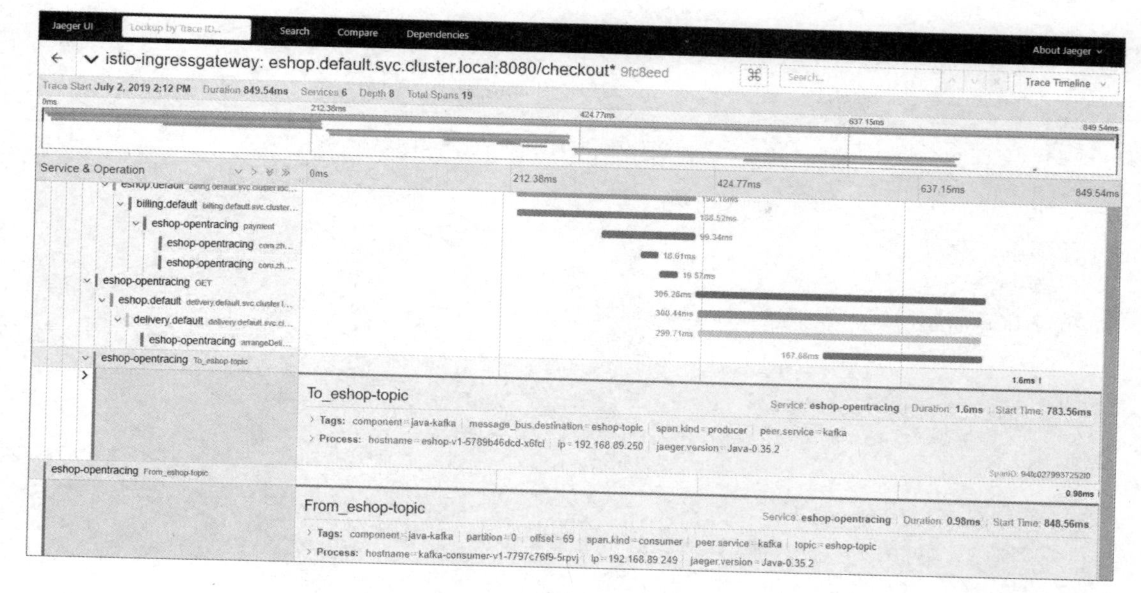

图 8-11

从图 8-11 中可知，在调用链中增加了两个 Span，分别对应 Kafka 消息发送和接收的两个操作。由于Kafka是以异步的方式处理消息的，因此消息发送端不直接依赖接收端的处理。根据 OpenTracing 对引用关系的定义，From_shop_topic Span 对 To_eshop_topic Span 的引用关系是 FOLLOWS_FROM 关系，而不是 CHILD_OF 关系。

8.5.5 将调用跟踪上下文从 Kafka 传递到 REST 服务

现在 eshop 代码中已经加入了 REST 和 Kafka 的 OpenTracing Instrumentation，可以在调用 REST 和发送 Kafka 消息时生成调用跟踪信息。但如果需要从 Kafka 的消息消费者的处理方法中调用一个 REST 接口，那么该如何做呢？

在默认情况下，Kafka 消费者 Span 和调用 notification 服务的 REST 请求的 Span 在两个不同的 Trace 中。这并不符合我们的预期，由于这两个 Span 属于同一个事务，因此需要将这两个 Span 关联在同一个 Trace 中。

要分析导致该问题的原因，首先需要了解“Active Span”的概念。在 OpenTracing 中，一个线程可以有一个 Active Span（该 Active Span 代表了目前该线程正在执行的工作）。在调用 Tracer.buildSpan() 方法创建新的 Span 时，如果 Tracer 目前存在一个 Active Span，则会将该 Active Span 默认作为新创建的 Span 的 Parent Span。

Tracer.buildSpan()方法的 Javadoc 说明如下。

```
Tracer.SpanBuilder buildSpan(String operationName)

Return a new SpanBuilder for a Span with the given `operationName`.
You can override the operationName later via BaseSpan.setOperationName(String).

A contrived example:


  Tracer tracer = ...

 //如果存在 Active Span，则其创建的新 Span 会隐式地创建一个 CHILD_OF 并引用到该 Active Span
  try (ActiveSpan workSpan = tracer.buildSpan("DoWork").startActive()) {
      workSpan.setTag("...", "...");
      // etc, etc
  }

  //也可以通过 asChildOf()方法指定新创建的 Span 的 Parent Span
  Span http = tracer.buildSpan("HandleHTTPRequest")
                     .asChildOf(rpcSpanContext)  // an explicit parent
                     .withTag("user_agent", req.UserAgent)
                     .withTag("lucky_number", 42)
                     .startManual();
```

分析 Kafka OpenTracing Instrumentation 的代码会发现，TracingConsumerInterceptor 在调用 Kafka 消费者的处理方法之前，已经把消费者的 Span 结束了，因此在发起 REST 调用时，Tracer 没有 Active Span，不会将 Kafka 消费者的 Span 作为后面 REST 调用的 Parent Span。

```
public static <K, V> void buildAndFinishChildSpan(ConsumerRecord<K, V> record, Tracer
tracer,
      BiFunction<String, ConsumerRecord, String> consumerSpanNameProvider) {
    SpanContext parentContext = TracingKafkaUtils.extractSpanContext(record.headers(),
tracer);

    String consumerOper =
        //<====== It provides better readability in the UI
        FROM_PREFIX + record.topic();
    Tracer.SpanBuilder spanBuilder = tracer
        .buildSpan(consumerSpanNameProvider.apply(consumerOper, record))
        .withTag(Tags.SPAN_KIND.getKey(), Tags.SPAN_KIND_CONSUMER);

    if (parentContext != null) {
      spanBuilder.addReference(References.FOLLOWS_FROM, parentContext);
    }

    Span span = spanBuilder.start();
```

```
    SpanDecorator.onResponse(record, span);

    //在调用消费者的处理方法之前，该 Span 已经被结束
    span.finish();

    //Inject created span context into record headers for extraction
    //by client to continue span chain
    //这个 Span 被放到了 Kafka 消息的 header 中
    TracingKafkaUtils.inject(span.context(), record.headers(), tracer);
}
```

此时，TracingConsumerInterceptor 已经将 Kafka 消费者的 Span 放到了 Kafka 消息的 header 中，因此从 Kafka 消息头中取出该 Span，显式地将 Kafka 消费者的 Span 作为 REST 调用的 Parent Span 即可。

为 MessageConsumer.java 使用的 restTemplate 设置一个 TracingKafka2RestTemplateInterceptor。

```
@KafkaListener(topics = "eshop-topic")
public void receiveMessage(ConsumerRecord<String, String> record) {
    restTemplate
            .setInterceptors(Collections.singletonList(new
TracingKafka2RestTemplateInterceptor(record.headers())));
    restTemplate.getForEntity("http://notification:8080/sendEmail", String.class);
}
```

TracingKafka2RestTemplateInterceptor 是基于 Spring OpenTracing Instrumentation 的 TracingRestTemplateInterceptor 修改的，将从 Kafka header 中取出的 Span 设置为出站请求的 Span 的 Parent Span。

```
@Override
public ClientHttpResponse intercept(HttpRequest httpRequest, byte[] body,
ClientHttpRequestExecution xecution)
        throws IOException {
    ClientHttpResponse httpResponse;
    SpanContext parentSpanContext = TracingKafkaUtils.extractSpanContext(headers,
tracer);
    Span span = tracer.buildSpan(httpRequest.getMethod().toString()).asChildOf
(parentSpanContext)
            .withTag(Tags.SPAN_KIND.getKey(), Tags.SPAN_KIND_CLIENT).start();
    ......
}
```

在浏览器中打开 http://${NODEIP}:31380/checkout，触发调用 eshop 实例程序的 REST 接口。打开 Jaeger 的界面（http://${NODEIP}:30088），查看生成的分布式调用跟踪信息，如图 8-12 所示。

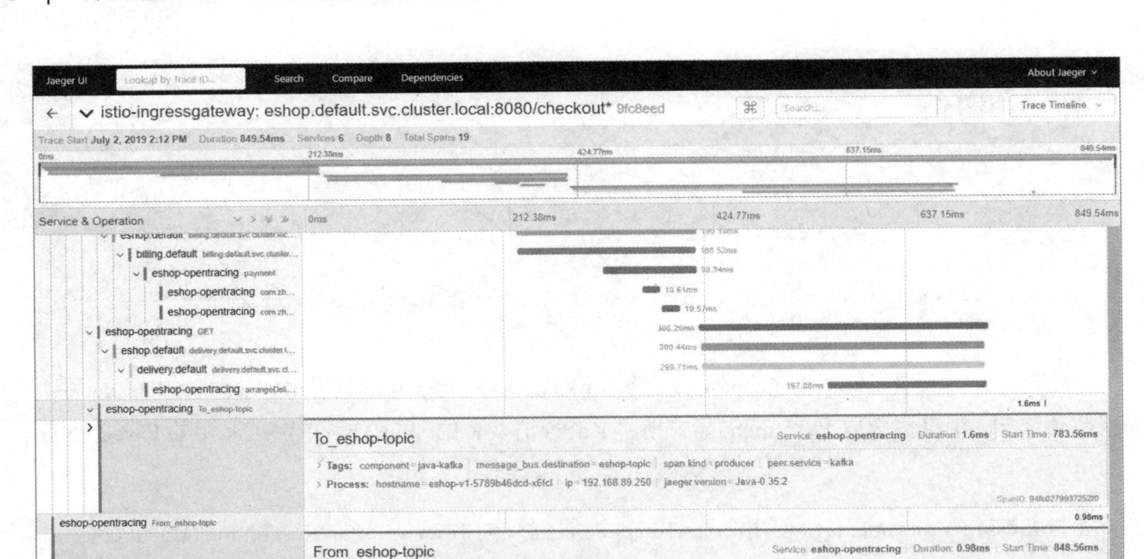

图 8-12

从图 8-12 可知，调用链中出现了 Kafka 消费者调用 notification 服务的 sendEmail REST 接口的 Span。由于调用链经过了 Kafka 消息，因此 sendEmail Span 的时间没有包含在 checkout Span 中。

在 Jaeger UI 界面上将图形切换为 Trace Graph，可以更清晰地表示出各个 Span 之间的调用关系，如图 8-13 所示。

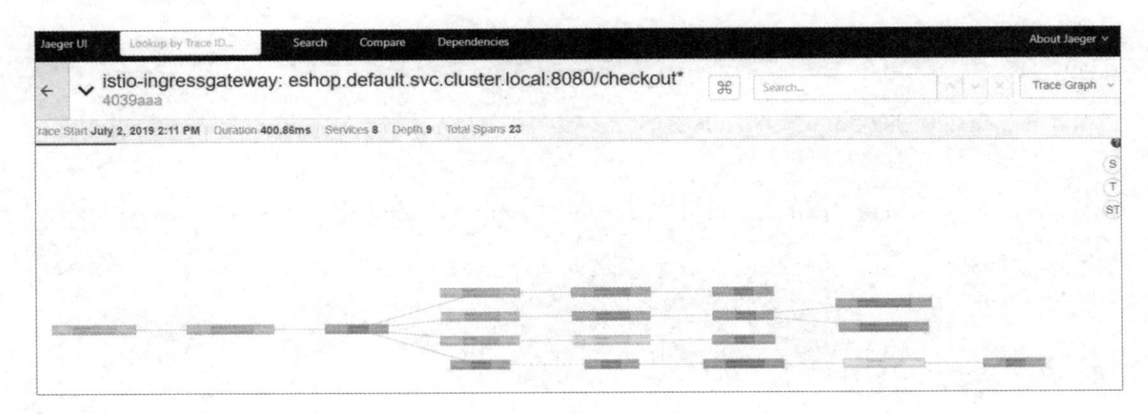

图 8-13

Istio 服务网格可以通过分布式调用跟踪来提高微服务应用的可见性，也可以使用 OpenTracing Instrumentation 来代替应用编码传递分布式跟踪的相关 HTTP Header，还可以将方法级别的调用跟踪和 Kafka 消息的调用跟踪加入 Istio 生成的调用跟踪链中，以提供更细粒度的调用跟踪信息。

该方案可以达到分布式调用跟踪的目的，但需要在代码框架层进行一定的改动，以植入调用跟踪的相关代码。一种更理想的方案是由服务网格来完成所有调用跟踪数据的收集和生成，这样应用代码只需要关注业务逻辑，而不用处理调用跟踪信息的生成。虽然服务网格可以在 Envoy 中加入插件来为 Kafka 消息生成调用跟踪信息，但是就目前来看，并没有很好的办法使得可以在上下游服务之前传递调用跟踪上下文。

8.6 部署模型

当在生产环境中部署 Istio 时，为了保证服务网格的性能、可用性和隔离性，需要对 Istio 的部署方式进行一系列的规划。基于不同的要求，Istio 提供了 6 种部署模型，同时这些模型又可以相互组合，最终组合成最符合用户使用场景和需求的部署方式。

Istio 提供了 6 种部署模型。

- 集群模型：单一集群和多个集群。
- 控制平面模型：单一控制平面和多控制平面。
- 网络模型：单一网络和多网络。
- 网格模型：单一网格和多网格。
- 身份和信任模型：网格内信任和网格间信任。
- 租户模型：命名空间租赁和集群租赁。

这些部署模型可以根据需求相互组合，如常见的单一集群单一控制平面，以及多集群单一控制平面（常出现于服务网格提供商的解决方案中），而像单一集群多个控制平面这样的组合，应该只有在控制平面金丝雀升级时才会出现。

8.6.1 集群模型与控制平面模型

最常见的部署模型组合就是集群模型和控制平面模型了，按照集群数量和控制平面数量可以有以下 3 种组合。

8.6.1.1 单一集群单一控制平面

这是最简单的一种 Istio 部署模型，部署简单方便，但并不具备高可用性，如图 8-14 所示。

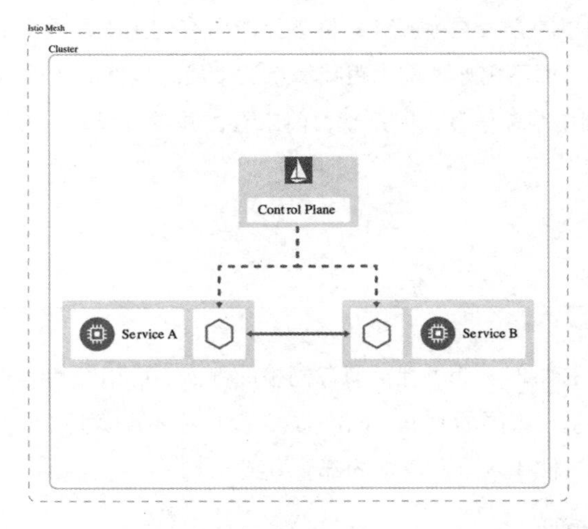

图 8-14

8.6.1.2 多集群单一控制平面

为了应用提高可用性，多集群单一控制平面是一个不错选择，这也就是所谓的“共享控制平面”模式。很多服务网格提供商都是采取这种部署模型来提供服务的，如图 8-15 所示。与单一集群单一控制平面相比，多集群单一控制平面可以实现单一集群没有的故障隔离和故障转移功能，同时提供了位置感知路由，可以将请求发送到最近的服务，在团队和项目隔离方面也有不错的表现。

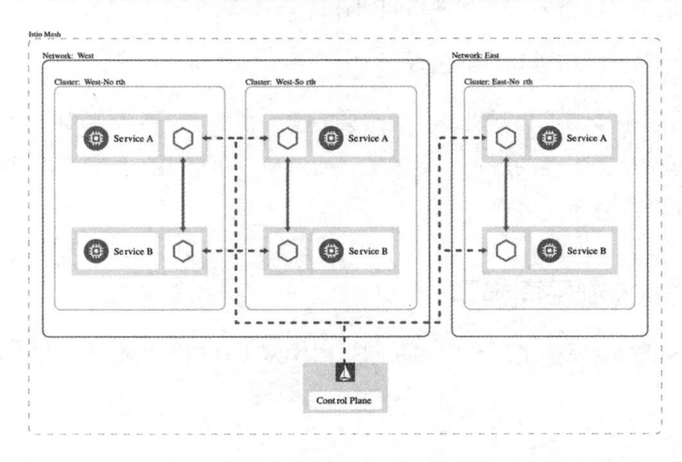

图 8-15

8.6.1.3 多集群多控制平面

多集群多控制平面不仅具备应用的可用性，还提高了控制平面的可用性，如图 8-16 所示。如果控制平面不可用，则影响范围仅限于该控制平面。如果配置了故障转移，则当控制平面不可用时，工作负载实例可以连接到另一个可用的控制平面实例，同时实现配置的隔离。当修改一个控制平面的配置时，不会影响到其他控制平面。但这也是复杂度最高的一种组合。

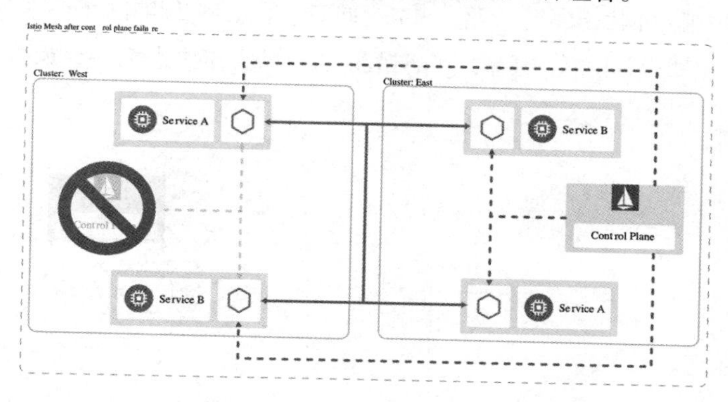

图 8-16

在多集群多控制平面中，还可以根据地域、集群和控制平面的组合，进一步提高可用性，如图 8-17 所示。

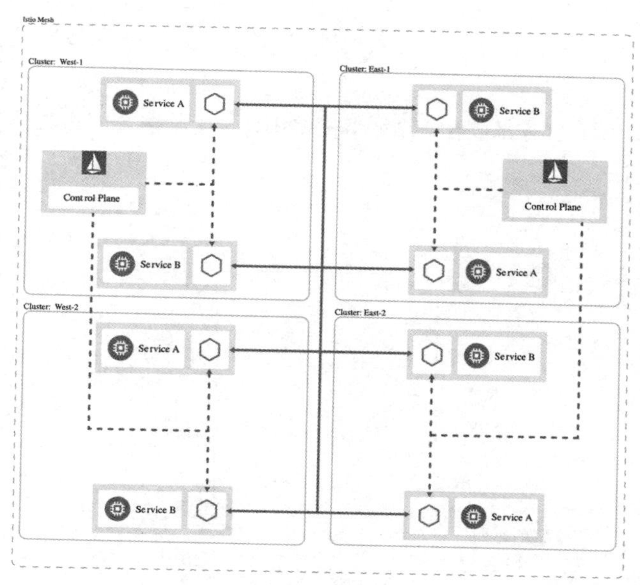

图 8-17

8.6.2 网络模型

许多生产系统存在多个网络或子网，而 Istio 是支持跨多种网络拓扑扩展的服务网格。这样一来，用户就可以选择更适合自己网络环境的网络拓扑和模型了。

- 单一网络：最简单的网络模型，工作负载实例可以直接相互访问，无需 Istio 网关。
- 多网络：单个服务网格跨多个网络，服务之间通过 Istio 网关相互访问，不仅解决了服务端点 IP 地址或 VIP 重叠的问题，还增加了容错能力，拓展了网络地址等，如图 8-18 所示。

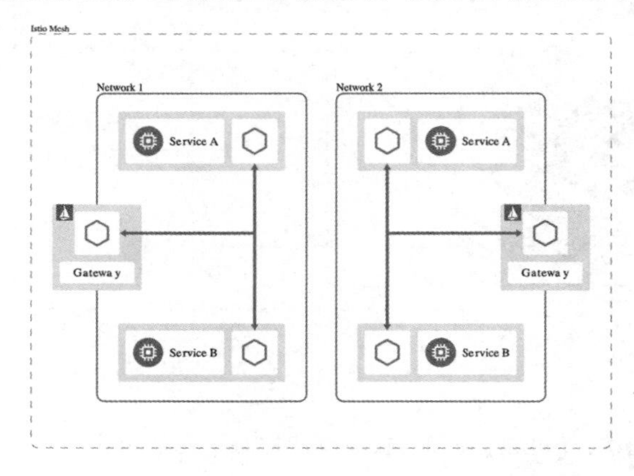

图 8-18

8.6.3 网格模型

Istio 支持将用户的所有服务都放在一个服务网格中，或者将多个网格联合在一起，这也被称为多网格，如图 8-19 所示。

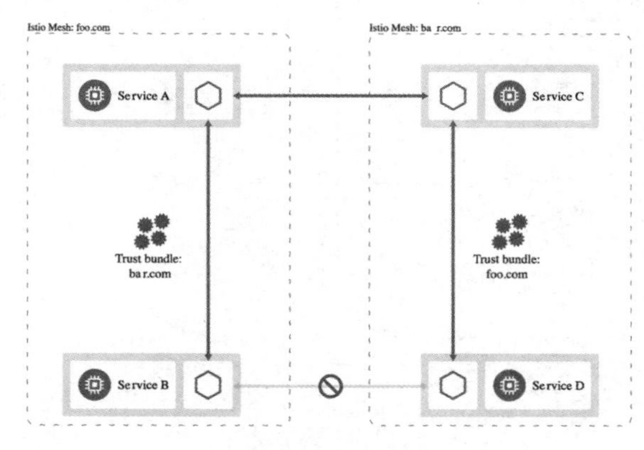

图 8-19

- 单一网格：在网格内，服务名称是唯一的。单一网格可以跨越一个或多个集群和一个或多个网络。在网格内部，命名空间用于多租户。
- 多网格：通过网格联邦实现多网格部署。与单一网格相比，每个网格都可以公开一组服务和身份，它们可以被所有参与网格的服务识别。为避免服务命名冲突，可以为每个网格赋予全局唯一的 mesh ID，以确保每个服务的完全限定域名（FQDN）是不同的。

8.6.4 身份和信任模型

在服务网格中创建工作负载实例时，Istio 会为工作负载分配一个 Identity。证书颁发机构（CA）创建并签名身份标识的证书，用于验证网格中的使用者身份，比如，使用其公钥来验证消息发送者的身份。trust bundle 是一组在 Istio 网格使用的所有 CA 公钥的集合。任何人都可以使用 trust bundle 验证来自该网格的任何消息的发送者。

8.6.4.1 网格内的信任

在单一 Istio 网格中，Istio 确保每个工作负载实例都有一个表示自己身份的适当证书，以及用于识别网格和网格联邦中所有身份信息的 trust bundle。CA 只为这些身份标识创建和签名证书。该模型允许网格中的工作负载实例在通信时相互认证，如图 8-20 所示。

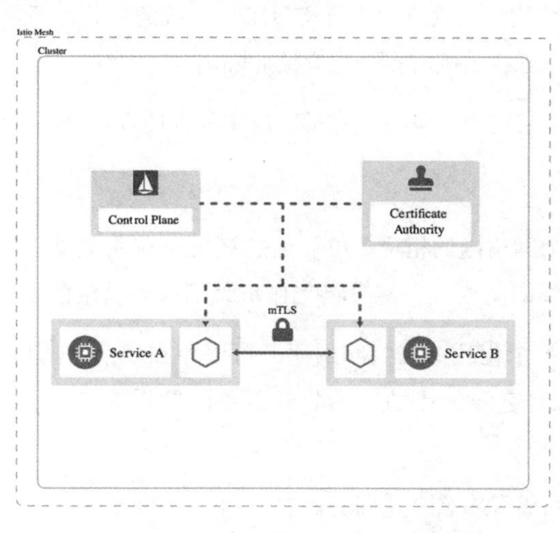

图 8-20

8.6.4.2 网格间的信任

如果网格中的服务需要另一个网格中的服务，就必须在两个网格之间联合身份和信任，如图 8-21

所示。要在不同网格之间联合身份和信任，必须交换网格的 trust bundle。比如，使用像 SPIFFE 信任域联邦之类的协议，手动或自动交换 trust bundle，将 trust bundle 导入网格后，即可为这些身份配置本地策略。

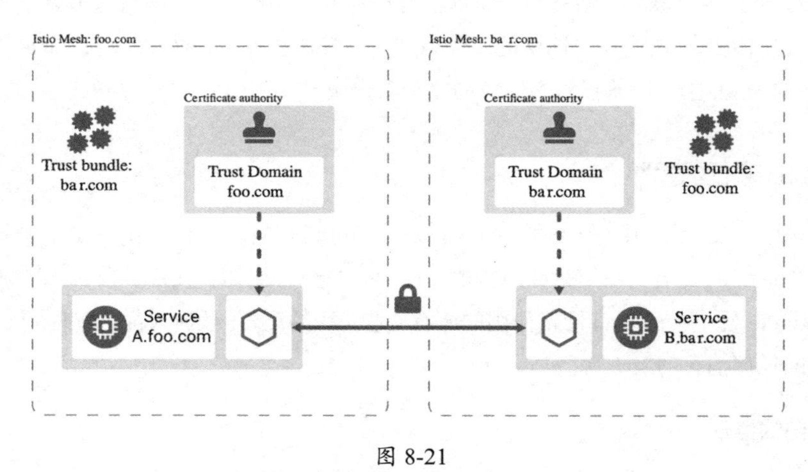

图 8-21

8.6.5 租户模型

在 Istio 中，租户是一组用户，共享一组已部署工作负载的公共访问权限。在通常情况下，可以通过网络配置和策略将工作负载实例与多个租户彼此隔离。

使用租户模型主要是满足安全、策略、容量、成本和性能等要求。

8.6.5.1 命名空间租赁

Istio 使用命名空间作为网格内的租赁单位。Istio 还可以在未实现命名空间租用的环境中使用。在这样的环境中，可以授予团队权限，使其将工作负载部署到给定的命名空间或一组命名空间中。

在默认情况下，来自多个租赁命名空间的服务可以相互通信。为提高隔离性，可以有选择地将部分服务公开给其他命名空间。比如，为公开服务配置授权策略，将访问权限交给适当的调用者。

在多集群场景中，不同集群中名字相同的命名空间，会被认为是相同的命名空间。Istio 会合并这些服务端点，用于服务发现和负载均衡。

8.6.5.2 集群租户模型

Istio 还支持使用集群作为租赁单位。在这种情况下，可以为每个团队提供一个专用集群或一组集群来部署其工作负载。集群的权限通常仅限于拥有它的团队和成员。

要在 Istio 中使用集群租户模型，请将每个集群配置为一个独立的网格，或者使用 Istio 将一组集群实现为单一租户。每个团队可以拥有一个或多个集群，但是所有集群都可以配置为单一网格。要将各个团队的网格连接在一起，可以将网格联合成一个多网格部署。

由于每个网格都由不同的团队或组织管理，因此不需要担心服务命名冲突。

本节最后提到的租户模型其实就是对前面几种模型基于多租户场景的组合。在实际场景中，用户需要综合考虑性能、可用性、隔离性及部署成本，根据生产环境的实际情况及需求，合理地选择部署模型的组合。部署和管理 Istio 并不存在“银弹”，只有合适自己的才是最好的。

8.7 多集群部署与管理

Istio 在 v 1.1 版本后提供了两类多集群连通的部署模式：多控制平面、单控制平面（也被称为“共享控制平面”模式）。

在多控制平面模式下，各网格之间的服务实例无法自动共享，互相访问不透明。其应用场景有限，实现相对简单。

在单控制平面模式下，根据各集群是否属于同一个网络，还可以细分为单网络单控制平面模式和多网络单控制平面模式。

- 单网络单控制平面模式，支持多 Kubernetes 集群融合为一个服务网格，但是该种模式对网络有严格的要求：需要所有集群处于同一个扁平网络，Pod IP 地址互通且不重叠，使用 VPN 连通多集群网络是常见的一个选项。不过这些网络需求在实际环境中可能难以满足，也限制了该模式的应用场景。
- 多网络单控制平面模式，同样实现了多 Kubernetes 集群融合为一个服务网格，并且在网络上没有上述限制，每个多 Kubernetes 集群都是一个独立的网络，甚至可以分布于不同地域。但其实现也最复杂，且该模式要求开启服务间 mTLS 通信，在通信效率上也受到一定影响。

8.7.1 多控制平面

在多控制平面部署模式中，每个 Kubernetes 集群中都包含一套独立的 Istio 控制平面，虽然 Istio 并不会主动打通各个集群间的服务访问，但是需要用户主动注册集群间互访的服务条目，包括设置

DNS 和 Gateway，以及注册 ServiceEntry 等，如图 8-22 所示。

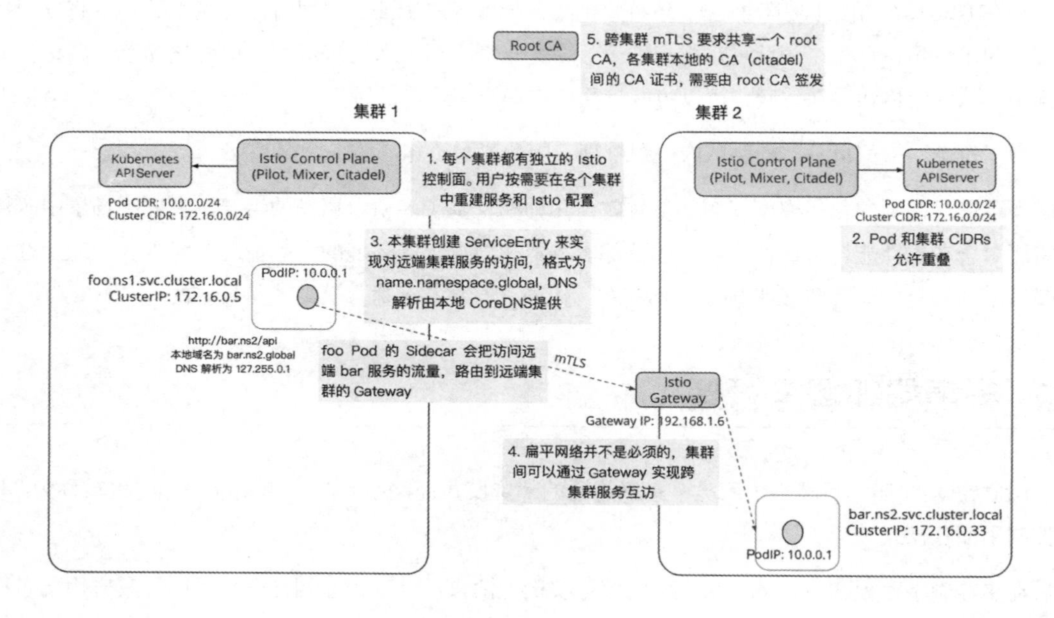

图 8-22

下面以“集群 1”访问“集群 2”中的 httpbin.bar 服务为例，解析多控制平面服务网格连通的核心流程。

8.7.1.1 配置各集群 CA 证书

多控制平面模式下的集群间互访，要求使用 mTLS 通信。因为每个集群中都有独立的 CA，如果这些 CA 使用自签名证书无法互相验证，则各集群需要共享 root CA，并利用 root CA 为每个子集群都签发 intermediate CA 证书。

下面以 Istio 源码中提供的 CA 证书为例，在各集群中创建一个名为 cacerts 的 secret。istiod 中的 CA 会自动读取并使用这些证书。

```
kubectl create namespace istio-system
kubectl create secret generic cacerts -n istio-system \
    --from-file=samples/certs/ca-cert.pem \
    --from-file=samples/certs/ca-key.pem \
    --from-file=samples/certs/root-cert.pem \
    --from-file=samples/certs/cert-chain.pem
```

Istio 源码中提供了一套实例的 CA 证书，位于 samples/certs/目录下。需要注意的是，这套证书已广泛传播，仅供线下测试使用，一定不要在生产环境中使用！以避免不必要的安全风险。

8.7.1.2 安装控制平面

使用 IstioOperator 在各集群中分别安装控制平面。

```
$ istioctl install \
    -f manifests/examples/multicluster/values-istio-multicluster-gateways.yaml
```

Operator manifest 配置概要如下。

```
apiVersion: install.istio.io/v1alpha1
kind: IstioOperator
spec:
  addonComponents:
    istiocoredns:
      enabled: true

  components:
    egressGateways:
      - name: istio-egressgateway
        enabled: true

  values:
    global:
      podDNSSearchNamespaces:
        - global
        - default.svc.cluster.global

      multiCluster:
        enabled: true

      controlPlaneSecurityEnabled: true

    gateways:
      istio-egressgateway:
        env:
          #Needed to route traffic via egress gateway if desired
          ISTIO_META_REQUESTED_NETWORK_VIEW: "external"
```

上面的配置会安装一个 istiocoredns 服务，用于解析远端服务的 DNS 地址。该服务使用的镜像是 CoreDNS 官方镜像。

podDNSSearchNamespaces 配置会影响后续 Pod 注入的内容，因此要调整 Pod 的 dnsConfig，修改 Pod /etc/resolv.conf 文件中 DNS searches 配置，为 Pod 增加了两个 DNS 搜索域。

```
dnsConfig:
  searches:
  - global
  - default.svc.cluster.global
```

在多控制平面网格拓扑中，每个集群身份都是对等的，对某些集群来说，任何其他集群都是远端集群。Kubernetes service 默认使用 svc.cluster.local 作为域名后缀，而 Kubernetes 集群内自带的 DNS 服务（KubeDNS 或 CoreDNS），则负责解析 service 域名。

在该模式下，为了区别请求的目的端是本集群服务，还是远端集群服务，Istio 使用 svc.cluster.global 指向远端集群服务。在默认情况下，Istio 本身不会影响 Kubernetes 集群内的 DSN 条目。不过由于在上一步中安装了一个 istiocoredns，因此该组件会负责解析 svc.cluster.global 的域名进行查询。

8.7.1.3 配置 ServiceEntry

为了实现在本集群中访问远端集群的服务，我们需要在本集群中注册远端服务的 ServiceEntry。设置 ServiceEntry 时需要注意以下两点。

- Host 格式<service name>.<namespace>.global，对该域名的查询请求，将由上一步配置的 istiocoredns 进行解析。
- 需要由 ServiceEntry 提供 VIP，可以理解为远端目标服务在本集群中的 service IP 地址。每个远端服务需要配置不同的 VIP，同时这些 VIP 不能和本集群中的其他 service IP 地址重叠。

下面以“集群 1”访问“集群 2”中的 httpbin.bar 服务为例，在“集群 1”中配置以下 ServiceEntry。

```
apiVersion: networking.istio.io/v1alpha3
kind: ServiceEntry
metadata:
  name: httpbin-bar
spec:
  hosts:
  - httpbin.bar.global
  location: MESH_INTERNAL
  ports:
  - name: http1
    number: 8000
    protocol: http
  resolution: DNS
  addresses:
  - 240.0.0.2
  endpoints:
  - address: {{ CLUSTER2_GW_ADDR }}
```

```
  ports:
    http1: 15443 #Do not change this port value
```

其中，addresses（240.0.0.2）用于设置目的服务的 VIP，同时在该服务的 endpoints 中，CLUSTER2_GW_ ADDR 需要填写“集群 2”的 Ingress Gateway 地址。这会告诉 Istio：应该将“集群 1”访问 240.0.0.2 的流量路由到“集群 2”的 Ingress Gateway 中。

以上配置的 VIP 并不会作为集群间 IP 层的实际目的地址，当“集群 1”中的某个 Client 发起对该 IP 地址的访问后，流量会被拦截到对应的 Sidecar 中，Sidecar 会根据 xDS 信息，将目的 IP 地址转换为“集群 2”的 Ingress Gateway 地址。为了避免冲突，这里推荐使用 E 类网络地址 240.0.0.0/4。该网络地址段作为保留范围并未广泛使用。

8.7.1.4 SNI 感知网关分析

SNI（Server Name Indication）指定了在 TLS 握手时要连接的主机名。SNI 协议是为了支持同一个 IP 地址（和端口）的多个域名。

目的网关端口 15443 预设了 SNI 感知的 Listener。具体地，当从“集群 1”中由 Client 发出的流量被拦截到 Sidecar 后，Sidecar 会将其转换为 mTLS 流量，并带上 SNI 信息（httpbin）转发出去。在流量到达“集群 2”的 Ingress Gateway 15443 端口后，该 Ingress Gateway 会提取 SNI 信息，分析出实际的目的服务为 httpbin 服务，最终转发给“集群 2”中 httpbin 服务的 Pod。

```
{
  "name": "0.0.0.0_15443",
  "active_state": {
    "listener": {
      "name": "0.0.0.0_15443",
      "address": {
        "socket_address": {
          "address": "0.0.0.0",
          "port_value": 15443
        }
      },
      "filter_chains": [
        {
          "filter_chain_match": {
            "server_names": [
              "*.global"
            ]
          },
          "filters": [
            {
              "name": "envoy.filters.network.sni_cluster"
```

```
          },
          {
            "name": "envoy.filters.network.tcp_cluster_rewrite",
            "config": {
              "cluster_pattern": "\\.global$",
              "cluster_replacement": ".svc.cluster.local"
            }
          },
            ......
          {
            "name": "envoy.tcp_proxy",
            "typed_config": {
              "stat_prefix": "BlackHoleCluster",
              "cluster": "BlackHoleCluster"
            }
          }
        ]
      }
    ],
    "listener_filters": [
      {
        "name": "envoy.listener.tls_inspector",
        ......
      }
    ],
    "traffic_direction": "OUTBOUND"
  }
 }
}
```

其中，envoy.listener.tls_inspector 将检测 TLS 流量，并可以提取 SNI 作为 server name，进行路由决策；tcp_cluster_rewrite 将后缀以 global$ 结尾的 Cluster 替换为 svc.cluster.local，进而转发到网格内部，以此实现 TLS 层的路由。

8.7.2 单控制平面

与多控制平面网格不同，单控制平面网格中的所有集群共享一个 Istio 控制平面。单控制平面作为流量控制规则的唯一下发入口，会查看所有 Kubernetes 集群的服务发现数据，并且所有集群数据平面的 Envoy 都会连接单控制平面，获得 xDS 信息，如图 8-23 所示。

单网络单控制平面和多网络单控制平面的安装流程类似，简述如下。

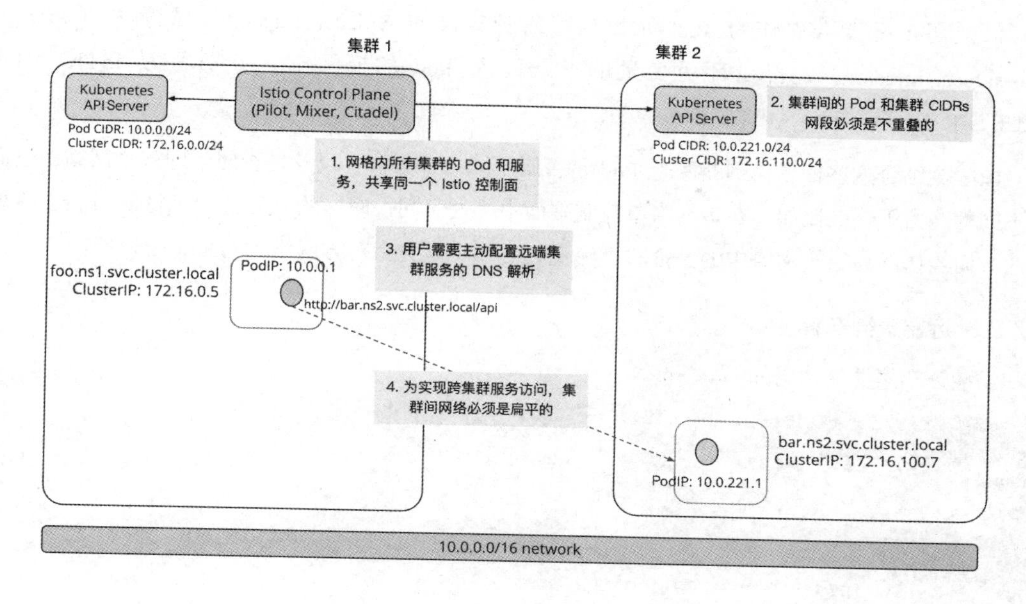

图 8-23

8.7.2.1 配置各集群 CA 证书

对于“多网络”模式，跨集群通信必须经过 Istio Gateway，Gateway 同样利用 SNI 进行路由感知。这种模式必须开启 mTLS，因此需要提前配置各集群的 CA 证书。步骤与“多控制平面”流程一致，这里不再赘述。

“单网络”模式中的跨集群通信是 Pod 与 Pod 直连，没有经过 Istio Gateway，因此并不需要强制使用 mTLS，可以不用配置 mTLS 证书。但是如果业务需要开启 mTLS 通信，由于多个集群各自的自签名证书无法互相验证，因此就需要配置自签名的 CA 证书。

8.7.2.2 主集群安装控制平面

通常将控制平面所在的 Kubernetes 称为主集群，其他集群称为远端集群。

控制平面可以使用 IstioOperator 安装。在安装之前，每个集群都要确定以下两个重要的拓扑配置。

- 集群标识：每个集群都需要有唯一的集群名。
- 网络标识：标识集群所属的网络。在“单网络”模式中，所有集群的网络标识都相同；在“多网络”模式中，某些或所有集群的网络标识都不相同。

以上两个配置会先作为 Pod 元数据写入各集群的 Sidecar Injector 的配置中（configmap istio-sidecar-injector），再以环境变量的形式注入 Pod 的模板中，分别名为 ISTIO_META_CLUSTER_ID 和 ISTIO_META_NETWORK。

Istio 会结合这些信息，判断两个 Pod 是否属于同一个集群，以及是否属于同一个网络，进而配置不同的路由策略。比如，在多网络单控制平面中，处于同一网络的 Pod 访问，将使用 Pod IP 地址互通。而当访问另一个网络中的 Pod 时，流量目的端将配置为对方网络的 Gateway 地址。

8.7.2.3 远端集群安装

安装远端集群的代码如下。

```
apiVersion: install.istio.io/v1alpha1
kind: IstioOperator
spec:
  values:
    global:
      multiCluster:
        clusterName: ${REMOTE_CLUSTER_NAME}
      network: ${REMOTE_CLUSTER_NETWORK}

      remotePilotAddress: ${ISTIOD_REMOTE_EP}

  #“多网络”模式需要以下配置，“单网络”模式不需要
  #components:
  # ingressGateways:
  # - name: istio-ingressgateway
  #   enabled: false
```

远端集群中仍然安装了一个完整的 istiod，似乎和主集群一样。不过如果仔细分析远端集群的配置就可以发现，远端集群其实只需要独立的 Sidecar Injector 和负责本集群证书的 Citadel。虽然在 Istio 1.5 版本之前，远端集群中的确只有这两个组件，但是 Istio 1.5 版本将所有控制平面组件合并为一个单体，因此目前远端集群中也安装了一个完整的 istiod。

理论上来说，主集群中的 istiod 也应该可以提供远端集群的 Pod 注入服务和证书服务。不过这些在 Istio 1.5 版本中还未完成，预计在后续版本中会逐步提供。届时远端集群中不再需要安装 istiod，会更加的简单。

8.7.2.4 配置“多网络”模式的 Gateway

如果选择的是多网络单控制平面，则各集群都需要安装一个入口网关（Ingress Gateway）。这包括两个步骤：首先需要在每个集群中安装网关对应的 Deployment 和 service；然后要在控制平面所在

的集群中安装 Istio Gateway CRD。

```
apiVersion: networking.istio.io/v1alpha3
kind: Gateway
metadata:
  name: cluster-aware-gateway
  namespace: istio-system
spec:
  selector:
    istio: ingressgateway
  servers:
  - port:
      number: 443
      name: tls
      protocol: TLS
    tls:
      mode: AUTO_PASSTHROUGH
    hosts:
    - "*.local"
```

8.7.2.5 关于 mTLS 和 AUTO_PASSTHROUGH

通常来说，Istio Ingress Gateway 需要配套指定服务的 VirtualService，用来指定 Ingress 流量的后端服务。但在“多网络”模式中，该入口网关需要作为本数据平面所有服务的流量入口。也就是说，所有服务共享单个 Ingress Gateway（单个 IP 地址），这里其实是利用了 TLS 中的 SNI（Server Name Indication）。

传统的入口网关承载的是南北向流量，这里的入口网关属于网格内部流量，承载的是东西向流量。设置 AUTO_PASSTHROUGH，可以允许服务无须配置 VirtualService，而直接使用 TLS 中的 SNI 值来表示 Upstream。服务相关的 service/subset/port 都可以编码到 SNI 内容中。

8.7.2.6 注册远端集群服务发现

对于最简单的单集群服务网格，Pilot 会连接所在 Kubernetes 集群的 API Server，自动将该集群的服务发现数据（如 service，Endpoint 等）接入控制平面。

对于多集群模式，Pilot 需要用户主动提供，如何去连接远端集群的 API Server。Istio 约定方式是：用户将远端集群的访问凭证（kubeconfig 文件）存于主集群的 secret 中，同时将 secret 的标签设置为 istio/multiCluster: "true"。

一份远端集群访问凭证的 secret 模板类似如下。

```
apiVersion: v1
kind: Secret
```

```
metadata:
  name: istio-remote-secret-{{ REMOTE_CLUSTER_NAME }}
  namespace: istio-system
  labels:
    istio/multiCluster: "true"
type: Opaque
stringData:
  {{ REMOTE_CLUSTER_NAME }}: |-
    apiVersion: v1
    clusters:
      - cluster:
          server: {{ REMOTE_CLUSTER_API_SERVER_ADDRESS }}
        name: {{ REMOTE_CLUSTER_NAME }}
    contexts:
      - context:
          cluster: {{ REMOTE_CLUSTER_NAME }}
          user: {{ REMOTE_CLUSTER_USER }}
        name: {{ REMOTE_CLUSTER_NAME }}
    current-context: {{ .REMOTE_CLUSTER_CTX }}
    kind: Config
    users:
      - name: {{ REMOTE_CLUSTER_USER }}
        user:
          token: {{ REMOTE_CLUSTER_TOKEN }}
```

secret name 并不重要，Pilot 会查看所有包含 label 为 istio/multiCluster: "true"的 secret。Istio 提供了生成以上 secret 的简化命令。需要注意的是，生成的远端集群 secret，最终是应用到主集群中。

```
$ istioctl x create-remote-secret --name ${REMOTE_CLUSTER_NAME} --context=${REMOTE_
CLUSTER_CTX} | \
    kubectl apply -f - --context=${MAIN_CLUSTER_CTX}
```

至此，单控制平面服务网格搭建完成。如果配置正确，则主集群中的控制平面将查看远端集群的服务数据，而 Pilot 会整合所有集群的服务发现数据和流量控制规则，以 xDS 形式下发到各集群数据平面。

对于“多控制平面”模式，严格地讲，每个 Kubernetes 集群仍然是独立的服务网格，适用于业务界限明显的多集群。集群间服务互访不多，在大部分场景下，各集群服务和流量控制偏向于独立治理，而有互访需求的小部分服务，则需要用户显式地进行服务连通注册。

对于“单控制平面”模式，是将多个集群联结为一个统一的服务网格，集群间同名服务自动共享服务实例。这种模式适合于业务联系紧密的多集群，甚至是业务对等的多集群。因为这些集群间服务互访较多，所以所有集群共享流量控制治理规则，可以实现“地域感知路由”“异地容灾”等高级的网格应用场景。

至于选择单网络单控制平面还是多网络单控制平面，更多的是取决于集群间的网络连通现状。“单网络”模式要求集群与集群处于同一个网络平面，Pod IP 地址不重叠且可以直连。如果网络拓扑条件不满足，则可以选择“多网络”模式。在该模式下，每个集群都有一个入口网关，供其他集群访问流量进入，不过需要考虑的是业务能否接受 mTLS 带来的开销。

以上是 Istio 最常见的多集群模式，Istio 还可以实现其他更复杂的拓扑，比如，多个远端集群，有部分属于相同网络，另一部分属于不同网络；另外，控制平面组件还可能以冗余的方式分布到多个集群，这样可以有多个主集群，用来提高控制平面的可用性。不过这些模式对服务网格的理解和运维能力要求更高，用户应该谨慎选择。

8.8 智能 DNS

DNS 解析是绝大部分网络访问的基础。因为 IP 地址不易记忆和辨识，也可能发生变动，所以 DNS 系统提供了一套域名到具体 IP 地址的映射机制并由域名作为一个服务的稳定标识。当需要访问某个具体服务时，可以通过域名访问。网络客户端会自动请求 DNS 服务器，将域名转换为对应的 IP 地址，并发起访问。举一个最简单的例子，当在浏览器中输入域名访问百度搜索服务时，就需要先通过 DNS 解析将域名解析为百度服务器 IP 地址，然后才能正确地访问对应的服务。而类似地，在 Kubernetes 集群内部，服务间的相互调用同样依赖 Kubernetes 提供的 DNS 功能。而在引入服务网格之后，虽然业务流量会被劫持到 Sidecar 中，并由 Sidecar 代理，但是 DNS 流量并不会被解析。其流量处理如图 8-24 所示，请求首先通过 DNS 将 Kubernetes 域名转换为服务 IP 地址（一般为 Cluster IP 地址），然后 App 会向解析后得到的 IP 地址发起请求。最终请求流量会被拦截至 Sidecar 并由 Sidecar 完成转发。

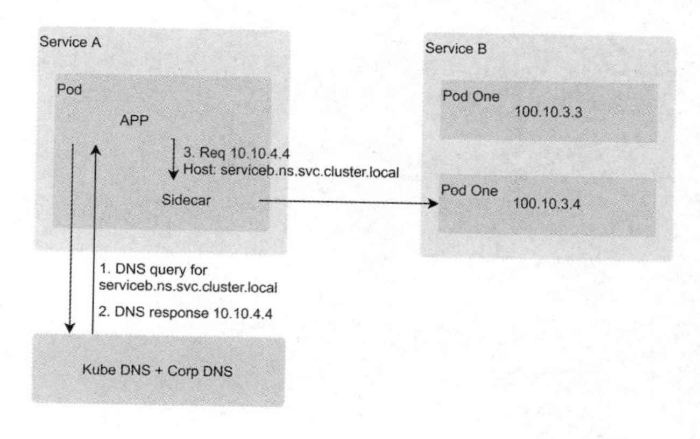

图 8-24

8.8.1 待解决问题

如果仅考虑 Kubernetes 集群内部的服务，以上的流程似乎并没有什么太大的问题。但是如果要考虑跨集群多架构的方案，则有一些不足之处。具体来说，主要存在以下 3 个方面的问题。

首先，对于通过 ServiceEntry 引入的集群外的服务，集群内的服务在访问它们时，无法使用域名直接访问（当然如果使用额外的 DNS 解决方案，可以解决该问题，但是会引入额外的复杂度）。

其次，在服务网格中，DNS 解析的结果不仅用于业务访问，更重要的作用在于让 Sidecar 可以识别流量的目标服务。对于 HTTP 类型的指向集群外服务的流量，可以通过流量中的 Host 来实现流量识别和路由转发。但是对于 TCP 类型的指向集群外服务的流量，则只能依赖目标地址和目标端口来实现流量的正确转发。假设通过 ServiceEntry 引入的外部服务没有一个稳定的 VIP 地址（类似于 Kubernetes 服务的 Cluster IP 地址，DNS 类型的 ServiceEntry 一般就没有这样的 VIP 地址），则在集群内只能通过端口来做路由匹配，非常受限。举一个具体的例子，如下的两条 ServiceEntry 分别定义了两个不同的外部 TCP 服务，使用相同的端口 9999。

```
apiVersion: networking.istio.io/v1alpha3
kind: ServiceEntry
metadata:
name: example1
spec:
hosts:
- example1
ports:
- name: tcp
  number: 9999
  protocol: TCP
resolution: DNS
---
apiVersion: networking.istio.io/v1alpha3
kind: ServiceEntry
metadata:
name: example2
spec:
hosts:
- example2
ports:
- name: tcp
  number: 9999
  protocol: TCP
resolution: DNS
```

当在服务网格中应用访问两个服务时，由于没有 VIP，因此会访问原始的 DNS 解析得到的 IP 地址。该 IP 地址会动态变化，所以 Sidecar 为了劫持并代理流量，只能将两个服务的流量都交由 0.0.0.0:9999 的虚拟监听器处理。而由于 TCP 流量缺乏额外的标识，此时两个服务的流量难以区分，只能通过原始 IP 地址直接转发出去。在该情况下，服务网格无法针对此类的流量做精细的管控和治理（只有每个此类外部 TCP 服务都独占一个端口，才可以使用端口区分）。

最后，集群外的服务（如集群外虚拟机服务），如果要访问本集群内的服务，同样无法通过统一的域名方式进行访问（同样可以使用额外的 DNS 解决方案来处理该问题，但是同样会引入额外的复杂度）。

针对以上的问题，在 Istio 1.8 版本之后，Istio 新增了 DNS 代理的功能。具体来说，Istio 会将业务 DNS 流量也劫持到 Sidecar 中并由 Sidecar 处理 DNS 请求。

对于普通的 Kubernetes 服务，Sidecar 返回的结果与原来无 DNS 代理时保持一致。如果 DNS 请求的目标服务不是网格内服务，Sidecar 会将查询转发到 /etc/resolv.conf 的 DNS 服务器中。

通过该方案，一方面，可以降低 DNS 服务器的负载（Sidecar 会构建一个本地缓存），加快 DNS 解析速度；另一方面，则可以通过控制 DNS 结果来解决外部服务的访问问题。其新架构如图 8-25 所示。

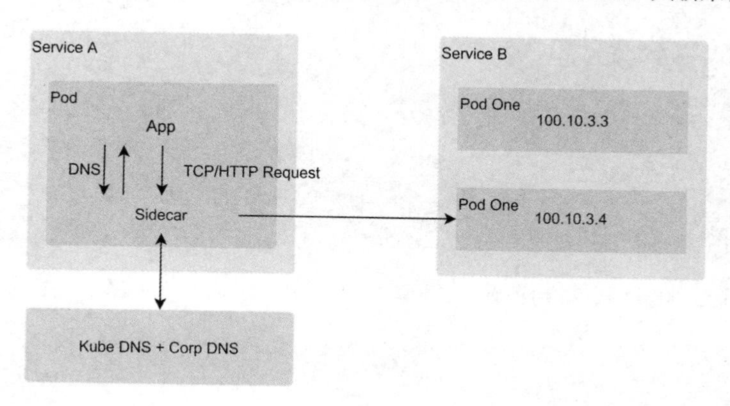

图 8-25

下面以具体的场景为例，介绍 DNS 代理的作用。

8.8.2 功能开启

在默认情况下，该功能处于关闭状态。在安装 Istio 时，可以使用如下的设置将功能开启。

```
$ cat <<EOF | istioctl install -y -f -
apiVersion: install.istio.io/v1alpha1
kind: IstioOperator
spec:
meshConfig:
  defaultConfig:
    proxyMetadata:
       #Enable basic DNS proxying
      ISTIO_META_DNS_CAPTURE: "true"
       #Enable automatic address allocation, optional
      ISTIO_META_DNS_AUTO_ALLOCATE: "true"
EOF
```

8.8.3 访问外部服务

在开启 DNS 代理功能之后，可以简单地配置一条指向外部服务的 ServiceEntry。配置完成后，可以尝试在任意开启了 DNS 代理的业务容器中使用域名访问该服务。

```
apiVersion: networking.istio.io/v1beta1
kind: ServiceEntry
metadata:
name: external-httpbin
spec:
addresses:
- 100.280.155.299
hosts:
- address.internal
ports:
- name: http
  number: 80
  protocol: HTTP
```

通过上述配置，服务可以得到正确的访问。

```
$ curl -v external-httpbin/anything
*   Trying 100.280.155.299:80...
```

假设没有开启 DNS 拦截，则请求会因 external-httpbin 域名的解析失败而失败。

```
curl -v external-httpbin/anything
* Could not resolve host: external-httpbin
* Closing connection 0
curl: (6) Could not resolve host: external-httpbin
```

8.8.4 自动地址分配

在上一小节之中，作为实例的 ServiceEntry，本身就已经具备了一个预定义的 VIP（通过 addresses 字段指定，DNS 代理会直接返回该地址）。但是，如果是一个没有稳定 VIP 地址的外部服务，则需要额外的功能支持。如前文所述，没有稳定的 VIP 地址会给外部 TCP 流量带来很多限制。因此，DNS 代理提供了为此类 ServiceEntry 自动分配一个 VIP 地址的功能。分配出来的 VIP 并不是一个真实可用的 IP 地址，而是仅用于 Sidecar 标识和区分指向该服务的流量。以下面两个 ServiceEntry 为例。

```
apiVersion: networking.istio.io/v1alpha3
kind: ServiceEntry
metadata:
name: example1
spec:
hosts:
- example1
ports:
- name: tcp
  number: 9999
  protocol: TCP
resolution: DNS
---
apiVersion: networking.istio.io/v1alpha3
kind: ServiceEntry
metadata:
name: example2
spec:
hosts:
- example2
ports:
- name: tcp
  number: 9999
  protocol: TCP
resolution: DNS
```

DNS 代理会从 240.240.0.0/16 地址段中为 example1 和 example2 分别分配一个 VIP 地址并作为 DNS 解析结果返回。当业务进程访问 example1 和 example2 时，最终会根据 DNS 代理返回的结果访问自动分配的 VIP，而不是原始 DNS 解析返回的动态变化的 IP 地址。Sidecar 则可以根据 VIP 来区分指向两个服务的流量并进行精细化治理。

8.8.5 跨集群访问

DNS 代理的第三个使用场景是在集群之外，如虚拟机或另一个 Kubernetes 集群中，也可以使用

DNS 代理解决跨集群的域名解析和访问问题。以虚拟机为例，如果没有 DNS 代理，则必须使用一些复杂的 DNS 策略才能将集群内的服务暴露给虚拟机内部服务；而通过 Sidecar 和 DNS 代理，则可以使这一个过程对业务完全透明，如图 8-26 所示。

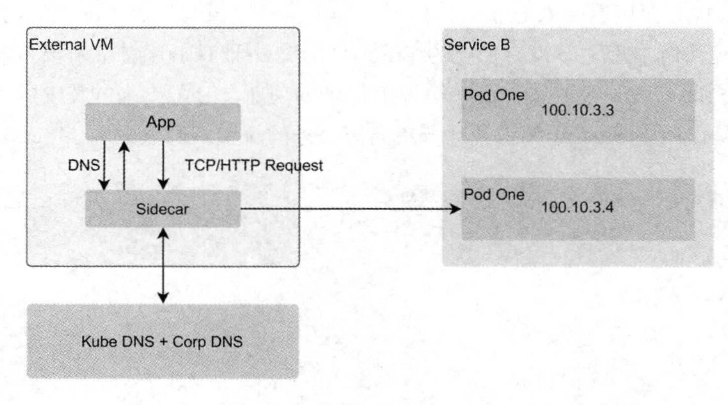

图 8-26

在服务网格落地的过程中，传统的业务如何迁移至全新的微服务架构，在过渡阶段，新、旧架构中业务如何相互访问一致是一个难题。而智能 DNS 代理则为解决这一问题提供了一种优雅而强大的解决方案。

8.9 本章小结

Istio 是复杂的，是云原生复杂生态的一个组件，在真实生产环境中还有更多复杂的场景需要对接。本章虽然介绍了进阶内容，但无法一一列举并进行分析说明，望读者在实践中获得真知。

第 9 章 故障排查

在使用 Istio 过程中，可能会因为其自身的设计问题或用户配置错误等原因，产生一些不太符合预期的现象，甚至是功能性故障。为了帮读者避免走一些不必要的弯路，本章整理了一些 Istio 在使用过程中经常遇到的问题或异常，可以通过分析其产生原因，给出相应的解决方案或最佳实践。此外，本章也结合详细的使用说明，介绍 Istio 官方给出的诊断工具 istioctl 和自检工具 ControlZ，帮助读者更好地排查和诊断一些配置问题。

9.1 常见使用问题

本节将剖析使用 Istio 时常见的若干问题。

- Service 端口命名约束。
- 流量控制规则下发顺序问题。
- 请求中断分析。
- Sidecar 和 user container 的启动顺序。
- Ingress Gateway 和 Service 端口联动。
- VirtualService 作用域。
- VirtualService 不支持 host fragment。
- 全链路跟踪并非完全透明接入。
- mTLS 导致连接中断。

以上问题的测试环境是 Istio 1.5.0。下面进行具体介绍。

9.1.1 Service 端口命名约束

Istio 支持多平台，不过 Istio 和 Kubernetes 的兼容性是最优的，不管是设计理念、核心团队，还是社区，都有一脉相承的意思。但 Istio 和 Kubernetes 的适配并非完全没有冲突，一个典型问题就是 Istio 需要 Kubernetes service 按照协议进行端口命名。

端口命名因不满足约束而导致的流量异常，是使用 Mesh 过程中最常见的问题。其现象是协议相关的流量控制规则不生效，这通常可以通过检查该 Port LDS 中 filter 的类型来定位。

1．原因分析

Kubernetes 的网络对应用层是无感知的，Kubernetes 的主要流量转发逻辑发生在 Node 上，由 iptables/IPVS（这些规则并不关心应用层里是什么协议）实现。

Istio 的核心功能是对七层流量进行管控，但前提条件是 Istio 必须知道每个受管控的服务是什么协议。Istio 会根据端口协议的不同，下发不同的流量控制功能（Envoy Filter），而 Kubernetes 资源定义里并不包括七层协议信息。所以 Istio 需要用户显式提供，如图 9-1 所示。

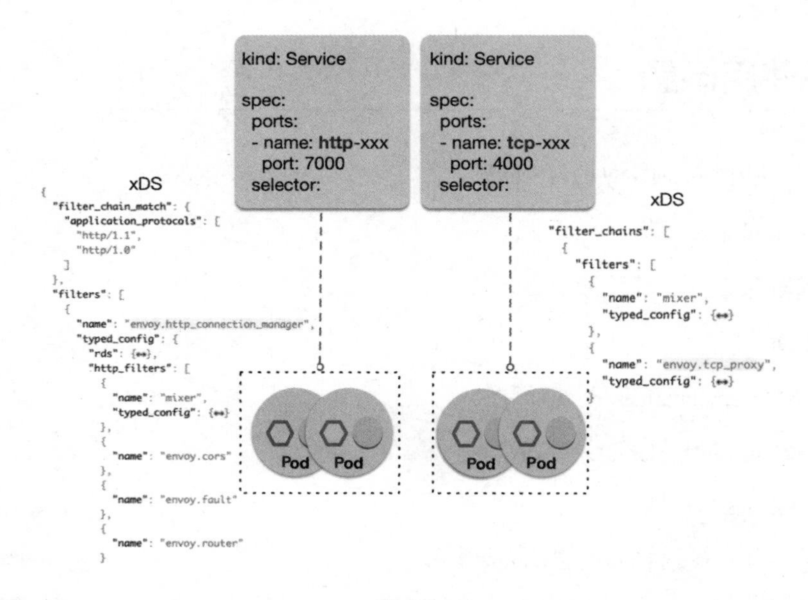

图 9-1

Istio 的解决方案为协议嗅探（Protocol Sniffing）。协议嗅探能实现什么呢？具体介绍如下。

- 检测 TLS CLIENT_HELLO 提取 SNI、ALPN、NPN 等信息。
- 基于常见协议的已知典型结构，尝试检测应用层 plaintext 内容。比如，基于 HTTP2 spec: Connection Preface，判断是否为 HTTP/2；基于 HTTP header 结构，判断是否为 HTTP/1.x。
- 在协议嗅探的过程中，会设置超时控制和检测包大小限制，这里默认的处理协议是 TCP。

2．最佳实践

协议嗅探减少了新手使用 Istio 所需的配置，但是可能会带来不确定的行为。不确定的行为在生产环境中是需要尽量避免的。

嗅探失效的例子如下。

- 客户端和服务端使用着某类非标准的七层协议，客户端和服务端都可以正确解析，但是不能确保 Istio 自动嗅探逻辑认可这类非标准协议。比如，HTTP 的标准换行分隔是 CRLF（0x0d 0x0a），但是大部分 http 类库会使用并认可 LF（0x0a）作为分隔。
- 某些自定义私有协议，其数据流的起始格式与 http 报文格式类似，但是后续数据流的格式是自定义格式，如下。
    - 未开启嗅探时：数据流按照 L4 TCP 进行路由，符合用户期望。
    - 开启嗅探时：数据流最开始会被认定为 L7 HTTP，但是由于后续数据不符合 http 报文格式，因此流量将被中断。

本书建议在生产环境中不使用协议嗅探，在接入 Mesh 的 service 时，应该按照约定使用协议前缀进行命名。

9.1.2 流量控制规则下发顺序问题

在批量更新流量规则的过程中，偶尔会出现流量异常（503），并且在 Envoy 日志中，RESPONSE_FLAGS 包含“NR”标志（No route configured），持续时间不长，会自动恢复。

1．原因分析

当用户使用 kubectl apply -f multiple-virtualservice-destinationrule.yaml 时，这些对象的传播和生效先后顺序是不保证的，即最终一致性。比如，VirtualService 中引用了某一个 DestinationRule 定义的子版本，但是这个 DestinationRule 资源的传播和生效可能在时间上落后于该 VirtualService 资源，如图 9-2 所示。

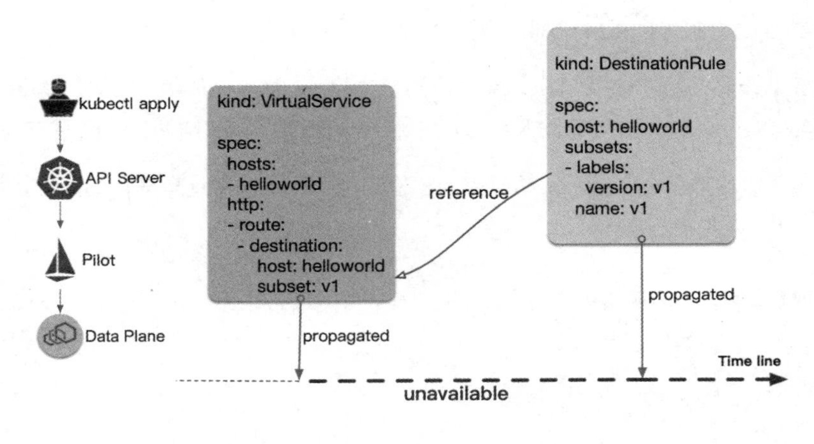

图 9-2

2．最佳实践：make before break

make before break 是电路的术语，表示断开一个开关之前先打开另一个开关。这是遵循电子工程中的先合后断原则的，即在断开原来的连接之前先建立好新的连接。应用在路由里就是为了防止在设置了新的路由规则时，因无法发现上游集群而导致流量被丢弃的情况，类似于电路里的断路。

将更新过程从批量单步拆分为多步骤，确保整个过程中不会引用不存在的 subset。例如，当新增 DestinationRule subset 时，应该先 apply DestinationRule subset，等待 subset 生效后，再引用该 subset 的 VirtualService；当删除 DestinationRule subset 时，应该先删除 VirtualService 中对该 subset 的引用，等待 VirtualService 的修改生效后，再删除 DestinationRule subset。

9.1.3 请求中断分析

请求异常，到底是 Istio 流量控制规则导致的，还是业务应用返回导致的？流量断点出现在哪个具体的 Pod 中？

请求异常是使用 Mesh 最常见的困境，在微服务中引入 Envoy 作为代理后，当流量访问和预期行为不符时，用户很难快速确定问题出在哪个环节。客户端收到的异常响应，诸如 403、404、503 或连接中断等，可能是链路中任意一个 Sidecar 执行流量管控的结果，也有可能是来自某个服务的合理逻辑响应。

1. Envoy 流量模型

Envoy 接收请求流量可以称其为 Downstream，Envoy 发出请求流量可以称其为 Upstream。在处理 Downstream 和 Upstream 的过程中，分别会涉及两个流量端点，即请求的发起端和接收端，如图 9-3 所示。

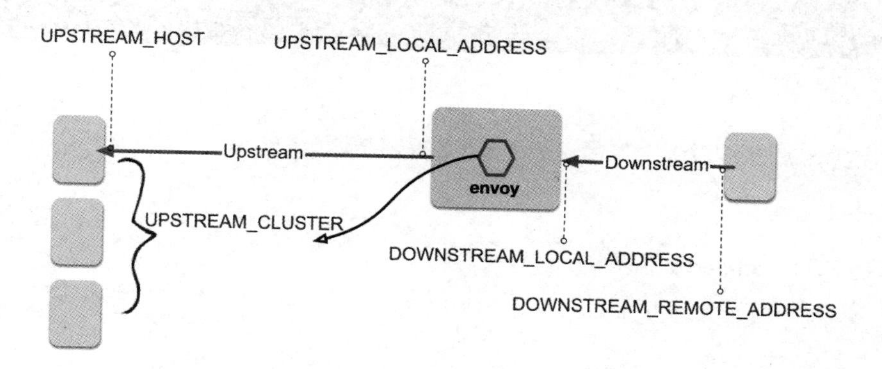

图 9-3

在这个过程中，Envoy 会根据用户规则，计算出符合条件的转发目的主机集合，这个集合被称为 UPSTREAM_CLUSTER，并根据负载均衡规则，从这个集合中选择一个 Host 作为流量转发的接收端点，这个 Host 就是 UPSTREAM_HOST。

下面就是 Envoy 请求处理的流量五元组信息，是 Envoy 日志里最重要的部分。通过这个五元组信息，我们可以准确的观测流量“从哪里来”和“到哪里去”。

- UPSTREAM_CLUSTER。
- DOWNSTREAM_REMOTE_ADDRESS。
- DOWNSTREAM_LOCA_LADDRESS。
- UPSTREAM_LOCAL_ADDRESS。
- UPSTREAM_HOST。

2. 日志分析实例

Envoy 日志格式如图 9-4 所示。

```
// EnvoyTextLogFormat13 format for envoy text based access logs for Istio 1.3 onwards
EnvoyTextLogFormat13 = "[%START_TIME%] \"%REQ(:METHOD)% %REQ(X-ENVOY-ORIGINAL-PATH?:PATH)% " +
    "%PROTOCOL%\" %RESPONSE_CODE% %RESPONSE_FLAGS% \"%DYNAMIC_METADATA(istio.mixer:status)%\" " +
    "\"%UPSTREAM_TRANSPORT_FAILURE_REASON%\" %BYTES_RECEIVED% %BYTES_SENT% " +
    "%DURATION% %RESP(X-ENVOY-UPSTREAM-SERVICE-TIME)% \"%REQ(X-FORWARDED-FOR)%\" " +
    "\"%REQ(USER-AGENT)%\" \"%REQ(X-REQUEST-ID)%\" \"%REQ(:AUTHORITY)%\" \"%UPSTREAM_HOST%\" " +
    "%UPSTREAM_CLUSTER% %UPSTREAM_LOCAL_ADDRESS% %DOWNSTREAM_LOCAL_ADDRESS% " +
    "%DOWNSTREAM_REMOTE_ADDRESS% %REQUESTED_SERVER_NAME% %ROUTE_NAME%\n"
```

图 9-4

通过日志重点观测两个信息：断点是在哪里？原因是什么？

实例一：

一次正常的 Client-Server 请求如下。

Client:

```
[2020-03-04T04:08:32.480Z] "GET /hello HTTP/1.1" 200 - "-" "-" 0 60 127 127 "-"
"curl/7.64.0" "7e1edd97-b99d-419e-a3b8-7704827fdd98" "helloworld:4000" "172.16.0.2:5000"
outbound|4000||helloworld.default.svc.cluster.local - 172.16.254.100:4000 172.16.0.1:53422 -
default
```

Server:

```
[2020-03-04T04:08:32.480Z] "GET /hello HTTP/1.1" 200 - "-" "-" 0 60 126 126 "-"
"curl/7.64.0" "7e1edd97-b99d-419e-a3b8-7704827fdd98" "helloworld:4000" "127.0.0.1:5000"
inbound|4000|http|helloworld.default.svc.cluster.local - 172.16.0.2:5000 172.16.0.1:56434 -
default
```

可以看到两端日志包含相同的 request ID，因此可以将流量分析串联起来。

实例二：

no healthy upstream，比如，目标 Deployment 健康副本数为 0。

Client:

```
[2020-03-04T03:44:43.794Z] "GET /hello HTTP/1.1" 503 UH "-" "-" 0 19 0 - "-" "curl/7.64.0"
"f1f7243d-0270-4c1e-8ff3-3fa3c9797689" "helloworld:4000" "-" - - 172.16.254.100:4000
172.16.0.1:43700 - default
```

日志中 flag“UH”表示 Upstream Cluster 中没有健康的 Host。

实例三：

No route configured ，比如，DestinationRule 缺乏对应的 subset。

Client:

```
[2020-03-04T04:11:07.823Z] "GET /hello HTTP/1.1" 503 NR "-" "-" 0 0 0 - "-" "curl/7.64.0"
"ef53fa74-6ae1-4a82-8988-3f2eb538fd61" "helloworld:4000" "-" - - 172.16.254.100:4000
172.16.0.1:54628 - -
```

日志中 flag“NR”表示找不到路由。

实例四：

Upstream connection failure，比如，服务未正常监听端口。

Server:

```
[2020-03-04T04:42:00.838Z] "GET /hello HTTP/1.1" 503 UF "-" "-" 0 91 0 - "-" "curl/7.64.0"
"d8897e1a-20b7-4d87-8515-466d386dff6c" "helloworld:4000" "127.0.0.1:5000"
inbound|4000|http|helloworld.default.svc.cluster.local - 172.16.0.2:5000 172.16.0.1:43974 -
default
```

日志中 flag“UF”表示 Upstream 连接失败，据此可以判断出流量断点位置。

9.1.4 Sidecar 和 user container 的启动顺序

Sidecar 模式在 Kubernetes 世界很流行，但目前的 Kubernetes（V1.17）并没有 Sidecar 的概念，且 Sidecar 容器的角色是用户主观赋予的。

对 Istio 用户来说，一个常见的困扰是：Sidecar 和 user container 的启动顺序。

Sidecar（Envoy）和 user container 的启动顺序是不确定的，如果 user container 先启动了，Envoy 还未完成启动，这时 user container 往外发送请求，请求仍然会被拦截，发往未启动的 Envoy，请求异常，如图 9-5 所示。

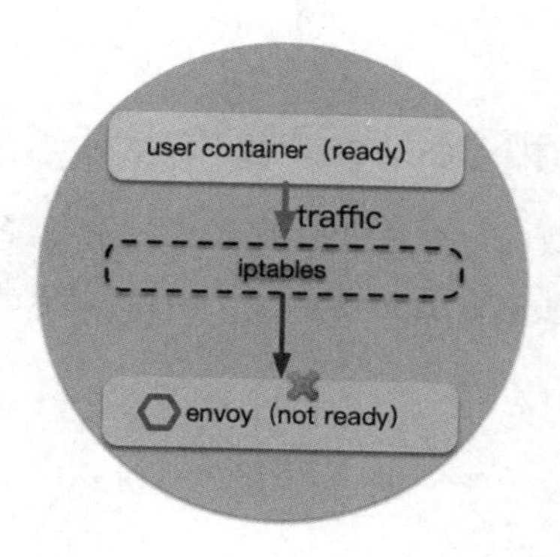

图 9-5

在 Pod 终止阶段，也会有类似的异常，根源仍然是 Sidecar 和普通容器生命周期的不确定性。

目前常规的规避方案主要有两种。

- 业务容器延迟几秒启动，或者失败重试。
- 启动脚本中主动探测 Envoy 是否 ready，如 127.0.0.1：15020/healthz/ready。

无论哪种方案都显得很蹩脚，为了彻底解决上述痛点，从 Kubernetes 1.18 版本开始，Kubernetes 内置的 Sidecar 功能将确保 Sidecar 在正常业务流程开始之前就启动并运行，即通过更改 Pod 的启动生命周期，在 Init 容器完成后启动 Sidecar 容器，并在 Sidecar 容器就绪后启动业务容器，从启动流程上保证顺序性。而 Pod 终止阶段，只有当所有普通容器都已到达终止状态（Succeeded for restartPolicy=OnFailure 或 Succeeded/Failed for restartPolicy=Never），才会向 Sidecar 容器发送 SIGTERM 信号。Kubernetes 1.18 内置的 Sidecar 功能如图 9-6 所示。

```yaml
apiVersion: v1
kind: Pod
metadata:
  name: mall-v1-b54bg7c9d-h426s
  labels:
    app: mall
spec:
  containers:
  - name: mall
    image: zhongfox/mall:v1
    ...
  - name: istio-proxy
    image: docker.io/istio/proxyv2:1.4.5
    lifecycle:
      type: Sidecar
    ...
```

图 9-6

9.1.5 Ingress Gateway 和 Service 端口联动

Ingress Gateway 规则不生效的一个常见原因是：Gateway 的监听端口在对应的 Kubernetes Service 上没有开启。首先我们需要理解 Istio Ingress Gateway 和 Kubernetes Service 的关系，如图 9-7 所示。

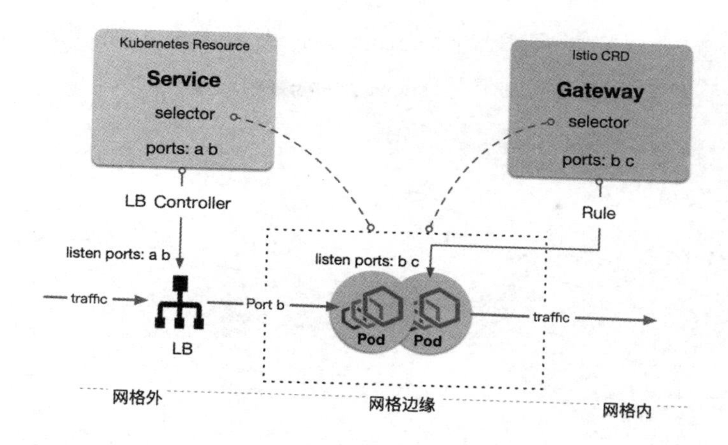

图 9-7

在图 9-7 中，虽然 Gateway 定义期望管控端口 b 和 c，但是它对应的 Service（通过腾讯云 CLB）只开启了端口 a 和 b，因此最终从 LB Controller 的 b 端口进来的流量才能被 Istio Gateway 管控。

- Istio Gateway 和 Kubernetes Service 没有直接的关联，二者都是通过 selector 去绑定 Pod，实现间接关联。
- Istio CRD Gateway 只实现了将用户流量控制规则下发到网格边缘节点，流量仍需要通过 LB Controller 才能进入网格。
- 腾讯云 TKE Mesh 实现了 Gateway-Service 定义中的 Port 动态联动，让用户聚焦在网格内的配置。

9.1.6 VirtualService 作用域

VirtualService 包含了大部分 Outbound 端的流量规则，既可以应用到网格内部数据平面代理中，也可以应用到网格边缘的代理中。

VirtualService 的属性 gateways 用于指定 VirtualService 的生效范围。

- 如果 VirtualService.gateways 为空，则 Istio 为其赋默认值 mesh，代表生效范围为网格内部。
- 如果希望 VirtualService 应用到具体边缘网关上，则需要显式地为其赋值：gateway-name1、gateway-name2……
- 如果希望 VirtualService 同时应用到网格内部和边缘网关上，则需要显式地把 mesh 值加入 VirtualService.gateways，如 mesh、gateway-name1、gateway-name2……

一个常见的问题是上面的第三种情况，VirtualService 最开始作用于网关内部，后续要将其规则扩展到边缘网关上，用户往往只会添加具体 gateway name，而遗漏 mesh，如图 9-8 所示。

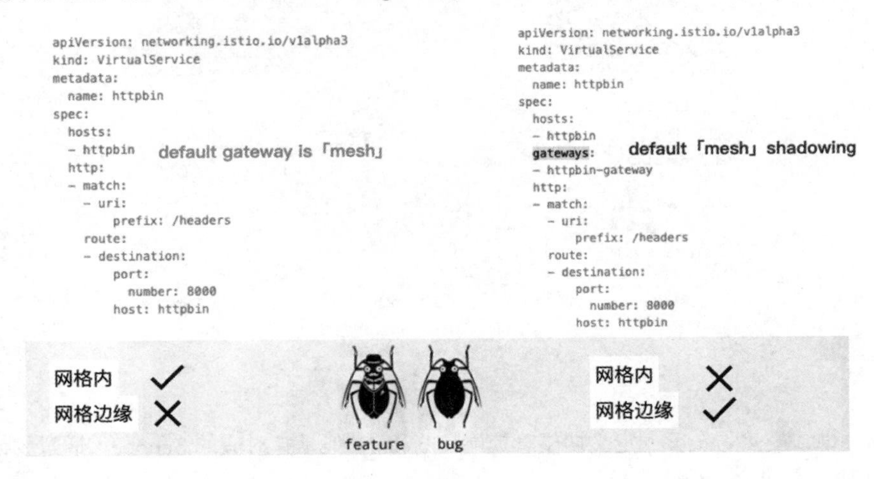

图 9-8

Istio 自动给 VirtualService.gateways 设置默认值，本意是为了简化用户的配置，但是往往会导致用户应用不当，一个 feature 一不小心会被用成了 bug。

9.1.7 VirtualService 不支持 host fragment

关于这一问题，通常的异常表现是，对某一台 Host 新增、修改 VirtualService 时，发现规则始终无法生效，排查发现存在其他 VirtualService 中也对该 Host 应用了其他规则，虽然规则内容可能不冲突，但是可能会出现其中一些规则无法生效的情况。

VirtualService 不支持 host fragment 的背景如下。

- VirtualService 里的规则，按照 Host 进行聚合。
- 随着业务的增长，VirtualService 的内容会快速增长，一个 Host 的流量控制规则，可能会由不同的团队分布维护。如安全规则和业务规则分开，不同业务按照子 path 分开。

目前 Istio 对 cross-resource VirtualService 的支持情况。

- 在网格边缘（Gateway），同一个 Host 的流量控制规则，支持分布到多个 VirtualService 对象中，使 Istio 自动聚合，但依赖定义顺序，以及用户自行避免冲突。
- 在网格内部（For Sidecar），同一个 Host 的流量控制规则，不支持分布到多个 VirtualService 对象中，如果同一个 Host 存在多个 VirtualService，则只有第一个 VirtualService 生效，且没有冲突检测。

VirtualService 不能很好支持 Host 规则分片，使得团队的维护职责不能很好地解耦，只有配置人员悉知目标 Host 的所有流量控制规则，才有信心去修改 VirtualService。

Istio 解决方案是使用 VirtualService chaining，如图 9-9 所示。

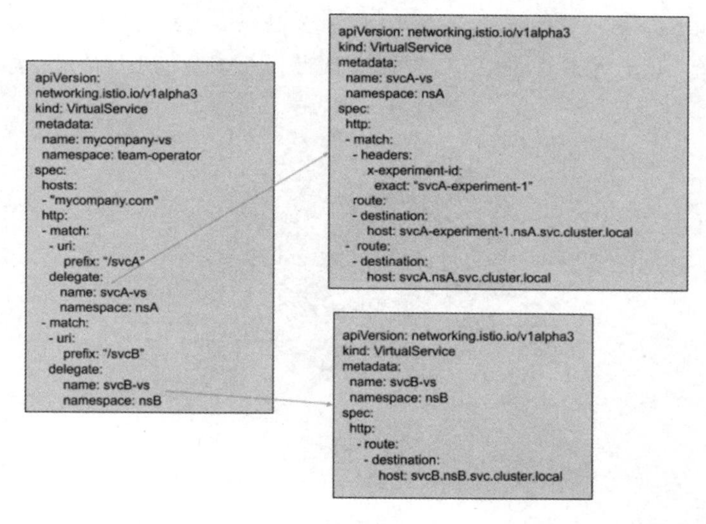

图 9-9

Istio 已经在 1.6 版本中支持 VirtualService 代理链。

- VirtualService 支持“分片定义 + 代理链”。
- 支持团队对同一 Host 的 VirtualService 进行灵活分片。比如，按照 SecOps/NetOps/Business 特性分离，各团队维护各种独立的 VirtualService。

9.1.8 全链路跟踪并非完全透明接入

这一问题常见的异常表现是，微服务接入 Service Mesh 后，链路跟踪数据没有形成串联。

原因在于，Service Mesh 遥测系统对调用链路跟踪的实现，并非完全的零入侵，需要用户业务做出少量的修改才能支持。具体地，在用户发出（HTTP/gRPC）RPC 时，需要主动将上游请求中存在的 B3 trace headers 写入下游 RPC 请求标头中，这些 headers 包括：X-REQUEST-ID、X-B3-TraceID、X-B3-SpanID、X-B3-ParentSpanID、X-B3-Sampled、X-B3-Flags 和 B3。

有部分用户难以理解：既然 Inbound 流量和 Outbound 流量已经完全被拦截到 Envoy，Envoy 可以实现完全的流量管控和修改，为什么还需要应用显式地传递 headers?

对 Envoy 来说，Inbound 请求和 Outbound 请求完全是独立的，Envoy 无法感知请求之间的关联。实际上，这些请求到底有无上下级关联，完全由应用自己决定。

举一个特殊的业务场景，如果 Pod X 接收到请求 A，则触发的业务逻辑是：每隔 10s 发送一个请求到另一个 Pod，如 B1、B2、B3，那么这些扇出的请求 B*x*（*x*=1,2,3...）和请求 A 是什么关系？业务可能有不同的决策：认为 A 是 B*x* 的父请求，或者认为 B*x* 是独立的顶层请求，如图 9-10 所示。

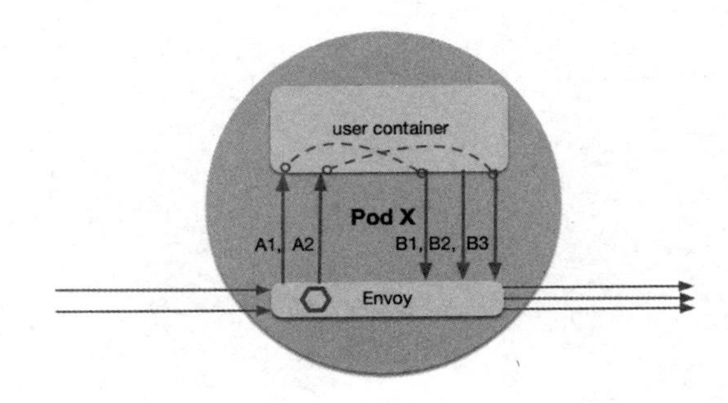

图 9-10

9.1.9 mTLS 导致连接中断

在开启 Istio mTLS 的用户场景中，访问出现 connection termination 是一个高频的异常。

```
#curl helloworld:4000/hello -i
HTTP/1.1 503 Service Unavailable

upstream connect error or disconnect/reset before headers
reset reason: connection termination
```

从 Envoy 的访问日志中可以看到“UC”错误标识。

```
{
  "upstrean_local_address": "-",
  "duration": "0",
  "downstrean_local_address": "172.16.254.233:4000",
  "route_name": "-",
  "response_codo": "503",
  "user_agent": "curl/7.64.0",
  "response_flags": "UC",
  "start_time": "2020-02-12T04:30:21.628Z",
  "method": "GET",
```

```
  "request.id": "e116814a-e689-9d26-81eb-5455fa109571",
  "upstream_host": "172.16.0.15:5000",
  "upstream_cluster": "outbound|4000|v1|helloworld.default.svc.cluster.local"
    ......
}
```

这个异常的原因和 DestinationRule 中的 mTLS 配置有关，是 Istio 中一个不健壮的接口设计。

- 当通过 MeshPolicy 开启全局 mTLS 时，如果网格中没有定义其他的 DestinationRule，则 mTLS 正常运行。
- 如果后续网格中新增了 DestinationRule，则 DestinationRule 中可以覆盖子版本的 mTLS 值（默认是不开启的！）。因为用户在使用 DestinationRule 时，往往很少关注 mTLS 属性（留空），所以最终导致新增 DestinationRule 后 mTLS 变成了不开启，导致 connection termination。
- 为了修复以上问题，用户不得不在所有 DestinationRule 中增加 mTLS 属性，并设置为开启。

```
apiVersion: networking.istio.io/v1alpha3
kind: DestinationRule
metadata:
  name: hello
spec:
  host: helloworld
  trafficPolicy:
    tls:
      mode: ISTIO_MUTUAL
   subsets:
    - name: v1
      labels:
        version: v1
```

这种 Istio mTLS 用户接口极度不友好，虽然 mTLS 默认做到了全局透明，但是业务感知不到 mTLS 的存在。然而，一旦业务定义了 DestinationRule，就要知道当前 mTLS 是否开启，并做出调整。试想如果安全团队负责 mTLS 配置，而业务团队负责各自的 DestinationRule，则团队间的耦合会非常严重。

9.2 诊断工具

“工欲善其事，必先利其器。”——这句话出自《论语》，常常被用于比喻想要做好一件事，首先应该把准备工作做充分，例如，工具就非常重要。对 Istio 而言同样如此，为了提高用户在网格使用过程中用户体验和问题排查效率，社区在文档方面的投入有目共睹，从概念介绍、安装指引、入门任务、应用实例、问题诊断及操作运维等方面做得面面俱到，在开源项目中可以堪称典范。

尤其在网格的问题诊断方面，社区除了在文档方面提供帮助，最重要的是提供了配套的辅助诊断工具。本节将重点介绍如何使用 istioctl 和 ControlZ 这两个工具对网格进行问题的诊断分析。

istioctl 是官方提供的一个基于命令行的辅助工具。它的版本更新发布与 Istio 版本是绑定的，这是因为截至目前 istioctl 的源码和 Istio 共用一个 git 仓库。作为 Istio 的一个组成部分，istioctl 只是在发布时考虑到用户分发的便捷性，独立拆分出了一个二进制文件。从官方对 istioctl 的定位来看，它并不只是局限于问题诊断方面，还涵盖了运维相关的职责，例如，手动注入 Sidecar、把服务加入/移除网格、升级网格控制平面、管理网格多集群等。不过下文将侧重介绍 istioctl 工具在诊断问题方面的相关使用。

9.2.1 istioctl 命令行工具安装

官方提供了一种极为便捷、云原生友好的工具安装方式。在目标环境网络通畅的前提下，通过 curl 命令即可直接下载 istioctl 工具。

```
$ curl -sL https://istio.io/downloadIstioctl | sh -
```

上述的命令会默认下载当前最新的 istioctl 二进制文件到本地 $HOME/.istioctl/bin 目录下。为了后续操作方便，这里建议将 istioctl 工具添加到用户的 PATH 环境变量中。

```
$ export PATH=$PATH:$HOME/.istioctl/bin
```

上述 PATH 环境变量的修改是临时的，重新登录便会失效，可以通过修改 bash 或 ZSH 配置文件，添加 PATH 环境变量，从而确保每次登录后都能直接使用 istioctl 命令。

如果使用的是 bash 或 ZSH，则可以参考官方的配置自动补全教程来为 istioctl 工具添加自动补全命令的功能，以提升后续的使用体验。这个配置是可选的。

安装完成之后，直接执行 istioctl 命令，即可看到所有支持子命令的相关介绍，如下。

```
$ istioctl
Istio configuration command line utility for service operators to
debug and diagnose their Istio mesh.

Usage:
  istioctl [command]

Available Commands:
  analyze         Analyze Istio configuration and print validation messages
  authn           Interact with Istio authentication policies
```

```
  authz           (authz is experimental. Use `istioctl experimental authz`)
  convert-ingress Convert Ingress configuration into Istio VirtualService configuration
  dashboard       Access to Istio web UIs
  deregister      De-registers a service instance
  experimental    Experimental commands that may be modified or deprecated
  help            Help about any command
  kube-inject     Inject Envoy sidecar into Kubernetes pod resources
  manifest        Commands related to Istio manifests
  operator        Commands related to Istio operator controller.
  profile         Commands related to Istio configuration profiles
  proxy-config    Retrieve information about proxy configuration from Envoy [kube only]
  proxy-status    Retrieves the synchronization status of each Envoy in the mesh [kube
only]
  register        Registers a service instance (e.g. VM) joining the mesh
  upgrade         Upgrade Istio control plane in-place
  validate        Validate Istio policy and rules (NOTE: validate is deprecated and will
be removed in 1.6. Use 'istioctl analyze' to validate configuration.)
  verify-install  Verifies Istio Installation Status or performs pre-check for the cluster
before Istio installation
  version         Prints out build version information
```

如上所示，istioctl 工具的介绍里写明了这是一个为服务操作人员提供的基于命令行的程序，用于调试和诊断 Istio 服务网格。每个命令都可以通过对应的介绍说明，看出它的基本作用，如果读者希望详细了解下具体某个命令的用法，则可以执行 istioctl [command] -h 命令，查看详细介绍。大部分命令都提供了参数说明和使用实例，上手非常容易。

支持的命令里，manifest、kube-inject、operator、profile、register、deregister、upgrade 等主要侧重于安装运维等，在本书其他章节中另有讲解。这里不做深入的介绍，有兴趣的读者可参阅相应的章节，或者直接查看命令的使用帮助。下文将重点讲解与网格问题诊断相关的命令。

下面对网格安装进行验证。verify-install 严格上讲，不算是网格的诊断工具，因为它的作用是在网格安装前对集群进行预检查，通过它可以诊断出目标环境是否能够支持当前的网格安装，而通过预检查手段，可以有效避免后续在安装过程中或安装后出现的问题。其使用方式也非常简单，直接执行下述命令即可。

```
$ istioctl verify-install

Checking the cluster to make sure it is ready for Istio installation...

#1. Kubernetes-api
-----------------------
Can initialize the Kubernetes client.
Can query the Kubernetes API Server.
```

```
#2. Kubernetes-version
-----------------------
Istio is compatible with Kubernetes: v1.13.12.

#3. Istio-existence
-----------------------
Istio cannot be installed because the Istio namespace 'istio-system' is already in use

#4. Kubernetes-setup
-----------------------
Can          create          necessary          Kubernetes          configurations:
Namespace,ClusterRole,ClusterRoleBinding,CustomResourceDefinition,Role,ServiceAccount
,Service,Deployments,ConfigMap.

#5. SideCar-Injector
-----------------------
This Kubernetes cluster supports automatic sidecar injection. To enable automatic sidecar
injection                                                                            see
https://istio.io/docs/setup/kubernetes/additional-setup/sidecar-injection/#deploying-
an-app

-----------------------


Error: 1 error occurred:
    * Istio cannot be installed because the Istio namespace 'istio-system' is already in
use
```

命令的执行结果表明，工具会从多个维度检查当前环境是否能够正常部署一套全新的 Istio 网格，例如，上述信息中因为已经部署了一套 Istio，从而导致其无法重复安装。

在正常情况下，如果检查都能够通过，则表明我们可以开始通过 manifest 命令进行安装操作了。

9.2.2 使用 proxy-status 命令进行诊断

Istio 网格安装完成后，如果在全新的环境上部署，则可以使用官方的 Bookinfo Demo 进行简单的功能验证。

9.2.2.1 proxy-status 命令介绍

前面介绍了 Istio 系统的核心是基于 Envoy 实现流量管理，其本质是通过控制平面生成和下发对应的配置给数据平面，因此配置的下发在整个系统是非常重要的一环，也是用户最为关心的内容，如果配置因为网络或者是控制平面异常导致没有同步成功，则数据平面的流量控制会产生一些不符合预期的问题。

因此，istioctl 针对配置的状态和内容检查提供了两个非常实用的命令，其中一个就是本节要介绍的 proxy-status 命令。它为用户提供了获取网格集群内所有被注入 Sidecar 的 Pod 配置同步状态，首先查看 proxy-status 命令的使用帮助。

```
$ istioctl ps -h

Retrieves last sent and last acknowledged xDS sync from Pilot to each Envoy in the mesh

Usage:
  istioctl proxy-status [<pod-name[.namespace]>] [flags]

Aliases:
  proxy-status, ps

Examples:
    #Retrieve sync status for all Envoys in a mesh
    istioctl proxy-status

    #Retrieve sync diff for a single Envoy and Pilot
    istioctl proxy-status istio-egressgateway-59585c5b9c-ndc59.istio-system


Flags:
  -h, --help       help for proxy-status
  -s, --sds      (experimental) Retrieve synchronization between active secrets on Envoy
instance with those on corresponding node agents
      --sds-json   Determines whether SDS dump outputs JSON

Global Flags:
      --context string            The name of the kubeconfig context to use
  -i, --istioNamespace string     Istio system namespace (default "istio-system")
  -c, --kubeconfig string         Kubernetes configuration file
      --log_output_level string   Comma-separated minimum per-scope logging level of
messages to output, in the form of <scope>:<level>,<scope>:<level>,... where scope can
be  one  of  [ads,  all,  analysis,  attributes,  authn,  cache,  citadelclient,
configmapcontroller, default, googleca, grpcAdapter, installer, mcp, model, patch,
processing, rbac, resource, sds, secretfetcher, source, stsclient, tpath, translator, util,
validation, vault] and level can be one of [debug, info, warn, error, fatal, none] (default
"default:info,validation:error,processing:error,source:error,analysis:warn,installer:
warn,translator:warn")
  -n, --namespace string          Config namespace
```

从 proxy-status 命令的介绍来看，这是一个用于检查 istiod 和 Envoy 之间配置同步状态的命令，因为该命令是基于 gRPC 方式进行通信的，所以判断配置是否有同步下发成功的重要依据是 Envoy 端是否有应答，如果应答正确，则代表配置已经同步成功。

9.2.2.2 检查网格中所有配置同步状态

根据命令的帮助提示说明，直接执行缩写的 istioctl ps 命令即可对网格内的配置状态进行检查。

```
$ istioctl ps
NAME                                                    CDS        LDS        EDS        RDS
PILOT                    VERSION
details-v1-68fbb76fc-p5vvc.default                     SYNCED     SYNCED     SYNCED     SYNCED
istiod-585f4dbb79-xlxpk      1.5.1
istio-egressgateway-c8bdb49df-lrhv9.istio-system      SYNCED     SYNCED     SYNCED     NOT
SENT      istiod-585f4dbb79-xlxpk      1.5.1
istio-ingressgateway-86f6dbfc55-zznmg.istio-system   SYNCED     SYNCED     SYNCED     SYNCED
istiod-585f4dbb79-xlxpk      1.5.1
productpage-v1-77d9f9fcdf-psv2z.default               SYNCED     SYNCED     SYNCED     SYNCED
istiod-585f4dbb79-xlxpk      1.5.1
prometheus-cd6d96668-699cq.istio-system               SYNCED     SYNCED     SYNCED     SYNCED
istiod-585f4dbb79-xlxpk      1.5.1
ratings-v1-7bdfd65ccc-lbxq9.default                   SYNCED     SYNCED     SYNCED     SYNCED
istiod-585f4dbb79-xlxpk      1.5.1
reviews-v1-6b7ddfc889-9xrb9.default                   SYNCED     SYNCED     SYNCED     SYNCED
istiod-585f4dbb79-xlxpk      1.5.1
reviews-v2-575b55477f-m5wrs.default                   SYNCED     SYNCED     SYNCED     SYNCED
istiod-585f4dbb79-xlxpk      1.5.1
reviews-v3-6584c5887c-fl59f.default                   SYNCED     SYNCED     SYNCED     SYNCED
istiod-585f4dbb79-xlxpk      1.5.1
```

从输出结果看，主要包含了两部分信息，一部分是 xDS 配置对应不同类型的同步状态，包含 CDS、LDS、EDS 和 RDS；另一部分是 Pod 所连接的控制平面信息，包括 istiod 对应的 Pod 名称和版本信息。

针对 xDS 的不同类型配置，对应在 Pod 维度都有一个独立的同步状态，定义如下。

SYNCED：正常状态，表明最后一次配置同步操作已经从 istiod 下发到了 Envoy，并且收到了正确应答。

NOT SENT：表示 istiod 还没有发送任何配置给 Envoy，这往往是因为没有配置可以下发。例如，上述实例列表中 istio-egressgateway 的这个 Pod，因为默认没有配置任何外部服务，所以 EDS 的配置是空的，对应的配置状态就是 NOT SENT。

STALE：异常状态，它表示 istiod 已经发送了一个配置更新请求给 Envoy，但是并没有收到任何的应答。这种情况往往是因为 Envoy 和 istiod 之间的网络原因，或者 Istio 本身存在的 bug 导致的。

从内部实现上看，istioctl ps 命令获取配置的同步状态信息是依赖于 istiod 控制平面实现的，如果没有在结果列表中找到某个特定 Pod，则说明它还没有正常连接至 istiod 控制平面，或者是可能就没有被注入 Sidecar，需要检查下 Pod 的 Sidecar 注入状态。比如，通过 kubectl get pod -n <namespace> 查看 Pod 数量，或者通过 kubectl describe pod <pod-name> 查看 Containers 信息里有没有 istio-proxy，也可以通过 describe 命令直接检查 Pod 是否已加入网格。

9.2.2.3 检查 Envoy 和 istiod 之间的配置差异

在默认情况下，ps 后面如果不带参数，则显示的是整个集群内已经注入 Sidecar 的 Pod 配置状态，并且显示的是比较简要的同步信息。如果想详细检查某个 Pod 对应数据平面和控制平面之间的配置详细差异内容，则可以通过 istioctl ps <pod-name>检查 Pod 中详细的配置差异。如果配置都同步成功，则是如下结果。

```
$ istioctl ps productpage-v1-77d9f9fcdf-psv2z.default
Clusters Match
Listeners Match
Routes Match (RDS last loaded at Tue, 21 Apr 2020 19:55:15 CST)
```

输出中显示了 xDS 中的几个关键配置在数据平面和控制平面是匹配的，如果 istiod 和 Envoy 之间的配置存在差异，则会显示如下信息。

```
$ istioctl ps productpage-v1-77d9f9fcdf-n9tjc.default
Clusters Match
--- Pilot Listeners
+++ Envoy Listeners
@@ -1,10 +1,11 @@
 {
    "dynamicListeners": [
       #此处省略大量差异配置文本
    ]
 }
Routes Don't Match (RDS last loaded at Tue, 21 Apr 2020 18:18:42 CST)
--- Pilot Routes
+++ Envoy Routes
@@ -1,14 +1,31 @@
 {
    "dynamicRouteConfigs": [
       #此处省略大量差异配置文本
    ]
 }
```

上述显示了 productpage 这个服务对应 Pod 中 Envoy 配置和 istiod 配置的 Clusters 信息是一致的，但是 Listeners 和 Routes 信息存在差异，并显示了内容的差异项。需要留意的是，Istio 1.5.0 版本在对比配置时，会把配置项排列顺序不一致也当成是差异，因此在执行 istioctl ps <pod-name>命令时会给出很多不一致差异内容误报。该问题已经在 Istio 1.5.1 版本中修复了。

配置的正常同步下发是 Istio 后续流量管理控制的基础，也是比较容易发现的问题，需要优先解决处理。如果发现集群内的配置同步存在问题，就需要检查控制平面和数据平面的网络是否存在不稳定，或者是两者版本信息不一致等情况。

9.2.3 使用 proxy-config 命令进行诊断

上节介绍了 proxy-status 命令，并在排查 istiod 和 Envoy 之间的配置是否同步的问题上，为我们提供了帮助。

9.2.3.1 proxy-config 命令简介

但在实际的使用过程中，大部分问题往往并不是因同步问题导致的，而是因配置错误引发的。如果想要详细诊断 Istio 的配置详情，就需要介绍另一个与配置相关命令，即 proxy-config 命令。与 proxy-status 命令类似，它也有对应的缩写，区别是 proxy-config 命令提供了子命令，可以指定具体的配置类型进行查看，下面直接查看使用说明。

```
$ istioctl pc -h
A group of commands used to retrieve information about proxy configuration from the Envoy
config dump

Usage:
  istioctl proxy-config [command]

Aliases:
  proxy-config, pc

Examples:
  #Retrieve information about proxy configuration from an Envoy instance
  istioctl        proxy-config        <clusters|listeners|routes|endpoints|bootstrap>
<pod-name[.namespace]>

Available Commands:
  bootstrap   Retrieves bootstrap configuration for the Envoy in the specified pod
  cluster     Retrieves cluster configuration for the Envoy in the specified pod
  endpoint    Retrieves endpoint configuration for the Envoy in the specified pod
  listener    Retrieves listener configuration for the Envoy in the specified pod
  log        (experimental) Retrieves logging levels of the Envoy in the specified pod
  route       Retrieves route configuration for the Envoy in the specified pod
  secret     (experimental) Retrieves secret configuration for the Envoy in the specified
pod

Flags:
  -h, --help             help for proxy-config
  -o, --output string    Output format: one of json|short (default "short")
```

```
Global Flags:
      --context string              The name of the kubeconfig context to use
  -i, --istioNamespace string       Istio system namespace (default "istio-system")
  -c, --kubeconfig string           Kubernetes configuration file
      --log_output_level string     Comma-separated minimum per-scope logging level of
messages to output, in the form of <scope>:<level>,<scope>:<level>,... where scope can
be one of [ads, all, analysis, attributes, authn, cache, citadelclient,
configmapcontroller, default, googleca, grpcAdapter, installer, mcp, model, patch,
processing, rbac, resource, sds, secretfetcher, source, stsclient, tpath, translator, util,
validation, vault] and level can be one of [debug, info, warn, error, fatal, none] (default
"default:info,validation:error,processing:error,source:error,analysis:warn,installer:
warn,translator:warn")
  -n, --namespace string            Config namespace

Use "istioctl proxy-config [command] --help" for more information about a command.
```

proxy-config 命令的子命令支持了基本上 Envoy 所涉及的所有配置类型，除了 xDS，甚至连日志的配置级别都能够查询，不过目前仍然是一个实验性的功能。proxy-config 命令在结果的输出上，除了支持默认的 short 类型，还支持 JSON 格式的内容展示。前者只是简单地将结果进行筛选并通过列表的形式进行输出，在视图上更加友好，但是输出内容有限，可能会有一些关键配置信息遗漏；而 JSON 格式则是一个全面的配置结果展示，在诊断问题时，比较推荐使用 JSON 格式输出的配置信息进行查看。

9.2.3.2 查看指定 Pod 的网格配置详情

例如，想要查看 productpage 这个服务对应的 Cluster 配置信息，直接执行下述命令即可。

```
$ istioctl pc cluster productpage-v1-77d9f9fcdf-psv2z.default
SERVICE FQDN                                            PORT     SUBSET     DIRECTION
TYPE
BlackHoleCluster                                        -        -          -
STATIC
InboundPassthroughClusterIpv4                           -        -          -
ORIGINAL_DST
PassthroughCluster                                      -        -          -
ORIGINAL_DST
details.default.svc.cluster.local                       9080     -          outbound      EDS
grafana.istio-system.svc.cluster.local                  3000     -          outbound      EDS
httpbin.default.svc.cluster.local                       8000     -          outbound      EDS
istio-egressgateway.istio-system.svc.cluster.local      80       -          outbound      EDS
istio-egressgateway.istio-system.svc.cluster.local      443      -          outbound      EDS
#省略部分相似的 Cluster 信息
```

上述命令也可以替换成其他支持的类型来获取对应的 Envoy 配置，如果希望展示更加全面的信息，则需要指定配置的输出类型为 JSON 格式，如下。

```
$ istioctl pc cluster productpage-v1-77d9f9fcdf-psv2z.default -o json
```

```
[
    {
        "name": "BlackHoleCluster",
        "type": "STATIC",
        "connectTimeout": "1s",
        "filters": [
            {
                "name": "envoy.filters.network.upstream.metadata_exchange",
                "typedConfig": {
                    "@type": "type.googleapis.com/udpa.type.v1.TypedStruct",
                    "typeUrl":
"type.googleapis.com/envoy.tcp.metadataexchange.config.MetadataExchange",
                    "value": {
                        "protocol": "istio-peer-exchange"
                    }
                }
            }
        ]
    },
    {
        "name": "InboundPassthroughClusterIpv4",
        "type": "ORIGINAL_DST",
        "connectTimeout": "1s",
        "lbPolicy": "CLUSTER_PROVIDED",
        "circuitBreakers": {
            "thresholds": [
                {
                    "maxConnections": 4294967295,
                    "maxPendingRequests": 4294967295,
                    "maxRequests": 4294967295,
                    "maxRetries": 4294967295
                }
            ]
        },
    #此处省去大量类似的配置
```

JSON 格式输出的配置信息基本上是 Envoy 原生的配置格式定义，相比 short 类型的格式，JSON 格式里还能展示到更加细节的配置内容。比如，上述结果里的连接超时配置、负载均衡策略、熔断参数配置等。

9.2.3.3 通过过滤条件快速定位配置内容

通过 JSON 格式输出的配置内容虽然很详细，但是不利于诊断具体的问题。在实际场景中，我们往往只关注具体的某个服务端口，或者是已经确定是 inbound 方向出了问题，这时可以通过添加过滤的条件将配置的输出范围再缩小一些。根据以下命令介绍添加--port 和--direction 参数。

```
$ istioctl pc cluster productpage-v1-77d9f9fcdf-psv2z.default --port 9080 --direction
inbound -o json
[
    {
        "name": "inbound|9080|http|productpage.default.svc.cluster.local",
        "type": "STATIC",
        "connectTimeout": "1s",
        "loadAssignment": {
            "clusterName": "inbound|9080|http|productpage.default.svc.cluster.local",
            "endpoints": [
                {
                    "lbEndpoints": [
                        {
                            "endpoint": {
                                "address": {
                                    "socketAddress": {
                                        "address": "127.0.0.1",
                                        "portValue": 9080
                                    }
                                }
                            }
                        }
                    ]
                }
            ]
        },
        "circuitBreakers": {
            "thresholds": [
                {
                    "maxConnections": 4294967295,
                    "maxPendingRequests": 4294967295,
                    "maxRequests": 4294967295,
                    "maxRetries": 4294967295
                }
            ]
        }
    }
]
```

通过添加特定的条件对配置进行过滤，能够非常精确地输出我们想要的具体某块配置，方便问题的诊断和定位。比如，检查下 Endpoint 信息是否正确、服务治理配置是否存在问题等。

9.2.4 使用 analyze 命令诊断

上文介绍了 proxy-status 和 proxy-config 两个配置相关的命令，通过它们可以很方便地检查网格内的配置同步状态，并且能够快速地获取特定某个 Pod 内对应 Envoy 上用户关心的某块配置，极大地提高了在配置检查方面的效率。如果说这两个命令足以满足用户日常的配置和诊断场景的话，那接下来要介绍的是同样集成在 istioctl 工具里，可以算得上是另外一个诊断利器的 analyze 命令。

9.2.4.1 analyze 命令简介

istioctl analyze 命令是一个专用于分析和定位问题的命令，可以理解为这是一个基于配置的、更加上层的诊断工具，帮助用户发现网格内存在的潜在问题。该命令可以针对一个正在运行的集群，或者一堆本地配置文件，还可以针对多个文件和在线集群组合进行分析，以帮助用户在配置被应用到集群之前进行分析检查，从而预防一些潜在的配置问题。

通过自带的帮助参数来查看命令的使用方式。

```
$ istioctl analyze -h
Analyze Istio configuration and print validation messages

Usage:
  istioctl analyze <file>... [flags]

Examples:

#Analyze the current live cluster
istioctl analyze

#Analyze the current live cluster, simulating the effect of applying additional yaml files
istioctl analyze a.yaml b.yaml my-app-config/

#Analyze the current live cluster, simulating the effect of applying a directory of config
#recursively
istioctl analyze --recursive my-istio-config/

#Analyze yaml files without connecting to a live cluster
istioctl analyze --use-kube=false a.yaml b.yaml my-app-config/

#Analyze the current live cluster and suppress PodMissingProxy for pod mypod in namespace
#'testing'
istioctl analyze -S "IST0103=Pod mypod.testing"

#Analyze the current live cluster and suppress PodMissingProxy for all pods in namespace
#'testing',
#and suppress MisplacedAnnotation on deployment foobar in namespace default
istioctl analyze -S "IST0103=Pod *.testing" -S "IST0107=Deployment foobar.default"

#List available analyzers
istioctl analyze -L
```

```
Flags:
  -A, --all-namespaces             Analyze all namespaces
      --color                      Default true.  Disable with '=false' or set $TERM to
dumb (default true)
      --failure-threshold Level  The severity level of analysis at which to set a non-zero
exit code. Valid values: [Info Warn Error] (default Warn)
  -h, --help                       help for analyze
  -L, --list-analyzers           List the analyzers available to run. Suppresses normal
execution.
      --meshConfigFile string    Overrides the mesh config values to use for analysis.
  -o, --output string            Output format: one of [log json yaml] (default "log")
      --output-threshold Level    The severity level of analysis at which to display
messages. Valid values: [Info Warn Error] (default Info)
  -R, --recursive                  Process directory arguments recursively. Useful when
you want to analyze related manifests organized within the same directory.
  -S, --suppress stringArray    Suppress reporting a message code on a specific resource.
Values are supplied in the form <code>=<resource> (e.g. '--suppress
"IST0102=DestinationRule primary-dr.default"'). Can be repeated. You can include the
wildcard character '*' to support a partial match (e.g. '--suppress
"IST0102=DestinationRule *.default" ).
      --timeout duration           the duration to wait before failing (default 30s)
  -k, --use-kube            Use live Kubernetes cluster for analysis. Set --use-kube=false
to analyze files only. (default true)
  -v, --verbose                    Enable verbose output

Global Flags:
      --context string             The name of the kubeconfig context to use
  -i, --istioNamespace string    Istio system namespace (default "istio-system")
  -c, --kubeconfig string         Kubernetes configuration file
      --log_output_level string   Comma-separated minimum per-scope logging level of
messages to output, in the form of <scope>:<level>,<scope>:<level>,... where scope can
be one of [ads, all, analysis, attributes, authn, cache, citadelclient,
configmapcontroller, default, googleca, grpcAdapter, installer, mcp, model, patch,
processing, rbac, resource, sds, secretfetcher, source, stsclient, tpath, translator,
util, validation, vault] and level can be one of [debug, info, warn, error, fatal,
none]                                                                        (default
"default:info,validation:error,processing:error,source:error,analysis:warn,installer:
warn,translator:warn")
  -n, --namespace string          Config namespace
```

使用帮助信息里的实例已经覆盖了绝大多数的使用场景，包括分析集群配置、分析文件配置、组合进行分析等，默认 analyze 命令只会分析 default namespace 下的配置问题，如果需要针对所有的 namespace 进行配置分析，则需要添加参数--all-namespaces，或者缩写 -A 来指明分析范围。

9.2.4.2 通过 analyze 命令诊断网格集群

参考帮助说明，直接通过下述命令对集群内的网格进行分析。

```
$ istioctl analyze
```

这个命令无须输入其他参数就能够通过收集当前集群内的 Istio 配置，分析出存在的潜在问题风险。举个例子，如果默认安装 Bookinfo 的 namespace 没有添加自动注入标签的话，这条命令的执行结果就会将这个问题诊断出来。

```
$ istioctl analyze
Warn [IST0102](Namespace default) The namespace is not enabled for Istio injection. Run
'kubectl label namespace default istio-injection=enabled' to enable it, or 'kubectl label
namespace default istio-injection=disabled' to explicitly mark it as not needing injection
```

从结果输出来看，这是一条告警，详细描述了潜在的问题，并为我们提供了相对应的解决方案。比如，上面就提示我们可以通过执行 'kubectl label namespace default istio-injection=enabled'命令来为 default namespace 添加 Istio 自动注入的标签，非常人性化。此外，每条问题对应有一个 IST 开头的编号，这是 Istio 专门为诊断问题而定义的错误信息编号。截至目前，analyze 命令支持多达几十种问题类型，并且在不断地补充完善。详细内容列表可参考 Istio 配置分析信息。

每一种问题类型基本上都有对应的详细解释，以其中编号 IST0105 为例，文档中对错误进行了定义说明：错误的名称为 IstioProxyImageMismatch，表示 Istio 的某个 Pod 数据平面的 Proxy 镜像与控制平面的定义不一致。

这个问题的级别是告警，可能会在以下 3 种情况下被触发：

- 启用了 Sidecar 自动注入功能。
- Pod 在启用了 Sidecar 注入的命名空间中运行（命名空间带有标签 istio-injection=enabled）。
- Sidecar 上运行的代理版本与自动注入使用的版本不匹配。

文档中还指出这个问题往往发生在升级 Istio 控制平面后，但是 Pod 没有被重建前。升级 Istio（包括 Sidecar 注入）后，用户必须重新创建 Istio Sidecar 的所有正在运行的工作负载，以允许注入新版本的 Sidecar。

这里给出了相关问题的解决思路。

使用常规的部署策略，重新部署应用来更新 Sidecar 版本是最简单的方式。对于 Kubernetes Deployment，如果您使用的是 Kubernetes 1.15 或更高版本，则可以运行 kubectl rollout restart 来重新部署。或者，您可以修改 Deployment 的 template 字段来强制进行新的部署。通常是通过在 Pod 模板定义中添加一个类似 force-redeploy=的标签来完成的。

通过上文可以看到，analyze 命令分析得不只是提出的问题，甚至把问题出现的可能原因，以及如何解决这个问题都做了详细的说明。对一个 Istio 新用户而言，使用好工具并配合文档，足以解决大部分可被识别出来的问题，这正是 Istio 在文档和工具方面做得令人佩服的地方。

9.2.4.3 通过 analyze 命令诊断配置文件

analyze 命令不仅能够直接针对集群进行分析诊断，还能够同时支持输入的参数为一组 yaml 配置文件，或者是直接输入整个文件夹，如下。

```
$ istioctl analyze a.yaml b.yaml my-app-config/
```

在处理文件夹时，默认只会分析文件夹下的 yaml 配置文件。如果用户希望分析包含子文件夹里的所有配置文件，则需要添加--recursive 参数。

```
$ istioctl analyze --recursive a.yaml b.yaml my-app-config/
```

需要注意的是，analyze 命令在执行分析诊断时，默认会读取当前集群内的网格配置，再结合输入参数里的配置文件内容进行分析。默认的这种分析策略在用户实际的应用场景里是非常实用的，比如，运维人员在准备应用一大堆配置文件时，如果逐一进行内容检查，将是一项非常耗时且头疼的工作，况且人工排查还有可能会出现差错。通过结合 istioctl 命令行工具，就可以非常方便的执行一次 analyze 命令，用于配置应用前的检查分析，从而在一定程度上发现可能存在的潜在问题，及时避免问题发生。

但是，在某些特殊的场景，用户可能又不希望结合所在集群的配置进行分析，比如，在开发环境上编辑的配置，或者应用在另外一个集群的配置等。这时可以通过设置--use-kube=false 来控制。该参数表示本次分析诊断是否需要组合当前集群内的 Istio 配置，默认值是 ture，如果用户想脱离集群仅对输入的文件配置进行分析，将参数设为 false 即可。

```
$ istioctl analyze --use-kube=false --recursive a.yaml b.yaml my-app-config/
```

9.2.4.4 忽略 analyze 命令特定的错误类型

有时，用户希望忽略某些已知的、可被容忍的错误类型。比如，在上文中分析出来的默认注入问题的告警信息，会提示存在的错误。

```
$ istioctl analyze -k --all-namespaces
Warn [IST0102] (Namespace frod) The namespace is not enabled for Istio injection. Run
'kubectl label namespace frod istio-injection=enabled' to enable it, or 'kubectl label
namespace frod istio-injection=disabled' to explicitly mark it as not needing injection
Error: Analyzers found issues.
See https://istio.io/docs/reference/config/analysis for more information about causes and
resolutions.
```

这也许是我们没有更新命名空间权限的原因，或者已经知晓这个问题，并且 default namespace 确实不需要被设置为自动注入，此时可以直接使用 istioctl analyze 命令，添加--suppress 参数来忽略上述输出中的错误消息。

```
$ istioctl analyze -k --all-namespaces --suppress "IST0102=Namespace frod"
✔ No validation issues found.
```

如果需要忽略多种错误类型，则可以重复使用--suppress 参数或使用通配符。

```
# Suppress code IST0102 on namespace frod and IST0107 on all pods in namespace baz
$ istioctl analyze -k --all-namespaces --suppress "IST0102=Namespace frod" --suppress
"IST0107=Pod *.baz"
```

除了可以在 istioctl analyze 命令中指定忽略信息，还可以在资源上设置注释来忽略特定的分析器错误消息。例如，忽略资源 deployment/my-deployment 上代码为 IST0107（MisplacedAnnotation）的错误类型。

```
$ kubectl annotate deployment my-deployment galley.istio.io/analyze-suppress=IST0107
```

要忽略该资源上的多种错误类型，可以使用逗号分隔每处代码。

```
$ kubectl annotate deployment my-deployment galley.istio.io/analyze-suppress=
IST0107,IST0002
```

9.2.5 启用 Galley 自动配置分析诊断

除了可以通过命令工具来执行分析检查，从 Istio 1.4 版本开始，用户还可以通过设置 galley.enableAnalysis 标志位，让 Galley 在分发配置时自动执行分析检查。

```
$ istioctl manifest apply --set values.galley.enableAnalysis=true
```

在 1.5 版本之前，这是内置在 Galley 组件的配置分析器，在 1.5 版本的架构调整之后，它随着 Galley 一起被整合进了 istiod 组件。该分析器与 istioctl analyze 命令有着相同的代码逻辑及错误定义，不同的是，通过该分析器可以直接将诊断的结果信息，写入对应出现问题的资源状态字段里。

例如，如果用户在 ratings 虚拟服务上网关配置错误，运行 kubectl get VirtualService ratings 将得到如下的信息。

```
apiVersion: networking.istio.io/v1alpha3
kind: VirtualService
metadata:
  annotations:
    kubectl.kubernetes.io/last-applied-configuration: |
```

```
{"apiVersion":"networking.istio.io/v1alpha3","kind":"VirtualService","metadata":{"annotations":{},"name":"ratings","namespace":"default"},"spec":{"hosts":["ratings"],"http":[{"route":[{"destination":{"host":"ratings","subset":"v1"}}]}]}}
  creationTimestamp: "2020-04-23T20:33:23Z"
  generation: 2
  name: ratings
  namespace: default
  resourceVersion: "12760031"
  selfLink:
/apis/networking.istio.io/v1alpha3/namespaces/default/virtualservices/ratings
  uid: dec86702-cf39-11e9-b803-42010a8a014a
spec:
  gateways:
  - bogus-gateway
  hosts:
  - ratings
  http:
  - route:
    - destination:
        host: ratings
        subset: v1
status:
  validationMessages:
  - code: IST0101
    level: Error
    message: 'Referenced gateway not found: "bogus-gateway"'
```

该分析器默认会在后台运行，自动校验网格里的资源配置是否存在问题，并将问题信息同步更新在资源的状态字段里，但是它并不能完全替代 istioctl analyze 命令，因为有一些局限性。

- 并非所有的资源类型都具备自定义的状态字段（例如，Kubernetes 的 namespace 资源），因此如果有错误信息是针对这部分资源的话，并不能显示在它的资源状态字段里。
- enableAnalysis 是从 Istio 1.4 版本开始引入的，而 istioctl analyze 命令可以用于较早的版本。
- 最关键的是，用户可以方便地通过资源文件看到它存在的潜在问题，但是如果想要了解整个网格内的所有配置诊断信息就会比较麻烦，因为要检查查看多个资源配置文件并找到对应的 status 字段，相比之下，istioctl analyze 命令可以一键分析出整个网格集群内存在的潜在问题。

综上所述，Galley 的自动配置分析可以作为一种辅助的配置诊断手段，用户可以自行根据实际情况选择是否启用。

9.2.6 采用 describe 命令验证并理解网格配置

早在 Istio 1.3 版本的 istioctl 命令行工具里，就引入了一个实验性的命令 —— describe 命令，该命令可以帮助用户更好地理解一些配置是如何影响网格内的 Pod，在排查问题时，相比直接查看 CRD 配置文件这种手段，通过 describe 命令可以大大提高问题的诊断效率。

9.2.6.1 describe 命令简介

与 analyze 命令不同的是，describe 命令更加像是针对网格流量方面的配置检查和验证，尤其是当一些配置出现冲突或没有闭环时，能够被检查出来告知用户并提供相应的解决建议；而 analyze 命令则更加偏重于整个 Istio 网格层面的问题。比如，Proxy 的镜像版本是否匹配，是否缺少必要的注解配置，Sidecar 是否被正常注入等。

下文将通过一些简单的例子，说明如何使用 describe 命令对 Pod 进行一些网格的状态检查和配置验证。

describe 命令的基本使用方式如下，因为是实验性命令，所以需要在 describe 命令前添加 experimental，同样可以用缩写 x 代替。

```
$ istioctl experimental describe pod <pod-name>[.<namespace>]
```

在 Pod 名字后面加一个命名空间的效果，和使用 istioctl 的-n 参数来指定一个非默认的命名空间的效果是一样的。

9.2.6.2 采用 describe 命令验证 Pod 是否加入网格

上文里有提到，我们可以通过查看 Pod 的容器数量，或者使用 kubectl describe pod 命令的方式来检查 Sidecar 是否被注入。istioctl describe 命令从网格维度上也提供了一种方法，帮助用户更好地了解 Pod 的状态。其中，最基础的功能就是检查 Pod 是否已经成功加入网格，如果 Pod 里没有 Envoy 代理，或者代理没启动，istioctl describe 命令就会返回告警信息。此外，如果 Pod 的相关配置不符合 Istio 的基本要求，该命令也会给出告警信息。

例如，对一个并没有被注入 Sidecar 的 Pod 进行检查，以 kubernetes-dashboard 这个 Pod 为例。

```
$ export DASHBOARD_POD=$(kubectl -n kube-system get pod -l k8s-app=kubernetes-dashboard
-o jsonpath='{.items[0].metadata.name}')
$ istioctl x describe pod -n kube-system $DASHBOARD_POD
WARNING: kubernetes-dashboard-7996b848f4-nbns2.kube-system is not part of mesh; no Istio
sidecar
```

由上可以看出，describe 命令指出 kubernetes-dashboard 这个 Pod 不在网格内，它并没有被注入

Sidecar。但对于服务网格内的 Pod（如 Bookinfo 的 ratings 服务），该命令就不会报警，而是输出该 Pod 的 Istio 配置。

```
$ export RATINGS_POD=$(kubectl get pod -l app=ratings -o jsonpath='{.items[0].metadata.name}')
$ istioctl experimental describe pod $RATINGS_POD
Pod: ratings-v1-f745cf57b-qrxl2
Pod Ports: 9080 (ratings), 15090 (istio-proxy)
--------------------
Service: ratings
   Port: http 9080/HTTP
Pilot reports that pod enforces HTTP/mTLS and clients speak HTTP
```

从上面的输出结果可以得到以下 Istio 相关的信息。

- Pod 内服务容器的端口，如本例中 ratings 容器的 9080 端口。
- Pod 内 istio-proxy 容器的端口，如本例中的 15090 端口。
- Pod 内服务所用的协议，如本例中的 9080 端口上的 HTTP。
- Pod 的 mTLS 设置。

以上就是 describe 命令的基础使用方法。它可以帮助用户更加高效地获取某个服务当前针对 Istio 相关的配置，在诊断某些问题时可以作为一个辅助的检查手段。

9.2.6.3 采用 describe 命令验证 DestinationRule 配置

除了查看 Istio 相关的基本信息，还可以通过 istioctl describe 命令查看哪些 DestinationRule 配置被用来将流量请求路由到指定 Pod 中。下面通过应用 Bookinfo 自带提供的 mTLS DestinationRule 进行举例说明。

```
$ kubectl apply -f samples/bookinfo/networking/destination-rule-all-mtls.yaml
```

再使用 describe 命令描述 ratings 这个 Pod 的 Istio 相关信息。

```
$ istioctl x describe pod $RATINGS_POD
Pod: ratings-v1-f745cf57b-qrxl2
   Pod Ports: 9080 (ratings), 15090 (istio-proxy)
--------------------
Service: ratings
   Port: http 9080/HTTP
DestinationRule: ratings for "ratings"
   Matching subsets: v1
      (Non-matching subsets v2,v2-mysql,v2-mysql-vm)
   Traffic Policy TLS Mode: ISTIO_MUTUAL
```

```
Pilot reports that pod enforces HTTP/mTLS and clients speak mTLS
```

相比 9.2.6.2 节，这次同样的命令返回了更多的信息。

- 用于路由到 ratings 服务的请求的 DestinationRule。
- 匹配该 Pod 的是 ratings 服务 DestinationRule 的子集，在本例中为 v1。
- 该 DestinationRule 所定义的其他子集。
- 该 Pod 同时接收 HTTP 和 mTLS 请求，客户端使用 mTLS。

上述例子展示了 describe 命令是如何展示某个 Pod 里的 DestinationRule 配置的。在实际的使用中，我们可以通过它来检查某条 DestinationRule 规则配置是否被正确应用到某个 Pod 上。

9.2.6.4 采用 describe 命令验证 VirtualService 配置

除了上节中的 DestinationRule 配置，当 VirtualService 配置被创建应用到一个 Pod 时，istioctl describe 命令也会在它的输出信息中描述这些路由规则。以 Bookinfo VirtualService 这个为例，规则中的配置会将所有请求都路由到 v1 pods 中，同样先创建应用该配置。

```
$ kubectl apply -f samples/bookinfo/networking/virtual-service-all-v1.yaml
```

然后通过 describe 命令查看 reviews 服务对应 v1 版本的 Pod。

```
$   export   REVIEWS_V1_POD=$(kubectl   get   pod   -l   app=reviews,version=v1   -o
jsonpath='{.items[0].metadata.name}')
$ istioctl x describe pod $REVIEWS_V1_POD
...
VirtualService: reviews
   1 HTTP route(s)
```

该输出包括了与上面展示的 ratings pod 类似的信息，以及路由到该 Pod 的 VirtualService 的信息。

istioctl describe 命令不仅能够展示影响该 Pod 的 VirtualService 规则信息，如果一条 VirtualService 配置了 Pod 的服务主机却没有流量到达其中，则该命令会输出一个告警信息。这种情况可能会发生在 VirtualService 实际上拦截了流量，却没有将流量路由到该 Pod 的某个子集，例如，reviews 的 v2 版本。

```
$   export   REVIEWS_V2_POD=$(kubectl   get   pod   -l   app=reviews,version=v2   -o
jsonpath='{.items[0].metadata.name}')
$ istioctl x describe pod $REVIEWS_V2_POD
...
VirtualService: reviews
   WARNING: No destinations match pod subsets (checked 1 HTTP routes)
```

```
      Route to non-matching subset v1 for (everything)
```

这个告警信息包含了这个问题产生的原因，以及检查了多少条路由配置，甚至会告诉我们其他路由的信息。在本例中，实际上没有流量会到达 v2 的 Pod，因为 VirtualService 中的路由将所有流量都路由到了 v1 子集。

使用如下命令删除 Bookinfo DestinationRule。

```
$ kubectl delete -f samples/bookinfo/networking/destination-rule-all-mtls.yaml
```

删除后可以看到，istioctl describe 命令的另一个有用的功能。

```
$ istioctl x describe pod $REVIEWS_V1_POD
...
VirtualService: reviews
   WARNING: No destinations match pod subsets (checked 1 HTTP routes)
      Warning: Route to subset v1 but NO DESTINATION RULE defining subsets!
```

这个输出信息说明 DestinationRule 被删除之后，但是依赖它的 VirtualService 还在。VirtualService 想将流量路由到 v1 子集，但是没有 DestinationRule 来定义 v1 子集。因此，要去 v1 的流量就无法流向该 Pod。

这时，刷新浏览器来向 Bookinfo 发送一个新的请求，就会看到这条消息：Error fetching product reviews。要修复这个问题，需要重新应用 DestinationRule。

```
$ kubectl apply -f samples/bookinfo/networking/destination-rule-all-mtls.yaml
```

此时刷新浏览器，就可以看到应用恢复正常了，运行 istioctl x describe pod $REVIEWS_V1_POD 也不再报出告警信息了。

通过上述的例子，不难看出 istioctl describe 命令在验证 Istio 路由规则配置中发挥的作用，类似于定义了 VirtualService 却忘记定义相对应的 DestinationRule 的场景。使用 describe 命令就能及时发现问题所在，是一种比较有效的诊断手段。

9.2.6.5 采用 describe 命令验证 traffic routes 配置

除了验证 DestinationRule 和 VirtualService 规则，istioctl describe 命令还可以展示流量的权重分配。例如，运行以下命令，将 90%的流量路由到 reviews 服务的 v1 子集，将另外的 10%路由到 v2 子集。

```
$ kubectl apply -f samples/bookinfo/networking/virtual-service-reviews-90-10.yaml
```

通过 describe 命令查看 reviews v1 对应的 Pod 信息。

```
$ istioctl x describe pod $REVIEWS_V1_POD
...
```

```
VirtualService: reviews
   Weight 90%
```

从结果中可以很直观地通过输出信息看到针对 reviews 这个 Pod，在 VirtualService 配置上对 v1 子集设置了 90%的权重。该功能对于其他类型的路由也很有用。例如，可以创建通过指定请求标头匹配的路由。

```
$ kubectl apply -f samples/bookinfo/networking/virtual-service-reviews-jason-v2-v3.yaml
```

再次通过 describe 命令来检查 Pod 的 Istio 配置信息。

```
$ istioctl x describe pod $REVIEWS_V1_POD
...
VirtualService: reviews
   WARNING: No destinations match pod subsets (checked 2 HTTP routes)
      Route to non-matching subset v2 for (when headers are end-user=jason)
      Route to non-matching subset v3 for (everything)
```

以上输出内容显示了一个告警信息，这是因为目标 Pod 被定义为 v1 子集，而部署的两条路由被分别指向 v2 和 v3 两个子集。规则显示，如果请求标头中包含 end-user=jason，则该 VirtualService 配置会把流量路由到 v2 子集，否则都路由到 v3 子集。

通过 describe 命令可以有效且快速地帮助用户校验一些路由配置，相比直接通过应用的 Istio 配置文件去查询检查，工具提供了更加高效、聚合且人性化的直观诊断数据，在大规模的 Istio 应用场景中显得尤为重要。

9.2.6.6 采用 describe 命令验证严格 mTLS 配置

参考 mTLS 迁移的说明，可以为 ratings 服务启用严格 mTLS 配置。

```
$ kubectl apply -f - <<EOF
apiVersion: security.istio.io/v1beta1
kind: PeerAuthentication
metadata:
  name: "ratings-strict"
spec:
  selector:
    matchLabels:
      app: ratings
  mtls:
    mode: STRICT
EOF
```

同样通过 describe 命令描述 ratings 对应的 Pod。

```
$ istioctl x describe pod $RATINGS_POD
```

```
Pilot reports that pod enforces mTLS and clients speak mTLS
```

上述输出说明 ratings 对应的 Pod 请求已经被锁定，并且是基于严格 mTLS 的。

尽管如此，一个 Deployment 在切换 mTLS 到 STRICT 模式时，还是会出现流量中断的情况，这可能是因为 DestinationRule 与新配置不匹配导致的。例如，在配置 Bookinfo 的客户端时，不用 mTLS，而是用普通 HTTP DestinationRule。

```
$ kubectl apply -f samples/bookinfo/networking/destination-rule-all.yaml
```

如果在浏览器中打开 Bookinfo，将看到 Ratings service is currently unavailable 的错误。此时，我们也可以通过运行 describe 命令来查看详细的出错原因。

```
$ istioctl x describe pod $RATINGS_POD
...
WARNING Pilot predicts TLS Conflict on ratings-v1-f745cf57b-qrxl2 port 9080 (pod enforces mTLS, clients speak HTTP)
  Check DestinationRule ratings/default and AuthenticationPolicy ratings-strict/default
```

同样，上述的输出包含了一个告警信息，描述了 DestinationRule 和认证策略之间的冲突。

我们可以通过应用一个使用 mTLS 的 DestinationRule 来修复以上问题。

```
$ kubectl apply -f samples/bookinfo/networking/destination-rule-all-mtls.yaml
```

以上就是使用 istioctl 命令行工具中的 describe 命令，诊断 Istio 系统中因安全认证配置不一致而导致的问题，最终通过工具找到原因并及时修复。从工具的使用过程来看，特别是输出结果信息中明确指出了问题原因和解决思路，对 Istio 的使用者而言可谓是非常友好。

9.2.7 ControlZ 自检工具

通过上文分析，istioctl 工具在诊断 Istio 配置方面提供了很多非常有效的命令，可以帮助用户尽快发现问题所在并及时修复它们。除此之外，Istio 还提供了一个基于 Web 的可视化自检工具可用于对控制平面的组件进行自检，使查看和调整正在运行组件的内部状态变得更加容易，这个工具就是 ControlZ。

9.2.7.1 ControlZ 工具简介

在 Istio 1.5 版本之前，由于控制平面的各个组件都是独立部署的，因此类似于 Pilot、Galley、Mixer 等都拥有各自对应的 ControlZ 查看页面。自 1.5 版本之后，控制平面组件合并成了单一的 istiod，对应的 ControlZ 工具页面也统一成了一个。在默认情况下，可以使用 istioctl 的 dashboard 命令开启。

```
export ISTIOD_POD=$(kubectl get pod -n istio-system -l app=istiod -o jsonpath='{.items[0].
```

```
metadata.name}')
istioctl dashboard controlz $ISTIOD_POD -n istio-system
```

如果运行的环境有安装浏览器的话，将自动打开，并跳转到 ControlZ 的 Web 页面，如图 9-11 所示。

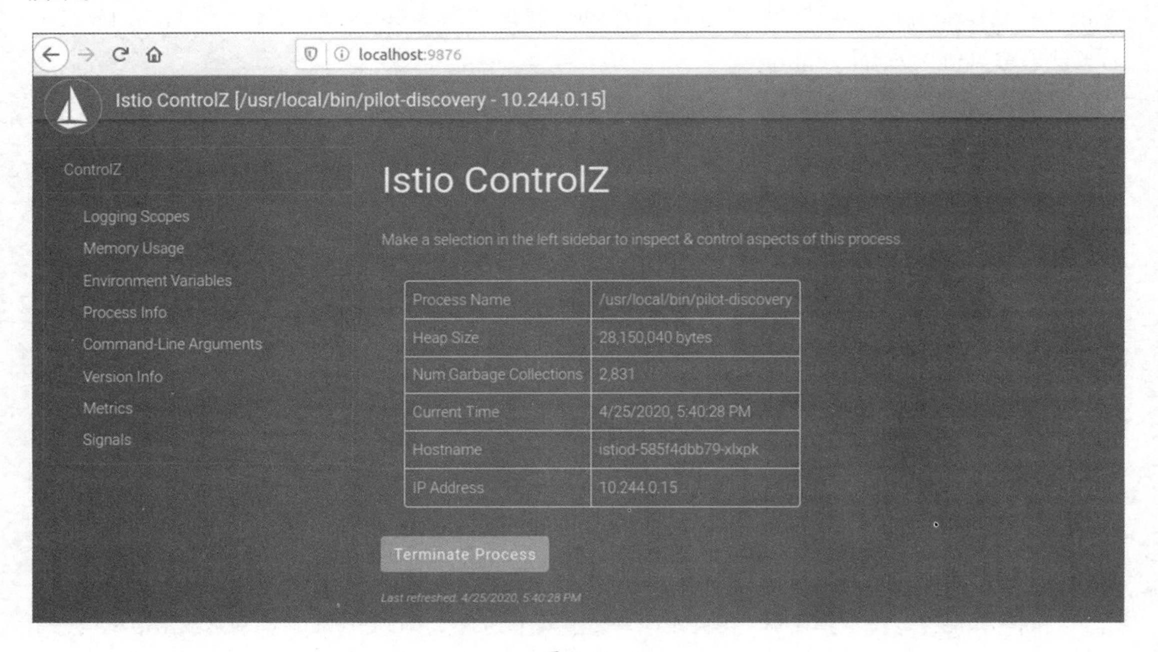

图 9-11

在默认打开的首页中显示了当前组件的一些基本信息，例如，进程名称、当前堆大小、GC 次数、组件当前时间、Host 名称，以及 IP 地址信息。上述信息是实时动态刷新的，通过这些数据可以对组件有一些基础的了解。

此外首页中有一个 Terminate Process 按钮，可以用来直接关闭当前的组件进程，由于配置了健康检查，如果进程被关闭，则 Pod 会自动被重启。不过在组件开发过程中，通过该页面观察组件状态，当发现异常时直接通过页面重启也不失为一种处理方法。

9.2.7.2 查看/修改组件日志记录范围

在调试 istiod 组件时，往往会结合组件本身的日志进行一些问题排查，但是组件默认可能不会打印一些模块日志。ControlZ 工具提供了一个可视化的日志打印范围调整工具，直接通过左侧菜单即可访问，如图 9-12 所示。

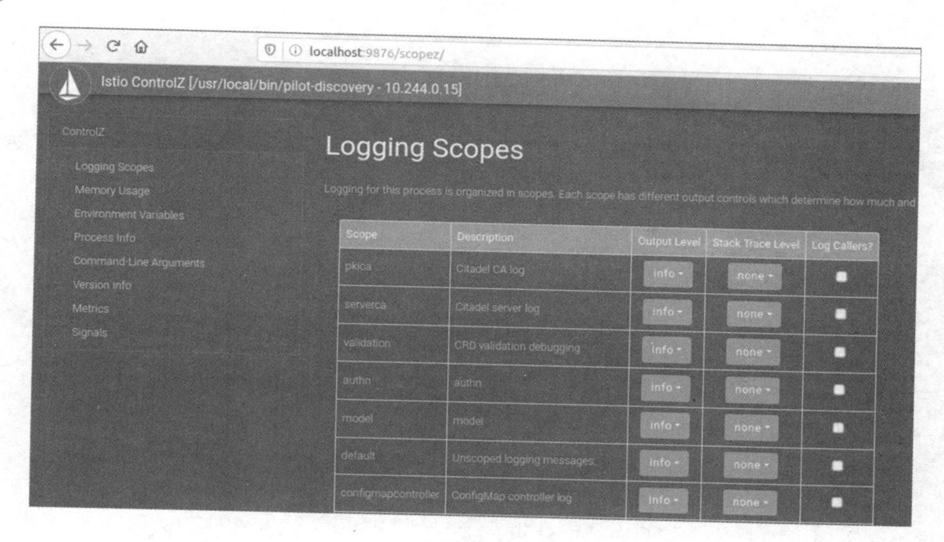

图 9-12

表格中展示的是组件内的日志作用域，以及相应的描述信息，可以直接对某个特定的作用域进行日志输出级别调整。默认这些日志作用域的日志输出都是关闭的，如果希望打开日志，则只需在表格的最后一列进行勾选，并且这个操作是实时生效的。

9.2.7.3 查看组件内部的其他信息

通过 ControlZ 工具除了 9.2.7.2 节中提到的可以对 Istio 组件进行日志作用域设置，其余的几个子页面基本上都是内部的一些信息展示。这些信息分别是内存使用详情、环境变量信息、进程信息、命令行参数、版本信息、监控指标等。用户可以根据自己关心的内容点开相应的子页面进行查看，以便更好地诊断组件自身是否存在问题。

9.3 本章小结

本章主要介绍了 Istio 使用过程中的常见问题和相关的诊断工具。其中，istioctl 作为官方标配工具集调试、诊断、运维等功能为一体，极大地提高了用户排查和解决问题的效率。在诊断工具中，proxy-status 和 proxy-config 两个命令主要用来检查各类 xDS 配置的同步状态和内容详情；而 analyze 和 describe 命令则用于分析和诊断网格里存在的潜在问题，并给出相应的解决方案。该工具足以满足用户在日常应用场景下的各类问题。在使用 Istio 遇到问题时，不妨使用 istioctl 工具分析诊断一番，也许问题就会迎刃而解了。

第 10 章

Service Mesh 生态

在过去几年中，微服务成了业界技术热点，大量的互联网公司都在使用微服务架构，也有很多传统企业开始实践互联网技术转型，基本上也是以微服务和容器为核心的。伴随着这股微服务大潮，新一代的微服务开发技术 Service Mesh 也开始快速兴起。随着 Willian Morgan（Buoyant 公司 CEO）在 2017 年首次正式提出 Service Mesh 概念，不论是开源软件，还是商业软件，在该领域都进行了大量投入，目前已形成不容忽视的庞大生态环境。

10.1 开源项目

Service Mesh 生态中涌现出了一批具有较大影响力的开源项目。本节将为读者介绍这些开源项目。

10.1.1 Linkerd

Linkerd技术最早由Twitter公司提出，并由创业公司Buoyant主导开发和推广。作为早期的Service Mesh 技术提倡者，Linkerd 的发展可谓“一波三折”。Linkerd 经历了两个重要阶段，即早期的 Linkerd 和后期的 Linkerd2。

早期的 Linkerd 是一个实现了服务网格设计的开源项目。其核心是一个透明代理，可以用来实现专用的基础设施层，以提供服务间的通信，进而为软件应用提供服务发现、路由、错误处理，以及服务可见性等功能，而无须侵入应用内部本身的实现。

2017 年，Linkerd 加入 CNCF，对 Service Mesh 技术而言，是一个非常重要的历史事件。这代表社区对 Service Mesh 理念的认同和赞赏，Service Mesh 也因此得到社区更大范围的关注。但是，随着 Istio 的出现和名企光环加身，Linkerd 的风光瞬间被盖过。2017 年 7 月 11 日，Linkerd 发布 1.1.1 版本并宣布和 Istio 项目集成，希望借助 Istio 的势头重拾信心。但与 Istio 体系下的 Envoy 相比，Linkerd 是以 Scala 为主的技术栈，作为数据平面代理并无优势。

2018 年 9 月，Buoyant 启动了 Linkerd 2.0，对自家的控制平面项目 Conduit 进行了整合，并基于 Golang 对 Linkerd 进行了重写，这让项目焕然一新。Linkerd2 采用了“数据平面+控制平面”的设计，摆脱了长期困扰 Linkerd 的数据平面性能问题，成了 Istio 的有力竞争者。当然，项目方向的巨大调整也带来了多方面的“阵痛”，如原本占得先机的 Linkerd 在转向 Linkerd2 后，稳定性和成熟度都有待验证。

10.1.2 Envoy

Envoy 最初由 Lyft 创建，是一款开源且高性能的边缘、中间与服务代理。Envoy 的进程外架构既适用于任何应用程序、语言和运行时，也非常适用于 Service Mesh 数据平面，因此它成为 Istio 中最初 Sidecar 的官方标配。

在功能方面，Envoy 旨在实现服务与边缘代理功能，通过管理微服务之间的交互来确保应用程序性能。该项目提供的超时、速率限制、断路、负载均衡、重试、统计、日志记录及分布式追踪等高级功能，可以帮助用户以高容错性和高可靠性的方式处理各类网络故障问题。Envoy 支持的协议与功能包括 HTTP/2、gRPC、MongoDB、Redis、Thrift、外部授权、全局速率限制，以及一个 API 配置等。

在性能方面，Envoy 基于 C++实现，并采用了类似 Nginx 的架构：多线程+ 非阻塞 + 异步 I/O（Libevent）。虽然 Envoy 的设计者没有把极致性能作为目标，但是作为数据平面代理的 Envoy 仍然能够保证较低的延迟和高并发处理能力，并不断在这个方向做出优化，这也是 Envoy 在社区中保持较高呼声的重要原因之一。

Envoy 近几年的发展非常稳健，一方面继续收获独立客户，一方面伴随 Istio 一起成长。作为业界仅有的两个生产级 Service Mesh 实现之一，Envoy 于 2017 年 9 月加入 CNCF，成为 CNCF 的第二个 Service Mesh 项目，并于 2018 年 8 月毕业，成为 CNCF 的第三个毕业项目。

10.1.3 Istio

作为本书的主角，Istio 在 2017 年 5 月 24 日由 IBM、Google 和 Lyft 联合宣布启动。项目发起方将 Istio 定位为一个连接、管理、监视和保护微服务的开放平台。

Istio 整体架构分为数据平面和控制平面。数据平面默认由 Envoy 提供，被部署为 Sidecar，传输和控制网格内所有服务之间的网络通信。但随着 xDS 协议向标准化方向的推进，越来越多的数据平面代理技术开始接入 Istio。控制平面负责管理和配置代理，以及运行时执行的策略。在最新的 Istio 1.5 版本中对控制平面进行了较大的调整，将多个控制模块合而为一，旨在降低 Istio 架构长期被人诟病的复杂度和维护成本。

另一方面，根植于 Kubernetes 生态之上的 Istio 也在不断吸引优秀的项目融入其生态。比如，使用 Kiali 或 Weave Scope 进行网格的可视化展示；使用 Prometheus 和 Grafana 为网格提供监控；使用 Zipkin 和 Jaeger 执行微服务之间的分布式跟踪等。

Istio 项目目前是 Service Mesh 领域最受瞩目的明星项目，有众多企业和开发人员参与其中，因为项目本身仍处于高速发展阶段，所以本书建议企业用户在大规模实施前，谨慎评估项目迭代可能带来的影响。

10.1.4 Consul Connect

2018 年 6 月 26 日，HashiCorp 发布了 HashiCorp Consul 1.2。这个版本主要新增了一个功能——Connect，能够将现有的 Consul 集群自动转换为 Service Mesh 的解决方案。

Connect 通过自动 TLS 加密和基于鉴权的授权机制支持服务与服务之间的安全通信。它在设计开发时就注重了易于使用的想法，可以仅通过一个配置参数打开，即在服务注册时额外添加一行就可以使得任何现存的应用接受基于 Connect 的连接。证书更新是自动的，因此不会导致服务停机。对于所有必需的子系统，Connect 仅需要一个二进制文件就可以支持。凭借 Consul 的庞大用户群体，Consul Connect 在发布后一直得到业界的广泛关注。

10.1.5 MOSN

2018 年 7 月，蚂蚁集团开源了云原生网络代理 MOSN。MOSN 是一个使用 Go 语言开发的数据平面代理，为服务提供多协议、模块化、智能化、安全的代理功能。MOSN 可以与任何支持 xDS API 的 Service Mesh 集成，也可以作为独立的四、七层负载均衡，以及 API Gateway、云原生 Ingress 等使用。

MOSN 项目已于 2019 年 8 月加入 CNCF Landscape。2020 年 MOSN 项目开启了云原生演进，最终成为 Istio 官方可选数据平面。2021 年 MOSN 项目尝试开拓 Envoy 的 GoLang 扩展，实现了 MOSN

和 Envoy 生态的打通。因为有着蚂蚁集团的实力加成，所以目前该项目社区比较活跃。

10.1.6 Kong Kuma

2019 年 9 月 10 日，Kong 正式宣布开源旗下 Service Mesh 项目 Kuma。Kuma 定位的是一个通用的服务网格，不同于市场上大多数的服务网格项目。它的设计初衷是在 Kubernetes 生态系统内部和外部都能工作，这包括虚拟机、容器、遗留环境及 Kubernetes。除此之外，Kuma 引入 Envoy 作为数据平面代理，并引入自家的明星产品 Kong 作为 API 网关，该网关负责组织与部署现代微服务中各种方法之间的信息流。

10.1.7 Aeraki

在 Istio Service Mesh 中，只有 HTTP/gRPC 是“一等公民”。Istio 对 HTTP/gRPC 的管理功能非常强大，但分布式应用中常见的其他协议，包括 Dubbo、Thrift 等 RPC 协议，Kafka、RabbitMQ、ActiveMQ 等异步消息协议，Redis、MySQL、MongoDB 等数据库和缓存协议，都不能在 Istio 中得到很好的管理。除此之外，我们也无法将应用中使用到的私有协议加入 Istio 中进行管理。Aeraki（希腊语“微风”的意思）就是为了解决该问题而创建的。Aeraki 作为一个非侵入式的 Istio 插件，为 Istio 提供了强大的协议扩展功能。

在数据平面上，Aeraki 基于 Envoy 提供了 MetaProtocol 协议框架。依托 Envoy 成熟的基础库，MetaProtocol 框架为七层协议统一实现了服务发现、负载均衡、RDS 动态路由、流量镜像、故障注入等基础功能，大大降低了在 Envoy 上开发第三方协议的难度，只要实现编解码的接口，就可以基于 MetaProtocol 快速开发一个第三方协议插件。

在控制平面上，Aeraki 可以对任意基于 MetaProtocol 框架开发的应用协议进行统一管理，并通过 Aeraki 的 MetaRoute CRD 向运维人员提供用户友好的流量规则配置功能。Aeraki + MetaProtocol 套件革命性地降低了在 Istio 中管理第三方协议的难度，将 Istio 扩展成为一个支持所有协议的全栈服务网格。目前，Aeraki 项目已经基于 MetaProtocol 实现了 Dubbo 和 Thrift 协议。相对于 Envoy 自带的 Dubbo 和 Thrift Filter，基于 MetaProtocol 的 Dubbo 和 Thrift 实现的功能更为强大，不仅提供了 RDS 动态路由，可以在不中断存量链接的情况下对流量进行高级的路由管理，还提供了非常灵活的 MetaData 路由机制，理论上可以采用协议数据包中携带的任意字段进行路由。Aeraki Mesh 是一个厂商中立的开源项目，可以从 GitHub 官方网站上下载源码，并查看详细的使用教程。

10.2 商业化项目

除了蓬勃发展的开源生态，很多云厂商也在积极布局 Service Mesh。本节将从商业化项目的角度带读者认识这些云厂商。

10.2.1 AWS

AWS App Mesh 是 AWS 在 re:Invent 2018 大会上发布的一款新服务，并在 2019 年 4 月发布了正式版。App Mesh 作为 AWS 原生服务网格，与 AWS 现有产品簇完全集成，包括：

- 网络（AWS Cloud Map）。
- 计算（Amazon EC2 和 AWS Fargate）。
- 编排工具（AWS EKS、Amazon ECS 和 EC2 上客户管理的 Kubernetes）。

AWS App Mesh 旨在解决在 AWS 上运行的微服务的监控和控制问题，该服务将微服务之间的通信流程标准化，为用户提供了端到端的可视化界面，并且帮助用户应用实现高可用性。App Mesh 可以使用开源的 Envoy 作为网络代理，使得它可以兼容一些开源的微服务监控工具。用户可以在 AWS ECS、EC2、EKS 或 Fargate 上使用 App Mesh。鉴于 AWS 在公有云领域建立的先发优势，App Mesh 在商业化方面的市场占有量也保持领先。

10.2.2 Google

Google 作为 Istio 的主要发起方之一，在 Service Mesh 方面投入了大量资源。在 Google Cloud 上就有 GKE Mesh、Google Cloud Service Mesh、Google Traffic Director 等多种产品。

2018 年年底，首先推出了 Istio on GKE，即“一键集成 Istio”，并提供遥测、日志、负载均衡、路由和 mTLS 安全功能。

接着 Google 又推出 Google Cloud Service Mesh。这是 Istio 的完全托管版本，不仅提供了 Istio 开源版本的完整特性，还集成了 Google Cloud 上的重要产品 Stackdriver。

2019 年 5 月，Google 推出 Traffic Director 测试版本，Traffic Director 是完全托管的服务网格流量控制平面，支持全局负载均衡，并且与 AWS Mesh 类似，适用于虚拟机和容器，提供集中式健康检查、流量控制，以及混合云和多云支持。

Google 在云原生领域进行了大量投入，尤其是开源生态，Google 始终主导着 Istio 的发展，其中各种缘由使得该项目始终未进入 CNCF 基金会。但正是处于 Kubernetes 及相关生态的领先地位，使得 Google Cloud 在以容器为核心的云产品方面的增速超过 AWS，而 Service Mesh 正是其中的重要一环。

10.2.3 Microsoft

微软早在 2018 年 10 月就发布了 Service Fabric Mesh 预览版，但时至今日，我们仍然没有看到正式版本的推出，相关资料也比较缺乏。反倒是在 2019 年 5 月，微软在 KubeConf 上高调推出 SMI（Service Mesh Interface）。

SMI 是一个在 Kubernetes 上运行服务网格的规范，用于定义其通用标准并由各种供应商实现。作为一个通用的行业规范/标准，如果能让各家 Service Mesh 提供商都遵循这个标准，则有机会在具体的 Service Mesh 产品上，抽象出一组通用的、可移植的 Service Mesh API，屏蔽掉上层应用/工具/生态系统对具体 Service Mesh 产品的实现细节，这使得 Kubernetes 用户可以以与供应商无关的方式使用这些 API。通过这种方式，用户可以定义使用 Service Mesh 技术的应用程序，而无须紧密绑定到任何特定实现。

SMI 是一个开放项目，由微软、Linkerd、HashiCorp、Solo、Kinvolk 和 Weaveworks 联合启动，并得到了 Aspen Mesh、Canonical、Docker、Pivotal、Rancher、Red Hat 和 VMware 的支持。

10.2.4 Red Hat

Red Hat 在云原生方面深耕多年，作为 Istio 项目的早期采用者和贡献者，希望 Istio 正式成为 OpenShift 平台的一部分。

Red Hat 于 2018 年推出了 OpenShift Service Mesh 技术预览版，正是基于 Istio 实现的，可以为 OCP 客户提供在其 OpenShift 集群上部署和使用 Istio 的功能。此外，Red Hat 还创建了一个名为 Maistra 的社区项目，为 Istio 集成了诸多开源项目，以降低 Istio 的使用成本。Red Hat 凭借在私有化交付市场中的高占有率，实施落地了众多 Service Mesh 案例。

10.2.5 Aspen Mesh

Aspen Mesh 来自大名鼎鼎的 F5 Networks 公司，基于 Istio 构建，定位企业级服务网格，口号是“Service Mesh Made Easy”。

Aspen Mesh 项目的启动据说非常早，在 2017 年 5 月 Istio 发布 0.1 版本之后就开始组建团队进行开发，但是一直以来都非常低调，因此外界了解到的信息不多。在 2018 年 9 月，Aspen Mesh 1.0 的发布是基于 Istio 1.0 实现的。用户可以在 Aspen Mesh 的官方网站上申请免费试用。

10.2.6 国内项目

除以上几个国际化云厂家之外，国内云厂商也在积极布局 Service Mesh。以蚂蚁、华为、阿里巴巴、腾讯、网易、新浪微博等公司为代表的国内互联网公司，以多种方式给出了符合自身特点的 Service Mesh 产品，但思路和打法各有不同。

- 蚂蚁 Service Mesh：蚂蚁集团将 Service Mesh 作为其云上产品金融分布式架构 SOFAStack 中的一部分，采用了基于 Istio 构建的 Service Mesh 控制平面，并积极贡献 Istio 社区；基于 MOSN 提供数据平面服务，在兼容 xDS 标准的基础上，对控制平面进行了部分优化和增强。
- 腾讯云 TCM：在腾讯云上提供了基于 Istio 托管的 Service Mesh 服务。在提供与 Istio 百分比兼容的 API 和强大管理功能的同时，大大降低了 Istio 的运维和迁移成本，并提供了多协议支持、数据平面遥测性能优化、xDS 下发性能优化、控制平面 Istiod 多副本负载均衡等增强功能。
- 华为云 CSE：基于 Golang 自研 Service Mesh 服务框架，并以私有项目 Mesher 作为数据平面代理，为用户提供了开箱即用的服务体验。
- 网易轻舟微服务：基于 Istio 实现了商业化 Service Mesh 服务，通过自研 API-plane 组件对 Istio API 进行了封装，从而实现轻舟微服务商业化版本与 Istio 开源版本的融合，目前已在网易严选、网易传媒等场景落地使用。
- 新浪微博 Weibo Mesh：微博内部跨语言服务化解决方案，目前已经在微博的多条业务线上得到广泛使用，包括热搜、话题等核心项目。

10.3 标准

随着 Service Mesh 技术的不断发展，越来越多的组织和个人投入 Service Mesh 的技术浪潮中，涌现出了一系列开源项目和商业产品。这些产品包括但不限于以下内容。

- 数据平面：Envoy、Linkerd2-proxy、Gloo、Ambassador 等，以及负责管理 Mesh 内部东西向流量的 Sidecar 和在 Mesh 边缘负责管理南北向流量的 Gateway 两类产品。
- 控制平面：Istio、Linkerd2、Consul Connect 等单独部署的产品，以及各个云厂商推出的 Service

Mesh 管理服务。

这些不同的 Service Mesh 项目和产品提供了类似的流量管理和服务治理功能，每个产品各有特色和侧重点，并且往往采用了不同的 API 接口。不同 Service Mesh 产品之间互不兼容的接口导致了厂商锁定的问题，与云原生的宗旨背道而驰。用户往往希望尝试不同的 Service Mesh 产品，并能根据自身的需求在不同的 Service Mesh 产品之间进行自由切换。除此之外，因为 Service Mesh 作为云原生基础设施被集成在云厂商提供的服务中，所以用户也希望通过一致的接口对这些 Service Mesh 进行统一管理。

业界意识到了该问题，并提出了采用标准接口来解决不同 Service Mesh 产品互连互通的问题。如图 10-1 所示，采用数据平面标准接口来规范控制平面和数据平面之间的配置下发，采用控制平面标准接口来统一不同控制平面产品的管理。本章将对这些 Service Mesh 的相关标准进行一一介绍。

图 10-1

10.3.1 xDS

xDS 是 X Discovery Service 的缩写，这里的“X”表示它不是指具体的某个协议，而是一组基于不同数据源的服务发现协议的总称，包括 CDS、LDS、EDS、RDS 和 SDS 等。客户端可以通过多种方式获取数据资源，比如，监听指定文件、订阅 gRPC stream，以及轮询相应的 REST API 等。

Istio 架构基于 xDS 协议提供了标准的控制平面规范，并以此向数据平面传递服务信息和治理规则。在 Envoy 中，xDS 被称为数据平面 API，并且担任控制平面 Pilot 和数据平面 Envoy 的通信协议，同时这些 API 在特定场景里也可以被其他代理使用。目前 xDS 主要有 v2 和 v3 两个版本，其中，v2 版本已经于 2020 年年底停止使用。

注意：对于通用数据平面标准 API 的工作将由 CNCF 下设的 UDPA 工作组开展，10.3.3 节会专门介绍。

在 Pilot 和 Envoy 通信的场景中，xDS 协议是基于 gRPC 实现的传输协议，即 Envoy 通过 gRPC streaming 订阅 Pilot 的资源配置。Pilot 借助 ADS 对 API 更新推送排序的功能，按照 CDS→EDS→LDS→RDS 的顺序串行分发配置。

ADS 将 xDS 所有的协议都聚合到一起，即上文提到的 CDS、EDS、LDS 和 RDS 等。Envoy 通过这些 API 可以动态地从 Pilot 中获取对 Cluster（集群）、Endpoint（集群成员）、Listener（监听器）和 Route（路由）等资源的配置，如图 10-2 所示。

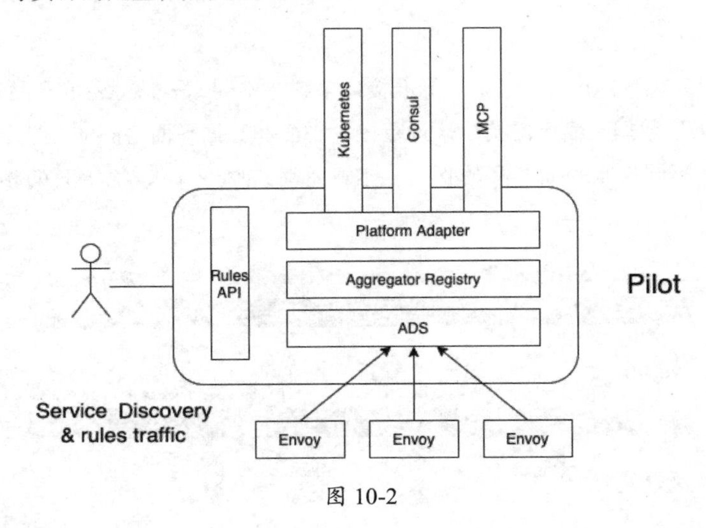

图 10-2

表 10-1 所示为主要的 xDS API。

表 10-1

服务缩写	全　称	描　述
LDS	Listener Discovery Service	监听器发现服务
RDS	Route Discovery Service	路由发现服务
CDS	Cluster Discovery Service	集群发现服务
EDS	Endpoint Discovery Service	集群成员发现服务
ADS	Aggregated Discovery Service	聚合发现服务
HDS	Health Discovery Service	健康度发现服务
SDS	Secret Discovery Service	密钥发现服务
MS	Metric Service	指标发现服务
RLS	Rate Limit Service	限流发现服务
xDS		以上各种 API 的统称

1．CDS

CDS 即 Cluster Discovery Service 的缩写。Envoy 使用它在进行路由时发现上游 Cluster。Envoy 通常会优雅地添加、更新和删除 Cluster。有了 CDS 协议，Envoy 在初次启动时不一定要感知拓扑里所有的上游 Cluster。在做路由 HTTP 请求时，通过在 HTTP 请求标头里添加 Cluster 信息实现请求转发。

尽管可以在不使用 EDS（Endpoint Discovery Service）的情况下，通过指定静态集群的方式使用 CDS（Cluster Discovery Service），但是本书仍然推荐通过 EDS API 实现。因为从内部实现来说，Cluster 定义会被优雅地更新，也就是说所有已建立的连接池都必须先排空再重连。使用 EDS 就可以避免这个问题，当通过 EDS 协议添加或移除 hosts 时，Cluster 中现有的 hosts 不会受到影响。

2．EDS

EDS 即 Endpoint Discovery Service 的缩写。在 Envoy 术语中，Endpoint 即 Cluster 的成员。Envoy 通过 EDS API 可以更加智能地动态获取上游 Endpoint。使用 EDS 作为首选服务发现的原因有两个。

- EDS 可以突破 DNS 解析的最大记录数限制，同时可以使用负载均衡和路由中的很多信息，因此可以做出更加智能的负载均衡策略。
- Endpoint 配置包含灰度状态、负载权重和可用域等 hosts 信息，可用于服务网格负载均衡和实现信息统计等。

3．LDS

LDS 即 Listener Discovery Service 的缩写。基于此，Envoy 可以在运行时发现所有的 Listener，包括 L3 和 L4 Filter 等所有的 Filter 栈，并执行各种代理工作，如认证、TCP 代理和 HTTP 代理等。添加 LDS 使得 Envoy 的任何配置都可以动态执行，只有在发生一些非常罕见的变更（管理员、追踪驱动等）、证书轮转或二进制更新时，才会使用热更新。

4．RDS

RDS 即 Router Discovery Service 的缩写，用于 Envoy 在运行时为 HTTP 连接管理 Filter 获取完整的路由配置，比如，HTTP 头部修改等。同时，路由配置会被优雅地写入而无须影响已有的请求。当 RDS 和 EDS、CDS 共同使用时，可以帮助用户构建一个复杂的路由拓扑，如蓝绿发布等。

5．ADS

EDS、CDS 等每个独立的服务都对应了不同的 gRPC 服务名称。对于需要控制不同类型资源抵达 Envoy 顺序的需求，可以使用聚合发现服务，即 Aggregated xDS。它可以通过单一的 gRPC 服务流支持所有的资源类型，借助有序的配置分发，解决资源更新顺序的问题。

6．xDS 协议的基本流程

Pilot 和 Envoy 之间的通信协议 xDS 可以通过两种方式实现：gRPC 和 REST。无论哪种方法都是先通过 xDS API 发送 DiscoveryRequest，然后解析 DiscoveryResponse 中包含的配置信息并动态加载的，如图 10-3 所示。

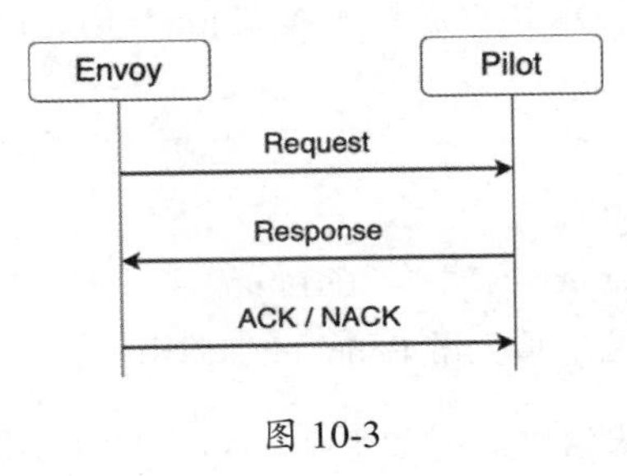

图 10-3

7．DiscoveryRequest

DiscoveryRequest 是结构化的请求，它为某个 Envoy 请求包含了某些 xDS API 的一组版本化配置资源。DiscoveryRequest 的相关字段如表 10-2 所示。

表 10–2

属性名	类　型	作　用
VersionInfo	string	成功加载的资源版本号，首次为空
Node	*core.Node	发起请求的节点信息，如位置信息等元数据
ResourceNames	[]string	请求的资源名称列表，为空表示订阅所有的资源
TypeUrl	string	资源类型
ResponseNonce	string	ACK/NACK 特定的 Response
ErrorDetail	*rpc.Status	代理加载配置失败，ACK 为空

8．DiscoveryResponse

类似于 DiscoveryRequest，DiscoveryResponse 的相关字段如表 10-3 所示。

表 10-3

属性名	类　型	作　用
VersionInfo	string	Pilot 响应版本号
Resources	[]types.Any	序列化资源，可表示任意类型的资源
TypeUrl	string	资源类型
Nonce	string	基于 gRPC 的订阅使用,Nonce 提供了一种在随后的 DiscoveryRequest 中明确 ACK 特定 DiscoveryResponse 的方法

9．ACK/NACK

当 Envoy 使用 DiscoveryRequest 和 DiscoveryResponse 进行通信时，除了可以在类型级别上指定版本，还有一种资源实例版本，它不属于 API 的属性。例如，下面的 EDS 请求：

```
version_info:
node: {id: envoy}
resource_names:
- foo
- bar
type_url: type.googleapis.com/envoy.api.v2.ClusterLoadAssignment
response_nonce:
```

管理服务端可能会立即返回响应，也可能在请求资源可用时通过 DiscoveryResponse 返回。实例如下。

```
version_info: X
resources:
- foo ClusterLoadAssignment proto encoding
- bar ClusterLoadAssignment proto encoding
type_url: type.googleapis.com/envoy.api.v2.ClusterLoadAssignment
nonce: A
```

当 Envoy 解析完 DiscoveryResponse 以后，将通过 gRPC 流发送一个新的请求，指明最近成功应用的版本，以及服务器提供的 Nonce（注意：Nonce 是加密通信中用于一次一密码的随机数，以免重放攻击）。可以借助这个版本给 Envoy 和管理服务端同时指明当前所使用的配置版本。这种 ACK/NACK 的机制可以分别对应用新 API 配置版本或先前的 API 配置版本进行标识。

1）ACK

如果更新被成功应用，version_info 将被置为 X，如图 10-4 所示。

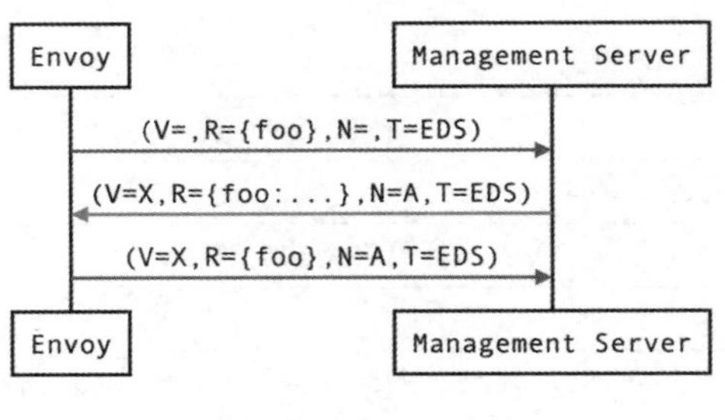

图 10-4

2）NACK

如果 Envoy 拒绝了配置更新 X，则会返回具体的 error_detail，以及之前的版本号，如图 10-5 所示。

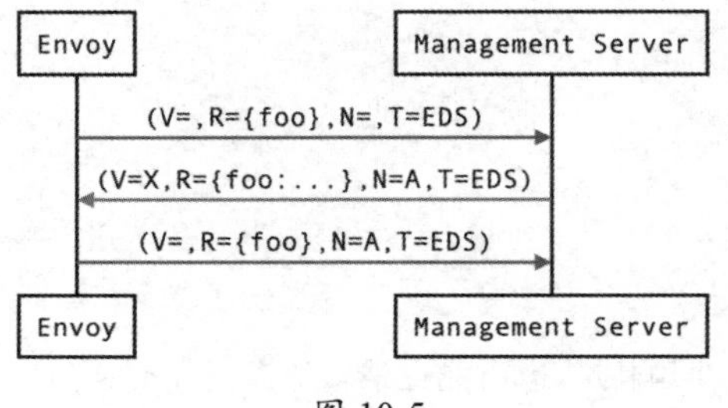

图 10-5

对 xDS 客户端来说，每当收到 DiscoveryResponse 时都应该进行 ACK 或 NACK。ACK 表示成功的配置更新，并且包含来自 DiscoveryResponse 的 VersionInfo；而 NACK 表示失败的配置更新，并且包含之前的 VersionInfo。只有 NACK 有 error_detail 字段。

10．基于 xDS 的推和拉

Envoy 在启动时会和 Pilot 建立全双工的长连接，这就为实现双向配置分发提供了条件。具体来说，在 Pilot 与 Envoy 进行通信时有主动和被动两种方式，它们分别对应推和拉两个动作。在主动分发模式里，由 Pilot 监听到事件变化以后分发给 Envoy。在被动分发模式里，由 Envoy 订阅特定资源事件，当资源更新时生成配置并下发。

对于通过 gRPC streaming 传输的 xDS 协议有四个变种，它们覆盖了两个维度。

第一个维度是全量（State of the World）传输对比增量（Incremental）传输。早期的 xDS 使用了全量传输，客户端必须在每个请求里指定所有的资源名，服务端返回所有资源。因为这种方式的扩展性受限，所以后来引入了增量传输。增量传输允许客户端和服务端指定相对之前状态变化的部分，这样服务端就只需返回那些发生了变化的资源。同时，增量传输还提供了对于资源的“慢加载”。

第二个维度是每种资源独立的 gRPC stream 对比所有资源聚合 gRPC stream。同样地，前者是 xDS 早期使用的方式，提供了最终一致性模型。后者对应于那些需要显式控制传输流的场景。

所以这四个变种分别如下。

- State of the World（Basic xDS）：全量传输独立 gRPC stream。
- Incremental xDS：增量传输独立 gRPC stream。
- Aggregated Discovery Service（ADS）：全量传输聚合 gRPC stream。
- Incremental ADS：增量传输聚合 gRPC stream（暂未实现）。

对于所有的全量方法，请求和响应类型分别为 DiscoveryRequest 和 DiscoveryResponse；对于所有的增量方法，请求和响应类型分别为 DeltaDiscoveryRequest 和 DeltaDiscoveryResponse。

11．增量 xDS

每个 xDS 协议都拥有两种 gRPC 服务，一种是 Stream，另一种是 Delta。Envoy 设计早期采用了全量更新策略，即以 Stream 的方式来提供强一致的配置同步。如此一来，任何配置的变更都会触发全量配置下发，显然这种全量更新的方式会为整个网格带来很高的负担。所以 Envoy 社区提出了 Delta xDS 方案，当配置发生变化时，仅下发和更新发生变化的配置部分。

增量 xDS 利用 gRPC 全双工流，支持 xDS 服务器追踪 xDS 客户端的状态。在增量 xDS 协议中，Nonce 域用来指明 DeltaDiscoveryResponse 和 DeltaDiscoveryRequest，以及 ACK 或 NACK。

DeltaDiscoveryRequest 可以在如下场景里发送。

- xDS 全双工 gRPC stream 中的初始化消息。
- 作为前序 DeltaDiscoveryResponse 的 ACK 或 NACK。
- 在动态添加或移除资源时，客户端自动发来 DeltaDiscoveryRequest，此场景必须忽略 response_nonce 字段。

在下面第一个例子中，客户端收到第一个更新并且返回 ACK，而第二次更新失败返回了 NACK，之后 xDS 客户端自发请求 wc 资源，如图 10-6 所示。

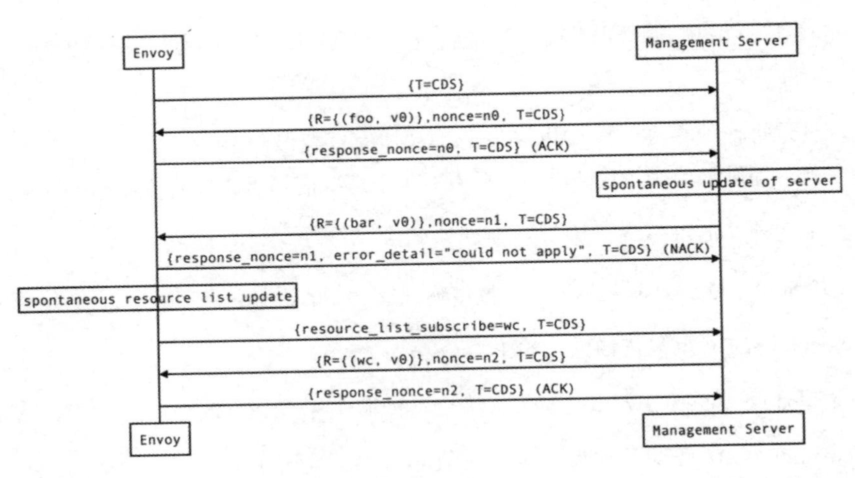

图 10-6

在网络重连以后，因为并没有对之前的状态进行保存，增量 xDS 客户端需要向服务器告知它已拥有的资源，从而避免重复发送，如图 10-7 所示。

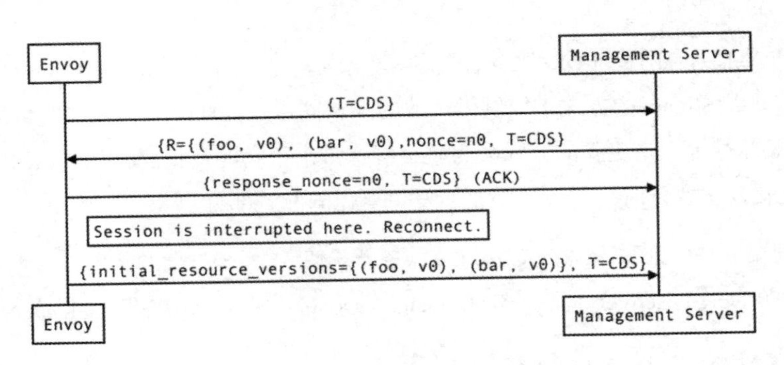

图 10-7

12．最终一致性

对分布式系统而言，在设计之初选择强一致性还是最终一致性是很关键的一步，直接关系到未来的应用场景。比如，ZooKeeper 就是强一致性服务发现的代表。但是服务网格的场景可能同时存在成百上千个节点，在这些节点间进行庞大的数据复制是相当困难的，并且很有可能会耗尽资源。也就是说，分布式系统为了提供强一致性，需要付出巨大的代价。Envoy 在设计之初就选择了最终一致性，并且从底层线程模型到上层配置发现都进行了相应的实现。这样一来不仅简化了系统，提供了更好的性能，还方便了运维。

因为 Envoy xDS API 是满足最终一致性的，所以部分流量可能在更新时被丢弃。比如，只有集群 X 可以通过 CDS/EDS 发现，当引用集群 X 的路由配置更新时，并且在 CDS/EDS 更新前将配置指向集群 Y，则在 Envoy 实例获取配置前的部分流量会被丢弃。

一些应用可以接受暂时的流量丢弃，并且在客户端或者其他 Envoy Sidecar 的重试中会掩盖这次丢弃。而其他无法忍受数据丢失的应用则可以先通过更新集群 X 和 Y 的 CDS/EDS 来避免流量丢弃，然后在 RDS 更新里将集群 X 指向集群 Y，并且在 CDS/EDS 更新中丢弃集群 X。

为了避免丢弃，更新的顺序通常应该遵循 make before break 原则，具体如下。

- CDS 更新应该被最先推送。
- 相应集群的 EDS 更新必须在 CDS 更新后到达。
- LDS 更新必须在对应的 CDS/EDS 更新后到达。
- 新增的相关监听器的 RDS 更新，必须在 CDS/EDS/LDS 更新后到达。
- 任何新增路由配置相关的 VHDS 更新，必须在 RDS 更新后到达。
- 过期的 CDS 集群和相关的 EDS 端点此刻被移除。

如果没有新的集群、路由或监听器添加，或者应用可以接受短期的流量丢弃，xDS 更新就可以被独立推送。在 LDS 更新的场景里，监听器要在收到流量前被预热。当添加、移除或更新集群时需要对集群进行预热。另一方面，路由不需要被预热。

13．xDS 协议生态

按照 Envoy 的设想，社区中无论是实现控制平面的团队，还是实现数据平面的团队，都希望能参与和使用数据平面上规定的这套控制平面和数据平面之间的数据平面 API 接口。

10.3.2 SMI

SMI 是 Service Mesh Interface 的缩写，最早于 2019 年 5 月由微软和 Red Hat 牵头在 KubeCon 上被提出，旨在为运行在 Kubernetes 上的服务网格提供统一的接口标准。它是一套约定规范，而不是具体的服务网格实现。

10.3.2.1 SMI 诞生背景

SMI 的正式提出距离 Istio 0.1 版本的发布刚好有两年时间，彼时服务网格的生态系统正在兴起，而 Istio 作为牵头的控制平面实现也已经进入了 1.1 正式版。服务网格的价值逐步被大众认可，市场上不仅出现了服务网格的各种不同实现，比如，Linkerd、Consul Connect 等，还有一些非开源的实现，导致了服务网格市场的碎片化问题。用户需要选择不同的服务网格实现，因为各家实现都有伴随着不同的概念定义、接口约定等，导致学习和迁移的成本非常高。

基于此，SMI 顺势而出，希望在各种服务网格的实现之上建立一个抽象的 API 层，通过这个抽象来解耦和屏蔽底层的具体技术实现，让上层的应用、工具、生态系统可以建立在统一的接口标准之上，从而提升不同服务网格实现之间的可移植性和互通性，降低用户的整体使用门槛。

图 10-8 所示为 SMI 的自身定位和推出愿景。

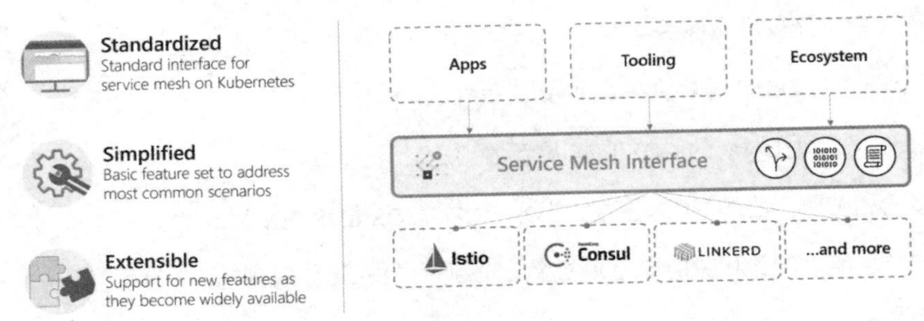

图 10-8

左侧描述的是 SMI 的核心设计理念：标准化、轻量化和可扩展。所谓标准化，正是上文提到的，也是 SMI 最重要的设计目标，希望通过一套统一的规范来约定不同服务网格实现解决碎片化的问题；而轻量化则是指用户在使用服务网格时无须关注内部技术实现，只需关注上层的使用方式，通过定义基础的功能合集来覆盖大多数的使用场景；可扩展指的是 SMI 在设计时，需要充分考虑后续的功能扩展，当有新的功能被广泛应用时，SMI 应当能够非常容易地进行支持。

而图 10-8 右侧则直观描述了 SMI 的定位是介于上层的应用、工具、生态系统和下层的服务网格具体实现的，例如，Istio、Consul、Linkerd 等。正如上面介绍的，它是中间的一层抽象，用于统一不同的网格实现，为用户提供标准的使用接口规范。

10.3.2.2 SMI 规范内容

作为一套标准规范，SMI 具体应该提供什么？官方网站上的描述如下。

- 为运行在 Kubernetes 上的服务网格提供了标准接口定义。
- 为最通用的服务网格使用场景提供了基本功能合集。
- 为服务网格提供了随时间推移不断支持新实现的灵活性。

- 依赖服务网格技术为生态系统提供了创新的空间。

在 SMI 的 GitHub 项目介绍里，明确了规范设计的目标：

SMI API 的目标是通过提供一组通用的、可移植的服务网格接口定义，使得基于 Kubernetes 的网格用户可以无须关心服务网格的具体实现，并且可以使用这些通用接口定义实现上层的应用程序，无须紧密绑定到任何特定实现。

同时，为了让大家对 SMI 有更加明确的目标界定，也指出了它的非目标定义：

SMI 项目本身不涉及具体的服务网格实现，只是试图定义通用标准规范。同样地，SMI 只是一个通用子集，不会定义服务网格的具体功能范围。同时，欢迎 SMI 的供应商添加现有规范之外的特定扩展。我们希望随着时间的推移，如果有更多功能被用户普遍接受而成为服务网格的一部分，则这些新的定义也将被迁移到 SMI 标准规范中。

在项目介绍里，也提出了规范目前涵盖的网格功能范围及接口实现，具体如下。

- Traffic Policy（流量策略）：在不同的服务之间应用身份和传输加密等策略。
- Traffic Access Control（流量访问控制）：根据客户端的身份标识来配置对特定 Pod 的访问及路由，从而将应用的访问锁定在被允许的用户和服务上。
- Traffic Specs（流量规范）：定义了基于不同协议的流量表示方式。这些资源通过与访问控制和其他策略协同工作，在协议级别上进行流量管理。
- Traffic Telemetry（流量遥测）：捕获错误率、服务间调用延迟等关键指标。
- Traffic Metrics（流量指标）：为控制台和自动扩缩容工具暴露一些通用的流量指标。
- Traffic Management（流量管理）：在不同服务之间进行流量切换。
- Traffic Split（流量分割）：通过在不同服务之间逐步调整流量百分比，帮助服务进行金丝雀发布。

目前 SMI 规范的内容只是定义了上述的几个方面，对 Istio 的实现而言，确实只是覆盖了其中最为通用的业务场景。值得注意的是，SMI 之所以在提出时就表明只为基于 Kubernetes 之上的服务网格提供规范，是因为 SMI 是通过 Kubernetes Custom Resource Definitions（CRD）和 Extension API Servers 实现的。通过这两种方式，API 可以很方便地被安装到 Kubernetes 集群上，并使用一些 Kubernetes 相关的标准工具进行操作。

10.3.2.3 SMI 生态系统

SMI 既然作为服务网格标准规范，那么制定相关的接口只是第一步，最终目的是整个服务网格生态里各个玩家的支持。官方网站列举了目前 SMI 生态圈里的部分服务网格厂商，如图 10-9 所示。

图 10-9

其中不乏一些大家比较熟悉的，例如，Linkerd、Consul、Service Mesh Hub 等，图 10-9 中有一个不太显眼的文字表示的 Istio，链接指向的却是 Istio 基于 SMI 规范适配实现的 GitHub 项目仓库，而该项目的主要贡献者则大多来自微软，而不是 Istio 项目的开发团队。除了上述的网格实现厂商，官方还罗列了很多合作伙伴，如图 10-10 所示。

图 10-10

除了熟悉的微软、Red Hat、Linkerd，还有服务网格领域目前比较活跃的 Solo.io。它们涉及的产品非常广，除了比较知名的基于 Envoy 实现的 API 网关 Gloo，还推出了 Service Mesh Hub 和 WebAssembly Hub，旨在为服务网格的用户提供统一的上层应用平台。

从上述的两张图中不难看出，SMI 的推出为市面上各个服务网格的实现提供了一套标准的规范，而作为服务网格最大玩家的 Istio，截至目前却没有正面回应 SMI，甚至连基于 SMI 规范的 Istio 适配实现都是由 SMI 这边的团队开发的，Istio 官方团队背后究竟有什么顾虑，有点耐人寻味。另外，Istio 于 2020 年正在逐步计划对虚拟机的支持，而 SMI 似乎一开始的定位就是基于 Kubernetes 平台的，这两者之间是否会有冲突，目前看来仍然存在很多不确定性。

随着服务网格生态的不断发展，越来越多的玩家加入了服务网格的实现厂商里，有开源的也有闭源的内部实现，而 SMI 作为服务网格领域目前唯一的标准规范制定者，旨在解决市面上不同厂商网格技术实现之间的差异化给用户带来的使用问题。从初衷来看，它的诞生对用户而言是有益的，通过屏蔽不必要的内部概念，使用标准的接口进行抽象定义即可实现一套上层应用，从而让用户在不同的网格实现间可以进行自由切换，大大降低了网格的使用难度，不至于绑定在特定的某个平台或技术实现上。

SMI 已经得到了大多数服务网格厂商的支持，唯独目前最为权威的控制平面 Istio 没有正面表态，究竟 SMI 能否真的成为服务网格的标准规范，可能还需要更多的时间进行验证。SMI 于 2020 年 4 月作为一个沙箱项目加入了 CNCF，这无疑又往前迈出了一步。

10.3.3 UDPA

UDPA，即通用数据平面 API，是 Universal Data Plane API 的缩写。在 2019 年 5 月，CNCF 筹建了 UDPA-WG 工作组，负责制定数据平面的标准 API。UDPA 的背后实际上是 Envoy，他们想基于 xDS 打造一个统一的数据平面 API，为 L4/L7 数据平面配置提供事实上的标准，类似于 OpenFlow 在 SDN 中的 L2/L3/L4 所扮演的角色。

xDS 逐渐发展成为 UDPA 的历程如图 10-11 所示。

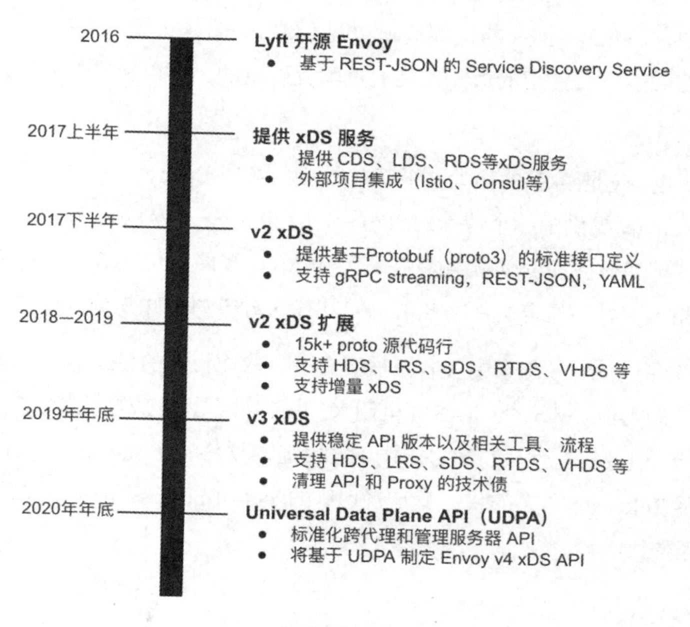

图 10-11

现有的 Envoy xDS API 构成了这一基础，并将逐步向支持客户端中立性的目标发展。当然这需要改进 xDS API，以支持额外的客户端，例如，数据平面代理，Envoy 之外的代理服务网格库、硬件负载平衡器、移动客户端等，使得使用不同厂商数据平面的接入对用户透明。

xDS API 有传输协议和数据模型两个明确的方面，其中，xDS 传输协议提供了 xDS 资源的低延迟版本化的流 gRPC 交付；数据模型涵盖了常见的数据平面关注点，如服务发现、负载均衡分配、路由发现、侦听器配置、秘密发现、负载报告、健康检查委托等。

10.4 扩展

一直以来，可扩展需求都是 Istio 项目的基本规则。随着 Istio 落地实践的增多，更多需求也在不断涌现。Istio 社区和其他生态公司也在不断地完善自身产品的可扩展性。其中，最具有代表性的就是 WebAssembly 机制，以及为了解决南北向流量而诞生的各类边缘服务。

在 Istio 1.5 版本发布之前，Istio 对于可扩展性的做法是启用一个通用的进程外扩展模型 Mixer，以此带来轻量级的开发体验。在 Mixer 模型中，每个请求在执行前提条件检查之前和报告遥测数据之后，Envoy Sidecar 都会调用 Mixer。Mixer 处理不同基础架构后端的灵活性来自其通用插件模型。插件被称为适配器，它们允许 Mixer 与提供基础功能（例如，日志记录、监视、配额、ACL 检查等）的不同后端进行交互。运行时使用的适配器是通过配置确定的，可以轻松扩展，以针对新的或定制的基础架构后端。

同样地，Envoy 也一直把可扩展作为一个基本原则。但是 Envoy 采取了不同的实现方式，更加注重代理内的扩展。Envoy 提供了一个特殊的 HTTP 七层 filter——WASM，用于载入和执行 WASM 字节码。每一个 WASM 扩展插件都可以被编译为一个*.WASM 文件，而 Envoy 七层提供的 WASM Filter 可以通过动态下发相关配置（指定文件路径），使其载入对应的文件并执行。

因为性能问题，在 Istio 1.5 版本中 Mixer 被废弃了，取而代之的是，基于 WASM sandbox API 的代理内扩展。它使用类似 Envoy 的 WASM 机制来扩展插件，具有兼顾性能、支持多语言、动态下发和动态载入等特点，以及安全性。在新版本中，HTTP 遥测默认基于 in-proxy Stats filter，节省了 50% 的 CPU 使用量。而 Telemetry V2 的目标就是将现有的 out-of-process 的工作方式用基于 WASM 的 in-proxy 扩展模型来替代。

以 Istio 为代表的 Service Mesh 可以有效地解决“服务异构化”“动态化”“多协议”场景所带来的东西向流量的管控问题。但是对于南北向流量的控制，Service Mesh 仅提供了 Ingress/Egress 做流量入口和出口网关。为了解决这一问题，Contour 和 Ambassador 开始走入大家的视野。本质上，它们都是基于 Envoy 的 Ingress 控制器，但是 Contour 使用了官方的 Envoy 镜像，而 Ambassador 选择了自定义镜像。所以 Ambassador 在性能和支持的协议类型上，要略优于 Contour。作为网关，它们被部署在网络边缘，将传入网络的流量路由到相应的内部服务，就可以完成认证、边缘路由、TLS 解密等功能。这种部署方式能让运维人员得到一个高性能、现代化的边缘服务与服务网格（Istio）相结合的网络。

10.4.1 WebAssembly

Istio 希望完全接管微服务集群中东西向流量，并提供灵活、可观察、易配置的服务间流量治理功能。但是面对千变万化的需求和复杂的应用环境，期望 Istio 本身或者数据平面 Envoy 来覆盖所有的场景显然是不现实的，为了满足更多场景的需求，Istio 和 Envoy 提供了易于扩展的机制。

为了帮助用户应对各种复杂的场景，Istio 提出了基于 Mixer 组件的扩展机制。该机制由 Mixer 组件和一套 Mixer Adapter API 构成，除了基于 Mixer 的扩展独立于数据平面主体，还作为单独的服务执行。

Istio 在数据平面 Envoy 中扩展实现了状态收集和上报的功能，在请求和响应时通过 gRPC 调用向外部 Mixer 组件上报相关属性和状态。同时，Istio 开发人员则通过对应的 Mixer Adapter API 对外部 Mixer 组件功能实现进一步扩展。外部 Mixer 组件收到数据平面 Envoy 的请求后，会依次调用各个 Adapter 来实现服务间访问控制、限流、计费系统及流量监控等功能，如图 10-12 所示。

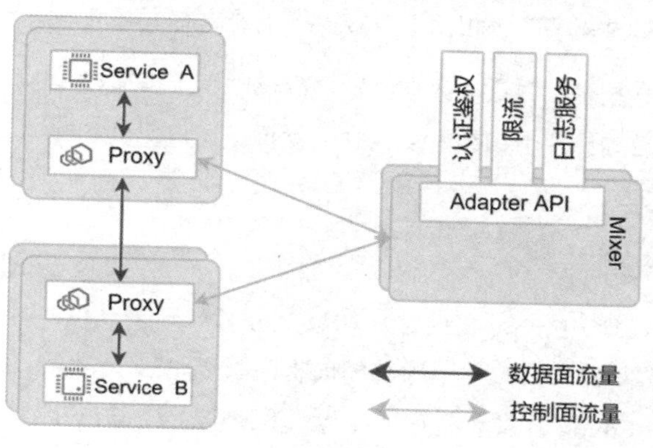

图 10-12

此类扩展可以完全无侵入，实现数据平面流量治理功能的增强。而且 Mixer Adapter API 的抽象屏蔽了数据平面的实现细节，扩展会具有更好的可移植性；独立进程执行和部署，具备更强的伸缩性。但是 Mixer 也引入了大量额外的外部调用和数据交互，带来了巨大的性能开销。

为此，Istio 在 1.5 版本的巨大变革之中，抛弃了现有的 Mixer 扩展机制，转身“拥抱”基于 WebAssembly（以下简称 WASM）的 in-proxy 扩展（或者称为 Mixer V2）：扩展直接集成在数据平面中，并在同一个进程中执行，而无须外部调用来实现相关的流量治理功能。

下面对 WASM 技术，以及 WASM 是如何被嵌入 Service Mesh 的巨大版图中的进行简单介绍。

10.4.1.1 什么是 WASM

WASM 是一种源自前端的技术，是为了解决日益提高的前端应用复杂性和有限的脚本语言（JavaScript）性能之间的矛盾而诞生的。WASM 本身并不是一种语言，而是一种字节码标准，一个“编译目标”。WASM 字节码抹平了 x86、ARM 等不同 CPU 架构之间的区别。虽然 WASM 字节码不能直接在任何 CPU 架构上执行，但由于它与机器码非常相近，因此能够以非常快的速度被 WASM 引擎（或者也可以称为 WASM 虚拟机）翻译为对应架构的机器码，获得和机器码相近的性能。从原理上看，WASM 和 Java 字节码非常相似。

理论上，所有语言，包括 JavaScript、C、C++、Rust、Go、Java 等都可以编译成 WASM 字节码。JavaScript 等脚本语言可以通过编译为 WASM 字节码，由 WASM 虚拟机直接装载执行而不是解释执行，以获得性能上的巨大提升。Go、C++等语言也可以编译为 WASM 字节码，使得 Go、C++等后端语言能够在 Web 中使用，且能保留作为编译型语言的高性能。

WASM 本身是为 Web 设计的，因此天然具有跨平台支持的特性；同时，通过 WASM 虚拟机的沙箱隔离，也使得执行 WASM 字节码相比于直接执行机器码有更高的安全性。

原本 WASM 作为前端技术，只被嵌入在浏览器内核中，用于加速 Web 应用。但是 Envoy 社区提出将 WASM 技术引入后端代理中，使得 WASM 的种种优异特性也能够为 API 网关和 Service Mesh 增效赋能。

10.4.1.2 WASM 和 Envoy

作为一种新型网络代理，Envoy 在设计之初就充分考虑到了其可扩展性，只要简单继承并重写几个接口，就可以在不侵入 Envoy 主干源码的前提下扩展 Envoy 功能。而且 Envoy 使用 Modern C++ 语言，大大降低了 Envoy 开发和扩展的难度。但是原生 Envoy 扩展仍旧有以下 3 个方面的“掣肘”。

- 对没有 C++技术栈积累的团队而言，即使是 Modern C++也仍旧存在一定的门槛。
- 要想让扩展生效，必须重新编译和打包 Envoy 二进制文件，还要重启网关或 Sidecar。
- C++扩展可能会引入内存安全问题，影响 Envoy 整体的稳定性和安全性。

为了解决以上问题，Envoy 做了两方面的工作。一方面，提供了名为 Lua 的特殊扩展，允许控制平面通过 xDS 协议动态下发 Lua 脚本并由 Envoy 解释执行；另一方面，也是本小节的主题，Envoy 引入了 WASM 技术用于开发 Envoy 扩展。

Envoy 自身嵌入了 WASM（Google V8）引擎，用于支持 WASM 字节码执行，并开放相关接口用于和 WASM 虚拟机交互数据。开发人员可以使用各种语言开发 Envoy 扩展，并编译为.wasm 字节码文件。最后，通过 Envoy 封装的名为 wasm 的原生 C++扩展来获取字节码文件及相关配置，并交予 WASM 虚拟机执行。相比于原生 C++扩展，WASM 扩展具有以下 4 个方面的优势。

- WASM 字节码具备与机器码相似的性能，保证了 WASM 扩展性能。
- WASM 扩展在沙箱中执行，更安全。这是由于单个功能扩展不会影响到 Envoy 主体功能，因此可靠性和安全性更高。
- WASM 扩展可以以.wasm 文件形式进行动态分发、共享，以及装载运行，且不受平台限制。
- WASM 扩展无语言限制。理论上，所有支持 WASM 的语言都可以用于开发 Envoy 扩展，使开发效率更高。

Envoy 对 WASM 扩展的支持，使得 WASM 引入的 Service Mesh 和 Istio 生态系统中具有了基础设施的支持，如图 10-13 所示。

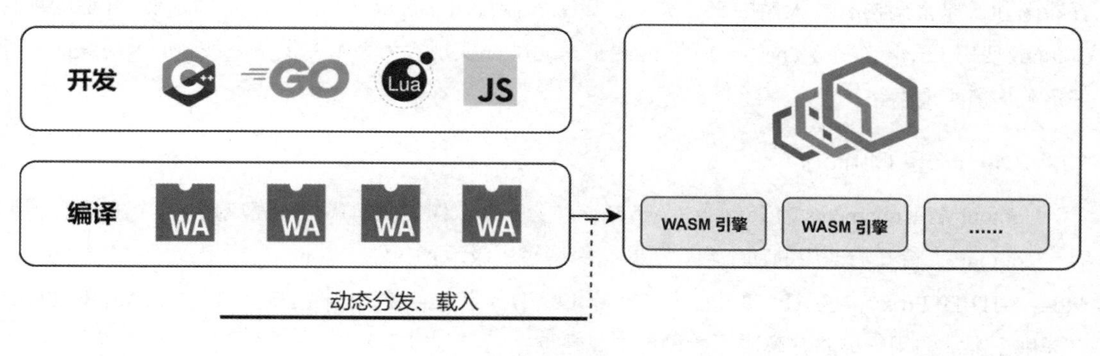

图 10-13

10.4.1.3 WASM 和 Mesh

在 Envoy 支持 WASM 的基础上，Istio 社区和 Solo.io 共同推动了 WASM 在 Service Mesh 中的发展和落地。在 1.5 版本的大更新中，Istio 使用 WASM 重写了几个扩展（基于 WASM API，而非原生 Envoy C++ HTTP 插件的 API）。虽然 Istio 也支持将相关扩展编译为.wasm 文件并在沙箱中动态载入执行，但是考虑到 Istio 1.5 对 WASM 的支持仍旧是 Alpha 版本，所以此类方法暂时不是默认选项。Istio 1.5 版本给整个 Istio 生态带来了巨大的变化，不仅部署架构发生了巨大的调整，其扩展机制也全面"改道"，从 Mixer 切换到 WASM。虽然航向的改变仍旧有一段路要走，但是 WASM 无疑将成为 Istio 生态中不可或缺的一部分。

而为了更好地在 Istio 的 Service Mesh 中应用 WASM 扩展，Solo.io 建立了 WebAssembly Hub 服务，用于构建、共享、发现和部署 WASM 扩展。WebAssembly Hub 提供了一个集中编译后的 WASM 扩展（即.wasm 文件），用于管理和分发服务。WebAssembly Hub 可以像管理容器镜像一样管理 WASM 扩展。此外，Solo.io 也提供了一个类似于 docker-cli 的命令行工具——wasme，用于辅助 WASM 扩展的开发、获取和分享。

WASM 在 Service Mesh 中的应用与落地仍旧有许多工作要做，但是它如今已经被嵌入整个 Service Mesh 版图中。

10.4.2 Contour

在 Kubernetes 中运行大规模以 Web 为中心的工作负载，最关键的需求之一就是在 L7 层实现高效流畅的入口流量管理。自从第一批 Kubernetes Ingress Controller 开发完成，Envoy 已经成为云原生生态系统中的新生力量。Envoy 之所以受到支持关系，是因为它是一个 CNCF 托管的项目，与整个容器圈和云原生架构有着天然的支持关系。后来容器公司 Heptio（被 VMware 收购）开源的项目 Contour 使用 Envoy 作为 Kubernetes 的 Ingress Controller 实现，为大家提供了一条新的 Kubernetes 外部负载均衡实现思路。

10.4.2.1 什么是 Contour

Contour 是 Kubernetes 的 Ingress Controller，以 Envoy 作为反向代理来完成负载均衡的工作。同时，Contour 支持开箱即用的动态配置更新，保持轻量级配置文件。Contour 还引入了一个新的入口 API——HTTP Proxy，该 API 通过自定义资源（CRD）定义实现，目标是扩展 Ingress API 的功能，以提供更丰富的用户体验并解决原始设计中的缺点。

Contour 项目的维护者兼 VMware 产品管理总监 Michael Michael 说，Contour 与其他入口控制器的不同之处在于，可以更好地隔离应用程序之间的流量。

Contour 为用户提供以下好处。

- 一种简单的安装机制，可以快速部署和集成 Envoy。
- 与 Kubernetes 对象模型的集成。
- Ingress 配置的动态更新，无须重启底层负载均衡器。
- 项目成熟后，将允许使用一些 Envoy 的强大功能，如熔断器、插件式的处理器链，可以非常方便地对接监控系统。
- IngressRoute 之间可以级联，用来做蓝绿部署非常方便。

10.4.2.2 Contour 安装

官方文档提供了 3 种部署方法。

- 通过 DaemonSet 来部署，每个节点上运行一个 Contour 实例（Contour 与 Envoy 在同一个 Pod 中）。
- 通过 Deployment 来部署，总共运行两个 Contour 实例（Contour 与 Envoy 在同一个 Pod 中）。
- 通过 Deployment 来部署 Contour，总共运行两个 Contour 实例；通过 DaemonSet 来部署 Envoy，每个节点上运行一个 Envoy 实例。

图 10-14 采用了第三种部署方法，这样不仅可以让 Contour 和 Envoy 这两个组件解耦，还可以分别按照需求对不同的组件进行扩展，具体的优势如下。

- Envoy 以 DaemonSet 的形式运行，具有很强的扩展性，后续可以通过 IPVS 和 Keepalived 等工具来实现其负载均衡和高可用性。
- Envoy 运行的网络模式是 hostNetwork，减少了额外的网络性能损耗。
- Contour 与 Envoy 之间通过双向认证的自签名证书进行通信，大大增强了安全性。
- 升级 Contour 不需要重启 Envoy。

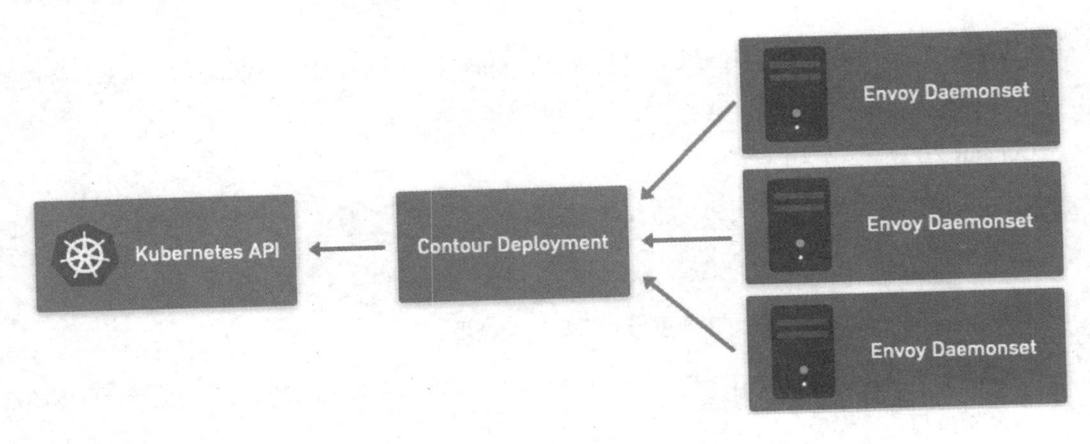

图 10-14

下面安装一个官方 Contour，首先克隆 GitHub 仓库，进入 manifest 清单目录，命令如下。

```
$ git clone https://github.com/heptio/contour
$ cd contour/examples/ds-hostnet-split
```

为了便于查看 Envoy 的配置，修改 03-envoy.yaml，将 Envoy 的 admin-address 设置为 0.0.0.0，并暴露 9001 端口。

```
...省略...
initContainers:
- args:
  - bootstrap
  - --admin-address=0.0.0.0
  - /config/contour.json
...省略...
```

将 Envoy Service 的类型改为 ClusterIP：

```
$ cat 02-service-envoy.yaml
apiVersion: v1
kind: Service
metadata:
 name: envoy
 namespace: heptio-contour
 annotations:
   service.beta.kubernetes.io/aws-load-balancer-type: nlb
spec:
 externalTrafficPolicy: Local
 ports:
 - port: 80
   name: http
   protocol: TCP
```

```
  - port: 443
    name: https
    protocol: TCP
  selector:
    app: envoy
  type: ClusterIP
```

下面部署该实例，命令如下。

```
$ kubectl apply ./
```

查看所部署 Contour 的工作负载：

```
$ kubectl -n heptio-contour get pod
NAME                          READY   STATUS      RESTARTS   AGE
contour-767fd99989-27qjw      0/1     Running     0          21s
contour-767fd99989-kcjxz      0/1     Running     0          21s
contour-certgen-29nqs         0/1     Completed   0          21s
envoy-cnzvm                   0/1     Running     0          21s
envoy-lb8mm                   0/1     Running     0          21s
envoy-qzmt4                   0/1     Running     0          21s

$ kubectl -n heptio-contour get job
NAME              COMPLETIONS   DURATION   AGE
contour-certgen   1/1           2s         4m42s
```

contour-certgen是一个Job，会生成有效期为一年的mTLS（双向认证）证书，并将其挂载到Contour和Envoy的容器中，也可以自定义证书，具体参考官方文档。

部署 examples/example-workload 目录下的实例应用，用来测试 Ingress。

```
$ kubectl apply -f examples/example-workload/kuard-ingressroute.yaml
```

查看创建好的实例应用及相关的 Ingress 路由设置。

```
$ kubectl get po,svc,ingressroute -l app=kuard
NAME                              READY   STATUS    RESTARTS   AGE
pod/kuard-67789b8754-5c4w7        1/1     Running   0          63s
pod/kuard-67789b8754-fpdfb        1/1     Running   0          63s
pod/kuard-67789b8754-fx9bn        1/1     Running   0          63s

NAME            TYPE        CLUSTER-IP    EXTERNAL-IP   PORT(S)   AGE
service/kuard   ClusterIP   10.97.46.79   <none>        80/TCP    63s

NAME                     FQDN         TLS SECRET   FIRST ROUTE   STATUS   STATUS DESCRIPTION
ingressroute.contour.heptio.com/kuard   kuard.local                /             valid
valid IngressRoute
```

将域名加入本地计算机的 hosts 中。

```
$ echo "$INGRESS_HOST kuard.local" >> /etc/hosts
```

其中，$INGRESS_HOST 是任意运行 Envoy 节点的 IP 地址。此时在浏览器中输入域名 kuard.local 即可访问应用，如图 10-15 所示。

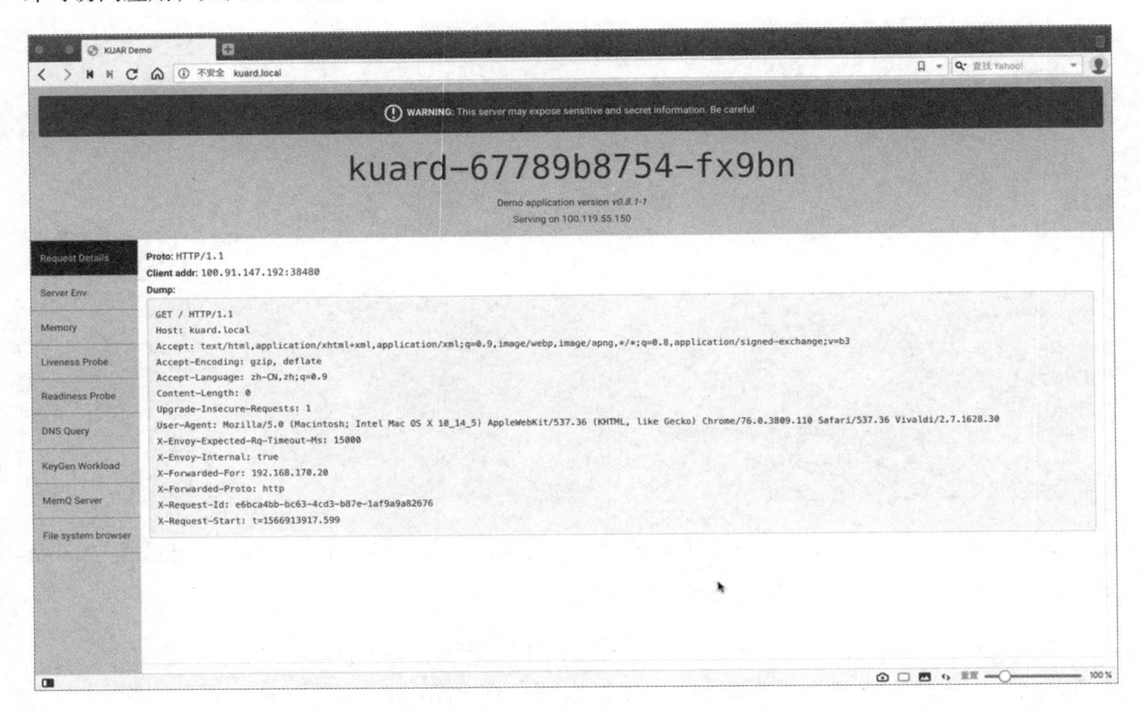

图 10-15

10.4.2.3 Contour 架构分析

Contour Ingress Controller 由以下两个组件组成。

- Envoy：提供高性能反向代理。
- Contour：充当 Envoy 的控制平面，为 Envoy 的路由配置提供统一的来源。

这些容器以 Sidecar 的形式部署在同一个 Pod 中，当然也包括一些其他的配置。在 Pod 初始化期间，Contour 作为 Init 容器运行，并引导程序配置写入一个 Temporary Volume。该 Volume 被传递给 Envoy 容器并告诉 Envoy 将其 Sidecar Contour 容器视为控制平面。初始化完成后，Envoy 容器启动，检索 Contour 写入的引导程序配置，并开始轮询 Contour，以热更新配置。如果控制平面无法访问，

Envoy 将进行优雅重试。Contour 相当于 Kubernetes API 的客户端，用于它监视 Ingress、Service 和 Endpoint 对象，并通过将其对象缓存转换为相关的 JSON 字段来充当其 Envoy 的控制平面。

从 Kubernetes 到 Contour 的信息转换是通过 SharedInformer 框架的 watching API 完成的；而从 Contour 到 Envoy 的信息转换是通过 Envoy 定期轮询实现的。

10.4.2.4 Contour 工作原理

图 10-16 所示为 Contour 的工作原理。

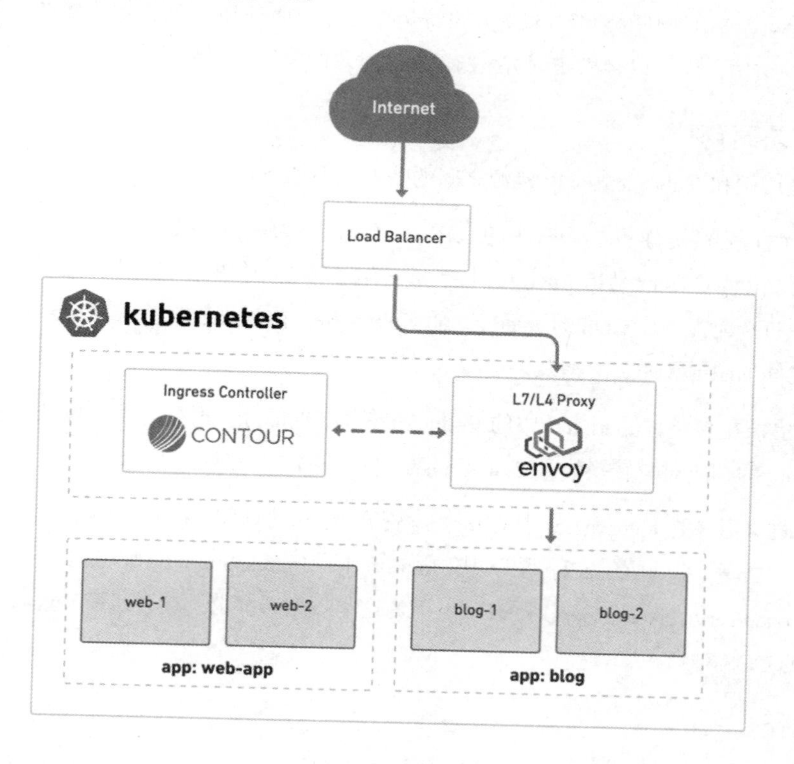

图 10-16

Contour 同时支持 Ingress 资源对象和 IngressRoute 资源对象（通过 CRD 创建），这些对象都是为进入集群的请求提供路由规则的集合。这两个对象的结构和实现方式有所不同，但它们的核心意图是相同的，都是为进入集群的请求提供路由规则。如不做特殊说明，后面在描述“Ingress”时，它将同时适用于 Ingress 和 IngressRoute 两个对象。

在通常情况下，当 Envoy 配置了 CDS Endpoint 时，会定期轮询 Endpoint，将返回的 JSON 片段合并到其运行配置中。如果返回 Envoy 的集群配置代表当前 Ingress 对象的集合，则可以将 Contour 视为从 Ingress 对象到 Envoy 集群配置的转换器。随着 Ingress 对象的添加和删除，Envoy 会动态添加并删除相关配置，而无须不断重新加载配置。

Contour 会查看 Ingress、Service 和 Endpoint 这几个 Kubernetes 资源对象，将这些对象转换为 Envoy 中的 xDS 配置（包括 CDS、SDS 和 RDS）。

Contour 将收集到的这些对象处理为虚拟主机及其路由规则的有向非循环图（DAG），这表明 Contour 将有权构建路由规则的顶级视图，并将群集中的相应服务和 TLS 密钥连接在一起。一旦构建了这个新的数据结构，就可以轻松实现 IngressRoute 对象的验证、授权和分发。

10.4.2.5 映射关系详情

Envoy API 调用和 Kubernetes API 资源之间的映射关系如下。

- CDS：CDS 更像是 Kubernetes 中的 service 资源，因为 service 是具体 Endpoint（Pods）的抽象，而 Envoy Cluster 是指 Envoy 连接到的一组逻辑上相似的上游主机（参考下文的 RDS）。其中，TLS 配置也是 CDS 的一部分，而 Kubernetes 中的 TLS 信息则由 Ingress 提供，所以这部分之间的映射关系会有些复杂。
- SDS：SDS 更像是 Kubernetes 中的 Endpoint 资源，这部分映射关系的实现最简单。Contour 将 Endpoint 的响应对象转换为 SDS 的{ hosts：[] } JSON 配置块。
- RDS：RDS 更像是 Kubernetes 中的 Ingress 资源。RDS 将前缀、路径或正则表达式路由到 Envoy 群集。Envoy 集群的名称可以从 Ingress 的 IngressSpec 的配置项中获取（比如，namespace/serviceName_servicePort），因为这是一个选择器，它会匹配 service 对象被转换后返回的 CDS 对象。

10.4.2.6 IngressRoute

Ingress 对象从 Kubernetes 1.1 版本开始被引进，用来描述进入集群请求的 HTTP 路由规则。但迄今为止 Ingress 对象还停留在 beta 阶段。不同的 Ingress Controller 插件为了添加 HTTP 路由的额外属性，只能通过添加大量的 Annotation 来实现，而且每个插件的 Annotation 都不一样，非常混乱。

IngressRoute CRD 的目标就是扩展 Ingress API 的功能，以便提供更丰富的用户体验，以及解决原始设计中的缺点。

目前 Contour 是唯一支持 IngressRoute CRD 的 Kubernetes Ingress Controller。它与 Ingress 相比，优点如下。

- 增强 Kubernetes 集群的安全特性，能够限制哪些命名空间可以配置虚拟主机和 TLS 凭据。
- 允许将路径或域名的路由配置分发给另一个命名空间。
- 接收单个路由中的多个服务，并对它们之间的流量进行负载均衡。
- 无须通过添加 Annotation，就可以定义服务权重和负载均衡策略。
- 在创建时验证 IngressRoute 对象，并在创建报告后验证是否有效。

10.4.2.7 从 Ingress 到 IngressRoute

一个基本的 Ingress 对象如下。

```
#ingress.yaml
apiVersion: extensions/v1beta1
kind: Ingress
metadata:
    name: basic
spec:
    rules:
    - host: foo-basic.bar.com
    http:
        paths:
        - backend:
            serviceName: s1
            servicePort: 80
```

这个 Ingress 对象的名称为 basic，并将传入的 HTTP 流量路由到头文件的 host 字段值为 foo-basic.bar.com 且端口为 80 的 s1 服务中。该路由规则通过 IngressRoute 实现如下。

```
#ingressroute.yaml
apiVersion: contour.heptio.com/v1beta1
kind: IngressRoute
metadata:
    name: basic
spec:
    virtualhost:
    fqdn: foo-basic.bar.com
    routes:
    - match: /
        services:
        - name: s1
            port: 80
```

更多功能配置可以参考官方仓库的文档。

1．Envoy 初始配置文件

Contour 会根据启动参数和 Kubernetes API Server 中的配置信息，生成 Envoy 的初始配置文件。使用下面的命令将 Envoy Pod 中的配置文件导出，查看其中的内容。

```
$ kubectl -n heptio-contour exec envoy-lb8mm -- cat /config/envoy.json > envoy.json
```

其中各个配置节点的内容如下。

1）dynamic_resources

配置动态资源，这里配置了 LDS 和 RDS 服务器。

```
"dynamic_resources": {
    "lds_config": {
    "api_config_source": {
        "api_type": "GRPC",
        "grpc_services": [
        {
            "envoy_grpc": {
            "cluster_name": "contour"
            }
        }
        ]
    }
    },
    "cds_config": {
    "api_config_source": {
        "api_type": "GRPC",
        "grpc_services": [
        {
            "envoy_grpc": {
            "cluster_name": "contour"
            }
        }
        ]
    }
    }
}
```

2）static_resources

配置静态资源，包括 contour 和 service-stats 两个 Cluster。其中，contour Cluster 对应前面 dynamic_resources 中的 LDS 和 RDS 配置，指明了 Envoy 用于获取动态资源的服务器地址。

```
"static_resources": {
    "clusters": [
    {
```

```
"name": "contour",
"alt_stat_name": "heptio-contour_contour_8001",
"type": "STRICT_DNS",
"connect_timeout": "5s",
"load_assignment": {
"cluster_name": "contour",
"endpoints": [
    {
    "lb_endpoints": [
        {
        "endpoint": {
            "address": {
            "socket_address": {
                "address": "contour",
                "port_value": 8001
            }
            }
        }
        }
    ]
    }
]
},
"circuit_breakers": {
"thresholds": [
    {
    "priority": "HIGH",
    "max_connections": 100000,
    "max_pending_requests": 100000,
    "max_requests": 60000000,
    "max_retries": 50
    },
    {
    "max_connections": 100000,
    "max_pending_requests": 100000,
    "max_requests": 60000000,
    "max_retries": 50
    }
]
},
"tls_context": {
"common_tls_context": {
    "tls_certificates": [
    {
        "certificate_chain": {
        "filename": "/certs/tls.crt"
        },
        "private_key": {
```

```
            "filename": "/certs/tls.key"
            }
        }
        ],
        "validation_context": {
        "trusted_ca": {
            "filename": "/ca/cacert.pem"
        },
        "verify_subject_alt_name": [
            "contour"
        ]
        }
    }
    },
    "http2_protocol_options": {}
},
{
    "name": "service-stats",
    "alt_stat_name": "heptio-contour_service-stats_9001",
    "type": "LOGICAL_DNS",
    "connect_timeout": "0.250s",
    "load_assignment": {
    "cluster_name": "service-stats",
    "endpoints": [
        {
        "lb_endpoints": [
            {
            "endpoint": {
                "address": {
                "socket_address": {
                    "address": "0.0.0.0",
                    "port_value": 9001
                }
                }
            }
            }
        ]
        }
    ]
    }
}
]
}
```

3）Admin

配置 Envoy 的日志路径及管理端口。

```
"admin": {
    "access_log_path": "/dev/null",
    "address": {
    "socket_address": {
        "address": "0.0.0.0",
        "port_value": 9001
    }
    }
}
```

结合 Envoy 的初始化配置文件和分析，我们可以大致看到 Contour 通过 Envoy 来实现南北向流量管理的基本原理。如图 10-17 所示，控制平面将 xDS Server 信息通过 static_resource 的方式配置到 Envoy 的初始化配置文件中，Envoy 启动后通过 xDS 接口获取到 dynamic_resource，包括集群中的 service 信息及路由规则。

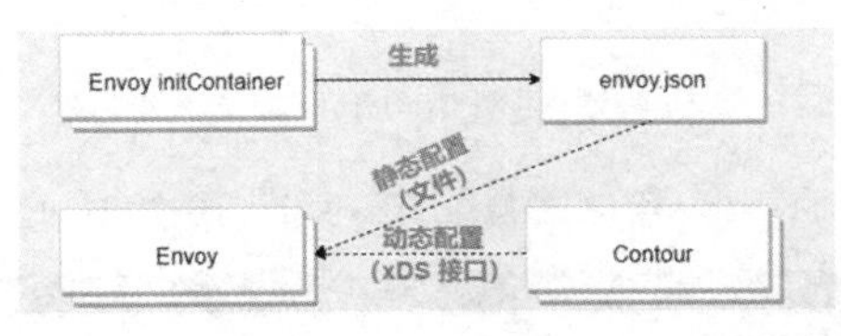

图 10-17

- Envoy initContainer 根据启动参数和 Kubernetes API Server 中的配置信息生成 Envoy 的初始配置文件 envoy.json，该文件告诉 Envoy 从 xDS Server 中获取动态配置信息，并配置了 xDS Server 的地址信息，即控制平面的 Contour。
- Envoy 使用 envoy.json 配置文件启动。
- Envoy 根据获取到的动态配置启动 Listener，并根据 Listener 的配置，结合 Route 和 Cluster 对进入的流量进行处理。

2．IngressRoute 配置映射

通过 Envoy 初始配置文件的分析可知，Envoy 中实际生效的配置是由初始化配置文件中的静态配置和从 Contour 中获取的动态配置一起组成的。我们可以通过 Envoy 的管理接口来获取 Envoy 的完整配置，先打开如图 10-18 所示的 Envoy 管理接口。

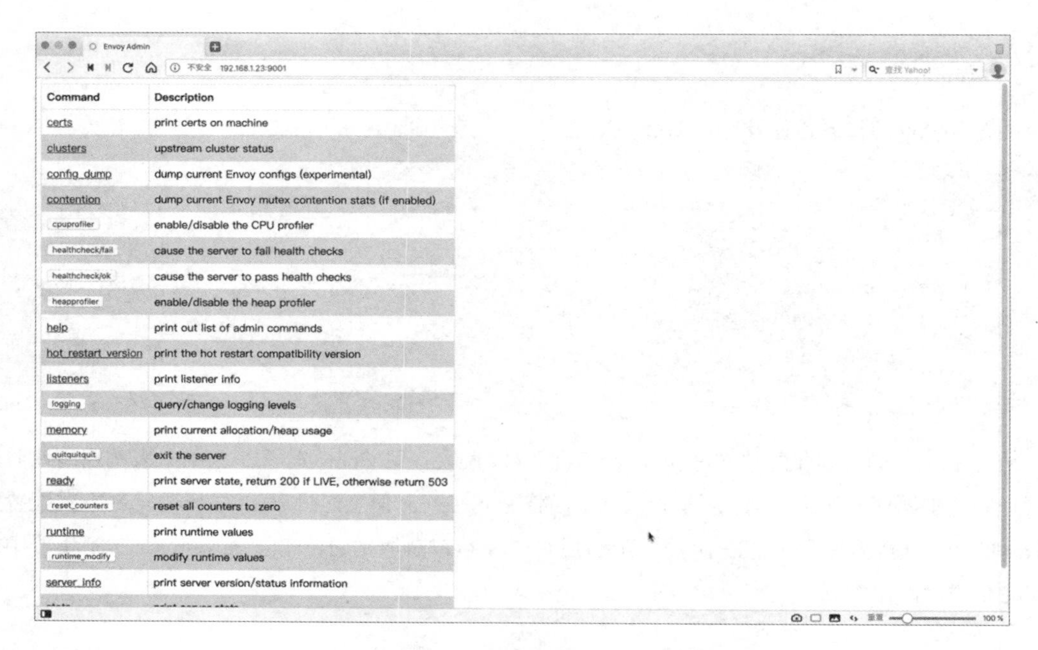

图 10-18

单击 config_dump，可以查看 Envoy 的完整配置，如图 10-19 所示。

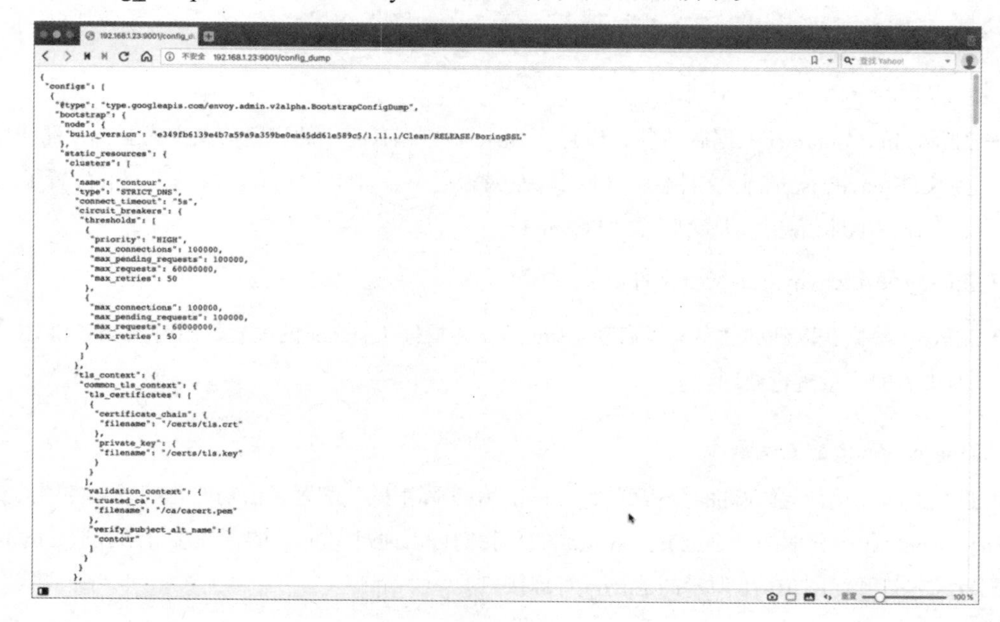

图 10-19

通过 Contour 的命令行工具直接调用 Contour 的 xDS gRPC 接口，分别查看 Envoy 的 Listener、Route、Cluster 和 Endpoint 配置。

Contour 总共有两个实例，可以通过选举实现高可用性，而被选中的实例作为 leader 对外提供服务。

```
$ kubectl -n heptio-contour get pod -l app=contour

NAME                         READY    STATUS     RESTARTS    AGE
contour-767fd99989-27qjw     1/1      Running    0           14h
contour-767fd99989-kcjxz     0/1      Running    0           14h
```

1）Listener

Envoy 采用 Listener 接收并处理 Downstream 发过来的请求。Listener 的处理逻辑是插件式的，可以通过配置不同的 filter 来插入不同的处理逻辑。Listener 可以绑定到 IP Socket 或 UNIX Domain Socket 上，也可以不绑定到一个具体的端口上，而是接收从其他 Listener 转发来的数据。

Listener 的配置可以通过下面的命令进行查看。

```
$ kubectl -n heptio-contour exec -it contour-767fd99989-27qjw -- contour cli
--cafile=/ca/cacert.pem --cert-file=/certs/tls.crt --key-file=/certs/tls.key lds
```

Listener 被绑定到了 80 端口上，同时通过 RDS 配置了一个 ingress_http 路由规则，最后在路由规则中，根据不同的请求目的地对请求进行处理，如图 10-20 所示。

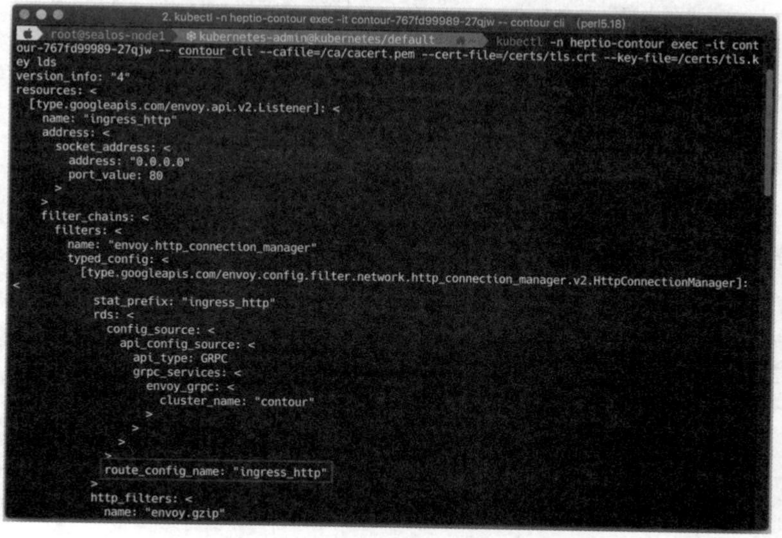

```
2. kubectl -n heptio-contour exec -it contour-767fd99989-27qjw -- contour cli  (perl5.18)
root@sealos-node1  kubernetes-admin@kubernetes/default  kubectl -n heptio-contour exec -it cont
our-767fd99989-27qjw -- contour cli --cafile=/ca/cacert.pem --cert-file=/certs/tls.crt --key-file=/certs/tls.k
ey lds
version_info: "4"
resources: <
  [type.googleapis.com/envoy.api.v2.Listener]: <
    name: "ingress_http"
    address: <
      socket_address: <
        address: "0.0.0.0"
        port_value: 80
      >
    >
    filter_chains: <
      filters: <
        name: "envoy.http_connection_manager"
        typed_config: <
          [type.googleapis.com/envoy.config.filter.network.http_connection_manager.v2.HttpConnectionManager]:
<
            stat_prefix: "ingress_http"
            rds: <
              config_source: <
                api_config_source: <
                  api_type: GRPC
                  grpc_services: <
                    envoy_grpc: <
                      cluster_name: "contour"
                    >
                  >
                >
              >
              route_config_name: "ingress_http"
            >
            http_filters: <
              name: "envoy.gzip"
```

图 10-20

2）Route

Route 用来配置 Envoy 的路由规则，根据 Host 对请求进行路由分发。

Route 的配置可以通过下面的命令进行查看。

```
$ kubectl -n heptio-contour exec -it contour-767fd99989-27qjw -- contour cli
--cafile=/ca/cacert.pem --cert-file=/certs/tls.crt --key-file=/certs/tls.key rds
```

图 10-21 所示为 ingress_http 的路由配置，对应了两个 Virtual Host，其中，一个是默认路由（图中省略），另一个是图中展示的 kuard 路由，对应到 Cluster 的 default/kuard/80/da39a3ee5e 目录下。其中，domains: "kuard.local:*" 表示允许访问的域名为 kuard.local，端口可以是任意值。

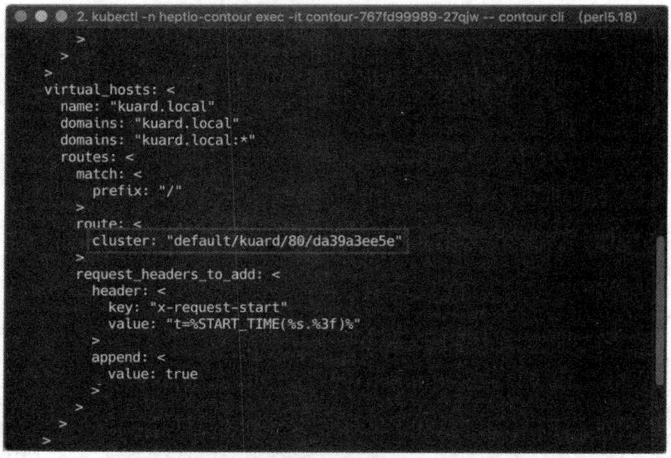

```
2. kubectl -n heptio-contour exec -it contour-767fd99989-27qjw -- contour cli  (perl5.18)
      >
    >
  >
  virtual_hosts: <
    name: "kuard.local"
    domains: "kuard.local"
    domains: "kuard.local:*"
    routes: <
      match: <
        prefix: "/"
      >
      route: <
        cluster: "default/kuard/80/da39a3ee5e"
      >
      request_headers_to_add: <
        header: <
          key: "x-request-start"
          value: "t=%START_TIME(%s.%3f)%"
        >
        append: <
          value: true
        >
      >
    >
  >
```

图 10-21

3）Cluster

Cluster 是一个服务集群，Cluster 中包含一个到多个 Endpoint，每个 Endpoint 都可以提供服务。Envoy 根据负载均衡算法，将请求发送到这些 Endpoint 中。

Cluster 的配置可以通过下面的命令进行查看。

```
$ kubectl -n heptio-contour exec -it contour-767fd99989-27qjw -- contour cli
--cafile=/ca/cacert.pem --cert-file=/certs/tls.crt --key-file=/certs/tls.key cds
```

cluster_name: "contour" 表示通过 xDS 接口从 contour 控制平面动态获取 Endpoint 信息，获取到的 Endpoint 为 default/kuard，如图 10-22 所示。